数控技术丛书

数控编程

第 3 版

全国数控培训网络天
天津机电职业技

机械工业出版社

本书结合数控编程技术发展的新进展，在保持原有编写风格的基础上进行了修订，对FANUC系统的许多指令进行了详细讲解和增加了必要的例题，用较多实例扩充了用户宏程序的内容，增加了数控编程实验。本书共六章，各章内容为：数控编程基础知识；程序编制中的工艺分析与数值计算；数控车床编程；数控铣床及加工中心编程；用户宏程序编程。附录A为数控车床编程实验；附录B为数控铣床及加工中心编程实验。实验中对斯沃数控仿真软件的操作界面，FANUC数控系统车、铣及加工中心的操作及模拟加工进行了详细讲解，对教学中大多数编程实例进行了验证性实验。

本书注重基础理论，并包括作者大量的教学经验和研究成果。书中绝大多数程序可通过仿真软件进行实验验证，非常适合在目前的机电类高职、中职和技校教学中采用；也可作为一般本科学生以及参加各种类型数控大赛学员的重要参考书，同时也是从事数控技术工作的工程技术人员必不可少的参考书和企事业数控技术培训用教材。

本书配有免费电子课件，欢迎选用本书作教材的老师登录 www.cmpedu.com 注册下载。

图书在版编目（CIP）数据

数控编程/全国数控培训网络天津分中心组编.—3版.—北京：机械工业出版社，2012.3（2025.8重印）
（数控技术丛书）
ISBN 978-7-111-37345-2

Ⅰ.①数… Ⅱ.①全… Ⅲ.①数控机床-程序设计 Ⅳ.①TG659

中国版本图书馆CIP数据核字（2012）第015912号

机械工业出版社（北京市百万庄大街22号 邮政编码100037）
策划编辑：贡克勤 责任编辑：贡克勤 任正一 王玉鑫
版式设计：刘 岚 责任校对：陈延翔
封面设计：赵颖喆 责任印制：刘 媛
北京富资园科技发展有限公司印刷
2025年8月第3版第11次印刷
184mm×260mm · 19.75印张 · 487千字
标准书号：ISBN 978-7-111-37345-2
定价：58.00元

电话服务	网络服务
客服电话：010-88361066	机 工 官 网：www.cmpbook.com
010-88379833	机 工 官 博：weibo.com/cmp1952
010-68326294	金 书 网：www.golden-book.com
封底无防伪标均为盗版	机工教育服务网：www.cmpedu.com

数控技术丛书编委会

第3版前言

本书自1997年3月初版至2006年第2版，我国的职业技术教育进入了蓬勃发展时期。最近几年随着职业院校人才培养模式改革的探索，“任务驱动的项目教学”、“工作过程导向”等全新的教育理念，使数控机床编程与操作这类课程在教学方法上已完全不同于传统的教学模式。《数控编程》一书作为以掌握数控编程技术和编程方法为主的教材，要使学员在较少的课时内，获得更加有效的综合职业能力训练，“理论与实践一体化”必然成为教学改革的重要方向。

近年来，数控仿真软件已广泛应用于数控编程的实验教学中。本次教材修订，能够对FANUC系统更多指令的编程方法以及用户宏程序编程做得十分深入，得益于南京斯沃软件技术有限公司开发的斯沃数控仿真软件。本次修订，除对原有的章节内容做了必要的压缩和调整之外，特别安排了数控编程实验，并由附录A和附录B两部分组成，利用斯沃数控仿真软件进行实验教学，不仅在数控编程理论知识的学习方面，达到事半功倍的效果，还可获得数控机床操作方面的基础知识。

本次修订在保证叙述严谨的基础上，尽量使语言表达简洁、流畅和通俗易懂，以满足一般读者自学的需要。

作者在本次修订过程中阅读了大量同类书籍并获益匪浅，书中引用了一些文献资料的文字或图片，在此以参考文献的形式列于书后，以表谢意。

由于长期以来广大工程技术人员、教师、学生和一般读者给予本书的热情支持与肯定，使本书自初版以来，重印次数已多达20余次，这无疑成为作者修订好本书的巨大动力。但限于作者水平，书中不妥之处仍在所难免，恳请读者和各位同仁不吝赐教，本书作者将感激不尽。

本次修订仍由李占军和赵云霞共同完成，并由李占军任主编并完成全书统稿工作。

编　者

第 2 版前言

数控技术丛书自 1997 年 3 月出版发行以来，以其内容充实、图文并茂、实用性强、各册内容分工合理，而受到国内各数控技术培训机构及大中专、职校、技校广大师生的欢迎，至今重印多达十余次，仍畅销不衰。鉴于目前计算机技术、微电子技术、自动检测和精密加工等高新技术发展迅猛，数控编程也从原来的以手工编程为主，急速过渡到以 CAD/CAM 软件自动编程为主的时代。鉴于原丛书部分内容稍显陈旧，已不适应当前教学之需要，故急需对原书内容进行修订。

本次修订，除保持原书体裁风格未作大的变动外，许多内容则结合作者近年来在教学、生产、科研方面的最新成果，并结合数控技术发展的最新进展，对原书内容作了大量的删改与补充，使“为企业培养大批能熟练掌握现代数控机床编程、操作、维修的人员和工程技术人员”的目标更为明确。本书主要适合中、高级数控技术人员的技术培训。同时，在内容编排上，也适应高等职业技术教育的教学特点，可作为高职院校教学用书。

本书修订由全国数控培训网络天津分中心组编、天津机电职业技术学院编写。

天津大学张世昌教授、梅江平博士和天津第一机床总厂胡广曦教授级工程师审阅了丛书，并提出了许多宝贵意见，在此表示衷心的感谢。

修订版的《数控编程》全书分七章。其中，第一、三、五、六、七章由李占军编写，第二、四章由赵云霞编写。本书由李占军任主编并负责统稿。

本书在修订过程中，吸取了兄弟院校对原版教材的宝贵意见，也参阅了同行专家、学者的教材、资料和文献，一并列于书后，以表谢意。

由于作者水平有限，书中难免存在不足和错误之处，诚望读者批评指正。

编　者

第 1 版前言

数控机床是综合应用计算机、自动控制、自动检测及精密机械等高新技术的产物，是典型的机电一体化产品。它的出现及所带来的巨大效益，引起世界各国科技界和工业界的普遍重视。发展数控机床是当前我国机械制造业技术改造的必由之路，是未来工厂自动化的基础。

随着数控机床的大量使用，急需培养大批能熟练掌握现代数控机床编程、操作、维修的人员和工程技术人员。为了适应初、中级数控技术人员培训和学习的需要，并供大中专、职校、技校学生学习现代加工技术之用，全国数控培训网络天津分中心组织编写了“数控技术丛书”，该丛书由《数控原理》、《数控编程》及《数控机床》三册组成。各册内容简明扼要、图文并茂、通俗易懂，所采用的实例详实可靠。

在组织编写过程中，得到天津市人事局、天津市机电一体化办公室、天津市机电工业总公司的大力支持和帮助，天津大学杜君文教授、赵忠堂教授、邓广敏教授及天津理工学院刘树琪教授、吴建华教授等为丛书提出了宝贵的意见并提供了资料，天津分中心陈卫平、刘淑丽、王丽、魏颖、徐士军、回健永等同志对丛书的文稿、图稿进行了打印和绘制，在此一并致以衷心的感谢。

由于我们水平有限，经验不足，加之资料不全，书中难免存在错误疏漏之处，望读者给予指正。

数控技术丛书编委会

目　　录

第一章　绪　　论

第一节　数控加工编程概述

近年来，随着社会需求向个性化、多样化的发展，机械制造业正经历着由大批量的生产方式向多品种、变批量的生产方式发展。精密化、柔性化、网络化、虚拟化、智能化、清洁化、集成化、全球化正在成为当今先进制造技术发展的主流。以计算机为代表的高新技术与现代化管理技术的应用，使得数控机床、数控加工、数控编程技术成为机械制造业由传统产业跨入先进制造技术领域的要径。当前，计算机辅助设计/计算机辅助制造（Computer Aided Design/Computer Aided Manufacturing，CAD/CAM ）软件在制造业企业的广泛应用，又使传统的手工编程方式逐步过渡到以 CAD/CAM 软件编程为主的自动编程方式。而随着数控系统功能的日益强大，一些更为优秀的编程人员，则着手利用数控系统的变量编程功能，手工编写出长度不过几十个语句，通过参数修改即可完成同类型零件加工的通用程序，其程序长度仅为 CAM 软件编写程序长度的 1/1000，大大节省了控制系统的存储空间。因此，数控加工工艺理论的研究，数控编程指令代码、CAD/CAM 软件的熟练运用、程序结构及变量编程方法更为深入的研究，已成为数控机床操作及编程人员的基本要求。

一、数控机床与数控加工

国家标准 GB8129—1987《机床数字控制术语》将数控（Numerical Control，NC）定义为：用数字化信号对机床运动及其加工过程进行控制的一种方法。国际信息处理联盟（International Federation of Information Processing）将数控机床定义为：数控机床是一种装有程序控制系统的机床，机床的运动和动作按照这种程序控制系统发出的由特定代码和符号编码组成的指令进行。这种程序控制系统称之为机床的数控系统。

数控加工是指在数控机床上根据事先编制的程序对零件进行切削加工的过程，数控加工过程中使用的程序就称为数控程序。数控程序依据控制系统的不同，目前大多仍以 ISO（国际标准化组织）制订的标准 G 代码和 M 代码为基础进行程序的编写。这种格式中，数控程序由一系列指令代码组成，这些代码根据加工顺序被安排在不同的程序段中。每一条数控指令对应于工艺系统的一种动作状态，数控加工程序制作的过程可以通过面对数控机床的直接编程完成，也可以利用 CAD/CAM 软件编程实现。

图 1-1 所示为数控机床加工过程框图，由图可大致了解数控编程人员和机床操作人员在整个零件加工过程中所处的地位以

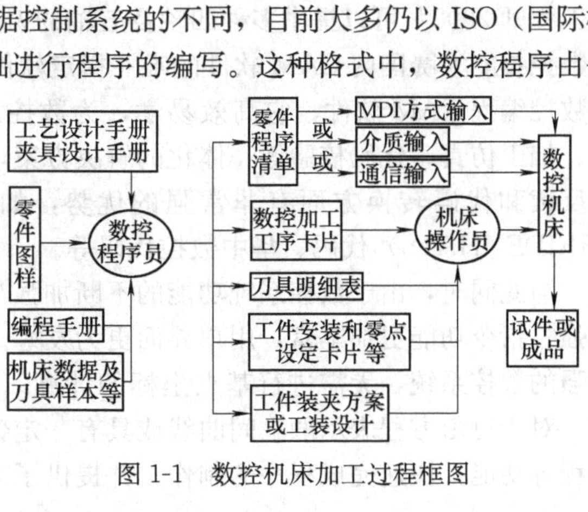

图 1-1　数控机床加工过程框图

及各自主要的工作任务。

二、数控编程技术的发展概况

自 1952 年世界上第一台数控机床在美国诞生以来，数控编程技术经历了若干发展阶段。最早采用手工编程，据国外报导，当时数控编程的时间与机械加工的时间之比平均为30：1。由于手工编程工作量大而效率又极低，甚至无法解决复杂型面零件加工的数值计算问题，早在 1955 年，一种可以在电子计算机上实现自动编程的称为 APT（Automatically Programmed Tool）语言的自动编程工具就已经研制成功。采用 APT 语言编制程序，可以将数控编程中绝大部分数值计算问题交由计算机处理，编程人员只需用几何定义语句对加工零件进行“几何造型”，用刀具运动语句控制刀具运动，使数控编程过程由面向数控机床指令代码的程序编制过程变为用 APT 语言编程，编制的程序简洁直观，在相当长的时间内是实现自动编程的主要方法。这被认为是自动编程技术发展的第一个主要阶段，其后便进入了以 CAD/CAM 集成为特征的计算机辅助设计、绘图和数控编程一体化时代。

20 世纪 80 年代后期，CAD/CAM 集成数控编程系统获得了飞速的发展，大量优秀的 CAD/CAM 集成数控编程系统相继问世。

20 世纪 90 年代中期以后，CAD/CAM 集成数控编程系统开始向集成（Integration）化、智能（Intelligence）化、网络（Network）化、并行（Concurrent）化和虚拟（Virtual）化方向迅速发展。

目前，以计算机作为平台的自动编程技术仍在发展中，在此仅对世界范围内具有影响力的一些公司及产品给予简要介绍，以便企业在选择编程方法时有所参考。这些公司和相应软件主要有：法国达索公司的 CAD/CAE/CAM 一体化软件 CATIA（Computer Aided Tri-Dimensional Interface Application）；美国 UGS（Unigraphics Solutions）公司的 UG NX；英国 Delcam 公司的 PowerMILL 、FeatureCAM；德国 OPEN MIND 公司开发的集成化 NC 编程 CAM 软件 HyperMILL；以色列 Cimatron 公司的 Cimatron E9.0；日本 Hitachi 公司的 Spaca-E；美国 CNC Software 公司的基于 PC 平台的 Mastercam X^4 等。此外还有一些专业性较强的软件如 PartMaker 、ArtCAM、DentMILL 等。上述公司及软件的功能特性均可通过网络进一步查询，此处不再一一详述。

我国在 CAM 的研发方面近年来也取得了长足的进步，以北航海尔为代表的“CAXA 制造工程师 2008”可以提供多种四轴及五轴的刀具轨迹，“CAXA 制造工程师”也成为历次全国数控技能大赛国内 CAM 软件的唯一指定软件。“CAXA 制造工程师”是具有卓越工艺性的数控编程 CAM 软件，它高效易学，为数控加工行业提供了从造型、设计到加工代码生成、加工仿真、代码校验等一体化的解决方案，成为数控机床真正的“大脑”。另外它在代码反读和代码转换方面有非常强的优势，如 FANUC 代码转换为西门子代码、海德汉（HEIDENHAIN）代码、华中数控代码等。

与此同时，由于数控系统功能的不断加强与完善，数控系统的编程功能也得到了极大的加强。指令功能更加丰富，用户界面更为友好。大多数二维平面加工的简单零件，对于功能较强的数控系统，无需进行基点坐标的计算，即可完成轮廓编程及多种复杂的循环加工功能。对于可由方程表示的空间曲线或具有一定数学规律的曲面，则可通过宏程序编程、参数编程等功能，快速完成程序的制作，并提供了刀具路径模拟和实体切削验证功能，及时发现程序编制中可能存在的问题。

三、如何学习数控编程技术

数控编程技术涉及较多的知识领域，同时又具有极强的实践性。学习者除应注重加强理论知识的学习，还应利用各种实践机会提高自己的实际编程能力。为使初学者能在较短时间内，成为一名优秀的 NC 程序员，建议学习者注意在以下各方面提高理论素养和锻炼能力：

1）数控机床及数控加工原理方面的基础知识。

2）数控编程的指令代码及其格式。

3）金属切削原理及刀具的基础知识。

4）数控加工工艺分析及刀具轨迹合理性分析能力。

5）机械制图特别是较复杂零件的读图能力。

6）通过一种高级程序语言的学习获得程序结构、程序设计必要的基础知识。

7）掌握至少一种 CAD/CAM 软件的数控编程方法。

8）具有一定的数学基础知识，特别是解析几何与三角函数方面的基础知识，具有一定的数学计算能力。

9）不断提高与数控加工相关的英语阅读能力。

需要说明的是，近年来各种数控仿真软件已被广泛应用于数控编程的课程教学中，如南京斯沃软件技术有限公司开发的斯沃数控仿真软件、北京斐克科技有限责任公司开发的 VNUC 数控加工仿真软件、上海宇龙数控加工仿真软件、南京宇航数控加工仿真软件等。此外，还有一类软件，如美国 CGTECH 公司开发的数控加工仿真系统 VERICUT，主要应用于航空、航天、汽车、模具制造等行业，可进行 NC 程序验证和机床运动仿真，避免零件在加工过程中出现碰撞、干涉等现象，还可以对程序进行优化。目前，这类软件在数控技术培训中也有应用。利用仿真软件学习数控编程，可使学生快速掌握各种常用数控系统的指令格式、操作面板及对刀的基本操作方法等。为适应这种变化，本书将结合相关章节的内容，增加 12 个数控编程实验并将它们放到本书附录 A、B 中。教师可根据教学进度将这些内容灵活穿插到教学过程中。

四、数控编程的分类

数控编程的分类方法有多种，例如：①按编程地点进行分类：办公室或车间；②按编程计算机进行分类：CNC 内部计算机，个人计算机（PC）或工作站（Workstation)；③按编程软件进行分类：CNC 内部编程软件，APT 语言或 CAD/CAM 集成数控编程系统等。

通过 CNC 内部编程软件进行编程，实际上是利用数控系统所提供的数控编程功能进行直接编程的一种方法。APT 语言自动编程和 CAD/CAM 集成系统数控编程则主要通过个人计算机或工作站实现。

（一）手工直接编程

手工直接编程是指用数控机床提供的指令直接编写出零件加工程序的过程，简称手工编程，主要用于几何造型比较简单或有某种规律的曲线、曲面零件的数控编程，是目前数控机床操作人员和车间级编程人员较多使用的方法。编程人员在编程时，通常要运用数控系统提供的各种简化编程方法，如各种固定循环和子程序功能、倒角和倒圆指令、极坐标编程、坐标系平移、镜像、旋转、图形缩放以及宏指令编程等功能。

目前，还有一类数控机床的控制系统，在设计时就尽可能考虑了车间的应用。如德国的海德汉控制系统 iTNC 530，以对话式操作方法，可以在机床的控制面板上利用清晰的提问和提示，引导用户一步步完成程序的输入，生成一种非 ISO 代码表示的便于阅读的语言式数控加工程序。其操作界面非常适合有实际经验的技术工人，而丰富的循环调用功能足以解决产品加工中绝大多数简单零件的编程问题。这种系统目前在我国的应用有增大的趋势。

（二）CAD/CAM 集成系统数控编程

CAD/CAM 集成系统数控编程的一种情况是在产品设计阶段，就已完成零件几何模型的构建，如 Pro/E、UG 等，创建的模型主要用于产品的设计和零件的装配等，采用参数化造型方法是这类软件的共同特点。NC 程序实际上是在完成零件的几何模型建模后，再进入到加工模块，通过创建刀具、创建几何体、创建操作等一系列的操作，并生成刀具位置源文件（CLSF），然后再通过执行后处理即可生成某一特定数控系统所需的 NC 代码。

另一种情况是针对以数控编程为主要目的而开发的 CAD/CAM 软件，如 Mastercam 等，其在复杂曲面几何造型方面的能力虽不及前者强大，但在 NC 加工程序的制作方面，仍有其独特的优势。其 NC 代码的生成过程，首先要通过软件的 CAD 功能，完成线架造型、曲面造型或实体造型，当然也可将其他软件创建的实体模型或曲面模型转换到系统中，通过刀具路径规划，刀位文件生成、刀具路径模拟以及实体切削验证，确认刀具路径合理，无过切及碰撞等情况，即可通过执行后处理程序，得到零件加工所需的 NC 代码。

企业在对 CAD/CAM 软件进行选择时，一般应根据企业规模大小、软件的适用领域以及车间所加工零件的类型特点等因素进行综合考虑。对于航空、航天、汽车、船舶等需进行大型零件或模具制造的企业，一般会选择价格昂贵而功能强大的软件。以英国 Delcam 公司的 PowerMILL 为例，这是一种可以提供完善的加工策略的支持高速加工和多轴加工的功能十分强大的 CAM 系统，其 CAM 系统与 CAD 分离，在网络下实现一体化集成，采用实体模型的全自动处理，可以实现粗、精、清根加工的全自动化。据称，编程操作的难易程度与零件的复杂程度无关，CAM 编程人员只要具备加工工艺知识，只需几天时间的专业技术培训，就可以对非常复杂的模具进行数控编程，不仅大大提高了数控编程的效率，而且优化的刀具路径也可提高加工中心的切削效率。而一些中、小型企业，由于受到财力的限制，往往从性价比考虑，会选择一些针对性较强的软件，如 Mastercam、Cimatron 等。

五、数控编程的步骤

就手工编程而言，其编程过程主要包括：分析零件图样、工艺处理、数值计算、编写程序单、程序输入、程序校验及首件试切。数控编程的步骤如图 1-2 所示。

1. 分析零件图样和工艺处理

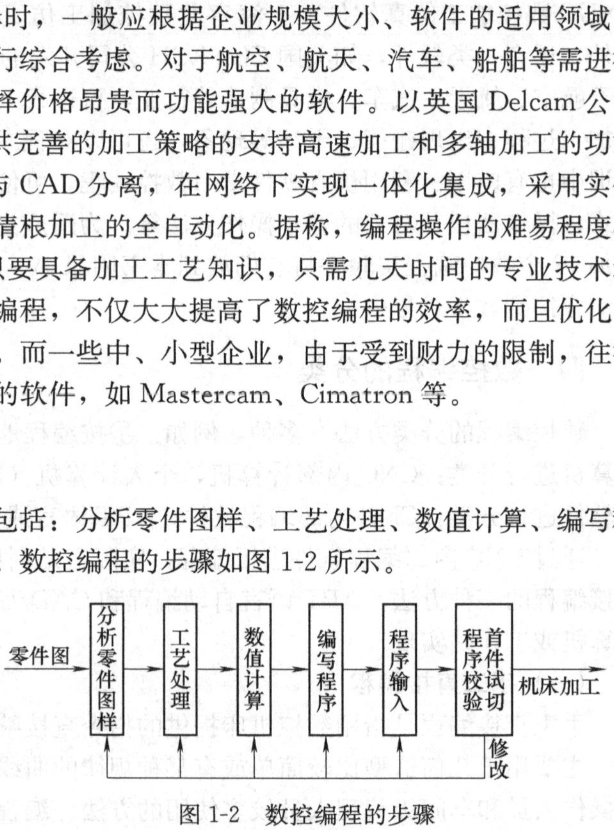

图 1-2　数控编程的步骤

首先要根据零件图样，对零件的尺寸、形状、材料、精度和热处理等技术要求进行工艺分析，制定出合理的加工方案与工艺路线，确定加工工序和工步，选择机床、夹具、刀具以及确定切削用量等工艺参数，设置工件坐标系及确定合理的进给路线，同时还要考虑刀具的切入、切出位置及对刀点、换刀点位置的安排等。

工艺分析是编程人员一项十分重要的工作内容，它基本上决定了数控机床的性能是否能得到最大程度的发挥，加工出的零件能否一次合格，加工过程是否安全高效，数值计算是否简便以及程序是否简短实用等。

2. 数值计算

根据零件上标注的几何尺寸、设定的工件坐标系以及加工的进给路线，计算出刀位数据是手工编程时数值计算的主要内容。计算过程主要是计算直线段的起点、终点坐标；圆弧段的起点、终点坐标及圆弧圆心点的坐标。由于刀具的运动是连续的，前段运动的终点即下一段运动的起点，而刀具运动的起始点可由坐标系设定指令以及对刀操作来完成，因此在每个程序段中指定的只是运动段的终点坐标。

对于较复杂的直线与圆弧或圆弧与圆弧的交点或切点的坐标计算，通常利用勾股定理、三角函数、代数方程可以完成这类计算工作，也可以利用绘图软件的查询功能来帮助完成这一步工作。而对于形状比较复杂的零件，如非圆曲线或曲面组成的零件，利用宏程序编程功能或采用 CAD/CAM 软件编程，则数值计算过程可由数控系统内部或由计算机自动完成。

3. 编写零件加工程序

进给路线、工艺参数以及刀位数据确定后，编程人员可以根据数控系统提供的指令功能及程序书写格式，逐段编写加工程序。此外，还应填写有关的工艺文件，如数控加工工序卡片、数控刀具卡片、数控刀具明细表、工件安装和零点设定卡片等。

4. 程序输入

数控加工程序的输入有手动数据输入、介质输入、通信输入等方式。

（1）手动数据输入　手动数据输入方式即 MDI 方式。它是指利用数控机床操作面板上的键盘，将编好的程序直接输入到数控系统中，并可以通过显示器显示有关内容。现代 CNC 系统存储容量较大，可储存多个零件加工程序，且可在不占用加工时间的情况下进行输入。因此，对于不太复杂的零件常采用手工编程并用 MDI 方式进行程序的输入，其特点是输入简单，检验与校核、修改方便。

（2）介质输入　介质输入是指将加工程序记录在软磁盘（Floppy Disk）、存储卡（M-CARD）、U 盘（USB flash Disk）等存储介质上，通过数控系统相对应的插槽或端口将程序一次性输入。介质输入非常适合利用自动编程软件编程的方式，完成的 NC 程序可迅速传输至机床的数控系统。介质输入常用于程序量较大的情况，其输入的特点是输入速度快、便于程序的长期保存和重复使用。

（3）通信输入　通信输入要求数控系统配备相应的通信接口，如 RS-232、RS-422 串行数据接口或专用的网络通信接口等。数据传输的方式有串口通信方式与并口通信方式。串口通信方式是指通过电缆线将计算机与数控机床上的标准串行接口连接起来，一次性将零件加工程序输入到数控机床的存储器，加工时再从存储器一段一段地读出；并口通信方式常称为 DNC 方式，是一种边传送边加工的工作方式。对于具有复杂曲面形状的模具加工，采用 CAD/CAM 软件编程时的程序长度常常会超过数控机床内存储器的存储容量，此时，DNC 工作方式是程序输入的主要方式。

利用网络传输是指通过以太网（Ethernet）或因特网（Internet）实现程序或数据的传输。就如同计算机与计算机之间的网络通信一样，利用网络传输协议，在计算机与机床之间通过电缆线连接后，就可以在计算机上打开数控机床的存储目录以进行各种数据的操作，也可以在数控机床上打开计算机的存储目录，对NC程序或其他数据进行读入或写出。

5. 程序检验

程序检验包括程序格式错误检查，MDI方式下输入时的键盘输入差错检查，加工过程中的安全性检查以及零件加工后最终的零件合格性检查。对于以通信方式为主的数据传输，也要经常检查数据传输的可靠性和稳定性。

加工过程中的安全性检查，主要通过调整工件坐标系的位置，先使刀具在比较接近工件但又安全的区域进行模拟性运动，检查加工中是否存在碰撞或过切。加工完成后还应对加工时间及零件质量进行分析，对程序做进一步的优化调整，这样才能不断提高编程水平。

目前，不仅数控机床本身可提供动态的刀具路径验证功能，而且各种CAD/CAM软件以及数控加工仿真软件都提供了功能强大的实体切削验证功能，使加工过程更为安全可靠。以美国CGTECH公司开发的VERICUT软件为例，该软件可仿真各种CNC系统，既能仿真刀位文件，又能仿真CAD/CAM后处理的NC程序，其整个仿真过程包含程序验证、分析、机床仿真、优化和模型输出等。因而对延长刀具寿命、改进加工表面质量、检查过切、欠切，防止机床碰撞、超行程等错误提供了可靠的保障。从这个意义上讲，程序检验已超出了传统的概念。

第二节　数控编程的基础知识

一、数控编程有关标准

数控机床经过多年的不断实践与发展，与数控程序有关的孔带代码、机床坐标轴与运动方向、准备功能与辅助功能代码以及程序格式等方面，正逐步趋于统一或基本一致。为此，国际标准化组织已在这方面制订了一系列ISO标准供各成员国采用或参照。我国根据ISO数控标准已制定了相应的国家标准，并规定新设计的数控机床必须采用。

（一）数控机床用字符与编码

字符是构成数控程序的最小单元，是数控程序输给数控装置的一种符号化标记。ISO（国际标准化组织）及EIA（美国电子工业协会）制订了用于数控机床的字符及其意义，所有字符包括数字0～9、字母A～Z以及符号三个类别。其中，数字可以组成一个十进制数或与字母组成一个代码；26个字母称为地址符，用做程序功能指令识别的地址；符号主要用于数学运算及穿孔带程序格式的要求。我国在ISO标准的基础上制定了JB3050—1999《数控机床用七单位编码字符集》部颁标准。

字符通过编码后，成为由0或1组成的二进制代码，就可以被数控机床的数控装置所接收。对于数控编程人员，无需考虑每个字符与二进制数的对应关系，但对每个字符的意义应有所了解。例如，标准中字符0～9分别表示数字0～9；字符A、B、C分别表示绕X轴、Y轴、Z轴的旋转角度；F表示进给功能；G表示准备功能；M表示辅助功能；N表示顺序号；S表示主轴转速功能；T表示刀具功能；X、Y、Z分别表示X、Y、Z轴方向的位置移动等。有些字母的含义在使用时有可能与标准不一致，如F还可指定螺纹导程；D、H常指定偏置号；P、Q、R可用做特殊计算参数；R还可指定圆弧半径。具体的使用方法应按所用数控机床的编程手册确定。

（二）数控机床坐标轴和运动方向的规定

统一规定数控机床的坐标轴及运动的正、负方向可使编程简便，并使所编程序对于同类型机床具有互换性。目前国际标准化组织已经统一了标准坐标系。我国也制定了JB3051—1999《数控机床坐标　运动方向的命名》的标准，对数控机床的坐标轴和运动方向做出了明确规定。

1. 坐标和运动方向命名的原则

为了便于编程人员编写程序，编程人员可不考虑实际机床在加工零件时是刀具移向工件，还是工件移向刀具，而一律假定工件固定，刀具相对于静止的工件而运动。

2. 标准坐标系的规定

在数控机床上加工零件，机床的动作是由数控机床发出的指令来控制的。为了确定机床的运动方向和移动的距离，就要在机床上建立一个坐标系，这个坐标系就叫标准坐标系，也叫机床坐标系。在编制程序时，就可以以该坐标系来规定运动的方向和距离。

数控机床的坐标系是采用右手直角笛卡儿坐标系。如图1-3所示，对于基本的直线运动坐标轴，分别用X、Y、Z表示；围绕X、Y、Z轴旋转的圆周进给坐标轴分别用A、B、C表示。X、Y、Z三者之间的关系及其方向按右手定则判定，即伸出右手时，大拇指的方向为X轴的正方向；食指为Y轴正方向；中指为Z轴正方向。A、B、C的正方向按右手螺旋法则判定，即当右手4指并拢后，拇指分别指向X、Y或Z轴正方向时，4指握拳的方向即表示A、B或C的正方向。

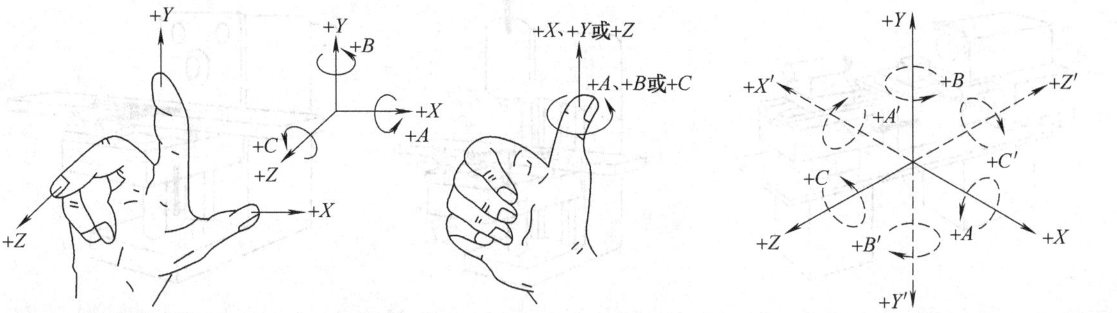

图1-3　右手直角笛卡儿坐标系

在表示具体机床的坐标系时，如果在某坐标轴方向上是工件固定而刀具移动，就采用上述法则；如果工件移动而刀具固定，则正方向要反向并在相应字母上加“′”表示，即直线坐标分别用$+X'$、$+Y'$、$+Z'$；回转坐标分别用$+A'$、$+B'$、$+C'$。这种表示方法的好处是，既可使操作者按运动部件判断坐标轴的正负方向，又可使编程人员编程时，不必考虑机床的实际运动状况。

3. 运动方向的确定

JB3051—1999中规定：机床某一部件运动的正方向，是增大工件和刀具之间距离的方向。

（1）Z坐标的运动　Z坐标的运动由传递切削力的主轴所决定，与主轴轴线平行的坐标轴即为Z轴，刀具退离工件的方向为Z轴正方向。对于车床、磨床等是主轴带动工件旋转；

对于铣床、钻床、镗床等是主轴带动刀具旋转，但无论如何，总是由主轴轴线决定 Z 轴的方向。图 1-4～图 1-6 分别表示了卧式车床、立式和卧式铣床的 Z 坐标轴及其正方向。对于没有主轴的机床（如牛头刨床），Z 轴垂直于工件装夹面。

（2）X 坐标的运动　X 轴一般是水平的，它平行于工件的装夹面。对于工件旋转的机床（如车床、磨床等），X 坐标在工件的径向上，且平行于横向滑座。刀具离开工件旋转中心的方向为 X 轴的正方向，如图 1-4 所示。对于刀具旋转的机床（如铣床、镗床、钻床等），如 Z 轴是垂直的，当面对主轴向立柱方向看时，X 轴的正方向朝右，如图 1-5 所示。如 Z 轴是水平的，当从主轴尾端向工件方向看时，X 轴的正方向朝右，如图 1-6 所示。

（3）Y 坐标的运动　Y 坐标轴垂直于 X、Z 坐标轴。Y 轴运动的正方向可根据 X 和 Z 坐标的正方向，按右手定则确定。

（4）附加坐标　如果在 X、Y、Z 主要坐标轴之外，还有平行于它们的直线运动坐标轴，可分别指定为 U、V、W。如还有第三组运动，则分别指定为 P、Q、R。

（5）回转运动 A、B 和 C　表示其轴线相应地平行于 X、Y、Z 坐标轴的回转运动，运动的正方向按右手螺旋法则判定。

（6）主轴旋转运动的方向　主轴的顺时针旋转运动方向（正转），是按照右旋螺纹旋入工件的方向。

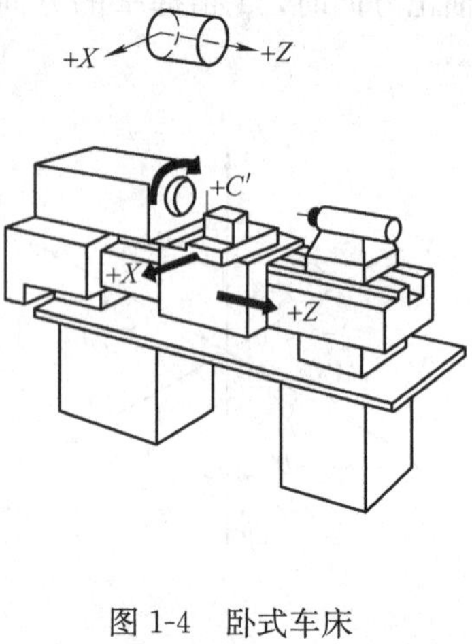

图 1-4　卧式车床

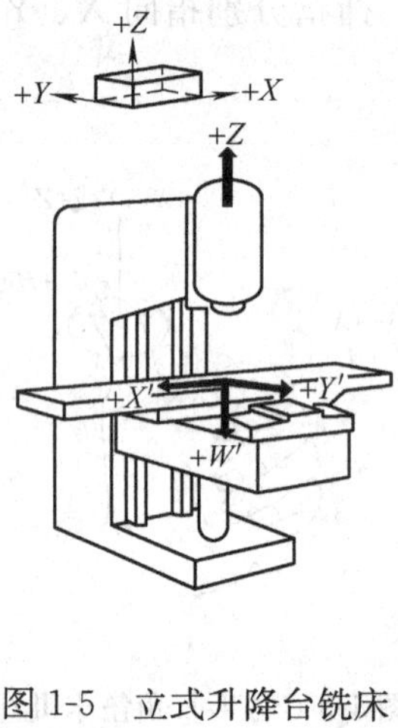

图 1-5　立式升降台铣床

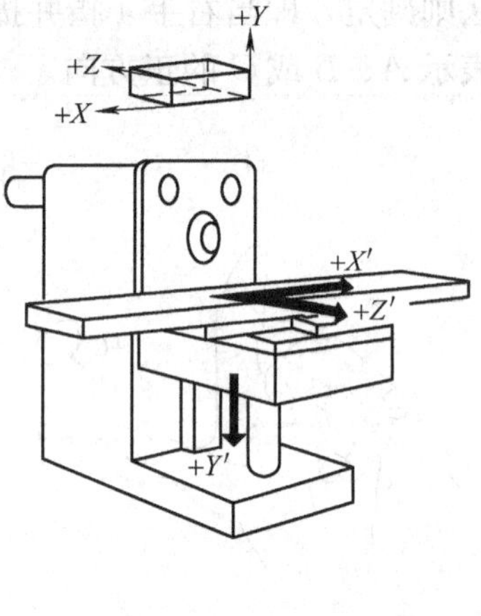

图 1-6　卧式升降台铣床

（三）准备功能

准备功能也叫 G 功能或 G 代码，它是使机床或数控系统建立起某种加工方式的指令，如命令机床走直线或走圆弧。我国 JB3208—1999 标准中规定的 G 代码由地址 G 和后面的两位数字组成，从 G00～G99 共 100 种。但在实际使用中，由于数控系统的不同，只有少数基本的 G 代码在功能含义上与标准中的规定完全一致，其余则应根据数控系统分别记忆，有的甚至超出了标准中 G 后两位数字的规定，如使用了 G 后 3 位的表达形式或带有小数点的 G 指令，对于这类 G 功能的正确使用则应参照具体的数控机床编程说明书。

以下仅对标准中最常用的 G 代码的功能做出说明，由于 G 代码在标准中是按组划分的，因此下面在列出时，G 代码前面括号内的小写字母就表示该代码的组，如 a 组、c 组等。另外，G 代码的功能含义，常因具体数控系统的不同而采用不同的表述方式，为便于学习，将不同的表述方式写到括号内，以便初学者参考。

(a) G00（或 G0）——点定位（快速移动）；

(a) G01（或 G1）——直线插补（直线切削）；

(a) G02（或 G2）——顺时针方向圆弧插补（CW，顺时钟；顺时针切圆弧）；

(a) G03（或 G3）——逆时针方向圆弧插补（CCW，逆时钟；逆时针切圆弧）；

G04（或 G4）——暂停（Dwell；延时）；

(c) G17——*XY* 平面选择（选择 *XY* 平面；*XY* 面赋值）；

(c) G18——*ZX* 平面选择（选择 *ZX* 平面；*ZX* 面赋值）；

(c) G19——*YZ* 平面选择（选择 *YZ* 平面；*YZ* 面赋值）；

(d) G40——刀具补偿注销（取消刀具半径补偿）；

(d) G41——刀具补偿（左）（刀具半径左补偿；左侧刀具半径补偿）；

(d) G42——刀具补偿（右）（刀具半径右补偿；右侧刀具半径补偿）；

(j) G90——绝对尺寸（绝对值指令方式；绝对值方式编程）；

(j) G91——增量尺寸（增量值指令方式；增量值方式编程）；

G92——预置寄存(工件坐标系设定;工件零点设定;设置工件坐标系;设置程序零点)；

(k) G94——每分钟进给率（FANUC 数控车床用 G98）；

(k) G95——主轴每转进给率（FANCU 数控车床用 G99）；

(l) G96——恒线速度控制（恒线速度切削有效）；

(l) G97——主轴每分钟转数（取消恒线速度切削）。

从上述代码看，绝大多数 G 代码被划分到不同的组中，也有没有任何组标识的 G 代码如 G04、G92。其中，分配到某一组中的 G 代码，在标准中被称为模态 G 代码，而没有标识的则称为非模态 G 代码。所谓模态 G 代码，是指这些 G 代码一经指定，就一直保持有效，直到程序中出现同组的另一个 G 代码。同组的 G 代码被用来控制同一个目标，如控制刀具运动轨迹（各种插补指令）、机床坐标系、坐标平面、刀具补偿、坐标系偏置等，但它们之间的作用又是不相同的。而非模态 G 代码是指仅在出现该代码的程序段中起作用的 G 代码，下一程序段需要时必须重写，如暂停指令 G04。另外，程序在书写时，允许在同一个程序段中同时指定多个 G 代码并有效，但若指定了两个以上属于同组的 G 代码时，则仅最后一个被指定的 G 代码有效。

举例：N001 G17 G90 G00 X __ Y __；（同一程序段中允许指定几个不同组的 G 代码）

N002 G43 Z __；（执行 G43 时前面 3 个模态代码继续保持有效）

N003 G03 X __ Y __ R __ F __；（逆圆弧插补 G03 有效，同组 G00 失效）

N004 G91 G01 G00 X __ Y __；（G91 取代 G90，G01 无效，G00 取代 G03）

N005 …

（四）辅助功能

辅助功能又叫 M 功能或 M 代码。它是控制机床或系统开-关功能的一种命令，主要用于完成机床加工操作时的辅助动作和状态控制，如主轴的正、反转；切削液的开、关；程序结束、子程序的调用和返回等。

我国 JB3208—1999 标准也对 M 代码的功能做了规定。在书写程序时，M 代码在程序段中一般位于 G 功能指令与运动指令之后，但某些指令规定在程序段中与运动指令同步开始执行（又称为前指令码），某些指令则规定在程序段中运动指令完成后执行（又称为后指令码）。M 指令也有模态指令与非模态指令的区别，模态与非模态的含义与 G 代码完全相同。

常用的 M 指令如 M00（程序停止）、M01（计划停止）、M02（程序结束）、M03（主轴顺时针方向）、M04（主轴逆时针方向）、M05（主轴停止）、M06（换刀）、M08（切削液开）、M09（切削液关）、M30（纸带结束）是各数控系统厂家所共同采用的，应予牢记。

部分 M 指令功能解释如下：

1. M00（程序停止）

在完成该程序段其他指令后，用以停止主轴转动、进给和切削液，以便执行某一固定的手动操作，如手动变速、手动换刀等。重新按下机床操作面板上的“循环启动”（CYCLE START）按钮后，程序可再启动并继续执行下一程序段。

2. M01（计划停止）

计划停止又叫选择停止，其作用与 M00 相似。不同的是执行 M00 时程序必然停止，而执行 M01 时程序是否停止则取决于操作者是否打开了机床操作面板上的选择停止（OPTIONAL STOP）开关。只有当开关打开（或按下按钮），选择停止指示灯亮时，执行到该指令程序才会停止。该指令可用于关键尺寸的抽样检查，也可安排在每一工步加工完毕之后，以便工步复杂的程序在调试期间按工步进行验证。

3. M02（程序结束）

该指令编于程序末尾，表示程序已全部结束。程序内所有指令已执行完毕，机床停止所有运动并处于复位状态。机床在以存储器方式执行程序时，程序结束后显示器显示的光标位置在 M02 程序结束处而不返回到程序开头。

4. M30（纸带结束）

对于现代 CNC 系统，该指令也用于存储器工作方式时程序的书写格式，可基本上取代 M02 的使用。与 M02 不同之处就在于程序结束后可使显示器上的光标自动返回到程序开头的位置。这样再次启动程序时，直接按下循环启动按钮，程序可以从开始的位置再启动。

5. M03、M04、M05

分别表示主轴正转、主轴反转和主轴停止。按照标准的规定，所谓主轴正转是从主轴轴线的＋Z 一端向－Z 方向看时，主轴顺时针方向旋转；逆时针旋转则为反转。

6. M06（换刀）

常用于具有刀库的加工中心的换刀功能，换刀前必须用 T 功能指令选择刀具。数控车床大多不使用 M06 指令而只用 T 功能指令即可完成换刀动作。

7. M08、M09

切削液开与切削液关。M08 一般安排在主轴旋转后，刀具已接近工件的加工之前；M09 则安排在切削完成后，刀具远离工件之前，刀具远离后再令主轴停止。

M 指令在书写时，前零也可以省略，如 M03 也可写成 M3。此外，为简化编程，标准中规定可用 M13 表示主轴顺时针方向，切削液开；用 M14 表示主轴逆时针方向，切削液开。这种写法在大多数数控系统也可使用，而多数数控系统还规定在一个程序段中 M 指令最多出现一次，因此，具体使用方法也应根据实际机床确定。

（五）数控机床的 F、S、T 功能

1. F 功能

F 功能又称进给功能，用于指定刀具的切削进给速度，它由地址码 F 和后面的若干位数字组成，数字的指定方法与数控系统有关。现代 CNC 系统一般采用直接指定法，也有的采用代码法。

采用直接指定法的单位可以为每分钟进给量，如 F100 表示进给速度为 100mm/min；也可以为每转进给量，如 F0.15 表示进给量为 0.15mm/r。加工螺纹时则表示螺纹的导程值，如 F1.5 表示螺纹导程为 1.5mm。

采用代码法表示时一般用两位数字为代码表示机床各级进给速度或进给量。具体含义见所用机床编程说明书。

F 功能是模态指令，在程序中必须在启动第一个插补运动指令（如 G01）时同时启动，若下一程序段进给速度无变化则不必重写。

2. S 功能

S 功能又称主轴功能，用来指定主轴的转速，它由地址码 S 和后面的若干位数字组成。S 功能亦有直接指定法与代码法之分。直接指定时的单位为 r/min，如 S1000 表示主轴每分钟转 1000 转，这是现代数控系统普遍采用的方法。

3. T 功能

T 功能又称刀具功能，用来指定加工中所使用的刀具，刀具功能由地址码 T 和后面若干位数字组成。数字的含义与机床的类型有关，如数控车床用 T×××× 表示时，前两位数字表示刀号，后两位数字表示刀补号；而在数控铣床上一般用 T×× 表示，且只表示刀号。

二、程序的结构与格式

每种数控系统，根据系统本身的特点及编程的需要，都有一定的程序格式。对于不同的数控机床，其程序的格式也不同。编程人员在针对某台机床编程时，必须首先熟悉该机床数控系统的指令格式。

下面以数控车床车削图 1-7 所示零件上柱面及锥面部分为例，给出一个简短的加工程序。图中零件轮廓由圆柱面与圆锥面组成，双点画线表示加工余量；刀具从 A 点出发，沿图示箭头方向运动后返回起点。为计算刀尖运动轨迹上各点坐标值，在零件右端面轴线处设置工件坐标系 XOZ，则可计算出刀具轨迹上各点坐标值分别为：A（100，20）；B（20，2），C（20，−20），D（40，−40）。（注：X 坐标按直径值编程）在选择刀具、确定进给路线、设置工件坐标系、数值计算等工作全部完成后，即可按数控系统指令格式的要求编制加工程序。本例假设用配备 FANUC-0i 系统的数控车床加工，则可编写程序如下：

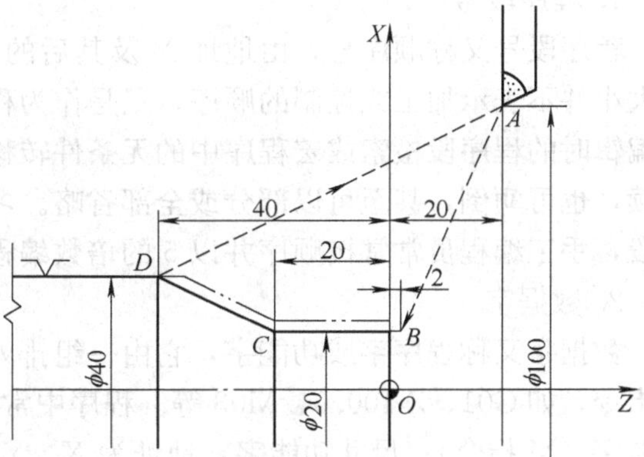

图 1-7　车削示例

O0001；　　　　　　　　（程序号）

N0001 G50 X100.0 Z20.0 ;　　　　　　　（工件坐标系设定）

N0002 G00 X20.0 Z2.0 S800 M03 T0101；（*A*→*B*）

N0003 G99 G01 Z－20.0 F0.12；　　　　（*B*→*C*）

N0004 X40.0 Z－40.0 ;　　　　　　　　（*C*→*D*）

N0005 G00 X100.0 Z20.0 M05 ;　　　　 （*D*→*A*）

N0006 M30 ;　　　　　　　　　　　　　（程序结束）

示例中，圆括号中的内容为解释说明，不作为程序的内容；G代码与M代码的定义大部分符合标准，但在FANUC系统中，用G50与G99分别代替标准中的G92与G95。程序中F0.12表示进给量0.12mm/r；S800表示主轴转速800r/min；T0101表示用01号刀具和01号刀具补偿存储器；N××××表示程序段号，程序段后的分号“;”表示程序段结束。

（一）程序的结构

一个完整的程序由程序号、程序内容和程序结束三部分组成。

1. 程序号

程序号又称程序名，置于程序的开头，用做一个具体加工程序存储、调用的标记。程序号一般由字母O、P或符号“%”后加2～4位数字组成。如O0001表示1号程序，而系统总是按4位数显示。

2. 程序内容

程序内容由许多程序段组成，记录了一个完整的加工过程，是程序运行的核心内容。

3. 程序结束

程序结束用M02或M30，编程时可以独立写成一个程序段，也可以置于最后一条工作程序段的末尾，如本例亦可写为“N0005 G00 X100.0 Z20.0 M30 ;”。

（二）程序段组成

零件的加工程序是由程序段组成，而每个程序段又是由程序段号、若干个数据字及程序段结束符号组成的。

1. 程序段号

程序段号又称顺序号，由地址N及其后的数字组成。需要说明的是，程序段号中数字的大小并不表示加工或控制的顺序，只是作为程序段的识别标记。程序段号的主要作用是程序编辑时的程序段检索或宏程序中的无条件转移。因此，在编程时，数字大小的排列可以不连续，也可颠倒，甚至可以部分或全部省略。习惯上为了便于程序检索，又便于插入新的程序段，手工编程员常常按顺序并以5的倍数编程。

2. 数据字

数据字又称程序字或功能字，它由一组排列有序的字符组成。每一个数据字表示一种功能指令，如G01、Z-100.0、M03等。程序中常用的数据字有：准备功能字（G指令）；辅助功能字（M指令）；尺寸功能字，地址为X、Y、Z、A、B、C、I、J、K、…；进给功能字（F指令）；主轴转速功能字（S功能）；刀具功能字（T指令）。此外，还包括刀具补偿号指定（用D、H）及固定循环参数指定（如P、Q、R）等。

3. 程序段结束

程序段结束符号，在程序单上常用分号“;”或星号“*”，视机床而定，甚至可以省略不写。程序输入时，在数控系统的MDI键盘上有一按键用于程序段结束，该键可能是

EOB，也可能是 LF 或其他字符，与具体数控系统有关。

（三）程序段格式

程序段格式是指程序段中的字、字符、数据的编排规则。如果书写程序的格式不符合规定，则数控系统不予接收并报警。

早期采用的固定顺序程序段格式及分隔符程序段格式，现已不用或很少使用。目前广泛采用字-地址程序段格式。

以图 1-7 所示零件程序为例，说明字-地址程序段格式的特点。其系统规定的程序段输入格式可表示为

N04 G02 X＋043 Z＋043 R043 F043 S04 T04 M02；

上述格式中，各字的第一个字符（字母）为地址。现以其中的 G02 与 X＋043 为例说明。

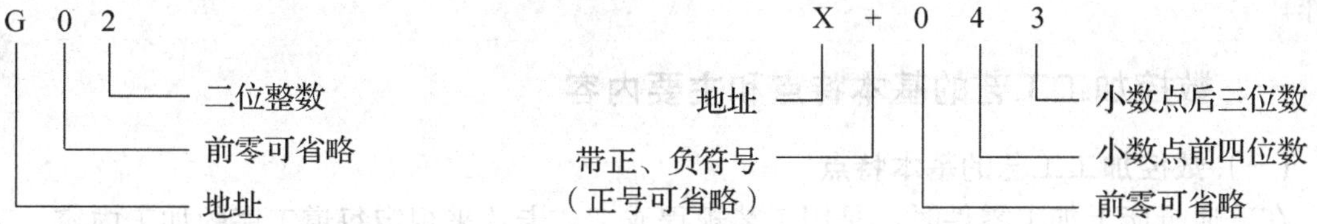

上述格式表明，输入 G 指令时，为二位整数格式，但首位为零时可以省略。如 G00 可写为 G0；G01 可写为 G1。输入 X 坐标指令时，小数点前四位数与小数点后三位数是允许的最大位数，编程时则用实际尺寸，并规定整数后必须要加小数点，以免系统误认为是脉冲当量数。如程序中 X100.0 可以写为 X100.，但不可写为 X100。其他功能字的输入格式可参考上述，其中 N04、S04、T04、M02 与 G02 意义相同；Z＋043、R043、F043 与 X＋043 意义相同。

归纳字-地址程序段格式的特点：①每个功能字是以字母打头，代表该字的地址，由于通过字母区分字的功能类型与存储单元，因而一个程序段中字的数目并不固定，对于模态指令如果前面已经有指令，就可省略不写。②每个字中数据的位数可多可少，这样就可缩短程序的长度。③除程序段号外，其余各字的顺序并不严格，可先可后。但为了编写、检查程序方便，习惯上可按 N，G，X，Y，Z，…，F，S，T，M 的顺序编程。

总之，采用字-地址程序段格式编程，可使程序简短、直观，便于程序的检查修改。

习题与思考题

1-1　通过本章学习及网络查询，你对数控编程技术的发展有何认识？

1-2　何谓数控编程？数控编程有哪些方法？如何选择？

1-3　数控编程（手工编程）主要包括哪些内容？

1-4　程序输入有哪些方式并说明各自的应用场合。

1-5　说明程序检验包括的内容和你所了解的程序检验方法。

1-6　数控机床的坐标轴与运动方向是如何规定的？

1-7　什么是准备功能指令？模态代码与非模态代码有何不同？

1-8　什么是辅助功能指令？M00、M01、M02、M30 有何区别？

1-9　简述 F、S、T 功能的含义及作用。

1-10　字-地址程序段的输入格式有哪些规定？有何特点？

第二章 程序编制中的工艺分析

第一节 数控加工工艺分析概述

无论是手工编程还是自动编程，在编程前都要对所加工的零件进行工艺分析，拟定加工方案，选择合适的夹具和刀具，确定切削用量，对数控加工中的一些工艺问题（如对刀点、换刀点、进给路线等）也要进行处理。因此，程序编制中的工艺分析是一项非常重要的工作。

一、数控加工工艺的基本特点和主要内容

（一）数控加工工艺的基本特点

在普通机床上加工零件时，是用工艺规程或工艺卡片来规定每道工序的加工内容。工艺规程通常只是一个指导性的文件，切削用量及走刀次数往往都是由操作者自行确定，工作过程在很大程度上受控于操作者。而在数控机床上加工零件时，必须由编程人员把被加工零件的全部工艺过程、工艺参数和位移数据等编制成数控加工程序，然后将程序输入数控系统。数控加工的整个过程是自动进行的，操作者一般不能在加工过程中进行干预。因此，与普通机床加工相比，虽然在工艺原则上基本相同，但数控加工又有其特点。

1. 数控加工工艺内容要求更详细、具体

在编制程序之前，需要对影响加工过程的各种工艺因素，如切削用量、进给路线、刀具的几何尺寸，甚至工步的划分等，都必须作出明确而具体的描述。不能像普通机床那样可以通过随机调整机床来处理工艺上的细节问题。

2. 数控加工工艺要求更严密、细致

如在数控车床上车内螺纹时，数控车床不知道孔中是否已充满了切屑，是否需要退刀后清理一下切屑再继续加工，而这种情况就必须由编程人员事先考虑周到，做出精心安排，否则可能会导致严重后果。

（二）数控加工工艺分析的主要内容

数控加工工艺制定或数控加工工艺分析主要包括以下内容：

1）选择适合在数控机床上加工的零件，确定数控工序的加工内容。

2）分析零件图样，进一步明确数控加工的工艺内容及技术要求。

3）制定加工方案，划分工序、工步及处理好与传统加工工序的衔接。

4）选取零件的定位基准、确定装夹方案，选择或设计夹具。处理好定位、夹紧点与刀具运动间的关系，避免刀具与夹具或工件发生碰撞。

5）选择刀具及对刀具进行编号并确定每把刀具在加工时的切削用量。

6）确定程序原点、对刀点、换刀点的位置，确定刀具走刀时的进给路线。

7）分配数控加工中的容许误差以及处理数控机床上部分工艺指令。

二、数控机床的合理选用

在数控机床上加工零件时，一般有两种情况。第一种情况：有零件图样和毛坯，要选择适合加工该零件的数控机床；第二种情况：已经有了数控机床，要选择适合在该机床上加工的零件。无论哪种情况，考虑的因素主要有，毛坯的材料和类型、零件轮廓形状复杂程度、尺寸大小、加工精度、零件数量、热处理要求等。

（一）数控机床的应用范围

数控机床的型号和规格有许多种，不同型号和规格的数控机床其性能和用途有所不同。在选择数控机床之前，应了解数控机床的类型、品种、性能、规格、特点和应用范围，以便选择最合适的数控机床。

数控车床适用于回转类的轴、套、盘类零件的加工。数控镗铣床、数控加工中心适用于箱体、箱盖、板类零件、平面凸轮等的加工。其中，立式加工中心可以用来加工叶片和模具等。卧式加工中心比立式加工中心用途更广一些，它适用于加工复杂的箱体零件、泵体、阀体等。多轴联动的数控镗铣床、加工中心，可以用来加工复杂的曲面、螺旋桨以及复杂的模具等。综上所述，适合数控机床加工的零件可分为以下三类：

1. 最适合类

加工精度要求高，形状、结构复杂，尤其是具有复杂曲线、曲面轮廓的零件，或具有不开敞内腔的箱体或壳体零件；集铣、镗、钻、铰、攻螺纹等多种工序于一体的零件。这类零件在普通机床上难以加工，即便可以加工其生产效率也极低。

2. 较适合类

价格昂贵，加工中不许报废的关键零件；用普通机床加工时，不仅生产率低，而且劳动强度大，质量难以稳定控制的零件；需要最短生产周期的急需零件；多品种、多规格、小批量生产的零件或新产品试制中的零件。

3. 不适合类

利用毛坯面作为粗基准定位进行加工，或定位完全靠人工找正的零件；必须用特定的工艺装备或依据样板、样件加工的零件；大批量生产的零件。

（二）数控机床的选用

合理选择数控机床，通常要根据被加工零件的精度、材质、形状、数量和热处理状态等因素来选择，概括起来主要考虑以下三个因素：

1）要保证加工零件的技术要求，加工出合格的产品。

2）有利于提高生产率。

3）能够降低生产成本（加工费用）。

普通机床加工零件依赖于人工控制的加工方法，零件的加工质量和产量往往受操作者的经验和加工环境的影响；数控机床加工零件是按事先编制的加工程序自动进行的，避免了操作者人为的操作误差，加工质量稳定，合格率高，同批加工的零件尺寸一致性好；专用机床适用于大批量的生产，这类机床的针对性强，加工范围小，通常只适用于加工范围变化不大的产品。图 2-1 所示为各类机床适应加工的范围，从图中可以看出，当零件不复杂、生产批量较小时，宜选用普通机床；当零件复杂程度高时，选用数控机床较为合理；当零件批量增大超出一定范围时，选用专用机床较为合理。图 2-2a 为采用数控机床与采用专用机床加工零件时的批量与成本关系图。从图中可以看出，数控机床在中、小批量的生产中有很好的经济效益；图 2-2b 为采用数控机床与采用普通机床加工零件时的批量与成本的关系图。从图中可以看出，采用数控机床加工的经济产量范围较广。

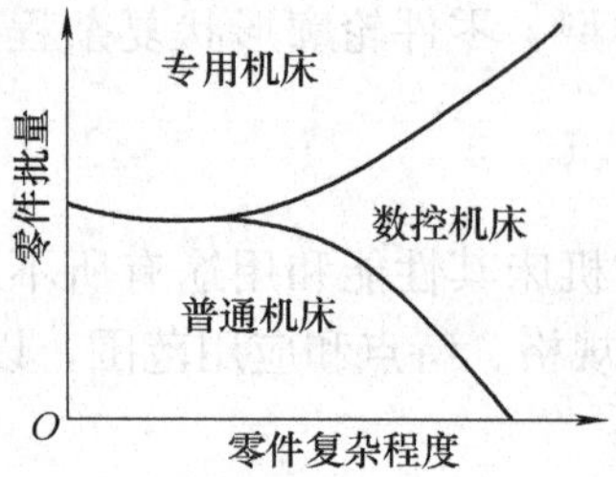

图 2-1　各类机床适应加工的范围

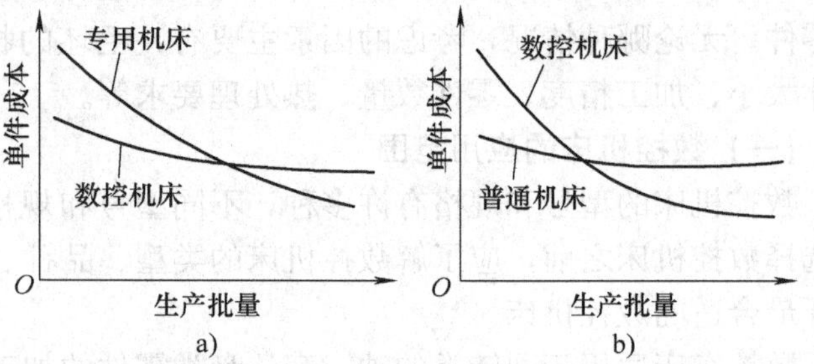

图 2-2　机床选择与单件成本的关系

三、数控加工工艺分析的一般步骤与方法

编程人员在进行数控加工工艺分析时，一般要查阅机械制造工艺设计手册、金属切削手册等资料，还应十分熟悉数控机床加工的工艺特点。为了合理制定零件的装夹方法或进行夹具设计，还应有机床夹具设计手册及机床夹具图册等。以下简要说明数控加工工艺分析的一般步骤与方法。

（一）数控加工的工艺性分析

1. 零件图样分析

（1）尺寸标注方法分析　零件图样上的尺寸标注最好选择同一基准或直接给出坐标尺寸，这种标注方法既便于编程，又有利于设计基准、工艺基准、测量基准和程序原点的统一。

（2）轮廓几何要素分析　分析零件轮廓几何元素的给定条件是否充分或是否会出现相互冲突的现象。在手工编程时要计算基点或节点坐标，在自动编程时，要对构成零件轮廓的所有几何元素进行定义。当构成零件轮廓几何条件不充分或出现相互冲突的尺寸标注时，会给数学处理带来麻烦，此时应与零件设计者协商解决。

（3）精度和表面粗糙度分析　分析本工序加工能否达到图样规定的精度和表面粗糙度要求，若达不到，是否可以通过改变工件装夹方式、增加刀具或调整切削用量加以解决，若仍达不到要求，则可增加后续加工工序，并留出必要的工序间余量。

（4）加工余量分析　零件毛坯是否有足够的加工余量以及同一批零件的余量是否均匀，因为这些都会对余量的分配及进给路线的确定产生影响。

（5）技术要求分析　分析零件材料的机械性能和热处理状态，判断其加工的难易程度，为选择刀具和确定切削用量提供依据。

2. 结构工艺性分析

零件结构工艺性是指零件结构对加工方法的适应性，即所设计的零件结构在满足使用性能的前提下应便于加工，有利于提高生产率和降低制造成本。需要说明的是，数控机床具有轨迹控制功能，许多在传统加工工艺方法中认为结构工艺性不好的零件局部结构，如在数控车削加工的零件中大量使用小圆弧结构或铣削加工零件中为节省去毛刺工序而设计的微量倒角结构，只要在数控加工时易于实现，就不再认为结构工艺性差。

在零件结构已定的情况下，还应分析零件毛坯的外形和内腔是否有影响刀具定位、运动和切削的结构，以便为刀具的选择、进给路线和程序的编制提供依据。

（二）加工方法的选择与加工方案的确定

1. 加工方法的选择

选择加工方法首先应考虑每种加工方法的经济精度、零件材料的可加工性、工件的结构特点和尺寸大小、生产类型及企业现有生产条件。其次，最重要的是零件表面的形状特征和最终技术要求。零件加工表面的技术要求是决定表面加工方法最重要的因素，但还包括因基准不重合而对某些表面需提高加工要求，以及选择作为精基准而可能对其提出更高的加工要求。在相关的工艺手册中，一般都给出了不同表面（如外圆、内孔、平面）加工可选择的加工方法、经济精度及表面粗糙度以及加工的适用范围，可在选择加工方法时参考。

2. 加工方案确定的原则

数控机床加工方案的确定包括零件的加工工序、工步及进给路线等内容。制定加工方案可遵循基面先行、先主后次、先内后外、先近后远、进给路线最短等原则。

（1）基面先行　即加工开始时，先把精基准面加工出来，作为后续加工的定位基准。如果精基面不止一个，则应该按照基面转换的顺序和逐步提高加工精度的原则来安排基面和主要表面的加工。先加工定位基准面，可减少后面工序的加工误差。如轴类零件，先加工中心孔，再以中心孔为精基准加工外圆表面和端面，中心孔可在工序间转换时反复使用。

（2）先粗后精　在切削加工时，应先安排粗加工工序，以便在较短的时间内，去除零件上大部分余量，并为精加工留出较均匀的精加工余量。若粗加工后的余量不够均匀，可以增加半精加工工序。精加工时，零件的轮廓应由最后一刀连续加工而成，尽量不要在连续的轮廓中安排切入和切出或换刀停顿，以免在光滑连续的轮廓上产生接刀痕迹。

（3）先主后次　先安排主要表面的加工，后安排次要表面的加工。主要表面是指重要的工作表面；次要表面是指键槽、紧固用的光孔和螺孔等。次要表面的加工工作量比较小，且与主要表面有相互位置的要求，因此，一般都放在主要表面加工之后进行。

（4）先内后外　对既要加工内表面（内型、腔），又要加工外表面的零件，在制定其加工方案时，通常应安排先加工内型和内腔，后加工外表面。这是因为控制内表面的尺寸和形状较困难，刀具刚性较差，刀尖（刃）的耐用度容易受到切削热影响而降低，以及在加工中清除切屑较困难等。

（5）先近后远　按加工部位相对于对刀点的距离大小，一般情况下，特别是在粗加工时，通常安排离对刀点近的部位先加工，离对刀点远的部位后加工，以便缩短刀具移动的距离，减少空行程时间。

（6）进给路线最短　确定进给路线的重点，主要是确定粗加工及空行程的进给路线，精加工的进给路线基本上是沿零件轮廓顺序进行的。在保证加工质量的前提下，使加工程序具有最短的进给路线，不仅可以节省加工程序的执行时间，还能减少不必要的刀具消耗及机床进给机构滑动部件的磨损等。

（三）工序与工步的划分

1. 工序的划分

在数控机床上加工零件，工序可以比较集中，尽可能在一次装夹中完成大部分或全部工序。首先应根据零件图样，考虑被加工零件是否可以在一台数控机床上完成整个零件的加工工作，若不能则应决定其中哪一部分在数控机床上加工，哪一部分在其他机床上加工，即对零件的加工工序进行划分。一般工序划分有以下几种方式：

（1）按零件装夹定位方式划分工序　由于每个零件的结构形状不同，各表面的技术要求也不同，故加工时其定位方式各有差异。一般加工外形时，以内形定位；加工内形时又以外形定位。因而可根据装夹定位方式的不同来划分工序。

如图 2-3 所示的片状凸轮，按定位方式可分为 3 道工序。第 1 道工序在车床以外圆表面和 B 平面定位车端面 A 和 ϕ22H7 的内孔，然后调头车端面 B；第 2 道工序在钻床上钻、铰 ϕ4H7的工艺孔；第 3 道工序以已加工过的两个孔和一个端面定位，在数控铣床上铣削凸轮外表面曲线。

（2）按粗、精加工划分工序　根据零件的加工精度、刚度和变形等因素来划分工序时，可按粗、精加工分开的原则来划分工序，即先粗加工再精加工。此时可用不同的机床或不同的刀具进行加工。通常在一次安装中，不允许将零件某一部分表面加工完毕后，再加工零件的其他表面。如图 2-4 所示的零件，可按车左端外圆及端面→车右端面及钻中心孔→粗车轮廓→精车轮廓、切槽及车螺纹来划分加工工序。将粗加工与精加工工序分开，有利于提高零件的加工精度及延长高精度机床的使用寿命。

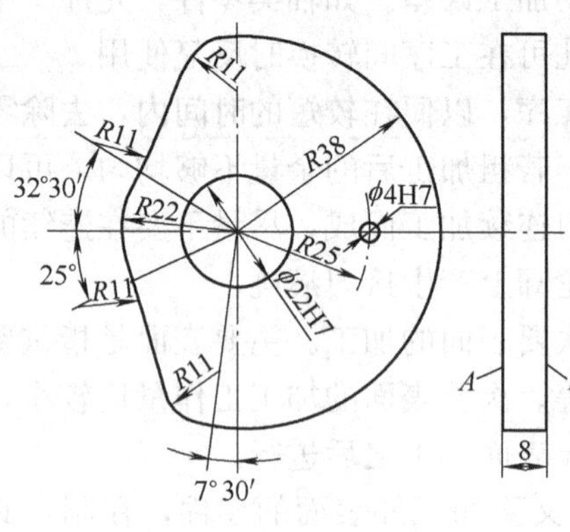

图 2-3　片状凸轮

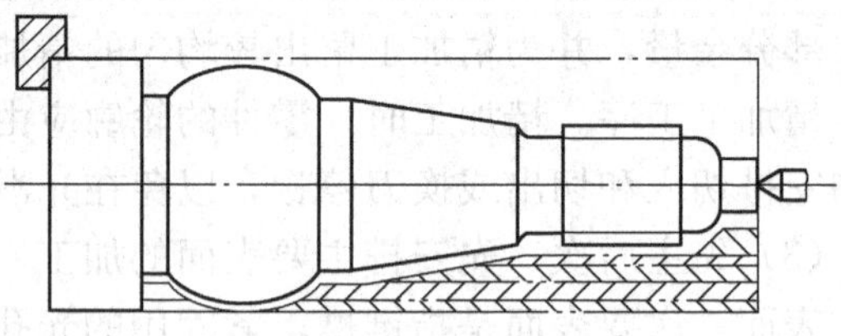

图 2-4　车削加工零件

（3）按所用刀具划分工序　为了减少换刀次数，压缩空行程时间，可按刀具集中工序的方法加工零件，即在一次装夹中，尽可能用同一把刀具加工出可能加工的所有部位，然后再换另一把刀加工其他部位。在专用数控机床和加工中心上加工常采用这种方法。

（4）按加工部位划分工序　对于加工内容较多，构成零件轮廓的表面结构差异较大的零件，可按其结构特点将加工部位分成几个部分，如内形、外形、平面、曲面等。

2. 工步的划分

为了便于分析和描述较复杂的工序，在工序内又细分为工步。合理的工步划分，不仅要保证加工出符合图样要求的工件，而且应使机床的功能得到充分的发挥。下面以加工中心为例来说明工步划分的原则。

1）对于尺寸精度要求较高的零件，其同一表面应按粗加工、半精加工、精加工的顺序依次完成；而对于位置精度要求较高的表面，其全部加工表面应按先粗后精加工分开进行。

2）对于既有铣面又有镗孔的零件，可按“先面后孔”的原则划分工步，即先铣面后镗孔。因为铣削时切削力较大，工件易发生变形。先铣面而后镗孔，使其有一段时间恢复，可减少由于变形引起的对孔的精度的影响，从而提高孔的加工精度。反之，若先镗孔后铣面，则由于铣削时在孔口极易产生飞边、毛刺，导致孔的精度下降。

3）按所用刀具划分工步。某些机床工作台回转时间比换刀时间短，可采用按刀具划分工步，以减少换刀次数，提高加工效率。

总之，工序与工步的划分要根据具体零件的结构特点、工艺性、技术要求及机床的功能等实际情况综合考虑。

（四）零件的安装与夹具的选择

1. 定位安装的基本原则

在数控机床上加工零件时，定位安装的基本原则是合理选择定位基准和夹紧方案。在选择时应注意下列几点：

1）力求设计、工艺与编程计算的基准统一。

2）尽量减少装夹次数。尽可能在一次定位装夹后，加工出全部待加工表面。

3）避免采用占机人工调整式加工方案，以充分发挥数控机床的效能。

2. 选择夹具的基本原则

数控加工的特点对夹具提出了两个基本要求：一个是要保证夹具的坐标方向与机床的坐标方向相对固定；另一个是要协调零件和机床坐标系的尺寸关系。除此之外，还要考虑以下几点：

1）当零件加工批量不大时，应尽量采用组合夹具、可调式夹具及其他通用夹具，以缩短生产准备时间、节省生产费用。

2）在成批生产时才考虑采用专用夹具，并力求结构简单。

3）零件的装卸要快速、方便、可靠，以缩短机床的停顿时间。

4）夹具上各零部件应不妨碍机床对零件各表面的加工。即夹具要开敞，夹具的定位、夹紧机构元件不能影响加工中的进给（如产生碰撞等）。

（五）刀具的选择与切削用量的确定

1. 刀具的选择

与普通机床加工方法相比，数控加工对刀具提出了更高的要求。不仅要求精度高、刚度好、耐用度高，而且要求尺寸稳定、安装调整方便、断屑和排屑性能好。这就要求采用优质材料制造数控加工刀具，并优选刀具参数。

一般优先采用标准刀具，这对 CAD/CAM 软件编程至关重要；必要时也可采用各种高生产率的复合刀具及其他一些专用刀具，多在大批量生产方式时选用。此外，应结合实际情况，尽可能选用各种先进刀具，如可转位刀具，整体硬质合金刀具、陶瓷刀具等。刀具的类型、规格和精度等级应符合加工要求，刀具材料应与工件材料相适应。

在刀具性能上，选择数控机床加工刀具时，重点应考虑以下几个方面：

（1）切削性能好　为适应刀具在粗加工或对难加工材料的工件加工时能采用大的背吃刀量和高速进给，刀具必须具有能够承受高速切削和强力切削的性能。同时，同一批刀具在切削性能和刀具寿命方面一定要稳定，以便实现按刀具使用寿命换刀或由数控系统对刀具寿命进行管理。

（2）精度高　为适应数控加工的高精度和自动换刀等要求，刀具必须具有较高的精度。如有的整体式立铣刀的径向尺寸精度高达0.005mm。

（3）可靠性高　要保证数控加工过程中不会发生刀具意外损坏及潜在缺陷而影响到加工的顺利进行，要求刀具及与之组合的附件必须具有很好的可靠性及较强的适应性。

（4）耐用度高　数控加工的刀具，不论在粗加工或精加工中，都应具有比普通机床加工所用刀具更高的耐用度，以尽量减少更换或修磨刀具及对刀的次数，从而提高数控机床的加工效率及保证加工质量。

（5）断屑及排屑性能好　数控加工中，断屑和排屑不像普通机床加工那样，能及时由人工处理。切屑易缠绕在刀具和工件上，会损坏刀具和划伤工件已加工表面，甚至会发生伤人和设备事故，影响加工质量和机床的安全运行，所以要求刀具应具有较好的断屑和排屑性能。

在选择好刀具后，要把刀具的名称、规格、代号以及要加工的部位记录下来，并填入相应的工艺文件中，供编程时使用。

2. 切削用量的确定

数控加工切削用量包括主轴转速n（切削速度v_c）、背吃刀量a_p和进给量f（或进给速度v_f）。其确定原则与普通机床加工相似，对于不同的加工方法，需要选择不同的切削用量，并编入程序单内。

合理选择切削用量的原则是：粗加工时，一般以提高生产率为主，但也应考虑经济性和加工成本；半精加工和精加工时，应在保证加工质量的前提下，兼顾切削效率、经济性和加工成本。具体数值应根据机床说明书、参考切削用量手册，并结合经验而定。

（1）确定背吃刀量a_p（mm）　主要依据机床、夹具、刀具和工件的刚度来决定。在刚度允许的情况下，a_p相当于加工余量，应以最少的进给次数切除这一加工余量，最好一次切净余量，以便提高生产效率。但为了保证加工精度和表面粗糙度，一般都要留一点余量最后精加工。在数控机床上，精加工余量可小于普通机床，一般可取0.2～0.5mm。

（2）确定主轴转速n（r/min）　主要根据允许的切削速度v_c（m/min）选取

$$n = 1000v_c/(\pi d)$$

式中，v_c为切削速度；d为工件或刀具直径（mm）。

切削速度高，也能提高生产率，但应首先考虑采用尽可能大的背吃刀量来提高生产率，因为切削速度v_c与刀具耐用度关系密切，随着v_c的加大，刀具耐用度将急剧降低，故v_c的选择主要取决于刀具耐用度。

主轴转速n要根据计算值在程序中给予规定。有的数控机床控制面板上备有转数倍率开关，可由操作者根据具体情况随时调整主轴转速。

（3）进给量f（或进给速度v_f）（mm/r或mm/min）的选择　进给量或进给速度是数控机床切削用量中的重要参数，主要根据零件的加工精度和表面粗糙度要求以及刀具、工件的材料性质选取。当加工精度要求高，表面粗糙度数值小时，进给量数值应选小些，一般在20～50mm/min范围内选取。最大进给量则受机床刚度和进给系统的性能限制，并与脉冲当量有关。

（六）程序原点、对刀点、换刀点位置的选择

1. 程序原点的选择

数控编程时，需要在零件图样上建立一个编程坐标系（工件坐标系），用于确定刀具在编程坐标系中的坐标位置，编程坐标系的原点称为程序原点（工件零点）。程序原点的选择要尽量满足编程简单、尺寸换算少、引起的加工误差小等条件。因此，一般情况下程序原点应选择在尺寸标注的设计基准或定位基准上，具体的选择原则将在相关的章节中进行讨论。

2. 对刀点与对刀基准

为了确定刀具与工件坐标系之间的位置关系，操作人员在运行程序前，需进行对刀操作，其目的是使机床上建立的工件坐标系与零件图样上指定的编程坐标系在方向和位置上完全重合一致。此后，数控加工过程才能正常进行。

（1）对刀点　在传统的数控编程概念中，对刀点通常是指刀具相对于工件的运动起点，又称为起刀点。这主要是由于早期的数控机床编程，必须使用 G92（对于 FANUC 数控铣床）或 G50（对于 FANUC 数控车床）来设定工件坐标系。如图 2-5 所示，对刀点在工件外是一个固定的位置，通过对刀操作使刀具定位到该点后再执行程序，就可将刀具起始位置预置寄存到数控系统内，从而在机床上建立一个工件坐标系，使数控加工得以正常进行。由于近年来绝大多数编程人员和机床操作人员已不再用该指令来设置工件坐标系，而使用 G54～G59 来选择预先存储的工件坐标系，因此此处不再就对刀点的选择问题进行深入讨论。

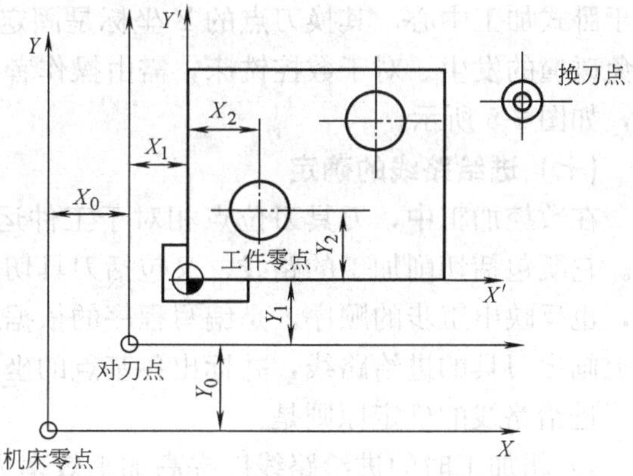

图 2-5　对刀点与换刀点的设定

（2）对刀基准　对刀基准是确定工件零点在机床坐标系的位置或对刀点相对于工件零点的位置时所依据的基准。在图 2-5 中，前者可用（X_0+X_1，Y_0+Y_1）表示，后者可用（$-X_1$，$-Y_1$）表示。现代数控机床大多都使用 G54～G59 来设定工件坐标系，此时必须通过对刀操作找到工件零点在机床坐标系中的坐标位置。对刀操作时测量工具或刀具的切削刃需与工件或夹具上某些特定部位接触。可以选择工件上的基准孔、基准面，如果使用夹具也可以选择夹具上相应的定位元件作为对刀基准；还可选择工件之外夹具的某一位置（如对刀元件或自定心卡盘前端面）作为对刀基准，但这些位置必须与零件的定位基准有一定的尺寸关系且有较高的加工精度。

（3）刀具的刀位点　刀位点一般是指刀具切刃处一个特定的位置，用该点的运动轨迹来描述刀具的运动，因此也有资料将刀位轨迹上各运动段间的连接点称为刀位点。为了便于测量，通常将车刀、镗刀的刀尖；钻头的钻尖；立铣刀、端铣刀刀头底面的中心指定为刀位点；为了便于计算，将球头铣刀的球头中心指定为刀位点。图 2-6 所示为常用刀具刀位点的

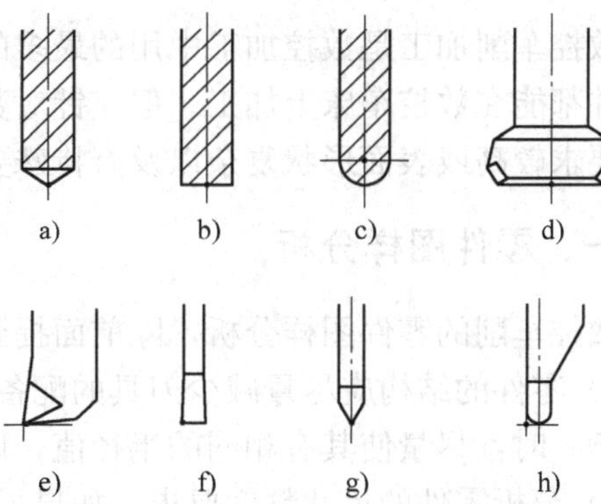

图 2-6　常用刀具刀位点位置的选择

a）钻头　b）立铣刀　c）球头铣刀　d）面铣刀
e）外圆车刀　f）切槽刀　g）螺纹车刀　h）成形车刀

位置，可供参考。对刀操作时，所谓刀具在工件坐标系中的坐标位置，即指刀具上刀位点在工件坐标系中的坐标位置。对刀操作的实质，对于早期的编程方法，就是将刀位点置于对刀点上；对于使用G54～G59的编程方法，就是确定工件零点在机床坐标系中的坐标位置。

3. 换刀点位置的选择

在数控车床上，换刀点就是刀架转位换刀的位置，原则上可以选择工件之外的任意位置，但为避免与工件、夹具和机床发生干涉，应将其选择在距工件足够远的安全位置。对于立式加工中心，不管是有机械手换刀还是无机械手换刀，其换刀点的Z轴坐标是固定的，对于卧式加工中心，其换刀点的Y坐标是固定的。在自动换刀时，应考虑刀具的交换空间，避免碰撞的发生。对于数控铣床，需由操作者手动换刀，应使刀具处于有利于手动换刀的位置，如图2-5所示。

（七）进给路线的确定

在数控加工中，刀具刀位点相对于工件运动的轨迹和方向称为进给路线，也称走刀路线。它既包括切削加工的路线，又包括刀具切入、切出的空行程路线。不但包括了工步的内容，也反映出工步的顺序，是编写程序的依据之一。因此，手工编程时很多人习惯于在工序图上画出刀具的进给路线，并标出各基点的坐标值，这可为编程带来很大方便。

进给路线的确定原则是：

1）粗加工时的进给路线以提高加工效率为主，尽可能缩短粗加工时间，尽量使切削负荷均匀，避免刀具陷入窄槽中，以防刀具折断，为精加工所留余量要各处均匀。

2）精加工的进给路线应尽可能连续，以减小驻刀痕迹，在保证被加工零件的精度和表面质量前提下兼顾效率。

3）便于编程计算，以减少编程计算工作量。

4）安排好进、退刀的进给路线。

5）减少空走刀和尽可能使刀具在切削期间处于满负荷的工作状态。

6）对点位控制的数控机床，一般应按空程最短来安排进给路线。

第二节　数控车削加工的工艺分析

数控车削加工是数控加工中用的最多的加工方法之一。凡是能在数控车床上装夹的回转体零件都能在数控车床上加工。但应针对数控车削加工的特点，选择那些尺寸、形状和位置精度要求较高或表面形状复杂以及有特殊要求在普通车床上难以完成加工的零件。

一、零件图样分析

数控车削的零件图样分析，除前面提到的分析原则，还应注意以下几点：

1）零件的结构应尽量减少刀具的配备数量。如零件上多处有小圆弧槽（代替传统的直退刀槽）时，尽量使其有相同的半径值，以便选择等半径的圆弧车刀。

2）分析零件的尺寸精度要求。如果尺寸精度要求很高，难以通过精车达到图样尺寸要求时，应增加磨削等工序，则本工序要留出磨削余量。

3）找出图样上位置精度要求较高的表面，这些表面应在一次装夹下完成加工。

4）找出表面粗糙度要求较高的圆锥表面或端平面，这些表面在加工时宜采用恒线速度切削功能，以获得较一致的表面粗糙度。

二、合理划分加工工序

在数控车床上加工零件，应按工序集中的原则划分工序，在一次装夹下尽可能完成大部分或全部表面的加工。根据零件的结构形状不同，通常选择外圆、端面或内孔、端面装夹，并力求设计基准、工艺基准和程序原点的统一。在批量生产中，常用下列两种方法划分工序：

1. 按零件加工表面划分工序

将位置精度要求较高的表面安排在一次安装下完成，以免多次安装所产生的安装误差影响位置精度。如图 2-7 所示的轴承内圈，其内孔对小端面的垂直度、滚道和大挡边对内孔回转中心的角度差以及滚道与内孔间的壁厚差均有严格要求，精加工时划分成两道工序，用两台数控车床完成。第一道工序采用图 2-7a 所示的以大端面和大外径装夹的方案，将滚道、小端面及内孔等安排在一次安装下车出，很容易保证上述的位置精度。第二道工序采用图 2-7b 所示的以内孔和小端面装夹方案，车削大外圆和大端面。

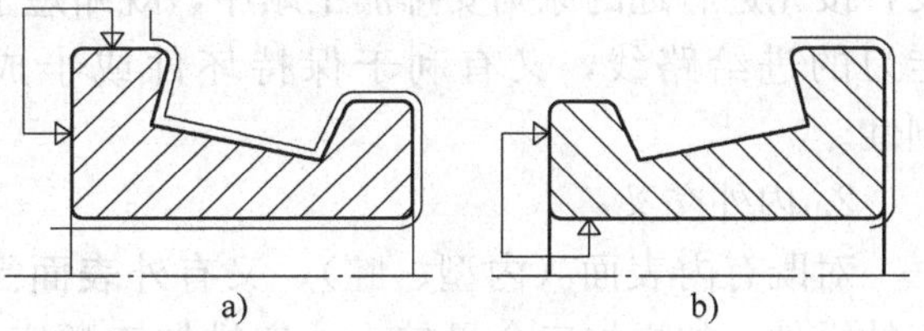

图 2-7　轴承内圈加工方案

2. 按粗、精加工划分工序

对毛坯余量较大和加工精度要求较高的零件，应将粗车和精车分开，划分成两道或更多的工序。将粗车安排在精度较低、功率较大的数控车床上，将精车安排在精度较高的数控车床上。如图 2-7 所示的轴承内圈即可按粗、精加工划分工序。

三、确定零件的装夹方式

在数控车床上加工零件，常用的定位、装夹方法与零件的形状有关。

1. 采用三爪自定心卡盘装夹

数控车床多采用液压高速动力卡盘，适用于短轴或盘套类零件的直接装夹。这种方法装夹工件方便、省时，自动定心好，但夹紧力较小，适用于中、小型的工件。当装夹直径较大的盘类零件时，可以采用反爪。

2. 采用卡盘和顶尖装夹

当轴类零件的质量较大时常采用这种装夹方法。采用的数控顶尖，具有回转精度高、转速快、承载能力大的优点。可以利用零件一端上的台阶或在卡盘内安装限位支承的方法实现零件的轴向定位。采用这种装夹方法，工件刚性较好，轴向定位准确，能承受较大的轴向切削力，比较安全。

3. 在两顶尖之间装夹

轴类零件的长度尺寸较大或加工工序较多时，为了使各工序基准统一，常采用这种装夹方法。为了改善细长轴受力变形情况，提高零件的加工精度，数控车床还可配备数控自动定心中心架。

4. 工件采用心轴定位

心轴有刚性心轴和具有自动定心机构的心轴两种，用于套类零件以孔中心线作为定位基准的定位夹紧。具有小锥度的圆锥心轴是依靠工件楔紧在心轴上的摩擦力带动工件，因轴向无法精确定位，在数控车床上不宜采用。

四、加工顺序的确定

除按先粗后精确定加工顺序外，还应运用先近后远、内外交叉等原则。

1. 先近后远

如图 2-8 所示的台阶轴，车削时可按 ϕ28mm→ϕ32mm→ϕ36mm 的顺序安排走刀。刀具从对刀点出发，按先近后远的原则安排加工顺序，既缩短了刀具走刀的进给路线，又有利于保持坯件或半成品的刚性。

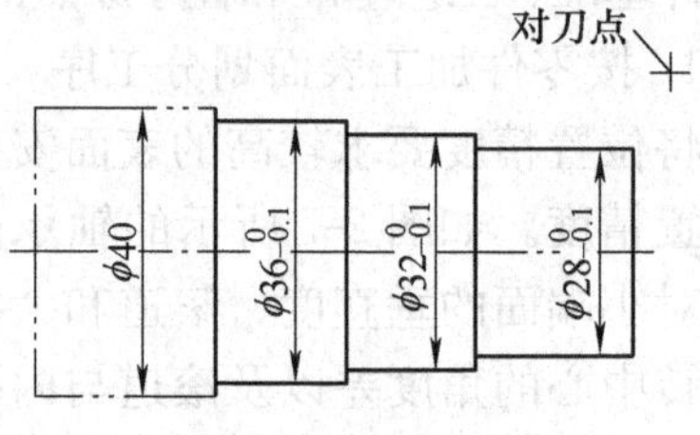

图 2-8 先近后远示例

2. 内外交叉

对既有内表面（内型、腔），又有外表面需要加工的零件，如果加工余量较大，安排加工顺序时，应内外表面粗加工完成后，再进行精加工。切不可将零件上一部分表面加工完毕后，再加工其他表面。

五、进给路线的确定

确定车削加工的进给路线，除应选择好对刀点、换刀点、刀具的切入、切出点的位置外，还应注意以下问题：

1. 正确选择固定循环功能及循环起点

现代数控车床都配备了丰富的固定循环功能，对零件上的内外圆柱面、圆锥面、端面及螺纹等，一般利用固定循环功能即可完成车削加工。但若选择不当或处理不好会使走刀时间延长，增加零件加工的时间。

以使用外径、内径切削循环 G90 功能车削如图 2-9 所示零件为例，刀具从循环起点 A 出发按路径①→②→③→④走刀后又回到循环起点。其中，刀具路径中的①、④段为快速移动，②、③段为切削进给。如果第 1 次循环完成后，不调整循环起点的位置而继续进行循环加工，则每次刀具切完外圆后，都要以切削进给的速度退刀至图中 D 点后，再快速返回到循环起点，使切削时间延长。为了减少退刀时间，可在每次车削循环完成后，调整一下循环起点的位置，以减少运动段③的走刀时间。另外，循环起点在工件的轴线方向上，不应距工件右端面太远，一般以相距 1～2mm 为宜。

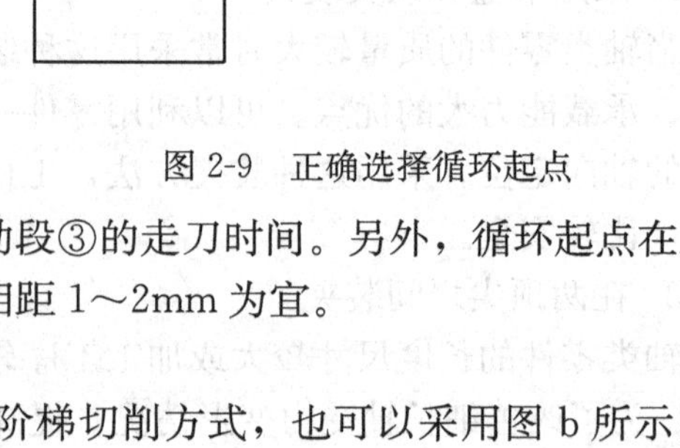

图 2-9 正确选择循环起点

2. 阶梯切削与仿形切削

如图 2-10 所示的零件，可以采用图 a 所示的阶梯切削方式，也可以采用图 b 所示的仿形切削方式。一般，采用阶梯方式不仅编程计算较简单，而且进给路线总长度也较短。按阶梯切削完成后，为清除掉锯齿形的粗切表面，可安排车刀再沿工件表面走一刀。也可采用刀具到达每层终点后，沿工件表面继续进给清除掉本层锯齿形余量后再返回。

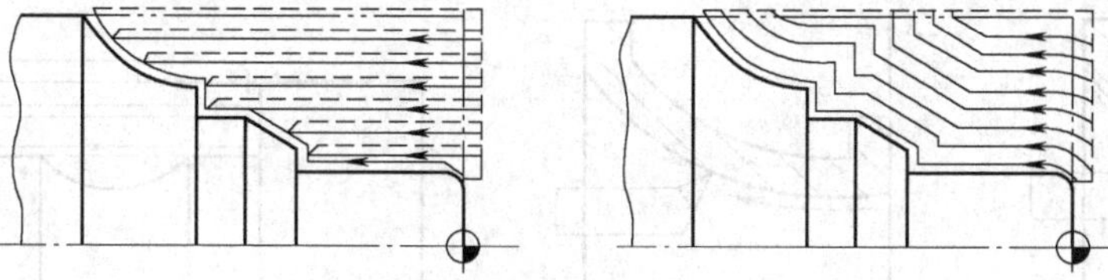

图 2-10　阶梯切削与仿形切削

3. 保证加工余量在刀具的有效切削刃范围内

如图 2-11 所示的零件，若刀具按单向进给走刀，则当刀具运动至接近终点时，必然引起切削深度猛然增加，因此，合理的进给路线应采用双向走刀。这种情况在采用铸、锻件为毛坯的阶梯轴加工时也会出现，在安排进给路线时必须认真对待。

4. 安排分层切削时的层层退刀

如图 2-12 所示零件外圆表面的切除余量较大，需采用多次分层的方法完成总余量的切除。当使用主偏角为 90°的左偏刀加工时，则从第二刀开始，为防止刀具切削至终点时，主切削刃可能受到瞬时的重负荷冲击，安排层层递退的进给方案是必要的。即后面加工每刀的切削终点相对于前一次车削依次提前一小段距离 e（例如可取 $e=0.05\text{mm}$）。经验表明，这对延长粗加工刀具的寿命是有利的。

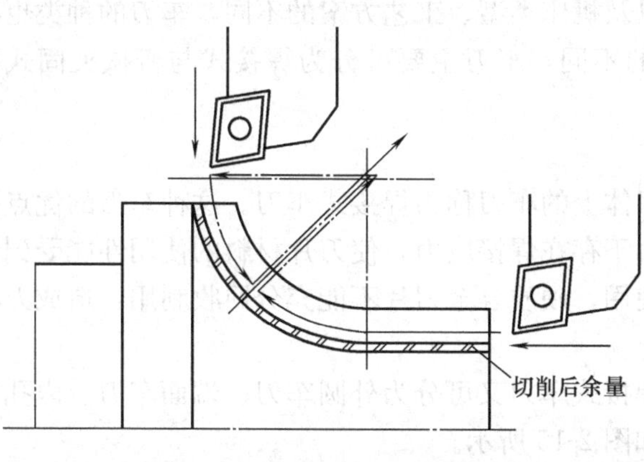

图 2-11　双向走刀的进给路线

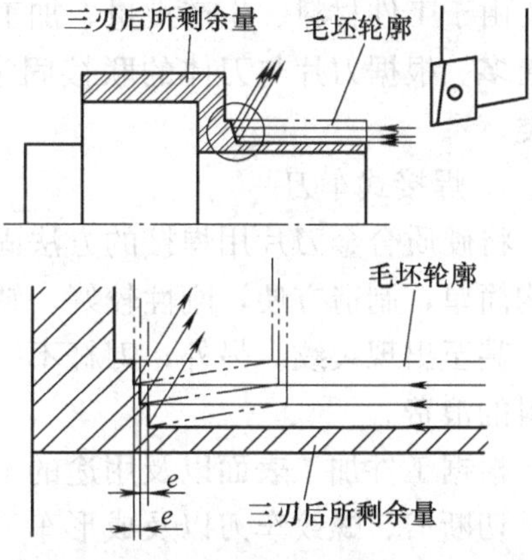

图 2-12　分层切削时刀具的终止位置

5. 避免扎刀现象发生的进给路线

如图 2-13 所示零件的车削加工，如按图 a 所示的进给路线车削内弧面（刀具由右至左），因刀具刀尖处有较大的主偏角，当刀具移动至圆弧过象限点附近时，X 轴方向的切削分力 F_x 是指向工件材料内部的，有可能使车刀嵌入零件表面，即可能产生扎刀现象，严重时可能会损坏工件。此时，若按图 b 安排进给路线（刀具由左至右），即可避免扎刀现象的发生。

6. 先清除大部分余量后再清除局部余量

如图 2-14 所示的零件，开始安排粗车进给路线时，先不安排弧面的粗车加工，按图中虚线连接圆弧端点完成整体粗车后，再安排局部圆弧段的粗车加工。也有零件的外形尺寸不是沿零件轴线方向单调变化时，应先按单调变化完成粗车，再对局部未切除部分安排加工。

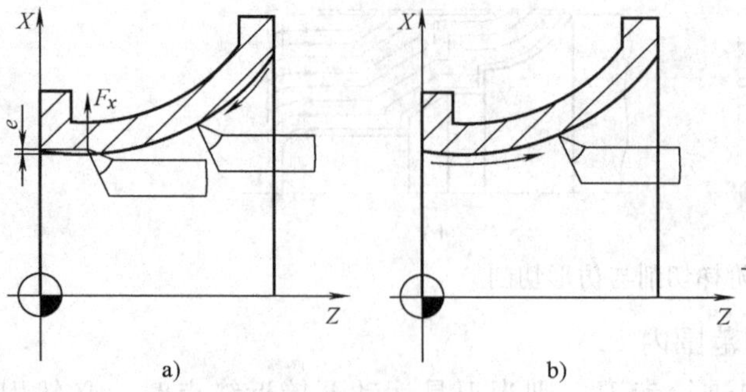

图 2-13　内弧面车削的进给路线

a）不合理的进给方向　b）合理的进给方向

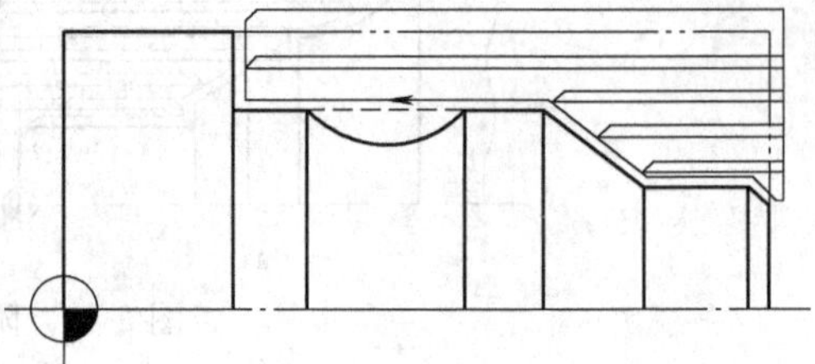

图 2-14　先整体后局部的粗车进给

六、刀具的选择

与传统的车削方法相比，数控车削对刀具的要求更高。不仅要求精度高、刚度好、耐用度高、而且要求尺寸稳定、安装调整方便。这就要求采用新型优质材料制造数控加工刀具，并优选刀具参数。

（一）车刀和刀片的种类

由于工件材料、生产批量、加工精度以及机床类型、工艺方案的不同，车刀的种类也异常繁多。根据刀片与刀体的联接固定方式的不同，车刀主要可分为焊接式与机械夹固式两大类。

1. 焊接式车刀

将硬质合金刀片用焊接的方法固定在刀体上的车刀称为焊接式车刀。这种车刀的优点是结构简单，制造方便，刚性较好。缺点是由于存在焊接应力，使刀片材料的使用性能受到影响，甚至出现裂纹。另外，刀杆不能重复使用，硬质合金刀片不能充分回收利用，造成刀具材料的浪费。

根据工件加工表面以及用途的不同，焊接式车刀又可分为外圆车刀、端面车刀、内孔车刀、切断刀、螺纹车刀以及成形车刀等，如图 2-15 所示。

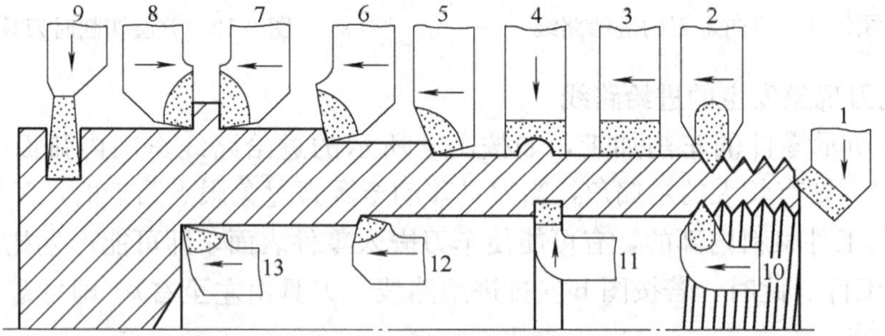

图 2-15　焊接式车刀的种类

1—端面车刀　2—外螺纹车刀　3—宽刃精车刀　4—成形车刀　5—直头车刀
6—弯头车刀　7—90°左偏刀　8—90°右偏刀　9—切断刀
10—内螺纹车刀　11—内槽车刀　12—通孔车刀　13—盲孔车刀

2. 机夹可转位车刀

如图 2-16 所示，机械夹固式可转位车刀由刀杆、刀片、刀垫及夹紧元件等组成，刀片的夹紧有多种方式，图中采用上压式结构。刀片每边都有切削刃，当某切削刃磨损钝化后，只需松开夹紧元件，将刀片转一个位置即可继续使用。

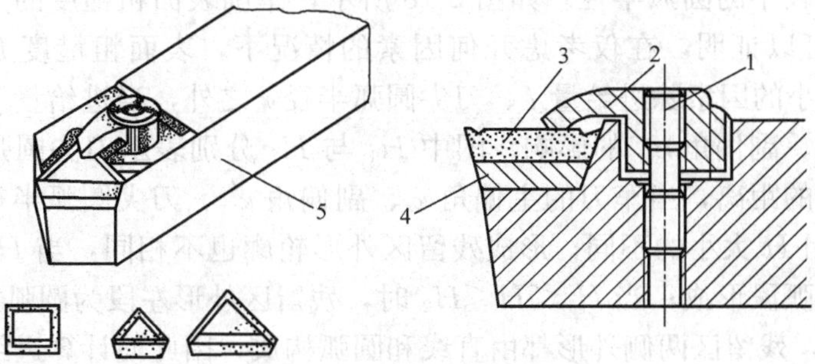

图 2-16 机夹可转位车刀

1—夹紧螺钉 2—夹紧块 3—刀片 4—刀垫 5—刀杆

（二）车刀类型和刀片的选择

1. 数控车削常用刀具的类型

数控车削常用的车刀一般分为三类，即尖形车刀、圆弧车刀和成形车刀。

2. 机夹可转位车刀的选用

为了减少换刀时间和方便对刀，便于实现机械加工的标准化，数控车削加工时应尽量采用机夹刀和机夹刀片。

（1）刀片材质的选择 车刀刀片的材料主要有高速钢、硬质合金、涂层硬质合金、陶瓷、立方氮化硼和金刚石等。其中应用最多的是硬质合金和涂层硬质合金刀片。选择刀片材质，主要依据被加工工件的材料、被加工表面的精度、表面质量要求、切削载荷的大小以及切削过程中有无冲击和振动等。

（2）刀片尺寸的选择 刀片尺寸由刀片边长及切削刃长决定。选取时应根据车削时的背吃刀量 a_p 和车刀的主偏角 κ_r 计算出刀片的有效切削刃长度 L，以此确定刀片的尺寸。

（3）刀片形状的选择 刀片形状主要依据被加工工件的表面形状、切削方法、刀具寿命和刀片的转位次数等因素选择。常用的刀片形状有三角形、正方形、菱形以及圆形等。按照国际标准 ISO1832—1985，可转位刀片的代码表示方法是由 10 位字符串组成的，其代码表示中，用第一位表示刀片的几何形状及夹角，如刀尖角为 55°的菱形刀片用 D 表示；方形刀片用 S 表示；圆形刀片用 R 表示；三角形刀片用 T 表示。另外，刀片的刀尖角度对加工性能有明显的影响，其刀尖角度与加工性能的关系如图 2-17 所示。

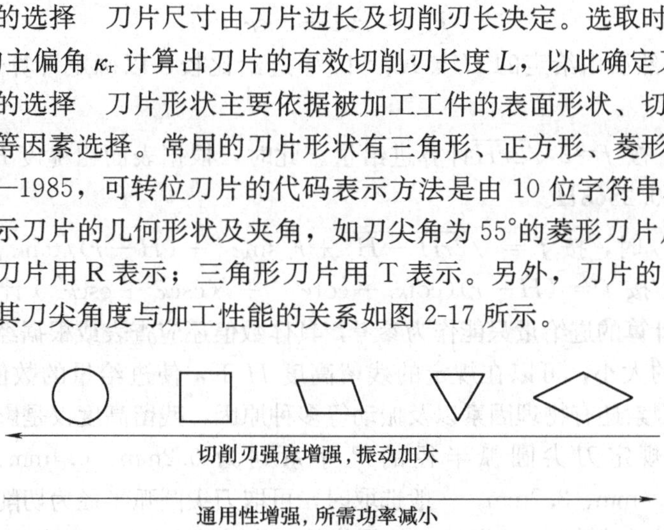

图 2-17 刀尖角度与加工性能的关系

(4) 刀片刀尖半径的选择　刀尖圆弧半径的大小直接影响刀尖的强度和被加工零件的表面粗糙度。刀尖圆弧半径增大，则可增加刀刃的强度并使刀具前后刀面磨损减少，还可使表面粗糙度值减小，但会使切削力增大且易产生振动，切削性能变坏。一般在要求刀刃强度高的大直径零件粗车加工中，选用较大的刀尖圆弧半径，而在细长轴类零件精车加工或机床刚度较差时，可选用较小的圆弧半径。如图 2-18 所示，车削表面粗糙度的大小主要与残留面积高度 H 相关，可以证明，在仅考虑几何因素的情况下，表面粗糙度 R_a 的值约为 H 的 1/4。而影响 H 大小的因素除进给量 f、刀尖圆弧半径 r 之外，当进给量 f 较大时，还可能受到车刀主偏角 κ_r、副偏角 κ'_r 的影响。图中 H_1 与 H_2 分别表示刀尖圆弧与两切刃直线段的切点到圆弧顶点的距离，当车刀的主偏角 κ_r、副偏角 κ'_r、刀尖圆弧半径 r 以及残留面积高度 H 确定后，因 H 大小的不同，形成残留区外形轮廓也不相同，当 $H<H_1$ 时，残留区外形完全由刀尖圆弧段形成；当 $H_1 \leqslant H \leqslant H_2$ 时，残留区外形左段为圆弧加直线、右段为圆弧；当 $H>H_2$ 时，残留区两侧外形都由直线和圆弧构成，因此使计算进给量 f 的公式必须分段进行。

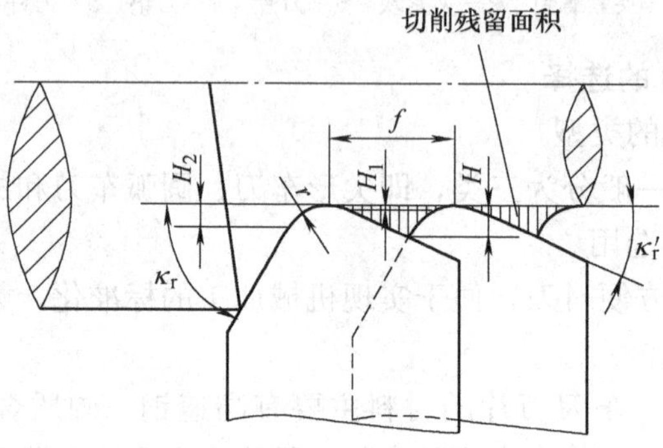

图 2-18　车外圆时影响表面粗糙度的几何因素

首先由

$$H_1 = r(1-\cos\kappa'_r)$$
$$H_2 = r(1-\cos\kappa_r)$$

计算出 H_1 和 H_2，然后由给定的 H 与 H_1 和 H_2 进给比较，以确定计算进给量 f 时使用的公式。

当 $H<H_1$ 时，按 $f=2\sqrt{2rH}$ 计算进给量。此时，根据表面粗糙度 R_a 的定义，可确定 $R_a=0.0321f^2/r=0.2568H$。

当 $H_1 \leqslant H \leqslant H_2$ 时，按 $f=\sqrt{2rH-H^2}+r/\sin\kappa'_r+(H-r)/\tan\kappa'_r$ 计算进给量；

当 $H>H_2$ 时，按 $f=(H-r)(\cot\kappa_r+\cot\kappa'_r)+r(\csc\kappa_r+\csc\kappa'_r)$ 计算进给量。

虽然用此方法计算的进给量只能作为参考，具体数值还应查表或根据经验确定，但通过调整刀尖圆弧半径 r 的大小，可以在规定的残留高度 H 下，使进给量的数值趋向合理。另外，影响表面粗糙度的因素还有物理因素以及振动等多种原因，残留高度仅是影响因素之一。

GB2077—1987 规定刀尖圆弧半径的尺寸系列为 0.2mm、0.4mm、0.8mm、1.2mm、1.6mm、2.0mm、2.4mm、3.2mm。一般选取时，可取刀尖圆弧半径为切削进给量的 2～3 倍。

编程人员在制定车削加工工艺时，必须依据切削条件对刀片作出正确的选择。图 2-19 给出了车削用可转位刀片代码，可供选择刀片型号时参考。

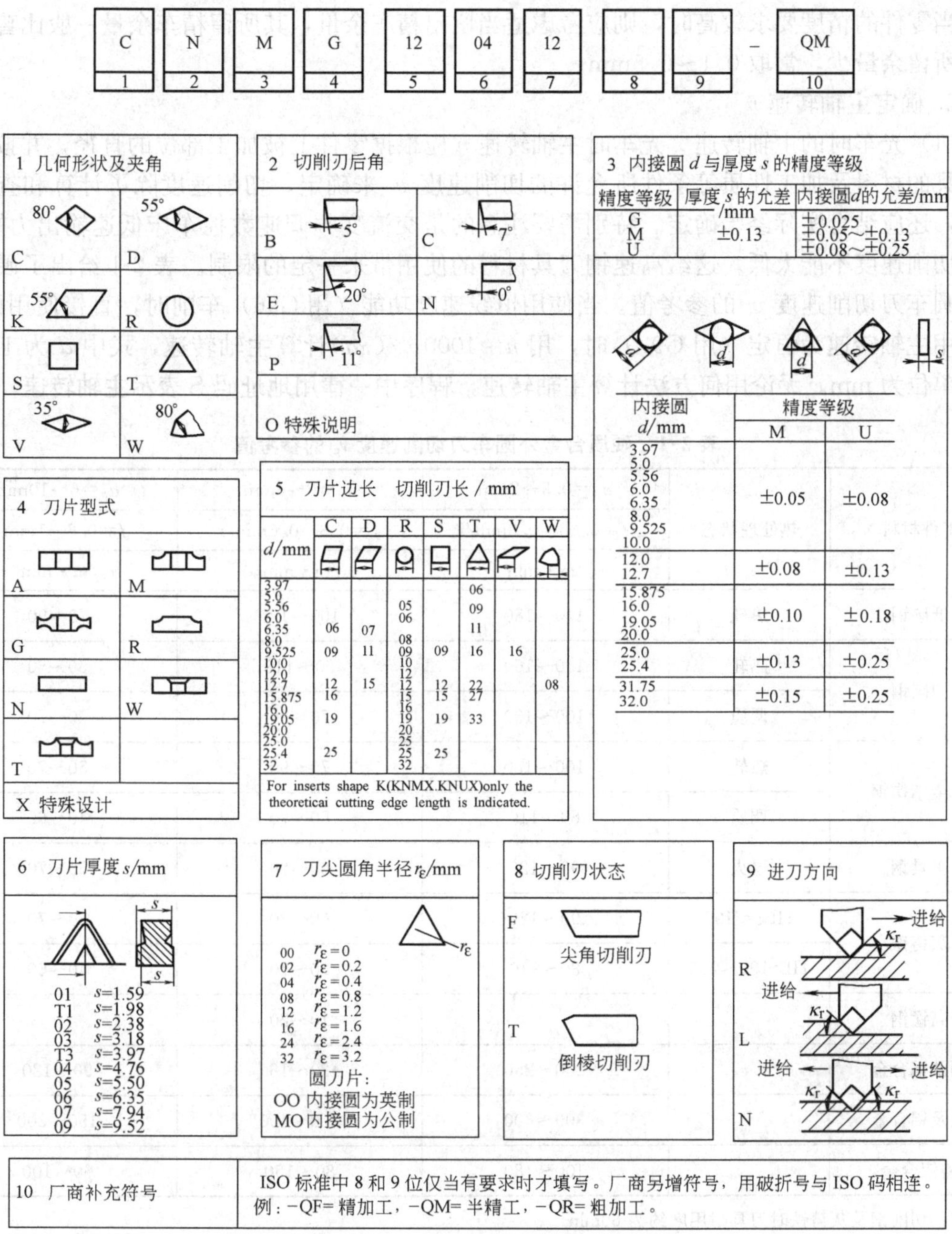

图 2-19 车削用可转位刀片代码

七、切削用量的确定

数控车床加工中的切削用量包括：背吃刀量 a_p、主轴转速 n 或切削速度 v_c（用于恒线速度切削）、进给速度 v_f 或进给量 f。在依据切削用量手册确定切削用量之前，首先应依据机床说明书确定该机床允许的切削用量范围。

1. 确定背吃刀量 a_p

在工艺系统刚性和机床功率允许的条件下，尽可能选取较大的背吃刀量，以减少进给次数。当零件的精度要求较高时，则应考虑适当留出精车余量，其所留精车余量一般比普通车削时所留余量少，常取 0.1～0.5mm。

2. 确定主轴转速 n

（1）光车时的主轴转速　光车时主轴转速 n 应根据零件上被加工部位的直径，并按零件和刀具的材料及加工性质等条件所允许的切削速度 v_c 来确定。切削速度除了计算和查表选取外，还应结合实际经验确定。特别需要注意的是交流变频调速数控车床低速输出力矩小，因而切削速度不能太低，这给高速钢刀具材料的使用带来一定的限制。表 2-1 给出了硬质合金外圆车刀切削速度 v_c 的参考值。当使用恒线速度功能（用 G96）车削时，直接使用此值。当使用主轴转速为恒定（用 G97）时，用 $n=1000v_c/(\pi d)$ 计算主轴转速，式中 d 为工件直径，单位为 mm。无论用何方法计算主轴转速，程序中一律用地址码 S 表示主轴转速。

表 2-1　硬质合金外圆车刀切削速度 v_c 的参考值

工件材料	热处理状态	$a_p=0.3\sim2$mm	$a_p=2\sim6$mm	$a_p=6\sim10$mm
		$f=0.08\sim0.3$mm/r	$f=0.3\sim0.6$mm/r	$f=0.6\sim1$mm/r
		$v_c/\text{m}\cdot\text{min}^{-1}$	$v_c/\text{m}\cdot\text{min}^{-1}$	$v_c/\text{m}\cdot\text{min}^{-1}$
低碳钢	热轧	140～180	100～120	70～90
中碳钢	热轧	130～160	90～110	60～80
	调质	100～130	70～90	50～70
合金结构钢	热轧	100～130	70～90	50～70
	调质	80～110	50～70	40～60
工具钢	退火	90～120	60～80	50～70
灰铸铁	HBS<190	90～120	60～80	50～70
	HBS190～225	80～110	50～70	40～60
高锰钢			10～20	
铜及铜合金		200～250	120～180	90～120
铝及铝合金		300～600	200～400	150～200
铸铝合金		100～180	80～150	60～100

注：切削钢及灰铸铁时刀具耐用度约为 60min。

（2）车螺纹时的主轴转速　在切削螺纹时，车床的主轴转速将受到螺纹螺距（或导程）大小、驱动电动机的升降频特性及螺纹插补运算速度等多种因素影响，故对于不同的数控系统，都推荐了不同的主轴转速选择范围。如大多数经济型车床数控系统推荐车螺纹时的主轴转速为

$$n\leqslant\frac{1200}{P}-k$$

式中，P 为工件螺纹的螺距或导程（mm）；k 为保险系数，一般取为 80。

3. 进给速度 v_f（进给量 f）的确定

数控车床在大多数情况下是使用进给量（用 G99）来编程，即主轴每转一转，刀具的移动量（单位为 mm/r）。车削螺纹时进给速度的设定值应为被加工螺纹的导程值（单位为 mm）。

（1）确定进给量的原则

1）当工件的质量要求能够得到保证时，为提高生产率，可选择较高的进给量。

2）切断、车削深孔或精车削时，宜选择较低的进给量。

3）刀具空行程时，直接使用快速点定位速度（用 G00）或选择一个尽可能高的进给量。

4）进给量的选择应与主轴转速和背吃刀量相适应。

（2）进给速度的计算

车削加工一般使用单刃刀具，粗车时的进给量一般取为 f=0.3～0.8mm/r，精车时常取 f=0.1～0.3mm/r，切断时常取 f=0.05～0.2mm/r。当需使用进给速度 v_f 编程时，用 $v_f=nf$ 可求出进给速度值。表 2-2 给出了硬质合金车刀粗车外圆及端面的进给量；表 2-3 给出了硬质合金车刀按表面粗糙度选择进给量的参考值，可供半精车和精车时参考。

表 2-2　硬质合金车刀粗车外圆及端面的进给量

工件材料	车刀刀杆尺寸 $B\times H$ /（mm×mm）	工件直径 d_W /mm	背吃刀量 a_p/mm				
			≤3	>3～5	>5～8	>8～12	>12
			进给量 f /mm·r^{-1}				
碳素结构钢 合金结构钢 耐热钢	16×25	20	0.3～0.4	—	—	—	—
		40	0.4～0.5	0.3～0.4	—	—	—
		60	0.5～0.7	0.4～0.6	0.3～0.5	—	—
		100	0.6～0.9	0.5～0.7	0.5～0.6	0.4～0.5	—
		400	0.8～1.2	0.7～1.0	0.6～0.8	0.5～0.6	—
	20×30 25×25	20	0.3～0.4	—	—	—	—
		40	0.4～0.5	0.3～0.4	—	—	—
		60	0.5～0.7	0.5～0.7	0.4～0.6	—	—
		100	0.8～1.0	0.7～0.9	0.5～0.7	0.4～0.7	—
		400	1.2～1.4	1.0～1.2	0.8～1.0	0.6～0.9	0.4～0.6
铸　铁 铜合金	16×25	40	0.4～0.5	—	—	—	—
		60	0.5～0.8	0.5～0.8	0.4～0.6	—	—
		100	0.8～1.2	0.7～1.0	0.6～0.8	0.5～0.7	—
		400	1.0～1.4	1.0～1.2	0.8～1.0	0.6～0.8	—
	20×30 25×25	40	0.4～0.5	—	—	—	—
		60	0.5～0.9	0.5～0.8	0.4～0.7	—	—
		100	0.9～1.3	0.8～1.2	0.7～1.0	0.5～0.8	—
		400	1.2～1.8	1.0～1.6	1.0～1.3	0.9～1.1	0.7～0.9

注：1. 加工断续表面及有冲击的工件时，表内进给量应乘系数 k=0.75～0.85；

2. 在无外皮加工时，表内进给量应乘系数 k=1.1；

3. 加工耐热钢及其合金时，进给量不大于 1mm/r；

4. 加工淬硬钢时，进给量应减小。当钢的硬度为 HRC44～56 时，乘以系数 k=0.8；当钢的硬度为 HRC57～62 时，乘以系数 k=0.5。

表 2-3　硬质合金车刀按表面粗糙度选择进给量的参考值

工件材料	表面粗糙度 $R_a/\mu m$	切削速度范围 $v_c/m \cdot min^{-1}$	刀尖圆弧半径 r_ε/mm		
			0.5	1.0	2.0
			进给量 $f/mm \cdot r^{-1}$		
铸铁 青铜 铝合金	>5～10	不限	0.25～0.4	0.40～0.50	0.50～0.60
	>2.5～5		0.15～0.25	0.25～0.40	0.40～0.60
	>1.25～2.5		0.10～0.15	0.15～0.20	0.20～0.35
碳钢 合金钢	>5～10	<50	0.30～0.50	0.45～0.60	0.55～0.70
		>50	0.40～0.55	0.55～0.65	0.65～0.70
	>2.5～5	<50	0.18～0.25	0.25～0.30	0.30～0.40
		>50	0.25～0.30	0.30～0.35	0.30～0.50
	>1.25～2.5	<50	0.10～0.15	0.11～0.15	0.15～0.22
		50～100	0.11～0.16	0.16～0.25	0.25～0.35
		>100	0.16～0.20	0.20～0.25	0.25～0.35

第三节　数控镗铣加工的工艺分析

数控镗铣加工主要指数控铣床或加工中心的加工。通常，数控铣床以铣削加工为主，而加工中心具有镗铣综合加工能力。

数控铣床按其主轴的布局形式可以分为立式、卧式和立卧两用式。立式数控铣床的主轴轴线垂直布置，能够进行工件外形轮廓、平面或曲面型腔及三维复杂型面的铣削，如凸轮、模具、叶片、螺旋桨等。也可以通过特定的功能指令进行一系列孔的加工，如钻孔、扩孔、铰孔、镗孔和攻螺纹等。卧式数控铣床的主轴轴线水平布置，主要用来加工箱体类零件。立卧两用式数控铣床则兼具立、卧两类数控铣床的功能。

加工中心是在铣床和镗床的基础上发展起来的，与数控铣床一样，也有立式和卧式之分，同时具有立、卧功能的加工中心称为复合加工中心，为了适应大型、复杂零件的加工还发展了龙门式加工中心。加工中心具有刀库和自动换刀装置，卧式加工中心通常还有分度工作台或交换工作台，使加工的工艺范围进一步扩大，加工时的工序安排更为集中。加工中心适合加工形状复杂、工序多、精度要求较高、需用多种类型的普通机床和众多的刀具、夹具且经多次调整才能完成加工的零件。

一、加工对象的分类

（一）数控铣削的主要加工对象

1. 平面类零件

加工面与水平面的夹角为定角的零件称为平面类零件。图 2-20 所示为常见的平面类零件。平面铣削加工一般要完成面铣削与内外轮廓的铣削，当面铣削要限定边界时称为槽铣削，槽内有边界时称为岛屿。这类零件加工的特点是刀具在切削过程中只有 XY 平面的运动，沿 Z 轴只需作位置调整，因此属于二维加工刀具路径的范围。

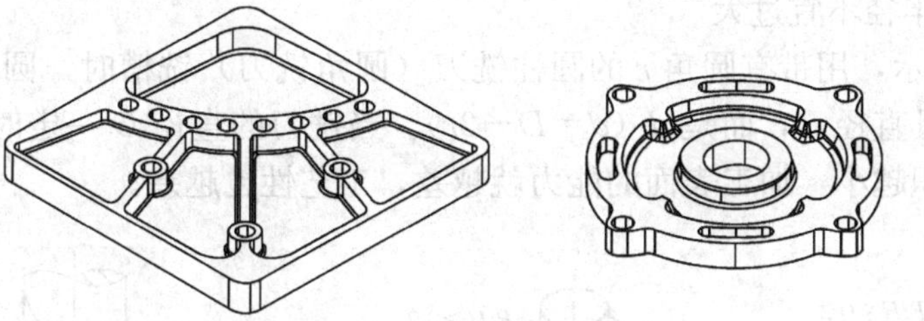

图 2-20　平面类零件示例

2. 变斜角类零件

加工面与水平面的夹角呈连续变化的零件称为变斜角零件。如图 2-21 所示的零件即为典型的变斜角零件。变斜角类零件的变斜角加工面不能展开为平面，但在加工中，加工面与铣刀圆周接触的瞬间为一条直线。如能按图示采用四坐标或五坐标数控铣床加工，则可大大提高生产效率。在一般的三坐标数控铣床上只能用球头铣刀或圆角铣刀按行切法加工，不仅生产效率低，而且表面粗糙度数值大，只有在模具加工中由于受到设备条件的限制而经常采用。

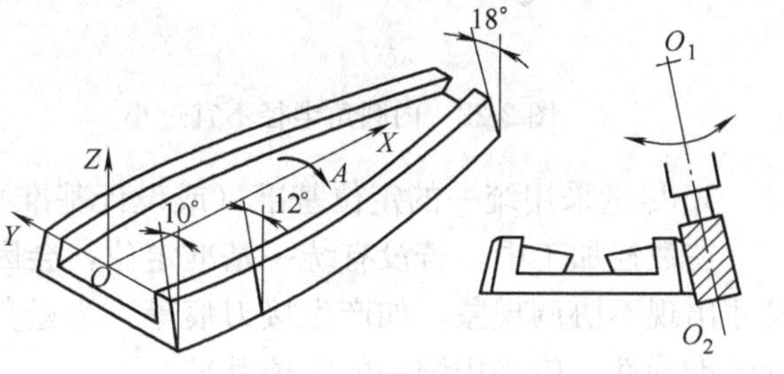

图 2-21　变斜角零件加工

3. 曲面类（立体类）零件

加工面为空间曲面的零件称为曲面类零件。这类曲面由于不能展开为平面，一般需根据曲面形状、刀具形状（球状、柱状、端齿）以及精度要求采用不同的铣削方法，如两轴半、三轴、四轴、五轴等插补联动加工。

（二）数控镗削的主要加工对象

1. 盖、板、盘、套及壳体类零件

这类零件孔的轴线与定位基准面垂直，适合在立式加工中心上完成加工。

2. 箱体类零件

箱体类零件一般指具有 1 个以上孔系，内部有一定型腔，在长、宽、高方向有一定比例的零件。这类零件的加工特点是加工工位较多，需要工作台多次转位，加工工序多，尺寸精度和位置精度要求都较高。这类零件一般安排在卧式加工中心上完成加工。

二、零件图样的工艺性分析

（一）零件结构工艺性分析

零件的结构工艺性是指在保证设计要求的前提下，零件的结构能否以较高的生产效率和较低的成本方便地制造出来的特性。

1. 内圆角半径不宜过小

如图 2-22 所示，用内圆角半径与槽深之比 R/H 判断内圆角半径的大小。由于内圆角半径决定了槽铣削时刀具的最大直径，R/H 的数值越小，槽铣削时刀具的弯曲变形就越大，加工就越困难。通常认为 $R/H<0.2$ 时，即可判定零件该部位工艺性不好。

2. 槽底圆角半径不宜过大

如图 2-23 所示，用带有圆角 r 的圆柱铣刀（圆角铣刀）铣槽时，圆角铣刀的刀底平面部分直径不是刀具直径 D，而是 d（$d=D-2r$）。当铣刀的直径 D 一定时，r 越大，铣刀端刃铣削平面的面积越小，加工表面的能力就越差，工艺性也越差。

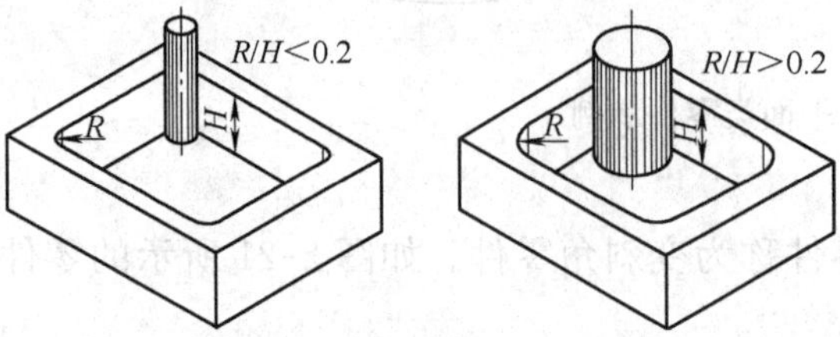

图 2-22　内圆角半径不宜过小

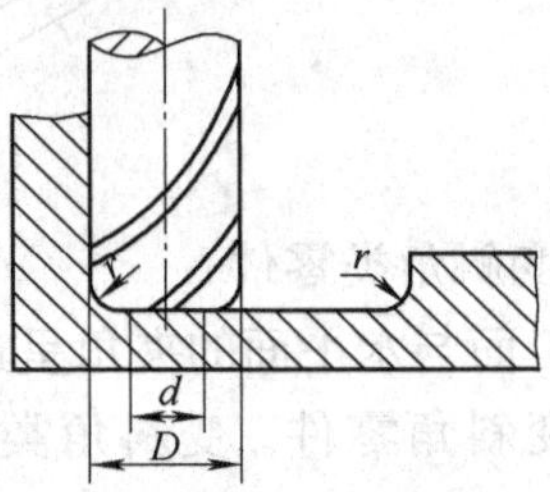

图 2-23　槽底圆角半径对铣削工艺的影响

3. 尽量采用统一的定位基准（或设计基准）

在数控加工中，若没有统一基准定位，会因工件的重新安装而导致两个面上轮廓位置及尺寸出现不协调现象，如产生接刀痕等。为避免上述问题的发生，保证两次装夹后其相对位置的准确性，应采用统一的定位基准。

零件上最好有合适的孔作为定位基准，若没有，则应设置工艺孔作为定位基准（如在毛坯上增加工艺凸耳或在后续工序要铣去的余量上设置工艺孔）。若无法设置工艺孔时，至少也要用经过精加工的表面作为统一基准，以减少两次装夹产生的误差。

4. 零件结构应具有足够的刚性

有些薄壳类零件，为减轻重量而尽量减小壁厚，则工件在夹紧或加工时都很容易发生变形。这类零件在设计时应尽量提高其刚性，以减少加工时的变形。

（二）零件图样分析

1. 图样尺寸标注的正确性

由于加工程序是以准确的坐标点来编制的，因此，各图形几何要素间的相互关系（如相切、相交、垂直和平行等）应明确；各几何要素的条件充分，应无引起矛盾的多余尺寸或影响工序安排的封闭尺寸等。

2. 是否存在难加工的部位

例如，当所加工的孔与零件侧壁之间的距离很近时，就要使用长柄刀具或采用小直径专用夹头来解决；当缘板之间的内转接圆弧过小时，就应先用大直径刀具完成大部分余量切除后，再对局部用小直径刀具通过多次分层做清角加工。

（三）编程尺寸设定值的确定

大多数情况下，直接使用零件上的基本尺寸作为编程尺寸进行编程。但当零件上的尺寸标注有较高的公差要求，就应考虑尺寸公差对零件加工的影响。对零件进行批量加工时，编程尺寸的设定值理论上应为该尺寸加工误差的分散中心，但由于无法事先知道分散中心的确切位置，可先由平均尺寸代替或略向最大实体方向偏移，以减少零件报废的风险。待一批零件加工完成后，再根据试加工结果进行修正，以消除常值系统性误差的影响。确定编程尺寸设定值时，可按以下步骤进行：

1）精度高的尺寸的处理。将基本尺寸换算成平均尺寸。

2）几何关系的处理。保持原重要的几何关系，如角度、相切等不变。

3）精度低的尺寸的调整。通过修改一般尺寸保持零件原有的几何关系，使之协调。

4）节点坐标尺寸的计算。按调整后的尺寸计算有关未知节点的坐标尺寸。

5）编程尺寸的修正。按调整后的尺寸编程并加工一组零件，测量关键尺寸的实际分散中心并求出常值系统误差，再按此误差对程序尺寸进行调整并修改程序。

图 2-24 所示为对零件标注尺寸进行编程尺寸设定的例子，图中括号中的尺寸为编程时使用的尺寸。按这种方法修正后，在使用同一把刀具用同一半径补偿值进行精加工时，也容易保证各相关尺寸的公差要求。

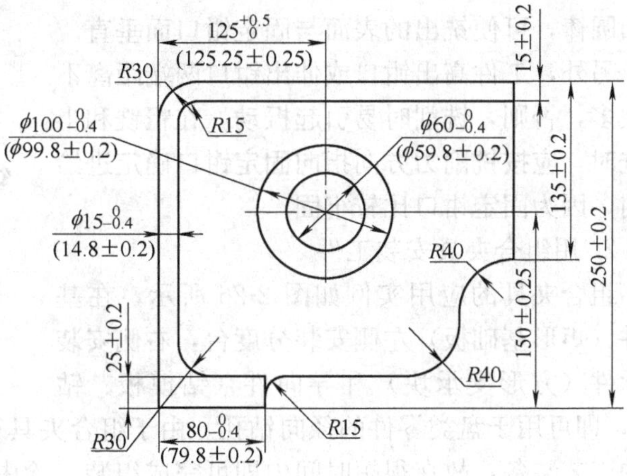

图 2-24　零件尺寸公差对编程尺寸的影响

三、工件的安装与夹具的选择

工件在数控铣床或加工中心上安装时，除应满足前述定位夹紧和选择夹具的基本原则外，还应考虑以下两个方面：

1）工件装夹时应使加工表面充分暴露在外部，夹紧机构元件高度较低，避免夹具与刀具或主轴相碰撞。

2）为保证零件安装方位与机床坐标系及编程坐标系方向一致，夹具底座应设置定位键并与机床导向槽单侧接触或进一步通过拉表找正夹具上的定位面。

工件定位常见的定位方式有一面两孔定位、窄 V 形架或宽 V 形块定位、圆孔定位和外圆柱面定位等。

工件夹紧方式的选择主要取决于零件批量的大小。批量小时采用手动夹紧，批量大时应设计专用夹具并采用液压或气动夹紧。

1. 用平口虎钳安装工件

机床用平口虎钳的结构如图 2-25 所示。虎钳在机床上安装的大致过程：清除工作台面和虎钳底面的杂物及毛刺，将虎钳定位键对准工作台 T 形槽后将虎钳放下。必要时用百分表找正固定钳口定位面，使其与工作台运动方向平行或垂直。找正后通过两侧螺栓将虎钳锁紧。

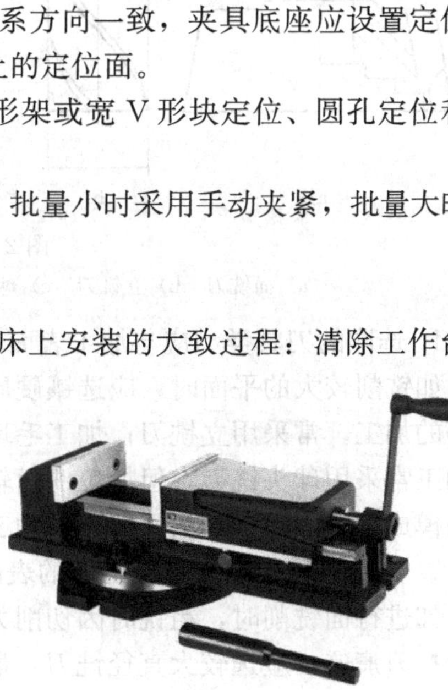

图 2-25　机床用平口虎钳

工件在虎钳上装夹时应注意：装夹毛坯面或表面有硬皮时，钳口应加垫铜皮或采用铜钳口；选择高度适当、宽度稍小于工件的平行垫铁，使工件的余量层高出钳口；工件夹紧时，由于活动钳口导向面存在间隙，容易使工件向上抬起，造成铣出的平面与固定钳口面不垂直，或工件底面与平行垫铁接触不牢。用铜锤或木锤敲打工件上表面并夹紧，可使工件紧密地靠在平行垫铁上；用工件毛面夹紧时，在活动钳口与工件侧面之间加圆棒，可使铣出的表面与固定钳口面垂直。

另外，工件高出钳口或伸出钳口两端距离不能太多，否则，铣削时易引起振动。在粗铣和半精铣时，应按铣削力方向指向固定钳口确定进给方向，因为固定钳口比较牢固。

2. 用组合夹具安装工件

组合夹具的应用实例如图 2-26 所示，在基础件（矩形基础板）左侧安装分度台，右侧安装支承件（方形支承块）和导向件（钻模板、钻套），即可用于盘类零件的径向钻孔。由于组合夹具是一种标准化、系列化、通用化程序很高的工艺装备，故在很短时间内即可完成组装，给中、小批量零件的生产带来了极大便利，一般用于小批量生产时采用。

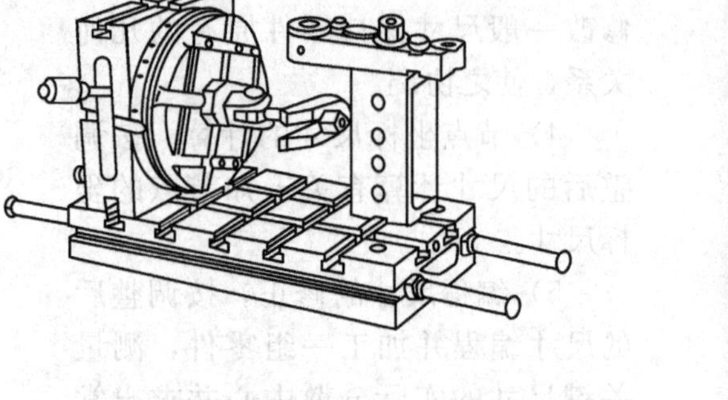

图 2-26　组合夹具的应用实例

四、刀具和刀柄的选择

（一）数控铣削刀具的选择

数控铣削刀具有面铣刀、立铣刀、球头铣刀、圆角铣刀、鼓形铣刀、锥形铣刀、键槽铣刀和模具铣刀等，如图 2-27 所示。选择铣刀时应注意以下几点：

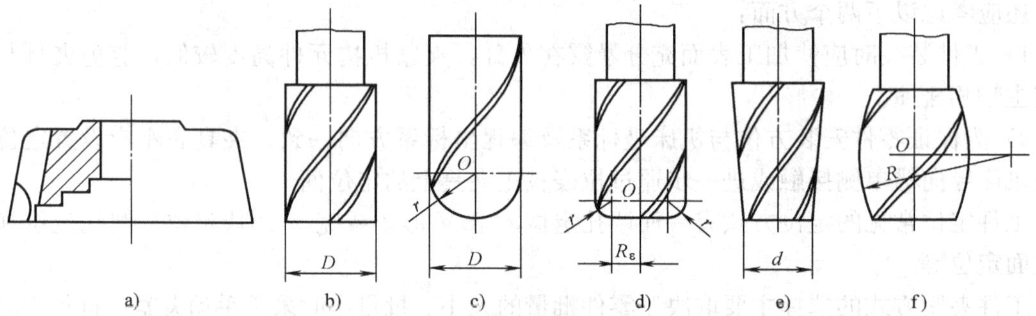

图 2-27　数控铣削常用刀具

a）面铣刀　b）立铣刀　c）球头铣刀　d）圆角铣刀　e）锥形铣刀　f）鼓形铣刀

1. 选取的刀具类型应与加工表面的形状相适应

如铣削较大的平面时，应选镶硬质合金刀片的面铣刀；平面零件周边轮廓以及凸台、凹槽等的加工，常采用立铣刀；加工毛坯表面或粗加工孔时，可选镶硬质合金的玉米铣刀；曲面加工常采用球头铣刀，但加工曲面较平坦的部位应选圆角铣刀；加工空间曲面、模具型腔或凸模成型表面时多选模具铣刀；加工键槽或安排螺旋线下刀进给路线等可采用键槽铣刀。

2. 刀具尺寸应与被加工工件的表面尺寸大小相适应

如进行面铣削时，粗铣时因切削力较大，应选较小直径铣刀以减小切削扭矩；精铣时为减少接刀痕迹，应选较大直径铣刀，最好能一次走刀完成加工。立铣刀加工内轮廓时，其直径大小常受到零件最小内圆角半径的限制，切刃长度常受到槽深的限制。

3. 刀具材料与零件材料、表面质量与生产效率相适应

常用的刀具材料有高速钢（HSS）、硬质合金（Cemented carbide）、陶瓷（Ceramics）、立方氮化硼（CBN）和聚晶金刚石（PCD）。用物理气相沉积的方法，在高速钢刀具表面涂覆一层 TiN 或 TiC 等材料，涂层厚度约为 10μm，可使刀具的耐用度提高 3～5 倍以上。选用涂层硬质合金也可使切削速度提高 25%～30%或在同样的切削速度下使刀具的使用寿命提高 1～3 倍。

选择刀具材料的一般原则是尽可能选用硬质合金刀具。根据 ISO513—1975（E）的规定将切削用硬质合金按用途分为 P、K、M 三类：P 类主要用于加工钢件，包括铸钢；K 类主要用于铸铁、有色金属和非金属材料；M 类用于加工钢、铸铁及有色金属。

我国常用的硬质合金也有三类：钨钴类（WC-Co）硬质合金，其硬质相是 WC，粘结相是 Co，代号为 YG，相当于 ISO 标准的 K 类；钨钛钴类（WC-TiC-Co）硬质合金，其硬质相除 WC 外，还加有 TiC，粘结相也是 Co，其代号为 YT，相当于 ISO 标准的 P 类；钨钛钽（铌）钴类（WC-TiC-TaC（NbC）-Co）硬质合金，是在 YT 合金成分中添加有 TaC（NbC）而成的。其代号为 YW，相当于 ISO 标准的 M 类。

钨钴类硬质合金常用牌号及其应用范围如下：

（1）YG3（或 YG3X）　铸铁、有色金属及其合金的精加工和半精加工，不能承受冲击载荷。

（2）YG6X　普通铸铁、冷硬铸铁、高温合金的精加工、半精加工。

（3）YG6　铸铁、有色金属及其合金的半精加工和粗加工。

（4）YG8　铸铁、有色金属及其合金、非金属材料的粗加工，可用于断续切削。

（5）YG6A　冷硬铸铁、有色金属及其合金的半精加工，也可用于高锰钢、淬硬钢的半精加工和精加工。

钨钛钴类硬质合金常用牌号及其应用范围如下：

（1）YT30　碳素钢、合金钢的精加工。

（2）YT15（YT14）　碳素钢、合金钢在连续切削时的粗加工、半精加工，或断续切削时的精加工。

（3）YT5　碳素钢、合金钢的粗加工，可用于断续切削加工。

钨钛钽（铌）钴类硬质合金常用的牌号有 YW1、YW2，可用于加工高温合金、不锈钢、高锰钢等难加工材料及普通钢料、铸铁、有色金属及其合金。前者用于半精加工和精加工，后者用于粗加工和半精加工。

陶瓷刀具不仅用于加工各种铸铁和钢件，也适用于加工有色金属和非金属材料。立方氮化硼和聚晶金刚石都属于超硬刀具材料，可用于加工任何硬度的工件材料，具有很高的切削性能，加工精度高，表面粗糙度数值小。立方氮化硼一般适用于加工硬度大于 HBS450 的冷硬铸铁、合金结构钢、工具钢、高速钢、轴承钢及硬度大于等于 HBS350 的镍基合金、钴基合金和高钴粉末冶金零件。聚晶金刚石一般仅用于高效地加工有色金属及非金属材料，由于金刚石刀具中的碳元素极易向含铁的工件扩散，使金刚石刀具很快被磨损，而不能用于铁族材料的加工。

（二）孔加工刀具的选择

孔加工使用的刀具按加工方式的不同，可分为钻削刀具、铰削刀具、镗削刀具和螺纹刀具。

1. 钻削刀具

钻削用于在实心材料上加工出孔或对已有的孔进行扩孔或锪孔。常见的钻削刀具如图2-28所示。

（1）中心钻　中心钻用于在实心材料上加工出中心孔，可起到定位和引导钻头的作用（见图2-28a）。

（2）麻花钻　麻花钻一般采用高速钢材料，制造容易，价格低廉，应用广泛。但标准麻花钻有许多缺点，如不利于屑的卷曲、切削性能差、排屑性能差、磨损快等（见图2-28b）。针对麻花钻的缺点进行修磨常用以下几种方法：①修磨主切削刃；②修磨横刃；③修磨前刀面；④修磨棱边；⑤修磨分屑槽。另外，还可按群钻修磨法修磨，与标准麻花钻相比，可降低轴向力35%～47%，降低扭矩10%～30%，而寿命可提高3～5倍。

（3）扩孔钻　如图2-28c所示，通过扩孔加工可使孔的公差等级提高至IT10～IT11，扩孔后一般还需进一步安排铰孔。

（4）锪钻　用于加工沉头孔、孔端锥面或凸台面等（见图2-28d）。

（5）硬质合金可转位式钻头　用于扩孔，也可加工实心孔，加工效率高，质量好（见图2-28e）。

（6）枪钻　用于长径比在5以上的深孔加工（见图2-28f）。

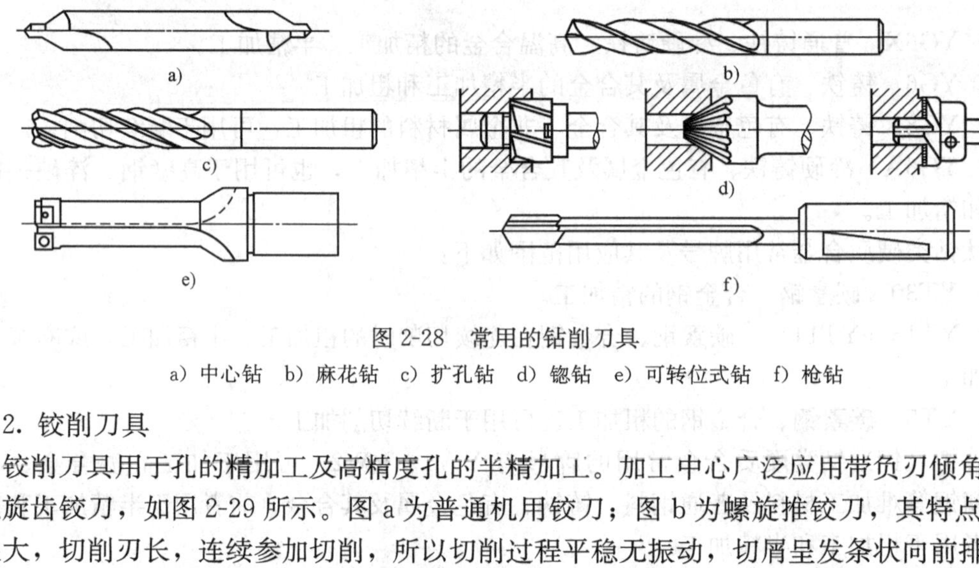

图2-28　常用的钻削刀具

a）中心钻　b）麻花钻　c）扩孔钻　d）锪钻　e）可转位式钻　f）枪钻

2. 铰削刀具

铰削刀具用于孔的精加工及高精度孔的半精加工。加工中心广泛应用带负刃倾角的铰刀和螺旋齿铰刀，如图2-29所示。图a为普通机用铰刀；图b为螺旋推铰刀，其特点是螺旋角很大，切削刃长，连续参加切削，所以切削过程平稳无振动，切屑呈发条状向前排出，避免了切屑擦伤已加工表面；图c为普通螺旋齿铰刀，其刀齿有一定的螺旋角，切削平稳，能

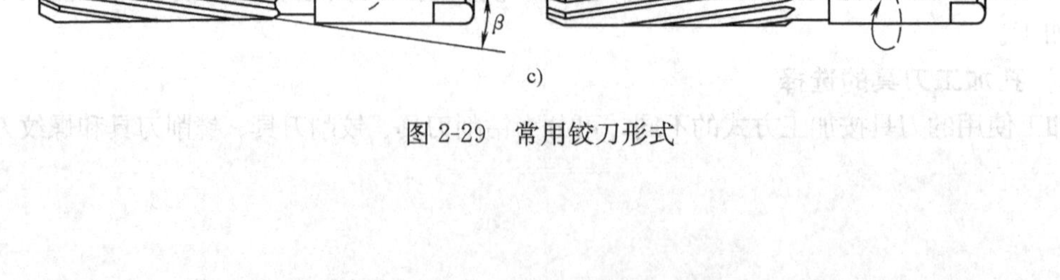

图2-29　常用铰刀形式

够加工带键槽的孔。

3. 镗削刀具

镗削加工通常用于直径较大的孔的粗加工、半精加工和精加工。镗刀的种类很多，按切削刃数量可分为单刃镗刀和双刃镗刀。

（1）单刃镗刀　如图 2-30 所示，单刃镗刀是把类似车刀的刀尖装在镗刀杆上而形成的。刀尖在刀杆上的安装位置有两种：刀头垂直镗杆轴线安装，适于加工通孔；刀头倾斜镗杆安装，适于盲孔、台阶孔的加工。

（2）单刃镗刀的微调结构　图 2-31 所示为常见的微调镗刀。刀头体 1 为圆柱状，其外圆上有精密螺纹与调整螺母 3 配合，刀头后端有螺纹孔，用内六角螺钉 5 及垫圈 6 紧固在镗杆 4 的圆柱孔内。调整时，将内六角螺钉 5 稍微松开，转动调整螺母，刀头体 1 即沿其轴线移动。刀头体上有导向键 7 与镗杆孔中键槽配合，使刀头不会产生转动。

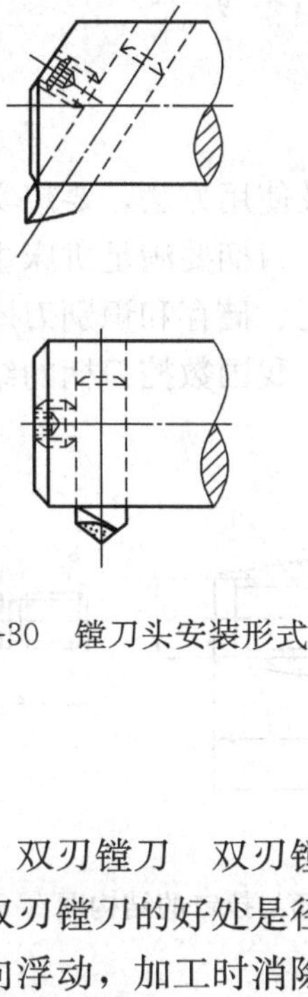

图 2-30　镗刀头安装形式

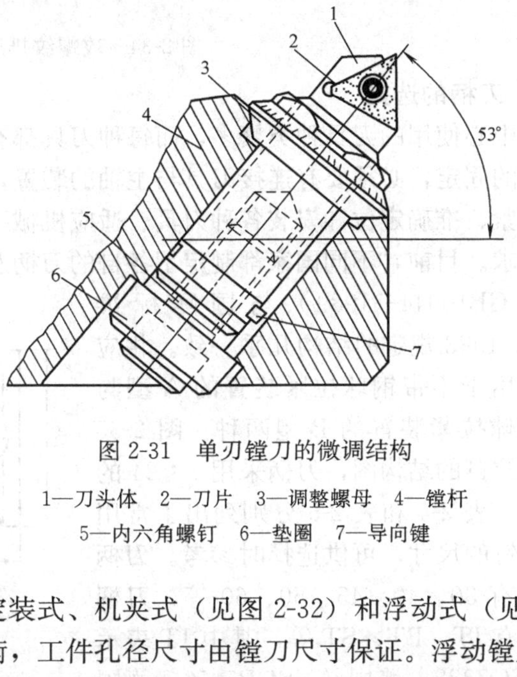

图 2-31　单刃镗刀的微调结构

1—刀头体　2—刀片　3—调整螺母　4—镗杆
5—内六角螺钉　6—垫圈　7—导向键

（3）双刃镗刀　双刃镗刀常用的有定装式、机夹式（见图 2-32）和浮动式（见图 2-33）三种。双刃镗刀的好处是径向力得到平衡，工件孔径尺寸由镗刀尺寸保证。浮动镗刀的刀块能在径向浮动，加工时消除了机床、刀具误差及镗杆弯曲等误差，但不能纠正孔直线度误差和孔的位置误差。

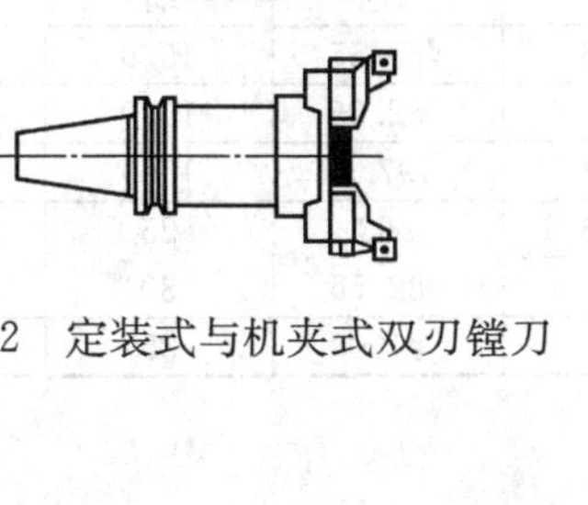

图 2-32　定装式与机夹式双刃镗刀

图 2-33　浮动式双刃镗刀

4. 螺纹加工刀具

加工中心一般使用丝锥作为螺纹加工刀具，用丝锥加工螺纹的过程叫攻螺纹。一般丝锥的容屑槽制成直的，也有的做成螺旋形，螺旋形容屑槽排屑容易，切屑呈螺旋状。加工右旋通孔螺纹时，选用左旋丝锥，使切屑从孔底排出；加工右旋盲孔螺纹时，选用右旋丝锥，使切屑从孔口排出，如图 2-34 所示。

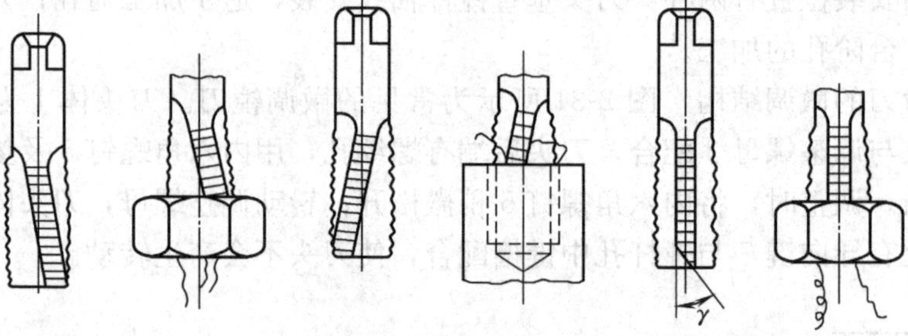

图 2-34　攻螺纹排屑方向

（三）刀柄的选择

加工中心使用的刀具种类繁多，而每种刀具都有特定的结构及使用方法，要想实现刀具在主轴上的固定，必须要有连接刀具与主轴的装置，这就是刀柄。刀柄要满足机床主轴自动松开和拉紧、准确定位和安装各种刀具、适应机械手的夹持和搬运、储存和识别刀库中各种刀具的要求。目前，不同国家都制定了各自的刀柄及拉钉的标准。我国数控刀柄的结构（国家标准 GB10944—1989）与国际标准 ISO7388—1983 规定的结构几乎一致。相应的拉钉有用于不带钢球拉紧装置的 A 型与用于带钢球拉紧装置的 B 型两种。图 2-35 为刀柄与拉钉的结构图，刀柄采用 7∶24 的锥柄结构。表 2-4 和表 2-5 分别列出了常用刀柄与拉钉的尺寸，可供选择时参考。刀柄型号主要有 30、40、45、50、60 等，刀柄标志代号有 JT、BT、ST 等，其中 JT 表示以国际 ISO7388、美国 ANSI B5.50、德国 DIN69871 为标准，BT 以日本 MAS403 BT 为标准。JT 与 BT 相应型号的柄部锥度相同，大端直径相同，但锥度长度略有不同。在 JT 类型中，ISO、ANSI、DIN 各标准的锥柄、拉钉螺纹孔尺寸相同，但机械手夹持部分不同，因此应根据不同机床选择相应的刀柄及拉钉。

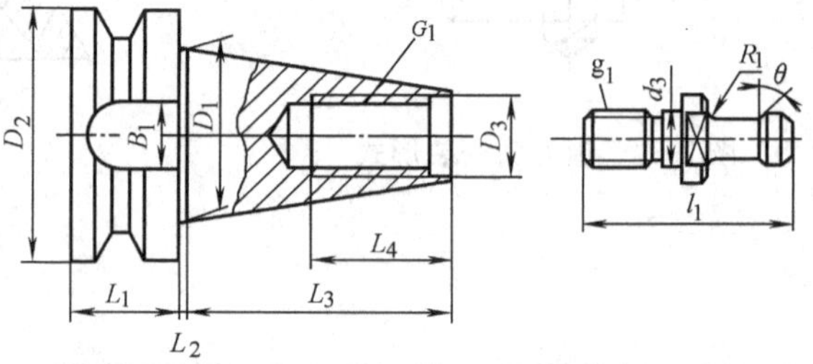

图 2-35　刀柄与拉钉的结构图

表 2-4　刀柄尺寸　（单位：mm）

标准	规格	D_1	L_3	D_3	G_1	D_2	L_1	L_2
JT	40	ϕ44.45	68.4	ϕ17	M16	ϕ63.55	15.9	3.18
	45	ϕ57.15	82.7	ϕ21	M20	ϕ82.55	15.9	3.18
	50	ϕ69.85	101.75	ϕ25	M24	ϕ97.5	15.9	3.18
BT	40	ϕ44.45	65.4	ϕ17	M16	ϕ63	25	1.6
	45	ϕ57.15	82.8	ϕ21	M20	ϕ82.55	30	3
	50	ϕ69.85	101.8	ϕ25	M24	ϕ100	35	3

表 2-5 拉钉尺寸 （单位：mm）

标准	规格	l_1	g_1	d_3	θ	
					1	2
ISO	40	54	M16	$\phi17$	30°	45°
	45	65	M20	$\phi21$	30°	45°
	50	74	M24	$\phi25$	30°	45°
BT	40	60	M16	$\phi17$	30°	45°
	45	70	M20	$\phi21$	30°	45°
	50	85	M24	$\phi25$	30°	45°

（四）镗铣类工具系统

镗铣类工具系统，一般由与机床主轴连接的锥柄、连杆和刀具组成。它们经组合后可以实现铣削、钻孔、扩孔、铰孔、镗孔、攻螺纹等加工工艺，是能在主轴和刀库之间交换的相对独立的整体。镗铣类工具系统有两种：整体式镗铣类工具系统和模块式镗铣类工具系统。

1. 整体式工具系统

整体式（TSG）工具系统是把锥柄和连杆制成一体，不同工作部分都具有相同结构的刀柄，以便与机床主轴相连。其优点是结构简单、使用方便、可靠性强、调换迅速、整体刚性较强。

2. 模块式工具系统

模块式（TMG）工具系统是把整体式刀具分解成柄部（主柄模块）、中间连接块（中间模块）和工作头部（工作模块）三个主要部分，然后通过各种连接结构，在保证刀杆连接精度、强度和刚度的前提下，将这三个模块连接成整体。它的优点是可以根据加工需要，通过中间模块的连接调整刀具的长度；三种模块通过不同组合，可以组装成许多用途不同、规格不同的刀具，方便了制造、使用和管理，减少了工具的规格、品种和数量的储备，对企业有很高的实用价值。

五、加工方案与进给路线的确定

（一）孔加工方案与进给路线的确定

1. 孔加工方案的制定

数控镗铣加工时，孔的加工方法比较多，有钻孔、扩孔、铰孔和镗孔等。大直径孔还可以采用圆弧插补方式进行铣削加工。一般，钻孔可以达到的尺寸精度为 IT11～IT13，表面粗糙度 $R_a 12.5\mu m$；扩孔可达到的尺寸精度为 IT10～IT11，表面粗糙度 $R_a 6.3\mu m$～$R_a 12.5\mu m$；铰孔分粗铰和精铰，精铰后尺寸精度可达 IT7～IT8，表面粗糙度 $R_a 0.8\mu m$～$R_a 1.6\mu m$；镗孔分粗镗、半精镗和精镗，精镗后的尺寸精度可达 IT7～IT8，表面粗糙度 $R_a 0.8\mu m$～$R_a 1.6\mu m$。

对于直径大于 ϕ30mm 的已铸出或锻出毛坯孔的加工，一般采用粗镗→半精镗→孔口倒角→精镗（或铰）加工方案，孔径较大的可采用立铣刀粗铣→精铣或精镗加工方案。有空刀槽时可用锯片铣刀在半精镗之后、精镗之前铣削完成，也可用镗刀进行单刀镗削，但效率较低。

对于直径小于 ϕ30mm 的无毛坯孔的加工，通常采用锪平端面→打中心孔→钻孔→扩孔→孔口倒角→铰加工方案。为提高孔的位置精度，在钻孔工步前安排锪平端面和打中心孔工步。孔口倒角安排在半精加工之后，精加工之前，以防孔内产生毛刺。

螺纹的加工根据孔径大小，一般情况下，直径在 M6～M20 之间的螺纹，通常采用攻螺纹方法加工。直径在 M6 以下的螺纹，在加工中心上完成底孔加工，通过其他手段攻螺纹。因为在加工中心上攻螺纹不能随机控制加工状态，小直径丝锥容易折断。直径在 M20 以上的螺纹，可采用镗刀片镗削加工，但生产效率极低。目前，随着各种螺纹铣刀的广泛采用，较大直径的螺纹可由螺旋线插补功能通过数控铣削实现，值得在制定螺纹加工方案时考虑。

2. 进给路线的确定

孔加工是机械加工中重要工序之一，有人统计孔加工约占机械加工总量的 1/3，占机械加工工时的 1/4。这表明合理的孔加工进给路线（主要指空程）对降低生产成本具有重要的意义。

对于手工编程而言，孔加工的重点是处理好 *XY* 平面内的快速定位和 *Z* 轴移动时几个高度值的设置。

（1）*XY* 平面内的快速定位　对于多孔连续加工的情况，刀具在 *XY* 平面内定位时，主要考虑的因素有 3 个：①提高定位精度；②尽可能缩短总的空行程时间；③避免刀具与工件或夹具发生干涉。

如图 2-36a 所示零件的镗孔加工，刀具从对刀点出发，若加工后刀具仍返回到对刀点，按图 2-36b 所示加工 6 孔，符合空行程路线最短的原则，按图 2-36c 所示加工 6 孔，符合可提高定位精度的原则。对图 2-36c 所示空行程路线进行分析，加工完 4 孔后往上多移动一段距离到 *P* 点，然后再返回来加工第 6 孔和第 5 孔，可以消除机床机械结构反向间隙对定位精度的影响。

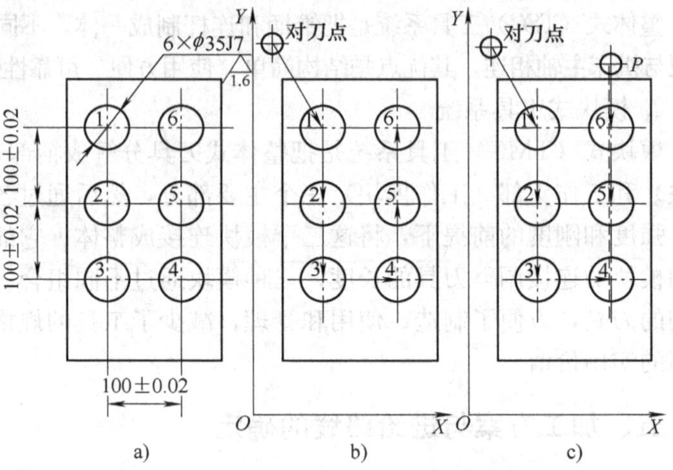

图 2-36　孔加工进给路线

（2）刀具的 *Z* 轴移动　刀具在 *Z* 方向的移动主要应处理好安全平面、参考平面（*R* 点平面）和钻孔深度 *Z* 轴位置的设置。其中，安全平面是指在此高度，刀具可以任意移动而不会与工件或夹具发生碰撞，也是刀具返回时可以选择的一个平面（用 G98）；参考平面是刀具下刀时由快进转为工进的高度平面，也是刀具返回时可以选择的一个平面（用 G99）。如图 2-37 所示，钻位于不同 *Z* 轴深度台阶上的孔时，若按 1、2、3 的顺序由低到高加工各孔，程序中只能用 G98 编程，也就是每个孔加工后，钻头必须返回到初始平面；而按 3、2、1 的顺序由高到低加工各孔，程序中可以用 G99 编程，因刀具只需返回到 *R* 点平面即可。显然第二种方法可节省辅助时间。

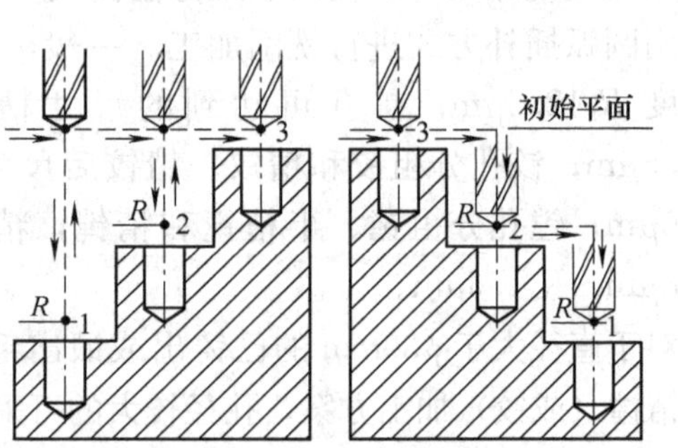

图 2-37　刀具的 Z 轴移动

a）用 G98 编程　b）用 G99 编程

（二）平面轮廓铣削加工与进给路线

1. 顺铣和逆铣的选择

轮廓铣削有顺铣和逆铣两种方式，如图 2-38 所示，当刀具的旋转在工件轮廓一侧的切削速度方向 v_c 与刀具进给方向 v_f 相反时称为顺铣，相同时称为逆铣。顺铣又称爬坡铣，刀具切刃首先与工件待加工表面接触，然后从加工表面切出，加工表面质量较好，可提高刀具耐用度，逆铣时则相反。对于数控铣床而言，一般铣床工作台 *XY* 坐标轴的丝杠螺母副均有很好的丝杠螺母消除间隙机构，精铣或半精铣时一般推荐采用顺铣；粗铣时若待加工表面有硬皮（如铸造或锻造表面），最好选择逆铣，可减少刀具磨损或造成崩刃，并可提高刀具寿命。

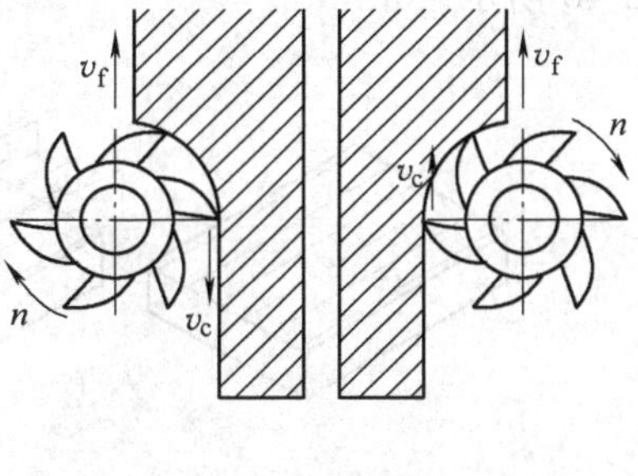

图 2-38　顺铣与逆铣的选择

2. 平面轮廓铣削的进给路线

平面轮廓铣削是用立铣刀的侧刃对平面轮廓零件的内、外轮廓进行铣削加工。精铣轮廓时，刀具沿轮廓的运动应连续，避免沿轮廓面的法线方向切入或切出，还应避免中途停顿，这样可提高轮廓表面的加工质量，减小驻刀痕迹对表面质量的影响。因此，轮廓铣削主要应处理好刀具的切入、切出问题。

对于有棱角的轮廓铣削，如矩形零件的外轮廓，可取几何图素的交点作为切入、切出点，并通过延伸轮廓曲线一段距离，使刀具从工件外部进刀和退刀。

如图 2-39 所示内、外圆轮廓的铣削，还包括所有相邻图素均采用相切过渡的轮廓铣削，由于没有适当的几何图素交点，一般可选择直线段的中点、圆弧段的象限点或图素与 *X*、*Y* 轴的交点作为切入、切出点，并增加一段用于切入、切出的相切圆弧段或相切直线段作为进刀段和退刀段。

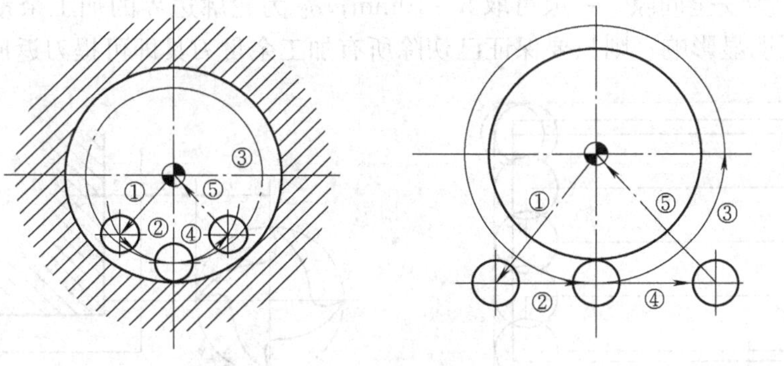

图 2-39　内、外圆进给路线

（三）平面铣削加工与进给路线

平面铣削是指用一定直径立铣刀（或盘铣刀）的端面切削刃对开敞的平面或平面内存在岛屿时的铣削加工。当平面内不含有岛屿且平面的宽度也较窄时，直接用盘铣刀经一次走刀即可完成表面的铣削。但粗铣时考虑到切削力矩较大，也可选用较小直径刀具分行完成铣削。以下主要讨论用立铣刀经多次走刀完成铣削时的进给路线。

1. 刀具进给路线

平面铣削大多采用平行往复进给的进给路线，必要时也可采用单向进给或环切的进给路线，如图 2-40 所示。

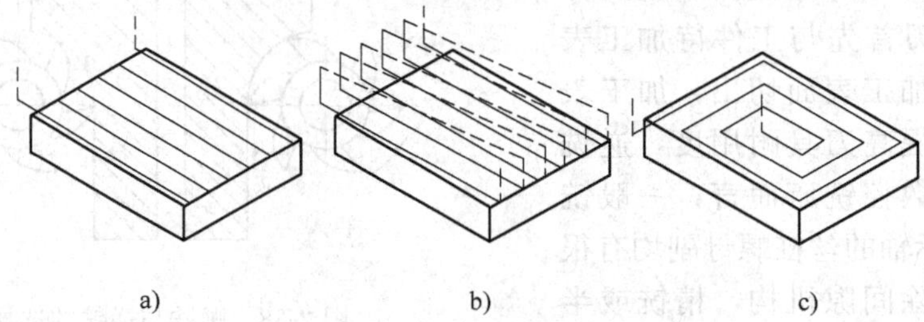

图 2-40　平面铣削的进给路线

a）平行往复进给　b）单向进给　c）环切进给

2. 切削范围

由加工平面的边界确定切削范围，刀具切刃要越出平面边界一定的距离，但为了缩短进给路线的长度，此值不宜太大，如图 2-41 所示，一般可取为刀具直径的 30%。但在刀具往复移动的方向，为避免两刀行间出现材料残留，此值应稍大些。只有当表面质量要求较高时，才安排刀具完全离开工件后再换行。

3. 行距

平面铣削通常采用平底立铣刀加工，行距可取为刀具直径的 0.8～0.9，即两刀行间要有一定的重叠量。

4. 切入、切出

一般平面加工的进给路线是：刀具先在 XY 平面定位至合适的下刀点，然后再沿 Z 轴下刀至加工表面的 Z 轴深度，完成表面铣削后，刀具退离工件并提刀。刀具切入点的选择应同时考虑安全和效率。如图 2-42 所示，刀具中心距工件边的距离应为：$r+\delta_1+\delta_2$，式中 r 为刀具半径；δ_1 为安全间隙，一般可取 5～10mm；δ_2 为轮廓边界的加工余量。刀具的切出如对表面质量无明显影响，则只要保证已切除所有加工余量刀具即可提刀返回。

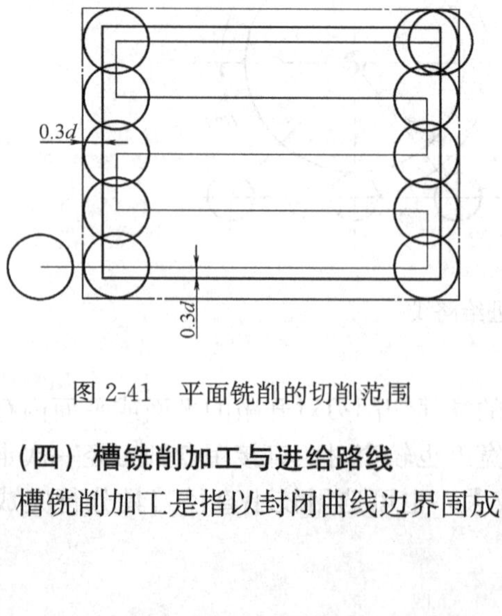

图 2-41　平面铣削的切削范围

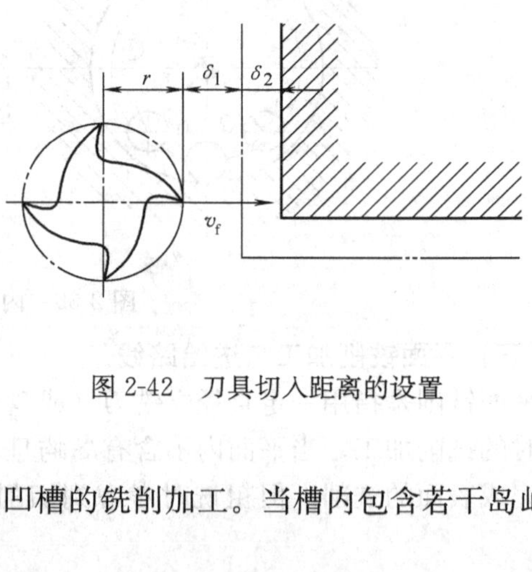

图 2-42　刀具切入距离的设置

（四）槽铣削加工与进给路线

槽铣削加工是指以封闭曲线边界围成的平底凹槽的铣削加工。当槽内包含若干岛屿时，刀具的铣削要避开岛屿，一般不采用提刀避开而采用绕岛屿移动的方式。槽铣削进给路线的设置应注意选择合理的下刀方式、合理的粗铣路线和合理的精铣路线。当槽的外形有开口时，可安排刀具在工件外部下刀，以减少刀具下刀的进给时间。

槽铣削的一般过程为：①使用直径较大的立铣刀，沿 Z 轴分层铣至槽底平面，层深可取刀具直径的 1/4～1/10（槽深时取小值）。如槽底表面要求较高时应安排精铣。②如有必要，用小直径刀具清除因大刀加工而未切除的残留区域，并为槽轮廓和岛屿轮廓的精铣加工留出均匀的余量。③用刀具半径等于或略小于零件内圆角半径的刀具对槽轮廓和岛屿轮廓进行精铣加工。

1. 粗铣进给路线

粗铣时有多种进给路线可供选择，但实际加工时主要采用平行环切、双向切削或平行环切并清角等方式，如图 2-43 所示。

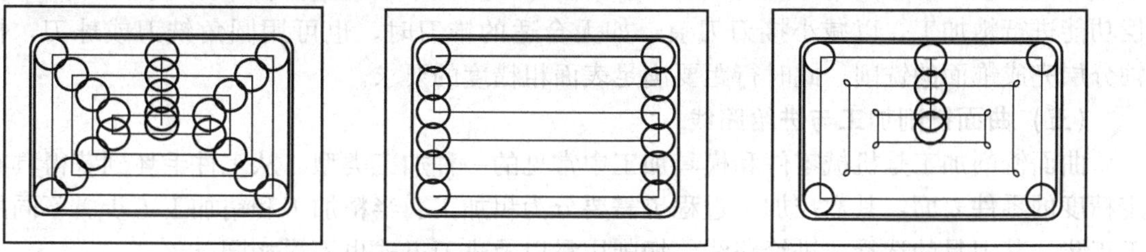

a)　　b)　　c)

图 2-43　槽粗铣加工时的进给路线

a）平行环切　b）双向切削　c）平行环切并清角

（1）平行环切　采用平行环切时可以按刀具由内而外也可按刀具由外而内进行环切加工，当有确定的下刀点时（如槽中心已钻出下刀孔）可采用刀具由内而外进行环切，否则，一般按刀具由外而内进行环切加工。平行环切加工的优点是：加工后轮廓边界所留精铣余量均匀，仅在零件内圆角较小处可能产生余量残留，需进一步清理。

（2）双向切削　双向切削的刀具路径较简单，可取较大行距。但由于会在每次往复走刀的进给起点和终点间产生较大的残留区，需再用轮廓铣削清除，增加了走刀时间。一般在槽内有岛屿时，使用双向切削的进给路线较短。

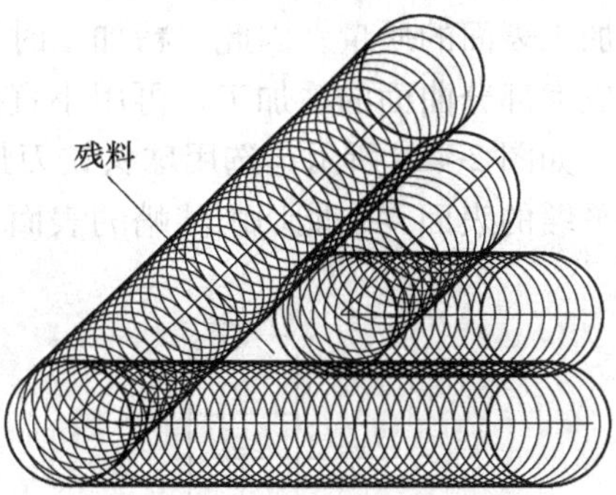

图 2-44　转弯处产生残料

（3）平行环切并清角　采用平行环切加工，当两刀行间的重叠量较小时，在刀具路径转弯处可能会产生残料，如图 2-44 所示。平行环切并清角刀具路径可在选择较大行距时，自动清除角部余量，见图 2-43c。

2. 下刀方式

有三种下刀方式可供选择：直线下刀、斜线下刀和螺旋线下刀。如工件上已钻出工艺孔，则可安排直线下刀，否则应安排斜线下刀或螺旋线下刀。如图 2-45 所示，如有足够下刀空间，可选择斜线下刀；否则可选择螺旋线下刀，下刀线与水平面夹角应视刀底状况而定，使用键槽铣刀时，一般在 5°～20°之间选取。

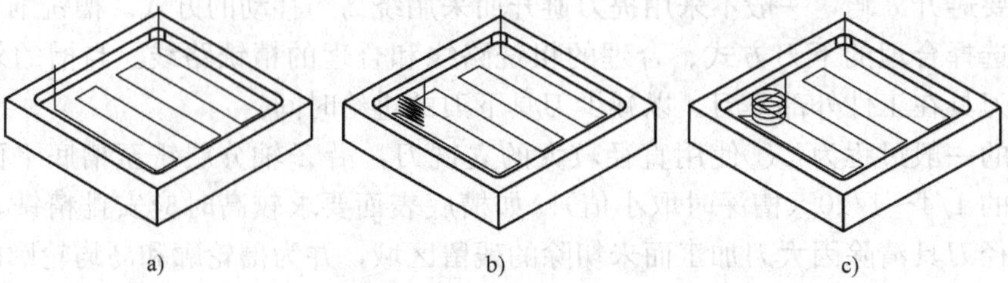

图 2-45　三种下刀方式的选择

a）直线下刀　b）斜线下刀　c）螺旋线下刀

槽铣削加工一般会出现槽侧面有拔模角，槽底有圆角的情况。安排进给路线时，通常用平底立铣刀完成粗铣槽形后，为了提高加工效率，槽底用平底立铣刀精铣，侧面用锥刀完成半精铣和精铣，槽底圆角部分则用圆角铣刀或球刀完成半精铣和精铣加工并使用刀具半径补偿功能进行精加工，以减小接刀刀痕。如无合适的锥刀时，也可用圆角铣刀或球刀，按 Z 轴分层完成锥面的铣削，此时行距要满足表面粗糙度的要求。

（五）曲面铣削加工与进给路线

曲面铣削加工是机械零件和模具加工中常见的一种加工类型。从工件毛坯到获得具有一定精度的零件表面，其数控加工过程也需要分为粗加工、半精加工和精加工工步。不同的加工工步，其刀具的选择、进给路线、切削用量以及进刀方式也不尽相同。

1. 刀具的选用

粗加工时一般选用平底立铣刀，刀具的直径尽可能选大些，以便加大切削用量，提高粗加工生产效率；精加工的目的是为最终获得所需的加工表面形状及达到精度要求，此时应选择直径与加工表面要求相适应的圆角铣刀或球头铣刀。当加工的表面较大且精度要求较高时，如使用的刀具直径过小，就会大大增加走刀次数，影响加工效率，并引起刀具磨损，影响加工表面的质量。因此，精加工时刀具的选择也应由大到小逐渐过渡，即先用大直径刀具完成大部分曲面的精加工，再用小直径刀具做清角加工或局部加工。

如图 2-46a 所示，选用球头铣刀加工的优点是刀具的有效刀刃角范围可达 180°，既能切削平缓的表面，也能切削陡峭的表面。只要球头铣刀的球头半径小于曲面上最小曲率半径，

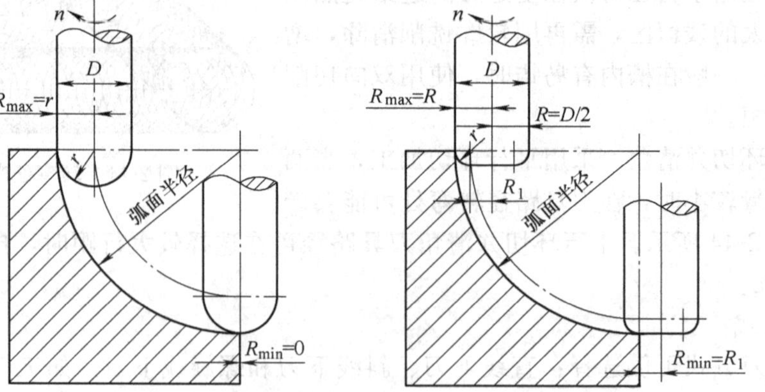

图 2-46　球头铣刀与圆角铣刀加工特点

产生干涉的可能性就比较小。但这种刀具的最大不足是，切削速度随刀具与工件切触点的变化而变化。加工的曲面越陡峭，切削速度就越大，越平缓则切削速度就越小，切至水平面时，球头铣刀刀底位置成为切触点，该处的切削速度为零。选择圆角铣刀（见图 2-46b）则切削速度只能在一定范围内变化（$2\pi Rn \sim 2\pi R_1 n$，n 为主轴转速），因而在不引起干涉的情况下，并结合曲面加工特点，必要时可采用圆角铣刀。

2. 加工方法的选择

（1）两坐标联动的三坐标行切法加工　X、Y、Z 3 轴中任意两轴作插补联动，第三轴做单独的周期进给，称为两轴半坐标联动。如图 2-47 所示的凹槽加工，球刀在右下角下刀后，在 YZ 平面内作插补联动，移至右上角再沿 X 轴负方向移至下一个插补联动起点继续加工，直到将整个表面加工完毕。行切法加工中通常采用球头铣刀，简单曲面可通过宏程序编程实现加工，复杂时由 CAD/CAM 软件编程即可实现加工。球头铣刀的球头半径应选得大些，有利于减小表面粗糙度，增加刀具刚度、散热等。但球头半径应小于曲面的最小曲率半径。

（2）三坐标联动的螺旋进给加工　为适应高速数控加工的工作特点，在 CAD/CAM 软件的切削方式选项中，通常提供了螺旋进给的刀具路径，可使精加工刀具路径以螺旋进给的方式完成加工，避免程序段间运动方向的急剧变化，因而可以以很高的进给速度实现加工。如图 2-48 所示的椭圆形型腔表面加工，在 Mastercam 软件中选择曲面熔接精加工刀具路径时，通过选择型腔表面为加工曲面，选择椭圆曲线和椭圆中心点作为熔接曲线，选择切削方式为螺旋线，即可生成图中所示的螺旋线式进给的刀具路径。

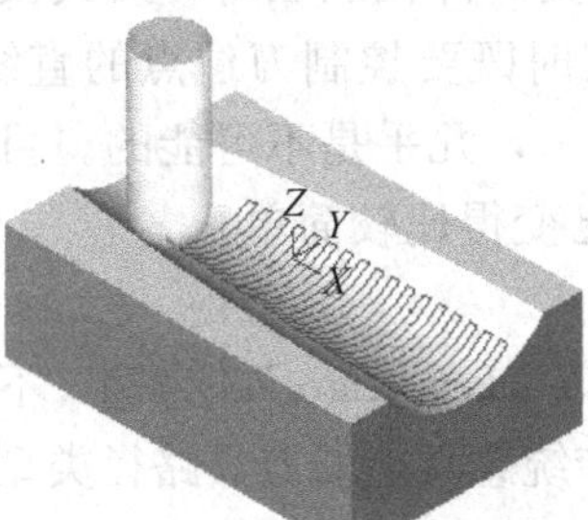

图 2-47　两坐标联动的行切法加工

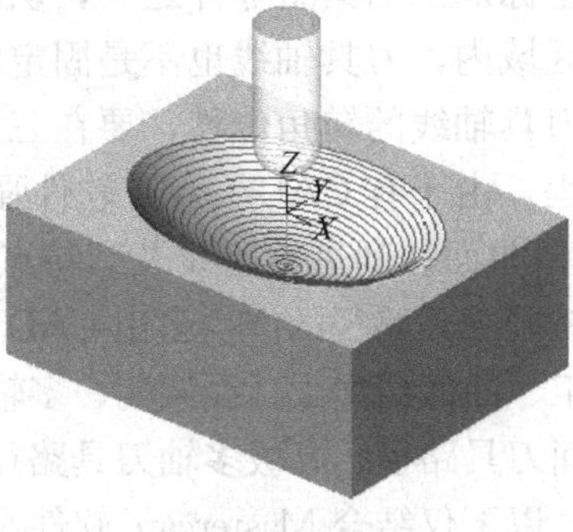

图 2-48　螺旋进给方式加工型腔表面

这种加工要求数控铣床具有 X、Y、Z 3 轴联动插补功能，生成的刀具轨迹实际上是由许多小直线段连接而成。一般在曲面加工中，那些可以使刀具以顺时针或逆时针方向连续进给而形成的回路加工中，可以采用这种加工方式。

（3）四坐标加工　四坐标加工要求数控铣床除具有 X、Y、Z 3 个直线运动的坐标轴外，还要求主轴或工作台可以做摆角运动。前面图 2-21 所示的变斜角零件即为四坐标加工的典型例子。该零件侧面为直纹扭曲面，可在四坐标数控铣床上用圆柱铣刀侧刃完成铣削加工。刀具除需进行 X、Y、Z 坐标的运动外，为保证刀具与工件型面在全长始终贴合，刀具还应绕 O_1（或 O_2）作摆角联动。这种加工虽然增加了数控设备的投入，但由于切削方式符合曲面形成原理，比三坐标机床加工可大大提高生产效率。

（4）五坐标加工　五坐标加工要求数控机床在 X、Y、Z 3 个直线运动坐标轴的基础上，至少包括 A、B、C 三个旋转坐标轴中的两个，旋转轴可能是主轴的摆动，也可能是工作台的摆动（倾斜运动）或转动，视机床的结构而定。

随着数控技术的不断发展，五坐标加工中心的应用也日趋普及。由于可以提高生产效率，为企业带来显著的经济效益，许多传统的模具加工方法也可以考虑在五坐标加工中心上实现加工。图 2-49 是在 Mastercam X3 中选择高级多轴刀具路径命令时，打开的“选择使用界面”对话框，从左边显示的图标按钮可以看出，多轴加工又提供了 9 种不同的加工选项，分别为“5 轴曲面”、“壁边铣削”、“型腔”、“叶轮加工”、“电极加工”、“投影加工”、“涡轮叶片”、“管道加工”和“3 轴转成 5 轴”。当选择“5 轴曲面”命令时，可以实现任何一类零件的曲面加工，但更多的参数需要用户自行设置，而其余按钮命令则能结合曲面特点进行选择，以减少参数设置的工作量，提高编程效率。

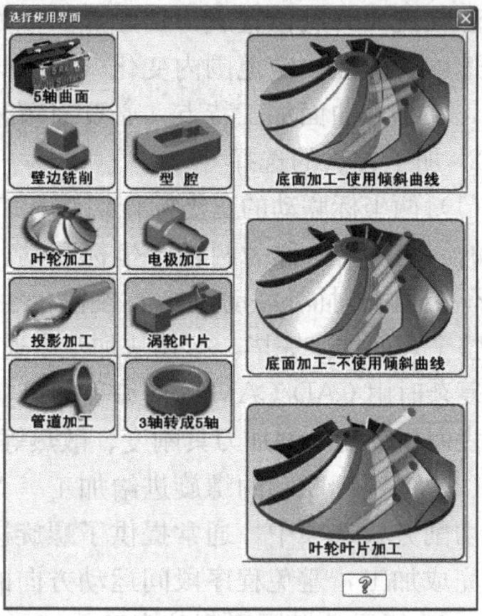

图 2-49 Mastercam X3 提供的高级多轴刀具路径命令

对话框右边三个较大图标是单击左边的“叶轮加工”小图标后，显示的针对叶轮底面加工或叶片加工的进一步的选项。叶轮或螺旋桨叶片是五坐标加工的典型零件之一，从图中可以看出，这类零件在加工时，刀具被限定在一个狭长的区域内，刀具轴线也不是固定的 Z 轴方向。加工时既要控制刀位点的直线轴位移，还要控制刀具轴线的转角位移，要在三坐标机床上实现加工，几乎是不可能的。目前，这类零件的编程，由于有 CAD/CAM 软件强大功能的支持，已变得比较简单。

3. 常用曲面铣削进给路线及其特点

曲面铣削刀具路径的产生多由 CAD/CAM 软件实现。以 Mastercam X3 为例，不仅提供了曲面粗加工、曲面精加工、线架构、多轴刀具路径加工等传统意义上的刀具路径类型，还增加了高速曲面刀具路径、高级多轴刀具路径等功能，因而在曲面三轴或多轴加工方面，性能得到较大提升。以下仅结合 Mastercam 软件对最常用的几种刀具路径及其特点简要进行讨论。

（1）平行粗铣加工　生成某一特定角度的平行切削粗加工刀具路径。如图 2-50a 所示的

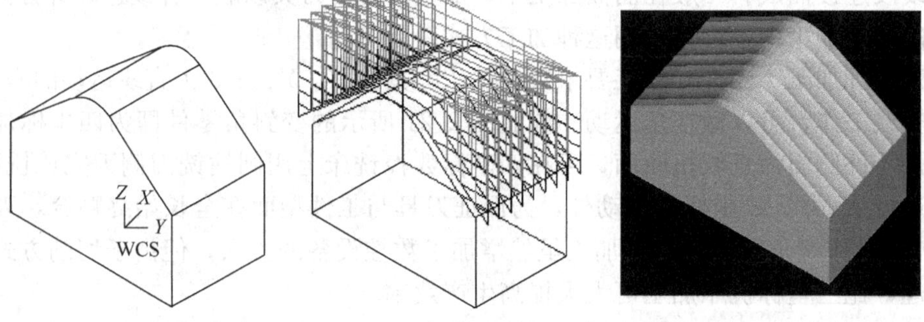

a)　　b)　　c)

图 2-50 平行粗铣加工

凸形（BOSS）表面，粗切削时选择切削角度与斜坡方向平行、刀具单向走刀、从两侧进给并允许刀具沿工件表面正向移动，进给路线如图 2-50b 所示。

加工特点：采用平底立铣刀，刀具从工件外部下刀，左侧斜坡加工时为 X 轴正向进给；右侧斜坡加工时，为 X 轴负向进给，避免了双向走刀时刀具要沿斜坡负向作进给运动。通过 Z 轴分层完成整个表面粗加工。刀具进给的方向为沿斜坡的爬坡方向，使粗切后表面残脊高度较小。零件粗铣加工的模拟结果如图 2-50c 所示。

（2）平行精铣加工　生成某一特定角度的平行精铣加工刀具路径。对图 2-50 所示零件上表面采用平行精铣加工，若采用球头铣刀，双向往复走刀可完成表面精铣加工。图 2-51a、b、c 分别为对上述零件采用平行精铣时切削角度设置为 0°、45°和 90°时的刀具路径。

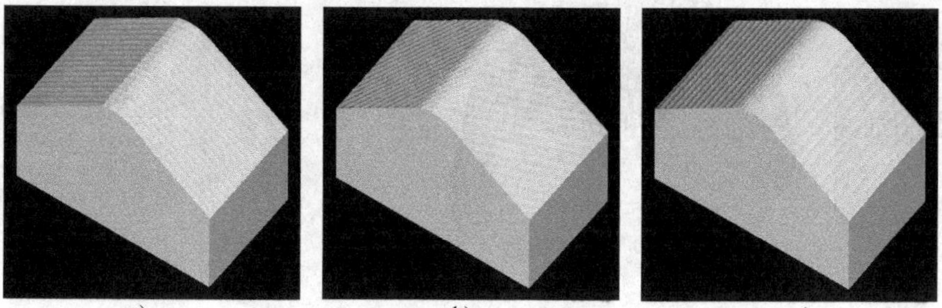

a)　b)　c)

图 2-51　平行精铣加工

加工特点：精加工时因切削力较小，通常可采用双向走刀方式，可以避免因单向走刀时需反复提刀而影响加工效率。但当对表面质量要求较高时，仍应采用单向顺铣加工。由于球刀加工在刀具到达工件顶点位置时，使切削速度降低至零，使切削条件变差，因而可改用圆角铣刀从斜面两侧分别加工，则切削角度可设置为 90°。

（3）平行陡斜面精加工　可在设置的加工角度方向生成符合陡斜面切削角度范围的局部刀具路径，通过在两个相互垂直方向上设置切削角度，可实现陡斜面切削角度范围所有曲面的精加工。对未在加工角度范围内的平缓曲面，利用精加工浅平面加工即可实现整个曲面的精加工。如图 2-52a 所示，该曲面在加工时按圆角曲面与顶部球面相切部分的大致坡度（如取 12°），将曲面划分为浅平面区与陡斜面区，在浅平面区切削角度设置为 0°（进给方向与 X 轴平行）进行加工，在陡斜面区分别设置切削角度为 0°和 90°，生成两个方向各自平行的刀具路径。刀具路径显示和模拟结果分别如图 2-52b 和图 2-52c 所示。

加工特点：通过不同刀具路径类型间的互补，使加工表面的残高误差趋于一致，从而可提高加工效率。切削角度设置为 0°和 90°生成的切削轨迹分别与 XZ 平面或 YZ 平面平行，

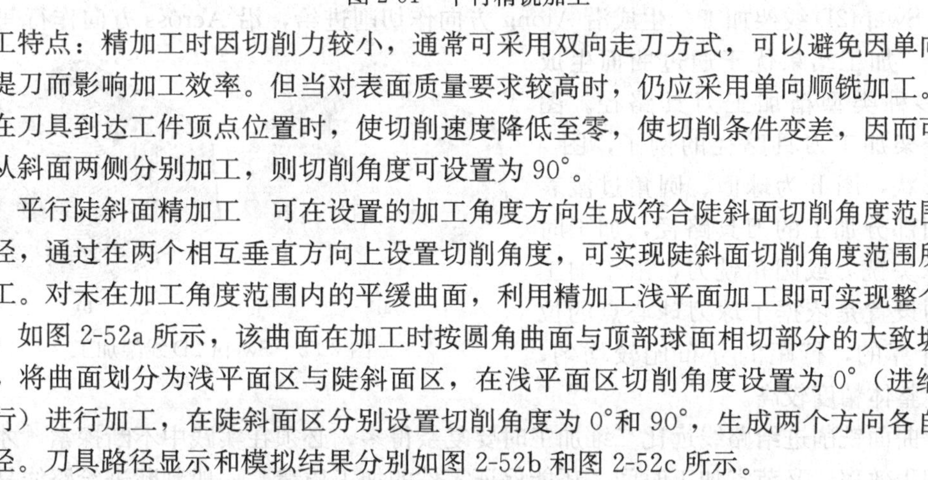

a)　b)　c)

图 2-52　平行陡斜面精加工

a）曲面造型　b）进给路线　c）模拟结果

可通过圆弧过滤大大减少程序段的数目。

(4) 放射状精加工　对于具有放射中心的曲面，采用这种刀具路径，符合曲面形成的规律，加工表面质量较好。图 2-53 为采用放射状精加工的例子，左图为波形弹簧圈冲模表面的加工，加工时采用球头铣刀；右图为顶面中心略低于周边轮廓的直纹曲面，加工时采用平底立铣刀或圆角铣刀，刀具从中心下刀，单向向外辐射加工，加工效率较高。

(5) 等高外形精加工　可沿曲面外形生成等高的精加工刀具路径。一般用于对凸模外形轮廓或凹模的内壁轮廓进行加工。图 2-54 为采用等高外形精加工的例子，注意在参数设置时，也应设置进刀线与退刀线，以使刀具在工件外部下刀，切向切入工件和切向切出工件。

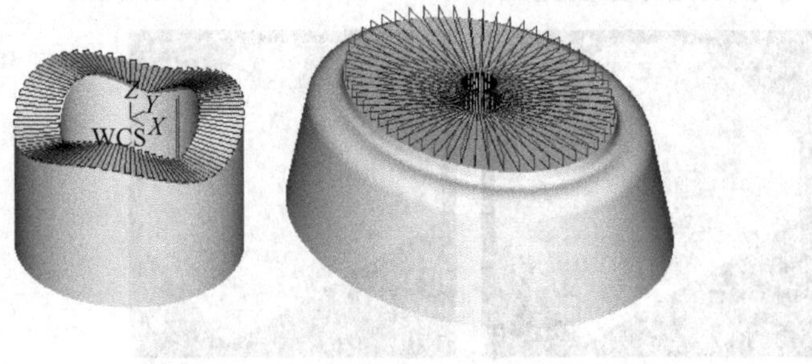

图 2-53　放射状精加工举例

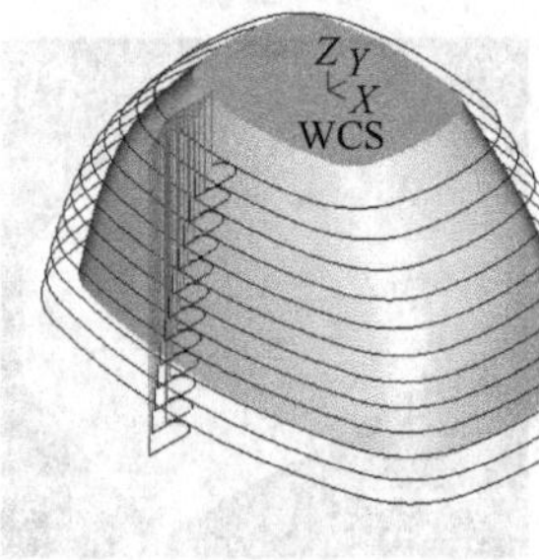

图 2-54　等高外形精加工

(6) Swept2D 线架加工　生成沿 Along 方向作切削进给，沿 Across 方向作行间移动的刀具路径。加工结果优于通过曲面生成的其他多种类型精加工刀具路径。图 2-55为线架加工刀具路径的例子，图 a 为零件形状，图 b 为球面、圆角过渡表面与斜面部分加工的刀具路径，加工时可采用球头铣刀或圆角铣刀，由于加工时行距的设置是依据于球刀球心点的位移量来计算的，行距的分布比较均匀，加工表面整体精度较高。

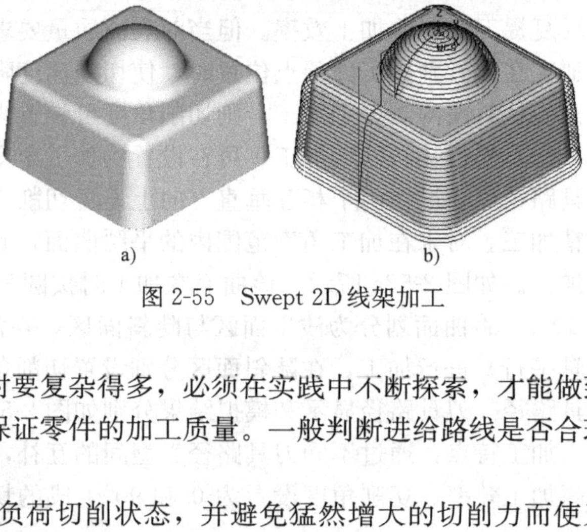
a)　b)

图 2-55　Swept 2D 线架加工

确定曲面铣削进给路线远比二维加工时要复杂得多，必须在实践中不断探索，才能做到既提高编程效率，又节省加工时间，还能保证零件的加工质量。一般判断进给路线是否合理可从下述几点考虑：

1) 粗切时尽量使刀具始终处于最佳满负荷切削状态，并避免猛然增大的切削力而使刀具损坏或工件报废，尽量减少空刀或少切削的刀具运动，以提高加工效率。

2) 精切时刀具运动轨迹分布均匀、整齐、无过切或扎刀等情况的发生，并便于钳工修整；采用球刀加工时，在一个切削行内，刀具切触点的线速度变化不宜过大，以便选择合理的主轴转速，提高表面加工质量。

3) 尽量选用系统提供的刀具路径类型，当对加工效率有明显影响时，可以运用编程技巧作出进一步优化的进给路线，特别当零件的加工有一定批量时，优化进给路线常可使加工效率成倍提高。

六、切削用量的选择

（一）背吃刀量 a_p（或侧吃刀量 a_e）的确定

采用端铣刀铣平面时是用背吃刀量 a_p 表示切削层的深度；而用圆柱铣刀的侧面刃铣侧表面时是用侧吃刀量 a_e 表示切削层的深度。从刀具的耐用度出发，切削用量的选择顺序应是：首先选择背吃刀量或侧吃刀量，其次确定进给速度，最后确定切削速度。

首先根据机床、夹具、刀具、工件的刚度和被加工零件的精度要求来决定背吃刀量或侧吃刀量。如果零件的精度要求不高，在工艺系统刚度和机床动力允许的范围内，最好一次切除所有余量，以提高加工效率。如果零件精度要求高，则应增加走刀次数。

1．工件表面粗糙度要求为 Ra12．5～25μm 时

若侧铣余量小于 5mm 或端铣余量小于 6mm，只要工艺系统刚度和机床动力允许，即可通过一次粗铣达到加工要求；否则可分两次进给完成。

2．工件表面粗糙度要求为 Ra3．2～12．5μm 时

可分粗铣和半精铣两步进行。粗铣时吃刀量的选取同前，粗铣后留 0．5～1．0mm 余量，在半精铣时切除。

3．工件表面粗糙度要求为 Ra0．8～3．2μm 时

可分粗铣、半精铣、精铣三步进行。半精铣时吃刀量取 1．5～2mm；精铣时圆柱铣刀侧吃刀量取 0．3～0．5mm，端铣刀背吃刀量取 0．5～1mm。

（二）进给速度 v_f 的确定

进给速度 v_f 是单位时间内工件与铣刀沿进给方向的相对位移，单位为 mm/min。它与铣刀转速 n、铣刀齿数 z（单位为 z/r）及每齿进给量 f_z（单位为 mm/z）的关系为：$v_f = f_z z n$。

每齿进给量 f_z 的选取主要取决于工件材料的力学性能、刀具材料、工件表面粗糙度等因素。工件材料的强度和硬度越高，f_z 越小；反之则越大。硬质合金铣刀的每齿进给量高于同类高速钢铣刀。工件表面粗糙度值越小，f_z 就越小。每齿进给量的确定可参考表 2-6 选取。工件刚性差或刀具强度低时，应取小值。

表 2-6　铣刀每齿进给量

工件材料	每齿进给量 f_z/mm·z^{-1}			
	粗　铣		精　铣	
	高速钢铣刀	硬质合金铣刀	高速钢铣刀	硬质合金铣刀
钢	0．1～0．15	0．10～0．25	0．02～0．05	0．10～0．15
铸　铁	0．12～0．20	0．15～0．30		

（三）切削速度的确定

切削速度是刀具切削刃的圆周线速度。切削速度的高低主要取决于被加工材料的精度、材质、刀具的材料和刀具的耐用度等因素。试验证明，在刀具耐用度一定时，增大每齿进给量 f_z、背吃刀量 a_p（或侧吃刀量 a_e）以及铣刀的齿数 z，都会使刀刃负荷增加，切削热增

加，刀具磨损加快，从而限制了切削速度的提高。而增大刀具直径，有利于改善散热条件，因而可提高切削速度。断续切削时，为减小冲击和热应力，要适当降低切削速度。在易发生振动的情况下，切削速度应避开自激振动的临界速度。切削速度的选择可参考相关的切削用量手册。表 2-7 给出了切削速度的大致范围，可供参考。

表 2-7　铣削时的切削速度

工件材料	硬度（HBS）	切削速度 v_c/m·min^{-1}	
		高速钢铣刀	硬质合金铣刀
钢	＜225	18～42	66～150
	225～325	12～36	54～120
	325～425	6～21	36～75
铸铁	＜190	21～36	66～150
	190～260	9～18	45～90
	160～320	4.5～10	21～30

第四节　数控加工工艺文件

数控加工工艺文件是在工艺设计完成后所制订的数控加工工序卡片、数控加工刀具卡片、数控加工程序单、工件安装和零点设定卡片等与数控加工相关的技术文件的总称。目前，数控加工工艺文件尚无统一的国家标准，各企业主要结合本部门的生产特点制订适合本部门使用的相应工艺文件。

一、数控加工工序卡片

在一般的机械加工工艺规程中，通常根据零件加工批量的大小使用机械加工工艺过程卡以及机械加工工序卡作为生产管理和工人操作的指导性文件。工艺过程卡记录了零件加工所经过的整个工艺路线，工序卡则对每个工序的加工给予详细指导。

数控加工工序卡片是以数控加工工序为单元而填写的工序卡片，一般是按工步号记录工步内容以及每个工步的刀具号、刀具规格及切削参数等。在工序卡片上还应附上工序简图，并注明定位夹紧符号；加工表面的精度与粗糙度要求；程序原点及对刀点等内容。

可以结合本书第五章图 5-52 所示零件的加工制订一个工艺方案。假定该件铸造成型后，各表面都需要加工，根据零件特点，加工可安排两道工序。工序 1 底面朝上，铣底平面及菱形外轮廓；工序 2 用平口钳（配 V 形钳口）夹紧，铣顶平面、ϕ60mm 外圆柱面和台阶平面以及各孔的加工。表 2-8 是结合工序 2 的加工所制订的工序卡片，可供参考。

表 2-8　数控加工工序卡片

（企业名称）	数控加工工序卡		产品名称或代号		零件名称		零件图号
					端盖		
工序简图			车　间		设备名称		设备型号
					立式加工中心		
			工序名称		夹具名称		夹具编号
			镗、铣加工		平口钳		
			工序号		程序号		
			02		O0002		
工步号	工步内容	刀具号	刀具规格/mm	主轴转速/$r \cdot min^{-1}$	进给速度/$mm \cdot min^{-1}$	背吃刀量/mm	备注
1	粗铣上表面，留精铣余量 0.3mm	T01	ϕ80	240	200	4	
2	粗铣 ϕ60mm 外圆柱面及台阶面，留余量 0.5mm	T02	ϕ36	160	60	4	
3	普通麻花钻钻 ϕ40H7 底孔	T03	ϕ38	150	60	5	
4	精铣上表面，控制高度尺寸至 40mm	T04	ϕ32	200	100	0.3	
5	精铣 ϕ60mm 外圆柱面及台阶面，符合尺寸要求	T04	ϕ32	200	100	0.5	
6	半精铣 ϕ40H7 底孔，尺寸到 ϕ39.5mm	T04	ϕ32	200	40	0.75	
7	普通麻花钻钻 2×ϕ13mm 通孔	T05	ϕ13	500	50	6.5	
8	锪钻锪 2×ϕ22mm 台阶孔，深度到尺寸	T06	ϕ22	300	60	4.5	
9	精镗 ϕ40H7 内孔表面，尺寸符合要求	T07	ϕ40	500	80	0.25	
编制		审核	批准		年　月　日	共　页	第　页

二、数控加工刀具卡片

数控加工刀具卡片通常按工序要求记录加工所用刀具的刀具号、刀具名称及规格、刀补地址及该刀具的加工表面等内容。数控车床与数控铣床因所用刀具结构有差别，表格内容略有不同。表 2-9 是按表 2-8 工序卡片的内容而填写的镗铣加工用数控加工刀具卡片。数控车床用刀具卡片可参见第四章表 4-5。

表 2-9　数控加工刀具卡片

产品名称或代号		零件名称	端盖	零件图号	零件材料	HT200	程序号	O0002
序号	刀具号	刀具名称及规格	加工表面	刀具直径/mm	刀具长度/mm	刀具长度偏移地址	刀具半径补偿地址	备注
1	T01	ϕ80mm 镶片套式面铣刀	铣上表面	ϕ80		H01		
2	T02	ϕ40mm 粗齿锥柄立铣刀	粗铣外圆柱表面及台阶面	ϕ40		H02		
3	T03	ϕ38mm 麻花钻	钻 ϕ40H7 底孔	ϕ38		H03		
4	T04	ϕ32mm 细齿锥柄立铣刀	精铣各表面	ϕ32		H04	D04	
5	T05	ϕ13mm 麻花钻	钻 ϕ13mm 通孔	ϕ13		H05		
6	T05	22×14 锪钻	ϕ22mm 台阶孔	ϕ22		H06		
7	T07	ϕ40 镗孔刀	ϕ40H7 内孔表面	ϕ40		H07		
编制		审核		批准		年　月　日	共　页	第　页

三、工件安装和零点设定卡片

为使机床调整人员清楚工件在夹具上的定位方法和夹紧方法，工件零点位置以及坐标轴方向，可用简图对工件安装情况作出简要说明，工件安装和零点设定卡片的形式如表 2-10 所示。该图中画出了夹具简图，工件安装方法、工件零点及加工 3 个孔的尺寸要求。

表 2-10　工件安装和零点设定卡片的形式

工作图号	0102-4	数控加工工件安装和零点设定卡片	工序号	
工序简图	行星架		装夹次数	

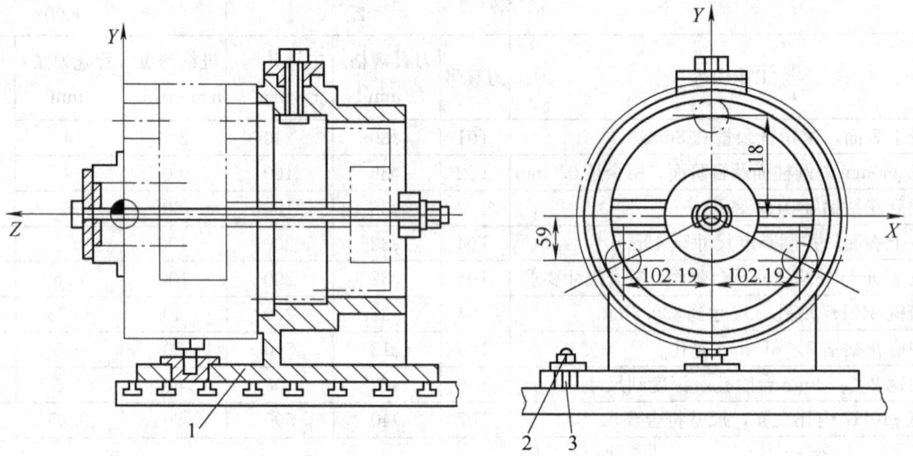

				3	梯形槽螺栓	
				2	压　板	
				1	镗铣夹具板	GS53-61
编　制	审　核	批　准	第　页			
			共　页	序　号	夹具名称	夹具图号

习题与思考题

2-1　数控加工工艺有何基本特点？

2-2　数控加工工艺的主要内容是什么？

2-3　数控机床的应用范围如何？

2-4　数控加工的工艺性分析包括哪些主要内容？

2-5　加工方案确定的原则是什么？

2-6　如何划分零件加工的工序与工步？

2-7　如何选择数控机床加工用的刀具？

2-8　合理确定切削用量的原则是什么？

2-9　对刀点、对刀基准、换刀点的含义是什么？如何选择？

2-10　什么是刀位点？与对刀有何关系？

2-11　进给路线的确定原则是什么？

2-12　如何选择适合数控车床加工的零件？

2-13　数控车削零件的图样分析，要注意哪几点？

2-14　确定数控车削的进给路线时，应注意哪些问题？

2-15　车刀类型和刀片的选择包括哪些主要内容？

2-16　数控铣床和加工中心各适于加工哪种类型的零件？

2-17　为什么要进行编程尺寸设定值的确定？步骤如何？

2-18　数控铣削刀具的选择应考虑哪些问题？

2-19　如何确定孔加工、平面轮廓铣削、平面铣削、槽铣削与曲面铣削的进给路线？

2-20　如何确定铣削时的切削用量？

2-21　数控加工工艺文件应包括哪些主要内容？

第三章　程序编制中的数值计算

第一节　数值计算的内容

根据零件图样，按照已确定的进给路线和允许的编程误差，计算数控系统所需输入的数据，称为数控编程的数值计算。手工编程时，在完成工艺分析和确定进给路线之后，数值计算就成为程序编制中一个关键性环节。在手工编程过程中，数值计算的内容主要包括基点和节点的计算、刀位轨迹的坐标计算以及辅助计算。

一、基点和节点的计算

一个零件的轮廓往往是由许多不同的几何元素所组成，如直线、圆弧、二次曲线以及阿基米德螺线等。各几何元素间的联结点称为基点。如两直线间的交点，直线与圆弧或圆弧与圆弧间的交点或切点，圆弧与二次曲线的交点或切点等。对于仅由直线与圆弧组成的一般零件，由于目前数控系统都具有直线与圆弧插补功能，故手工编程时仅需计算基点坐标及圆弧圆心点坐标，计算过程比较简单。

除了直线或圆弧之外，可用方程式表达的平面轮廓曲线，在数控编程中通常称为非圆曲线。这类曲线轮廓在数控机床上加工时，常常由于数控系统不具备该类曲线的插补功能，则不得不进行比较复杂的节点坐标计算。所谓节点，即指在满足允许的编程误差条件下，利用数控机床所配备的插补功能（如直线或圆弧）对原曲线进行拟合时所求得的一系列拟合点。如图 3-1 所示，图 a 为用直线段逼近非圆曲线，图 b 为用圆弧段逼近非圆曲线。数控编程时，按节点划分程序段并可按直线插补或圆弧插补编程以完成曲线轮廓的加工。

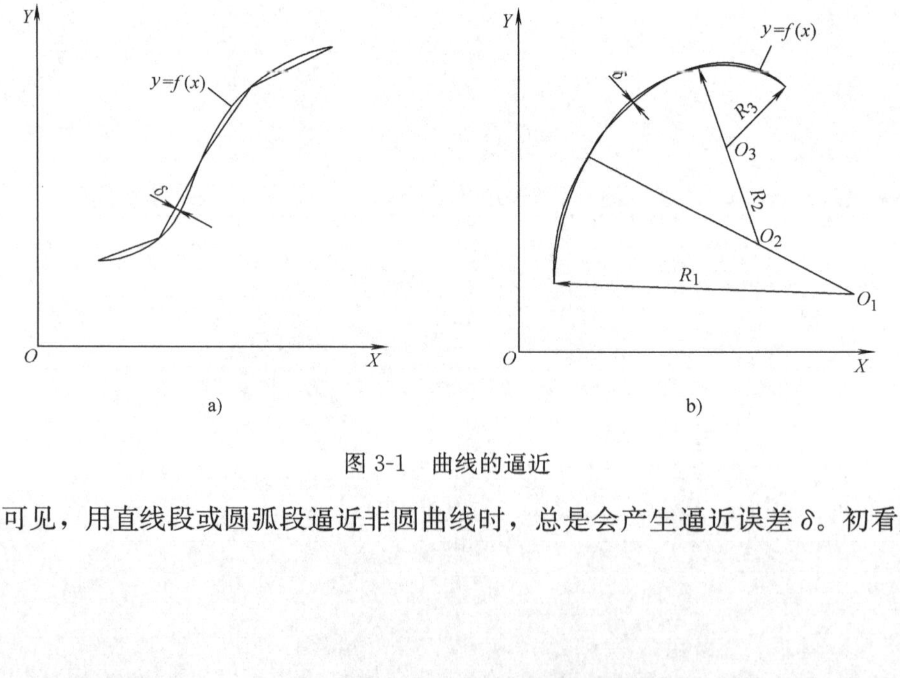

图 3-1　曲线的逼近

由图可见，用直线段或圆弧段逼近非圆曲线时，总是会产生逼近误差 δ。初看起来，节点数目越多则误差越小，但节点数目的多少还与插补方式（直线或圆弧）的选择和逼近算法有关。实际编程中，为了减少程序段的数目，在满足编程允差的条件下，应使计算出的节点数目尽可能少些。目前，在实际加工中，考虑到工艺系统的变形及其他各种因素对加工误差的影响，常用 $\delta_{允}$ 表示编程允差，且 $\delta_{允}$ 一般取为零件轮廓公差的 1/5～1/10。

二、刀位轨迹的坐标计算

刀位轨迹即零件加工时刀具刀位点相对于工件运动时所描述的轨迹，即刀具的进给路线。

无论是车削加工还是铣削加工，零件的轮廓形状总是由刀具的切削刃部分直接参与切削过程完成的。实际切削时，刀具的刀位点（参考图 2-6）通常与零件轮廓不能完全重合，而是偏离零件轮廓一个距离。这时，就轮廓加工而言，一种办法是利用数控系统提供的刀具半径补偿功能，自动完成刀具偏移的计算，编程员只需计算出基点坐标或节点坐标；另一种办法是手工进行刀位轨迹的坐标计算，这样会增加编程时的计算工作量。

由于目前绝大多数数控机床都提供了刀具半径自动补偿功能，可以由数控系统自动计算补偿量。因此，此处所讲的刀位轨迹坐标计算，并非仅指轮廓加工而言，在数控系统未能提供简化编程的所有场合，都可能要求编程人员按刀位轨迹进行坐标计算。

三、增量计算或其他计算

1. 增量计算

在某些情况下，需将绝对坐标值换算为增量坐标值。如在计算过程中，已按图样要求计算出零件上各点的绝对坐标值，则增量坐标值的换算可按下式进行：

增量坐标值 ＝ 程序段终点的绝对坐标值 － 程序段起点的绝对坐标值

计算需在各坐标轴方向上分别进行。如图 3-2 所示，图中，a 点坐标 $x_a=50$，$y_a=20$；b 点坐标 $x_b=10$，$y_b=40$，计算刀具从 a 点（起点）运动到 b 点（终点）的增量坐标值，则

$$\Delta x = x_b - x_a = 10 - 50 = -40$$

$$\Delta y = y_b - y_a = 40 - 20 = 20$$

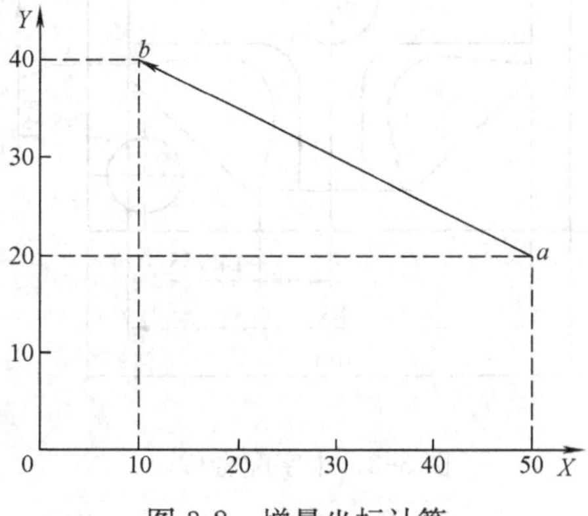

图 3-2　增量坐标计算

2. 其他计算

数控加工时，为控制进刀或退刀，需增加一些辅助运动的程序段，因此需计算辅助程序段的起点或终点坐标；圆弧插补可能要计算圆弧圆心点的坐标；曲面加工为控制加工误差而进行的行距计算等。

第二节　简单轮廓零件的基点计算

简单轮廓零件是指零件的轮廓是由直线或圆弧所组成。主要是完成基点坐标和圆弧圆心点坐标计算。根据图样上需要求解的基点数量以及计算的难易程度，决定计算的方法。

一、直接计算法

直接计算法就是利用构成零件轮廓的几何图素，绘制适当的辅助线，直接在几何图形上利用方程组、勾股定理、三角函数中直角三角形或斜三角形求解公式求解。现举两例说明计算方法。

例 1 第一届全国数控技能大赛学生组，加工中心操作工要求完成十字配合件的数控编程及加工。图 3-3 绘出了该题中试件一与数值计算有关的图形及尺寸，试计算图中 4×$R12$ 圆弧与各直线相切的切点坐标。

分析零件图形，在零件对称中心位置建立 XOY 工件坐标系。由于图形对 X 轴及 Y 轴均对称，只需计算出图形在第Ⅰ象限的切点 A 和 B 的坐标，其他象限可直接由 A 或 B 点坐标按轴对称适当冠以正、负符号即可确定。另外，数控编程中，对于圆弧插补可直接用圆弧半径 R 编程。因此，如能直接计算出切点坐标，则无需计算圆弧的圆心坐标。

分析图形后，按图 3-4 作局部放大图，延伸直线 L_1、L_2 交于 C 点，作 $\overline{P_1C}$ 与 $\overline{P_2C}$ 的角平分线通过 $R12$ 圆弧圆心点 O_1。过 O_1 分别作两直线的垂线 $\overline{O_1A}$ 与 $\overline{O_1B}$ 交两直线于 A、B 两点。解题步骤分为三步：

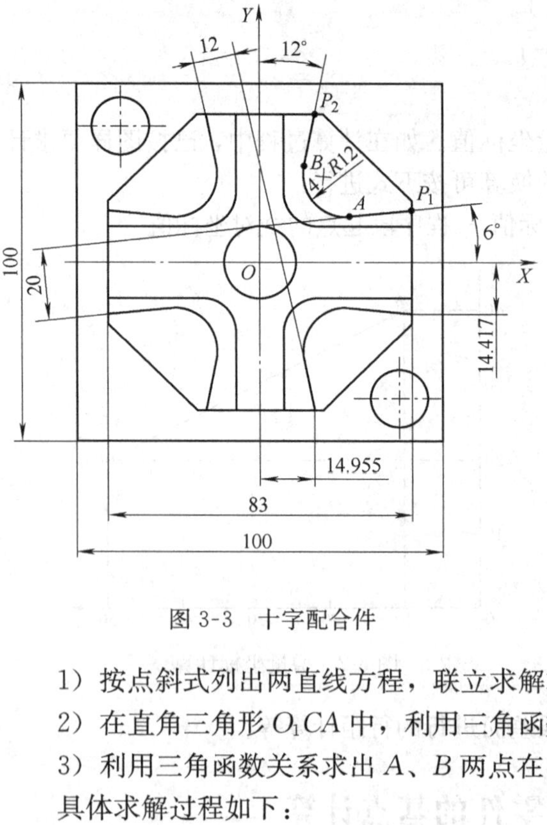

图 3-3 十字配合件

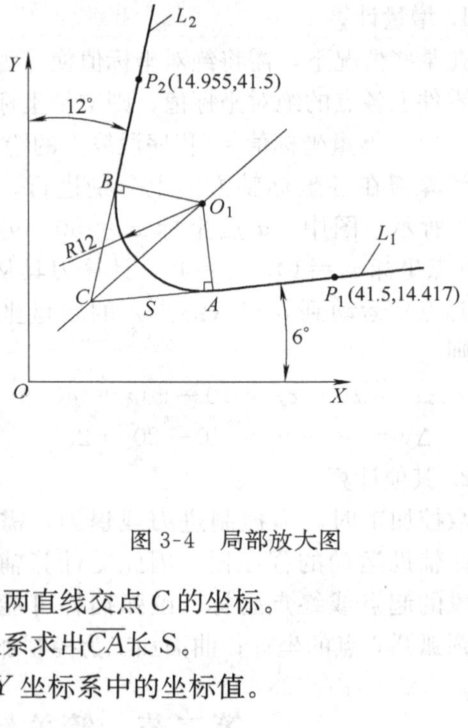

图 3-4 局部放大图

1）按点斜式列出两直线方程，联立求解求出两直线交点 C 的坐标。

2）在直角三角形 O_1CA 中，利用三角函数关系求出 $\overline{CA}$ 长 S。

3）利用三角函数关系求出 A、B 两点在 XOY 坐标系中的坐标值。

具体求解过程如下：

1）由图确定直线 L_1 通过点 P_1（41.5，14.417），斜率 $k_1 = \tan6° = 0.1051$；直线 L_2 通过点 P_2（14.955，41.5），斜率 $k_2 = \tan78° = 4.7046$。按点斜式列出两直线方程并联立求解：

$$\begin{cases} y-14.417=0.1051(x-41.5) \\ y-41.5=4.7046(x-14.955) \end{cases}$$

利用消元法，先消去 y 求出 x，再将 x 值代入原方程求出 y，可求出图中 C 点坐标为 $x_C=8.46, y_C=10.944$。

2）在直角三角形 O_1CA 中，$\angle O_1CA=(78^\circ-6^\circ)/2=36^\circ$，利用三角函数关系可求出

$$S=12/\tan 36^\circ=16.517$$

3）计算 A、B 两点坐标为

A 点坐标：
$$x_A=8.46+16.517\cos 6^\circ=24.886$$
$$y_A=10.944+16.517\sin 6^\circ=12.671$$

B 点坐标：
$$x_B=8.46+16.517\cos 78^\circ=11.894$$
$$y_B=10.944+16.517\sin 78^\circ=27.1$$

例 2　第一届全国数控技能大赛学生组，网上下载样题，加工中心加工试件如图 3-5 所示，计算各相邻圆弧间的切点坐标。

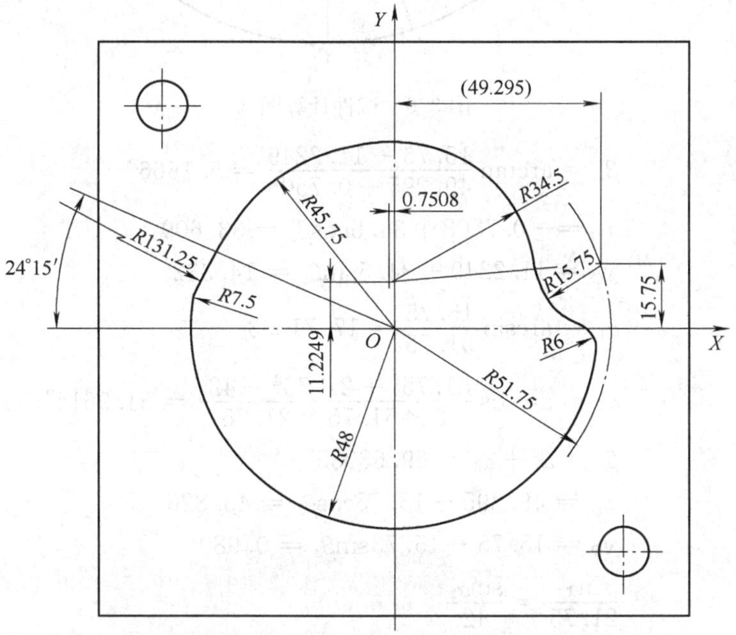

图 3-5　加工中心加工试件

图 3-6 为上述试件的计算用图，图中分别用 A、B、C、…、G 表示各切点位置，并作必要的辅助线，以便计算各切点坐标。

计算过程及结果如下：

A 点：
$$x_A=-45.75\cos 24.25^\circ=-41.713$$
$$y_A=45.75\sin 24.25^\circ=18.79$$

B 点：
$$x_B=-45.75\times\frac{0.7508}{\sqrt{0.7508^2+11.2249^2}}=-3.053$$
$$y_B=45.75\times\frac{11.2249}{\sqrt{0.7508^2+11.2249^2}}=45.648$$

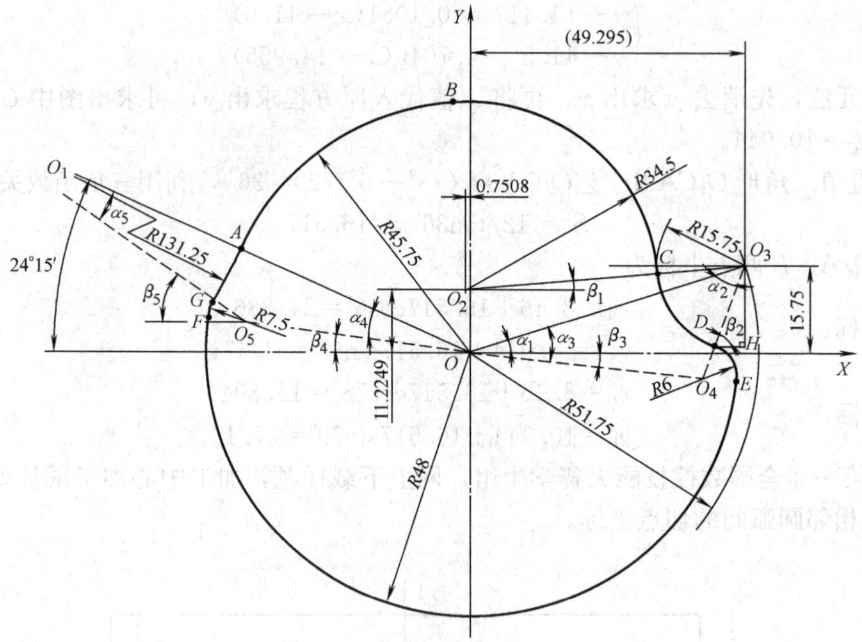

图 3-6　试件计算图

C 点：

$$\beta_1 = \arctan\frac{15.75-11.2249}{49.295+0.7508} = 5.1666°$$

$$x_C = -0.7508 + 34.5\cos\beta_1 = 33.609$$

$$y_C = 11.2249 + 34.5\sin\beta_1 = 14.332$$

D 点：

$$\alpha_1 = \arcsin\frac{15.75}{51.75} = 17.71893°$$

$$\alpha_2 = \arccos\frac{51.75^2 + 21.75^2 - 42^2}{2\times 51.75\times 21.75} = 51.9614°$$

$$\beta_2 = \alpha_1 + \alpha_2 = 69.68035°$$

$$x_D = 49.295 - 15.75\cos\beta_2 = 43.826$$

$$y_D = 15.75 - 15.75\sin\beta_2 = 0.980$$

E 点：

$$\frac{\sin\alpha_3}{21.75} = \frac{\sin\alpha_2}{42}$$

$$\alpha_3 = 24.0706°$$

$$\beta_3 = \alpha_3 - \alpha_1 = 6.35167°$$

$$x_E = 48\cos\beta_3 = 47.705$$

$$y_E = -48\sin\beta_3 = -5.31$$

F 点：

$$\alpha_4 = \arccos\frac{40.5^2 + 177^2 - 138.75^2}{2\times 40.5\times 177} = 16.90205°$$

$$\beta_4 = 24.25° - \alpha_4 = 7.34795°$$

$$x_F = -48\cos\beta_4 = -47.606$$

$$y_F = 48\sin\beta_4 = 6.139$$

G 点：

$$x_{O5} = -40.5\cos\beta_4 = -40.1674$$

$$y_{O5} = 40.5\sin\beta_4 = 5.1797$$

$$\frac{\sin\alpha_5}{40.5} = \frac{\sin\alpha_4}{138.75}$$

$$\alpha_5 = 4.86818°$$

$$\beta_5 = 24.25° + \alpha_5 = 29.11818°$$

$$x_G = x_{O5} - 7.5\cos\beta_5 = -46.72$$

$$y_G = y_{O5} + 7.5\sin\beta_5 = 8.829$$

本题在求 D、F 点坐标时，利用了余弦定理，在求 E、G 点坐标时，利用了正弦定理。在确定斜三角形的边长时，注意掌握圆弧与圆弧相切时，切点必通过两圆弧圆心点的连心线，外切时用两圆弧半径相加计算边长，内切时用两圆弧半径相减计算边长。以 D 点坐标计算为例，在斜三角形 OO_3O_4 中，三边长依次为 51.75，15.75+6=21.75，48−6=42，利用余弦定理可求出 α_2，再与 α_1 相加，求出两圆弧中心连线 $\overline{O_3O_4}$ 与 X 轴的夹角 β_2。这样，利用直角三角形 O_3DH，D 点相对于 O_3 点的坐标即可由三角函数关系确定，从而计算出 D 点在 XOY 坐标系中的坐标值。

二、由方程组导出标准计算式

通过前面两例可以看出，图样上多数坐标点，可用直接计算法求解。但若需要采用解联立方程组求解基点坐标时，其计算过程仍比较繁琐。因此，通过将方程组求解过程标准化，即事先导出某类方程组求解过程的标准计算式，计算时直接套用该标准计算式，就可使计算过程大为简化。以下结合编程实践给出了三种最常用的标准计算式。

1. 直线与直线相交

直角坐标系中，设过点（x_1，y_1）的直线斜率为 k_1；过点（x_2，y_2）的直线斜率为 k_2，两直线方程联立，得联立方程组

$$\begin{cases} y - y_1 = k_1(x - x_1) \\ y - y_2 = k_2(x - x_2) \end{cases}$$

设所求交点坐标为（x_C，y_C），可导出交点坐标为

$$x_C = \frac{y_1 - y_2 + k_2x_2 - k_1x_1}{k_2 - k_1}$$

$$y_C = y_1 + k_1(x_C - x_1)$$

前面直接计算法中的例题 1，十字配合件中切点坐标的计算，就遇到两点斜式直线方程联立求解问题，即求图 3-4 中 L_1 与 L_2 的交点 C 的坐标，如果直接套用上述公式，就可避免中间的计算步骤，节省数值计算的时间。

2. 直线与圆弧相交或相切

如图 3-7 所示，已知直线方程为 $y=kx+b$，求以点（x_0，y_0）为圆心，半径为 R 的圆与该直线的交点坐标（x_C，y_C）。

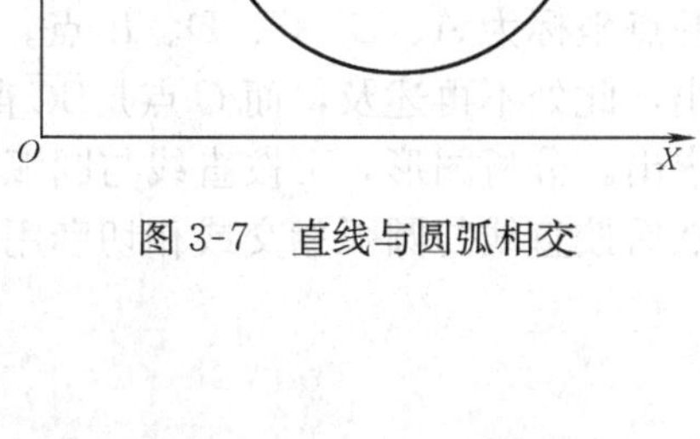

图 3-7　直线与圆弧相交

直线方程与圆方程联立，得联立方程组

$$\begin{cases}(x-x_0)^2+(y-y_0)^2=R^2\\ y=kx+b\end{cases}$$

经推算后可给出标准计算公式如下：

$$A=1+k^2$$

$$B=2[k(b-y_0)-x_0]$$

$$C={x_0}^2+(b-y_0)^2-R^2$$

$$x_C=\frac{-B\pm\sqrt{B^2-4AC}}{2A}\quad（求 x_C 较大值时取“+”）$$

$$y_C=kx_C+b$$

上式也可用于求解直线与圆相切时的切点坐标，当直线与圆相切时，取 $B^2-4AC=0$，此时 $x_C=-B/(2A)$，其余计算公式不变。

3. 圆弧与圆弧相交或相切

如图 3-8 所示，已知两相交圆的圆心坐标及半径分别为（x_1，y_1），R_1；（x_2，y_2），R_2，求其交点坐标（x_C，y_C）。

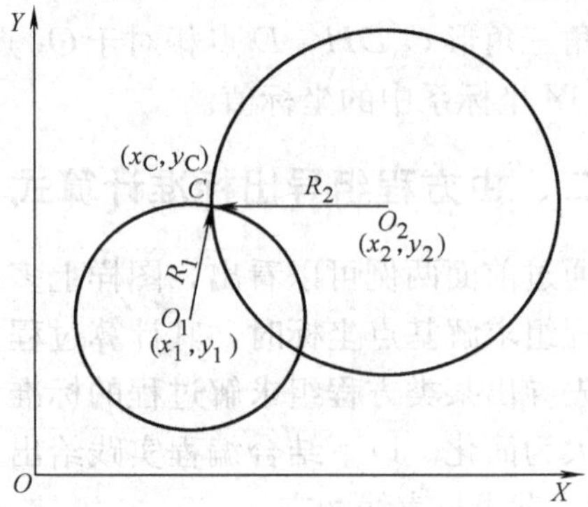

图 3-8　圆弧与圆弧相交

联立方程组

$$\begin{cases}(x-x_1)^2+(y-y_1)^2=R_1^2\\ (x-x_2)^2+(y-y_2)^2=R_2^2\end{cases}$$

经推算可给出标准计算公式如下：

$$\Delta x=x_2-x_1$$

$$\Delta y=y_2-y_1$$

$$D=\frac{({x_2}^2+{y_2}^2-{R_2}^2)-({x_1}^2+{y_1}^2-{R_1}^2)}{2}$$

$$A=1+\left(\frac{\Delta x}{\Delta y}\right)^2$$

$$B=2\left[\left(y_1-\frac{D}{\Delta y}\right)\frac{\Delta x}{\Delta y}-x_1\right]$$

$$C=\left(y_1-\frac{D}{\Delta y}\right)^2+{x_1}^2-{R_1}^2$$

$$x_C=\frac{-B\pm\sqrt{B^2-4AC}}{2A}\quad（求 x_C 较大值时取“+”）$$

$$y_C=\frac{D-\Delta x x_C}{\Delta y}$$

当两圆弧相切时，$B^2-4AC=0$，因此上式也可用于求解两圆相切的切点坐标。

举例：零件图形如图 3-9 所示，该零件轮廓由 4 条直线和一个圆弧组成。由图可知，应确定的基点坐标为 A、B、C、D、E 点。其中，A、B、D、E 各点的坐标可直接由图上的数据得出，此处不再述及，而 C 点是 $\overline{BC}$ 直线与圆弧的切点，该点的坐标值必须经过适当计算才能求出。分析图形，可按直线与圆弧相切计算 C 点坐标。为此，首先要求出 $\overline{BC}$ 直线的斜率，然后按直线与圆弧相交或相切套用公式求解。

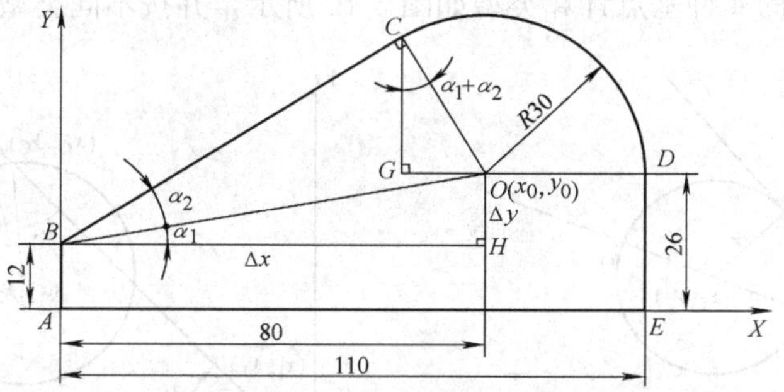

图 3-9　零件的基点

步骤（1）：求直线的斜率。按图连辅助线后，按以下步骤求$\overline{BC}$直线的斜率k：

$$\Delta x = x_0 - x_B = 80 - 0 = 80$$

$$\Delta y = y_0 - y_B = 26 - 12 = 14$$

$$\alpha_1 = \arctan\frac{\Delta y}{\Delta x} = 9.92625°$$

$$\alpha_2 = \arcsin\frac{R}{\sqrt{\Delta x^2 + \Delta y^2}} = 21.67778°$$

$$k = \tan(\alpha_1 + \alpha_2) = 0.6153$$

步骤（2）：套用标准计算公式求切点C的坐标（x_C，y_C）。由图 3-9 及求出的k值，可确定圆的已知条件为$x_0=80$，$y_0=26$，$R=30$；直线的已知条件为$k=0.6153$，$b=12$。将上述已知条件直接代入标准计算式，即可求出C点坐标。即

$$A = 1 + k^2 = 1 + 0.6153^2 = 1.3786$$

$$B = 2[k(b - y_0) - x_0] = 2[0.6153 \times (12 - 26) - 80] = -177.23$$

$$x_C = \frac{-B}{2A} = \frac{-(-177.23)}{2 \times 1.3786} = 64.279$$

$$y_C = kx_C + b = 0.6153 \times 64.279 + 12 = 51.551$$

三、三角函数法

对于由直线和圆弧组成的零件轮廓，虽然用上述方程组法可以求解基点坐标，但公式过于复杂，计算容易出错，而用三角函数法可使计算过程进一步简化。三角函数法也是按基点计算类型将计算过程标准化，给出标准计算式，达到简化计算的目的。

先以上例图 3-9 中C点坐标的求解为例，说明计算过程。图中，过C点作X轴的垂线，再过圆心点作Y轴的垂线相交于G点，得到直角三角形CGO。

分析直角三角形CGO　　$\angle OCG=\alpha_1+\alpha_2$

前面例题中已求出$\alpha_1=9.92625°$，$\alpha_2=21.67778°$

根据三角函数关系，可直接求出

$$x_C = x_0 - R\sin(\alpha_1 + \alpha_2) = 80 - 30\sin 31.60403° = 64.279$$

$$y_C = y_0 + R\cos(\alpha_1 + \alpha_2) = 26 + 30\cos 31.60403° = 51.551$$

所谓三角函数法就是对上述计算规则进行研究并考虑几何图形所处象限或方位的变化，无需在图中添加过多的辅助线，只利用图形的三角函数关系计算基点坐标的方法。下面归纳

出数控加工中最常见的 4 种基点计算类型如图 3-10 所示，并按不同类型给出了标准计算式。

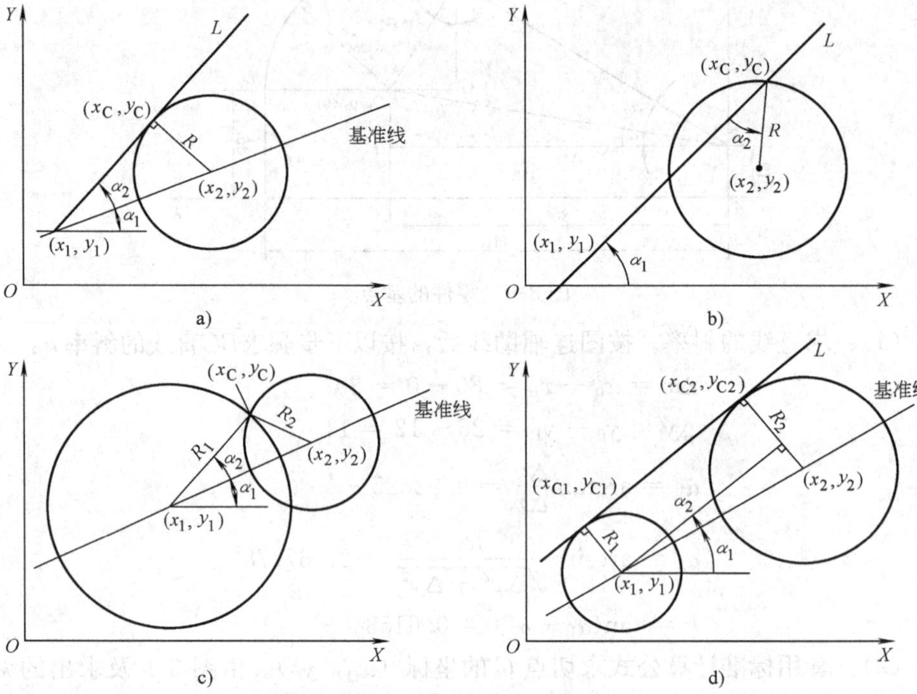

图 3-10　基点计算的 4 种类型

a）直线与圆相切　b）直线与圆相交　c）两圆相交　d）一直线与两圆相切

类型 1　如图 3-10a 所示，直线与圆相切求切点坐标。

已知条件：通过圆外一点（x_1，y_1）的直线 L 与一已知圆相切，已知圆的圆心坐标为（x_2，y_2），半径为 R，求切点坐标（x_C，y_C）。

计算公式如下：

$$\Delta x = x_2 - x_1$$

$$\Delta y = y_2 - y_1$$

$$\alpha_1 = \arctan \frac{\Delta y}{\Delta x}$$

$$\alpha_2 = \arcsin \frac{R}{\sqrt{\Delta x^2 + \Delta y^2}}$$

$$\beta = | \alpha_1 \pm \alpha_2 |$$

$$x_C = x_2 \pm R \, | \sin\beta |$$

$$y_C = y_2 \pm R \, | \cos\beta |$$

说明：①计算 β 时，α_2 为有向角，其“＋”“－”符号按下述确定。如图中所示，在两已知点（x_1，y_1）与（x_2，y_2）之间连线作为基准线，假定直线 L 为基准线绕（x_1，y_1）点旋转得到，并依据旋转方向决定 α_2 角的“＋”“－”。规定旋转角度不大于直角，逆时针方向旋转时，取“＋”号；顺时针方向旋转时取“－”号。

②计算（x_C，y_C）时，由该点相对于已知圆圆心点所处的象限决定，如果 x_C 在 x_2 右

边时取"+"号，反之取"−"号；如果 y_C 在 y_2 上边时取"+"号，反之取"−"号。后面类型中确定（x_C，y_C）时也用此法。

类型 2　如图 3-10b 所示，直线与圆相交求交点坐标。

已知条件：设过已知点（x_1，y_1）的直线 L 与 X 轴的夹角为 α_1，（α_1 为有向角，已知直线相对于 X 轴逆时针旋转时取"+"，反之取"−"），已知圆的圆心坐标为（x_2，y_2），半径为 R，求已知直线与已知圆的交点的坐标（x_C，y_C）。

计算公式如下：

$$\Delta x = x_2 - x_1$$

$$\Delta y = y_2 - y_1$$

$$\alpha_2 = \arcsin\left|\frac{\Delta x \sin\alpha_1 - \Delta y \cos\alpha_1}{R}\right|$$

$$\beta = |\alpha_1 \pm \alpha_2|$$

$$x_C = x_2 \pm R\,|\cos\beta|$$

$$y_C = y_2 \pm R\sin\beta$$

说明：计算 β 时，先在（x_C，y_C）与（x_2，y_2）之间连一半径线，而由直线 L 绕（x_C，y_C）点向半径线旋转决定 α_2 前面取"+"还是"−"号。逆时针方向旋转时，取"+"号；顺时针方向旋转时取"−"号。

类型 3　如图 3-10c 所示，两圆相交求交点坐标。

已知条件：两已知圆圆心坐标及半径分别为（x_1，y_1），R_1；（x_2，y_2），R_2，求交点坐标（x_C，y_C）。

计算公式如下：

$$\Delta x = x_2 - x_1$$

$$\Delta y = y_2 - y_1$$

$$d = \sqrt{\Delta x^2 + \Delta y^2}$$

$$\alpha_1 = \arctan\frac{\Delta y}{\Delta x}$$

$$\alpha_2 = \arccos\frac{{R_1}^2 + d^2 - {R_2}^2}{2R_1 d}$$

$$\beta = |\alpha_1 \pm \alpha_2|$$

$$x_C = x_1 \pm R_1\cos|\beta|$$

$$y_C = y_1 \pm R_1\sin\beta$$

说明：本例在计算时，应先在两圆心点之间连一基准线，在（x_1，y_1）与（x_C，y_C）之间连一半径线，而由基准线绕（x_1，y_1）转向半径线时的方向决定 α_2 角前面的"+"、"−"符号。逆时针方向旋转时，取"+"号；顺时针方向旋转时取"−"号。

类型 4　如图 3-10d 所示，直线与两圆相切求切点坐标。

已知条件：已知两圆的圆心坐标及半径分别为（x_1，y_1），R_1；（x_2，y_2），R_2，一直线与两圆相切，求切点坐标（x_C，y_C）。

计算公式如下：

$$\Delta x = x_2 - x_1$$

$$\Delta y = y_2 - y_1$$

$$\alpha_1 = \arctan\frac{\Delta y}{\Delta x}$$

$$\alpha_2 = \arcsin\frac{R_{大} \pm R_{小}}{\sqrt{\Delta x^2 + \Delta y^2}}$$

$$\beta = |\alpha_1 \pm \alpha_2|$$

$$x_{C1} = x_1 \pm R_1 \sin\beta$$

$$y_{C1} = y_1 \pm R_1 |\cos\beta|$$

$$x_{C2} = x_2 \pm R_2 \sin\beta$$

$$y_{C2} = y_2 \pm R_2 |\cos\beta|$$

说明：①计算 α_2 时，$R_{小}$ 前面“＋”、“－”符号的确定，求内公切线切点坐标用“＋”，求外公切线切点坐标用“－”。$R_{大}$ 表示较大圆的半径，$R_{小}$ 表示较小圆的半径。

②计算 β 时，α_2 前面“＋”“－”符号的确定与类型 1 类似，此处不再叙述。

举例：为了能更好地掌握三角函数法求解基点坐标，特别是在确定 α_2 时掌握正确判断“＋”、“－”符号的方法，现举一综合性例题。设零件轮廓形状如图 3-11 所示，试求 A、B、C、D、E 各基点坐标。

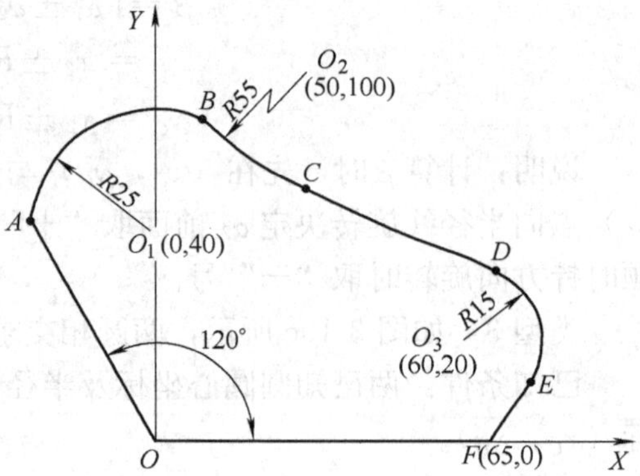

图 3-11 求解基点坐标例题

求解过程如下：

1）按类型 2 计算 A 点坐标，此时按 α_1 为有向角，取为＋120°或－60°皆可；计算 β 时，α_2 前面取“＋”号。

$$\Delta x = x_2 - x_1 = 0$$

$$\Delta y = y_2 - y_1 = 40$$

$$\alpha_2 = \arcsin\left|\frac{\Delta x\sin\alpha_1 - \Delta y\cos\alpha_1}{R}\right| = 53.1301°$$

$$\beta = |\alpha_1 + \alpha_2| = |-60 + 53.1301| = 6.8699°$$

$$x_C = x_2 - R|\cos\beta| = -24.8205$$

$$y_C = y_2 + R\sin\beta = 42.9904$$

求出 A 点坐标为（－24.821，42.99）。

2）按类型 3 两圆相交求 B 点坐标，计算 β 时，α_2 前面应取“＋”号。

$$\Delta x = x_2 - x_1 = 50$$

$$\Delta y = y_2 - y_1 = 60$$

$$d = \sqrt{\Delta x^2 + \Delta y^2} = 78.1025$$

$$\alpha_1 = \arctan\frac{\Delta y}{\Delta x} = 50.1944°$$

$$\alpha_2 = \arccos\frac{R_1{}^2 + d^2 - R_2{}^2}{2R_1 d} = 18.65299°$$

$$\beta = |\alpha_1 + \alpha_2| = 68.8474°$$

$$x_C = x_1 + R_1 \cos|\beta| = 9.021$$

$$y_C = y_1 + R_1 \sin\beta = 63.316$$

求出 B 点坐标为（9.021，63.316）。

3）按类型 4 求两圆公切线切点的方法求 C、D 两点坐标。图中$\overline{CD}$为内公切线，计算 α_2 时，两圆半径应相加；计算 β 时，α_2 前面应取“+”号。

$$\Delta x = x_2 - x_1 = 10$$

$$\Delta y = y_2 - y_1 = -80$$

$$\alpha_1 = \arctan\frac{\Delta y}{\Delta x} = -82.875°$$

$$\alpha_2 = \arcsin\frac{R_{大} + R_{小}}{\sqrt{\Delta x^2 + \Delta y^2}} = 60.2551°$$

$$\beta = |\alpha_1 + \alpha_2| = 22.6199°$$

$$x_{C1} = x_1 - R_1 \sin\beta = 28.846$$

$$y_{C1} = y_1 - R_1 |\cos\beta| = 49.231$$

$$x_{C2} = x_2 + R_2 \sin\beta = 65.769$$

$$y_{C2} = y_2 + R_2 |\cos\beta| = 33.846。$$

求出 C 点坐标为（28.846，49.231）；D 点坐标为（65.769，33.846）。

4）按类型 1 求切点 E 的坐标，计算 β 时，α_2 前面应取“−”号。

$$\Delta x = x_2 - x_1 = -5$$

$$\Delta y = y_2 - y_1 = 20$$

$$\alpha_1 = \arctan\frac{\Delta y}{\Delta x} = -75.96376°$$

$$\alpha_2 = \arcsin\frac{R}{\sqrt{\Delta x^2 + \Delta y^2}} = 46.6861°$$

$$\beta = |\alpha_1 - \alpha_2| = 122.6399°$$

$$x_C = x_2 + R|\sin\beta| = 72.630$$

$$y_C = y_2 - R|\cos\beta| = 11.907$$

求出 E 点坐标为（72.630，11.907）。

第三节　非圆曲线节点坐标的计算

一、概述

数控加工中通常把除直线与圆之外可以用数学方程式表达的平面轮廓曲线，称为非圆曲线。其数学表达式可以是以 $y = f(x)$ 的直角坐标的形式给出，也可以是以 $\rho = \rho(\theta)$ 的极坐标形式给出，还可以是以参数方程的形式给出。前已述及，数控机床一般只具有直线插补与圆弧插补功能，在遇到零件的轮廓形状包含非圆曲线时，就要在满足编程允许误差的条件下，用较多的直线段或圆弧段对原曲线进行拟合，即应进行节点坐标的计算。与简单零件的基点坐标计算相比较，节点坐标的计算要复杂得多且处理起来非常麻烦。目前，实用的办法是直接在CAD/CAM软件中，利用函数曲线功能，通过给出的函数曲线表达式、变量定义区间以及步进量等，在屏幕上以参数式样条曲线或NURBS样条曲线表达该曲线。然后利用CAD/CAM软件的修整→打断功能，再将该曲线按给定的精度打断为许多直线段或圆弧段，在此基础上进行数控编程。当然也可以直接在得到的样条曲线图形上，根据设置的线性化公差及是否进行圆弧过滤等直接创建刀具路径。

CAD/CAM软件的上述功能可以极大减轻编程人员的数值计算工作量，但遇到以下情况时直接通过软件处理曲线仍比较困难。

1）数控机床无程序的传输功能时，直接通过MDI方式输入程序。

2）数控机床的程序存储器容量有限，无法存储较大容量的程序，而又不能通过DNC方式实现传输加工时。

上述两种情况都要求编程员给出的程序要尽量简短，而这对CAD/CAM软件就比较困难了。如果编程员能掌握一些数值计算的计算机方法，自己确定算法并用BASIC语言等高级语言编写程序进行计算，再充分运用CAD/CAM软件功能，两者有机结合，要得到简短的程序就比较容易实现。

二、非圆曲线数值计算的一般步骤

1. 选择插补方式

即首先应决定是采用直线段逼近非圆曲线，还是采用圆弧段逼近非圆曲线。采用直线段逼近非圆曲线，一般数学处理较简单，但计算的坐标数据较多，且各直线段间连接处存在尖角，使加工表面质量变差。采用圆弧段逼近的方式，可以大大减少程序段的数目，其数值计算又分为两种情况，一种为相邻两圆弧间彼此相交；另一种则采用彼此相切的圆弧段来逼近非圆曲线。后一种方法由于相邻圆弧彼此相切，一阶导数连续，工件表面整体光滑，从而有利于加工表面质量的提高。采用圆弧段逼近，其数学处理过程要复杂一些。

2. 确定编程允许误差

编程允差$\delta_{允}$一般取为零件轮廓公差的1/5～1/10，并保证计算出的实际误差$\delta \leqslant \delta_{允}$。

3. 选择数学模型，确定计算方法

非圆曲线节点计算过程一般比较复杂。目前生产中采用的算法也较多。在决定采用什么算法时，主要考虑的因素有两条：其一是尽可能按等误差的条件确定节点坐标位置，以减少程序段的数目；其二是尽可能寻找一种简便的计算方法，以便于计算机程序的制作，及时得到节点坐标数据。

4. 根据算法，画出计算机处理流程图。

5. 编写程序，求解坐标数据

用高级语言编写计算机程序，上机调试程序并获得节点坐标数据。

三、直线逼近算法

直线逼近算法就是用直线段逼近非圆曲线。常用的直线逼近算法有等间距法、等步长法和等误差法。三种方法各有其特点：

1）等间距法适用于曲线曲率变化不大时节点坐标的计算，是一种最简单的数学处理方法。

2）等步长法用于曲线曲率变化不大时，所求节点数目比等间距法要少，但计算过程稍繁。

3）等误差法可保证所求各程序段的误差 $\delta=\delta_{允}$，因此程序段数目最少，但计算过程比较复杂。

1. 等间距法直线逼近的节点计算

（1）基本原理　等间距法就是将某一坐标轴划分成相等的间距。如图 3-12 所示，沿 X 轴方向取 Δx 为等间距长，根据已知曲线的方程 $y=f(x)$，可由 x_i 求得 y_i，$x_{i+1}=x_i+\Delta x$，$y_{i+1}=f(x_{i+1})$。如此求得的一系列点就是节点。

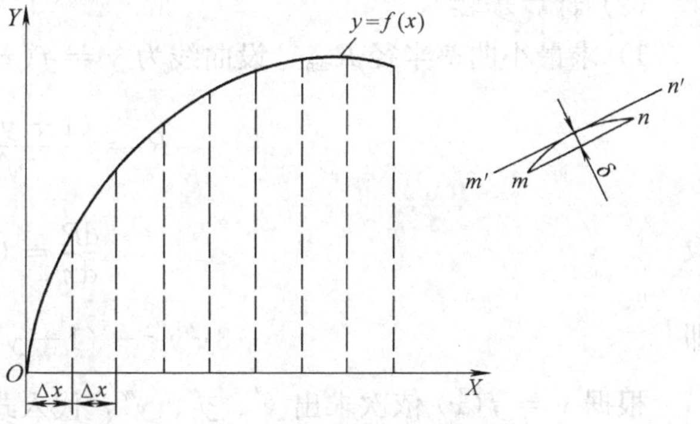

图 3-12　等间距法直线段逼近

由于要求曲线 $y=f(x)$ 与相邻两节点连线间的法向距离小于允许的编程允差 $\delta_{允}$，Δx 值不能任意设定。一般先取 $\Delta x=0.1$ 进行试算。实际处理时仅需验算曲率半径最小处和两节点间距离最长处的误差。

（2）误差校验方法　设需校验 mn 曲线段

m 点：$(x_m,\ y_m)$

n 点：$(x_n,\ y_n)$ 已求出，则 m，n 两点的直线方程为

$$\frac{x-x_n}{y-y_n}=\frac{x_m-x_n}{y_m-y_n}$$

令　$A=y_m-y_n$，$B=x_n-x_m$，$C=y_m x_n-x_m y_n$

则　$Ax+By=C$　即为过 mn 两点的直线方程，距 mn 直线为 δ 的等距线 $m'n'$ 的直方程可表示如下：

$$Ax+By=C\pm\delta\sqrt{A^2+B^2}$$

式中，当所求直线 $m'n'$ 在 mn 上边时，取“+”，在 mn 下边时取“−”。δ 为 $m'n'$ 与 mn 两直线间的距离。

联立方程求解

$$\begin{cases}Ax+By=C\pm\delta\sqrt{A^2+B^2}\\ y=f(x)\end{cases}$$

求解时，δ 的选择有两种方法，其一为取 δ 为未知，利用联立方程组求解只有唯一解的条件，可求出实际误差 $\delta_{实}$，然后用 $\delta_{实}$ 与 $\delta_{允}$ 进行比较，以便修改间距值；其二为取 $\delta=\delta_{允}$，若方程无解，则 $m'n'$ 与 $y=f(x)$ 无交点，表明 $\delta_{实}<\delta_{允}$。

2. 等步长法直线逼近的节点计算

（1）基本原理　等步长法就是使每个程序段的线段长度相等。如图 3-13 所示，由于零

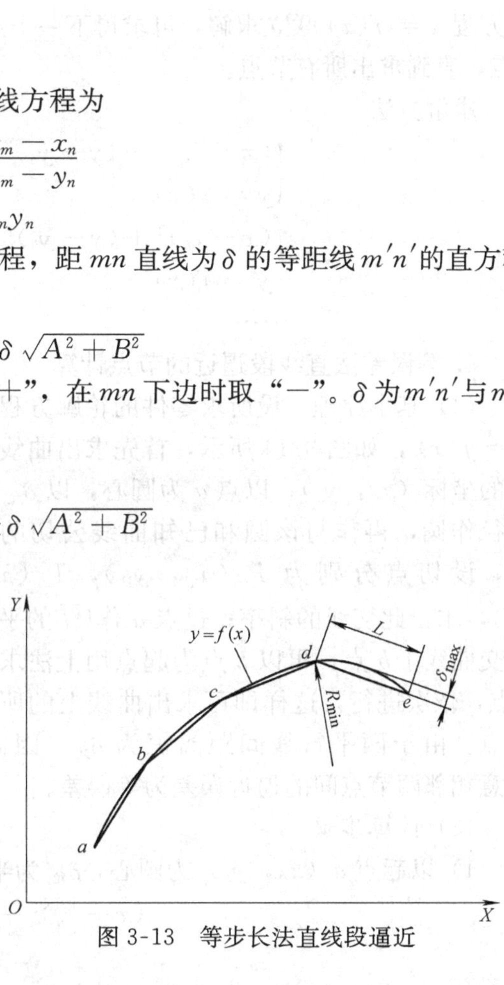

图 3-13　等步长法直线段逼近

件轮廓曲线 $y=f(x)$ 的曲率各处不等，因此首先应求出该曲线的最小曲率半径 $R_{\min}$，由 $R_{\min}$ 及 $\delta_{允}$ 确定允许的步长 l，然后从曲线起点 a 开始，按等步长 l 依次截取曲线，得 b、c、d、…点，则 $ab=bc=\cdots=l$ 即为所求各直线段。

（2）计算步骤

1）求最小曲率半径 $R_{\min}$。设曲线为 $y=f(x)$，则其曲率半径为

$$R=\frac{(1+y'^2)^{3/2}}{y''} \tag{3-1}$$

取

$$\frac{\mathrm{d}R}{\mathrm{d}x}=0$$

即

$$3y'y''^2-(1+y'^2)y'''=0 \tag{3-2}$$

根据 $y=f(x)$ 依次求出 y'、y''、y'''，代入式（3-2）求 x，再将 x 代入式（3-1）即得 $R_{\min}$。

2）确定允许步长 l。以 $R_{\min}$ 为半径作的圆弧如图 3-13 中 de 段所示，由几何关系可知：

$$l=2\sqrt{R_{\min}^2-(R_{\min}-\delta_{允})^2}\approx 2\sqrt{2R_{\min}\delta_{允}}$$

3）求出曲线起点 a 的坐标（x_a，y_a），并以该点为圆心，以 l 为半径，所得圆方程与曲线方程 $y=f(x)$ 联立求解，可求得下一个点 b 的坐标（x_b，y_b），再以 b 为圆心进一步求出 c 点，直到求出所有节点。

求解方法

$$\begin{cases}(x-x_a)^2+(y-y_a)^2=l^2\\ y=f(x)\end{cases} \quad 可求出（x_b,y_b）$$

$$\begin{cases}(x-x_b)^2+(y-y_b)^2=l^2\\ y=f(x)\end{cases} \quad 可求出（x_c,y_c）$$

……

3. 等误差法直线段逼近的节点计算

（1）基本原理　设所求零件的轮廓方程为 $y=f(x)$，如图 3-14 所示，首先求出曲线起点的坐标（x_a，y_a），以点 a 为圆心，以 $\delta_{允}$ 为半径作圆，再作与该圆和已知曲线公切的直线，设切点分别为 P（x_P，y_P），T（x_T，y_T），求出此切线的斜率；过点 a 作 $\overline{PT}$ 的平行线交曲线于 b 点，再以 b 点为起点用上法求出 c 点，依次进行，这样即可求出曲线上的所有节点。由于两平行线间距离恒为 $\delta_{允}$，因此，任意相邻两节点间的逼近误差为等误差。

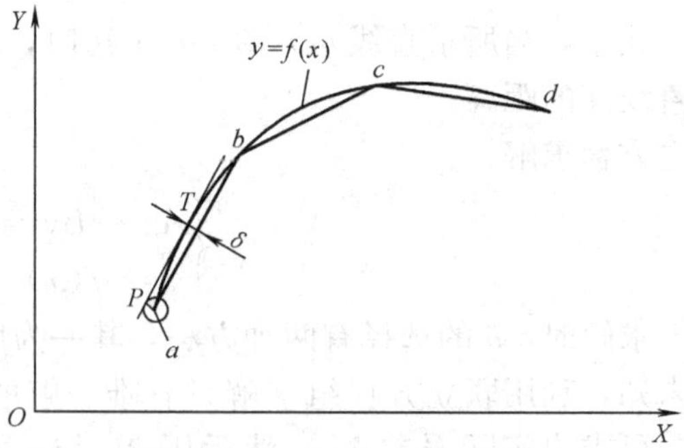

图 3-14　等误差法直线段逼近

（2）计算步骤

1）以起点 a（x_a，y_a）为圆心，$\delta_{允}$ 为半径作圆

$$(x-x_a)^2+(y-y_a)^2=\delta_{允}^2$$

2）求圆与曲线公切线$\overline{PT}$的斜率k，用以下方程联立求x_T、y_T、x_P、y_P

$$
\begin{cases}
\dfrac{y_T - y_P}{x_T - x_P} = -\dfrac{x_P = x_a}{y_P - y_a} & \text{（圆切线方程）} \\
y_P = \sqrt{\delta^2 - (x_P - x_a)^2} + y_a & \text{（圆方程）} \\
\dfrac{y_T - y_P}{x_T - x_P} = f'(x_T) & \text{（曲线切线方程）} \\
y_T = f(x_T) & \text{（曲线方程）}
\end{cases}
$$

则

$$k = \frac{y_T - y_P}{x_T - x_P}$$

3）过a点与直线$\overline{PT}$平行的直线方程为

$$y - y_a = k(x - x_a)$$

4）与曲线联立求解b点（x_b，y_b）

$$
\begin{cases}
y - y_a = k(x - x_a) \\
y = f(x)
\end{cases}
$$

5）按以上步骤顺次求得c、d、…各节点坐标。

四、圆弧逼近算法

圆弧逼近算法就是用圆弧段逼近非圆曲线。常用的算法有曲率圆法、三点圆法和相切圆法。三种方法各有其特点：

1）曲率圆法是一种按编程允差$\delta_{允}$计算节点坐标的方法，计算过程较简单，但所求节点数目多于三点圆法和相切圆法。

2）三点圆法能保证等误差法逼近的要求，但由于未考虑相邻圆弧间的相切条件，所求节点数目较少。

3）相切圆法可保证在等误差逼近的条件下，由一系列彼此相切的圆弧逼近曲线，有利于提高零件表面质量，但计算过程过于繁琐。

1. 曲率圆法圆弧逼近的节点计算

（1）基本原理　已知轮廓曲线$y = f(x)$如图3-15所示，曲率圆法是用彼此相交的圆弧逼近非圆曲线。其基本原理是，从曲线的起点开始，作与曲线内切的曲率圆，求出曲率圆的中心。以曲率圆中心为圆心，以曲率圆半径加（减）$\delta_{允}$为半径，所作的圆（偏差圆）与曲线$y = f(x)$的交点为下一个节点，并重新计算曲率圆中心，使曲率圆通过相邻两节点。重复以上计算即可求出所有节点坐标及圆弧的圆心坐标。

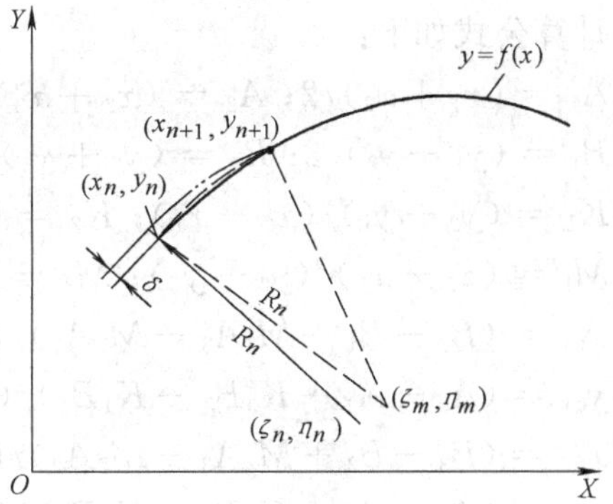

图3-15　曲率圆法圆弧段逼近

（2）计算步骤

1）以曲线起点（x_n，y_n）开始作曲率圆

圆心

$$\zeta_n = x_n - y_n' \frac{1+(y_n')^2}{y_n''}$$

$$\eta_n = y_n + \frac{1+(y_n')^2}{y_n''}$$

半径

$$R_n = \frac{[1+(y_n')^2]^{3/2}}{y_n''}$$

2）偏差圆方程与曲线方程联立求解

$$\begin{cases}(x-\zeta_n)^2+(y-\eta_n)^2=(R_n\pm\delta)^2\\ y=f(x)\end{cases}$$

得交点（x_{n+1}，y_{n+1}）。

3）求过（x_n，y_n）和（x_{n+1}，y_{n+1}）两点，半径为 R_n 的圆的圆心：

$$\begin{cases}(x-x_n)^2+(y-y_n)^2={R_n}^2\\ (x-x_{n+1})^2+(y-y_{n+1})^2={R_n}^2\end{cases}$$

得交点（ζ_m，η_m），该圆即为逼近圆。

4）重复上述步骤，依次求得其他逼近圆。

2. 三点圆法圆弧逼近的节点计算

三点圆法是在等误差直线段逼近求出各节点的基础上，通过连续三点作圆弧，并求出圆心点的坐标或圆的半径。如图 3-16 所示，首先从曲线起点开始，通过 P_1、P_2、P_3 三点作圆并求圆心点的坐标及圆弧半径。由图可知，圆心点 O_1 应位于 P_1、P_2、P_3 三点中任意两点连线的中垂线上，据此可求出圆心点坐标及圆弧半径。

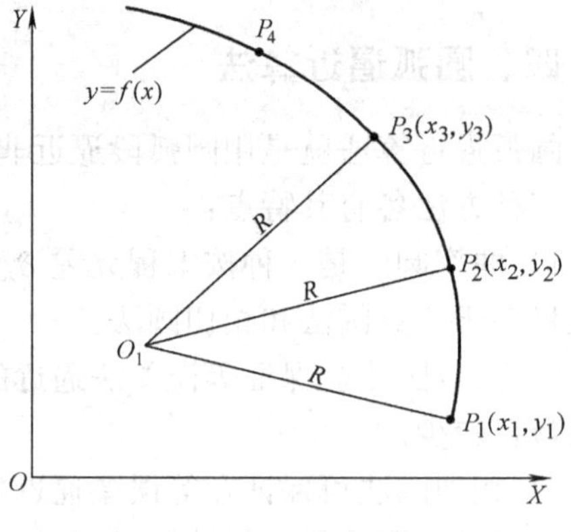

图 3-16　三点圆法圆弧段逼近

已知 P_1（x_1，y_1）、P_2（x_2，y_2）、P_3（x_3，y_3）三点按顺序排列，求圆心点坐标（x_C，y_C）及圆弧半径 R。

计算公式如下：

$A_1=(x_1+x_2)/2$；$A_2=(x_2+x_3)/2$；$A_3=(x_1+x_3)/2$

$B_1=(y_1+y_2)/2$；$B_2=(y_2+y_3)/2$；$B_3=(y_1+y_3)/2$

$K_1=(y_2-y_1)/(x_2-x_1)$；$K_2=(y_3-y_2)/(x_3-x_2)$；$K_3=(y_3-y_1)/(x_3-x_1)$

$M_1=(x_2-x_1)/(y_2-y_1)$；$M_2=(x_3-x_2)/(y_3-y_2)$；$M_3=(x_3-x_1)/(y_3-y_1)$

$x_{C1}=(B_3-B_1+M_3A_3-M_1A_1)/(M_3-M_1)$

$y_{C1}=(A_3-A_1+K_3B_3-K_1B_1)/(K_3-K_1)$

$x_{C2}=(B_3-B_2+M_3A_3-M_2A_2)/(M_3-M_2)$

$y_{C2}=(A_3-A_2+K_3B_3-K_2B_2)/(K_3-K_2)$

$x_C=(x_{C1}+x_{C2})/2$；$y_C=(y_{C1}+y_{C2})/2$

$R=\sqrt{(x_2-x_C)^2+(y_2-y_C)^2}$

本例在计算时，考虑到 P_1、P_2、P_3 三点位置比较密集，在两点连线斜率较大的位置其计算结果会产生较大误差。为减小计算误差，不采用由 P_1P_2 中垂线与 P_2P_3 中垂线直接求交点确定圆心的方法，而是用 P_1P_2 中垂线与 P_1P_3 中垂线先求出圆心点（x_{C1}，y_{C1}），再用 P_2P_3 中垂线与 P_1P_3 中垂线求出圆心点（x_{C2}，y_{C2}），再取上边两圆心点坐标的平均值作为最后结果。

为减少程序段的数目，应使圆弧段逼近误差 $\delta=\delta_{允}$，为此应作进一步的计算。设已求出连续三个节点 P_1、P_2、P_3 处曲线的曲率半径分别为 R_{P1}、R_{P2}、R_{P3}，通过 P_1、P_2、P_3 三点的圆的半径为 R，取 $R_P=\dfrac{R_{P1}+R_{P2}+R_{P3}}{3}$，按 $\delta=\dfrac{R\delta_{允}}{|R-R_P|}$ 算出 δ 值，按 δ 值再进行一次等误差直线段逼近，重新求得 P_1、P_2、P_3 三点，用此三点作一圆弧，该圆弧即为满足 $\delta=\delta_{允}$ 条件的圆弧。

三点圆法为简化计算步骤，也可以只进行第一步，计算出圆心点坐标及圆弧半径 R 后直接用于编程。

3. 相切圆法圆弧逼近的节点计算

相切圆法圆弧逼近的节点计算过程比较繁琐，此处仅介绍其基本原理。如图 3-17 所示，过曲线上 A、B、C、D 点作曲线的法线，分别交于 M、N 点，以 M 点为圆心，$\overline{AM}$为半径作圆 M，以 N 点为圆心，$\overline{ND}$为半径作圆 N，若使圆 M 和圆 N 相切，必满足：

$$\overline{AM}+\overline{MN}=\overline{DN}\qquad 切点为 K$$

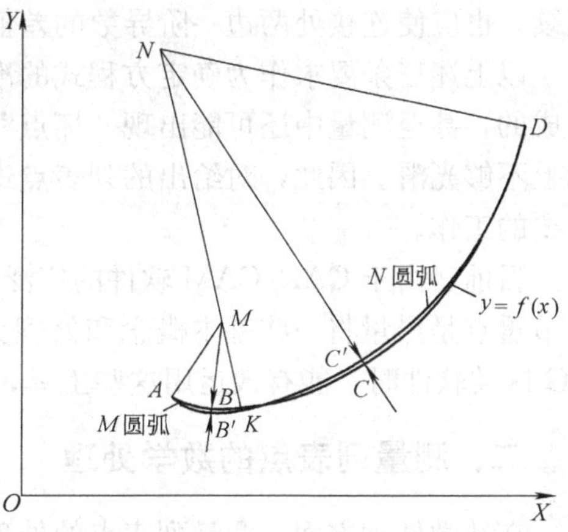

图 3-17　相切圆法圆弧段逼近

由图$\overline{BB'}$与$\overline{CC'}$应为两段圆弧与曲线逼近误差的最大值，应满足

$$\overline{BB'}=|\overline{MA}-\overline{MB}|=\delta_{允}$$
$$\overline{CC'}=|\overline{ND}-\overline{NC}|=\delta_{允}$$

由以上条件确定的 B、C、D 三点可保证

1）M、N 圆弧相切条件。

2）$\delta_{允}$ 条件。

3）M、N 圆弧在 A、D 点分别与曲线相切条件。

采用此方法求解 B、C、D 三点坐标值，要使用迭代法解联立方程组，而且求解过程繁琐。在求出 B、C、D 后，还要以 D 点为起点，继续求解 E、F、G 点，依次进行，才能实现整个曲线段的相切圆弧逼近。

第四节　列表曲线节点坐标的计算

一、概述

零件的轮廓形状除可用直线、圆弧及各种非圆曲线表达之外，还可以用列表曲线表示。所谓列表曲线是指零件图样上曲线的形状是由一系列坐标点所确定，这些坐标点通常以表格形式列出，而不能给出精确的数学方程表达式。这些列表点大多是通过实验或测量方法得到的，往往是比较稀疏的点列，数控加工时，为保证精度，就需要在这些点之间建立插值方程，以增加新的节点，图样上给出的列表点又称为型值点。

为了在给定的列表点之间得到一条光滑的曲线，在用数学方程表达式对列表点进行拟合时，一般有以下要求：

1）由方程式表达的零件轮廓必须通过列表点。

2）由方程式给出的零件轮廓与列表点表示的零件轮廓在凹凸性上应一致，即不应在列表点的凹凸性之外再增加新的拐点。

3）光滑性。为使数学描述不过于复杂，通常一个列表曲线要用多个参数不同的同样方程来描述，要求在方程式的两两连接处有连续的一阶导数或二阶导数，若不能保证一阶导数连续，也应使连接处两边一阶导数的差值尽可能小。

以上述三条要求作为确定方程式的准则时，有时会出现矛盾。原因多数是由于测量误差造成的，甚至测量中还可能出现“坏点”。由于测量误差，很可能通过所有列表点的曲线实际上不够光滑。因此，对给出的列表点进行光顺处理，是列表曲线数学处理过程中一项十分重要的工作。

目前，由于CAD/CAM软件的广泛应用，编程人员已无须考虑每一种算法的数学模型。本节重点是尽量将一些基本概念和处理方法讲清楚，以便编程人员在接触到如Mastercam、UG这类软件时，能有效运用这些工具，解决数控编程过程中遇到的问题。

二、测量列表点的数学处理

在数学处理方面，测量列表点的处理方法通常可以采用二次拟合法。这种处理方法的特点是先选择直线方程或圆方程之外的其他数学方程式（如抛物线、三次样条曲线）对列表点进行拟合，得到由多段参数不同但方程式表达形式完全相同的函数表达式表示出该曲线，称为第一次拟合；然后根据编程允差的要求，再对第一次拟合时的数学方程（称为插值方程）进行插点加密，求得新的节点，再在新的节点之间采用直线或圆弧拟合，称为第二次拟合。传统的拟合方法中，也常采用圆弧样条拟合法和双圆弧样条拟合法，由于直接用圆弧样条在给定的列表点上进行拟合，故称为一次拟合法。

1. 三次参数样条曲线拟合

所谓“样条”，是指用模拟弹性梁弯曲变形的方法而模拟出的具有力学特性的曲线。如图3-18所示，将极富弹性的样条软尺夹持在“压铁”之间，调整压铁的位置使各点均通过型值点，则样条软尺在压铁的作用下因受力而产生弯曲变形，这样得到的一条十分光滑的曲线，就称为样条曲线。由材料力学可知，在两个型值点之间的样条函数是一个以二阶导数为系数的三次多项式，即其原函数可表示为 $y(x)=Ax^3+Bx^2+Cx+D$ 。而一条由0～n，共$n+1$个型值点构成的样条曲线，就应由n组A、B、C、D系数不同的三次多项式组成。把这种由n组三次多项式组成的曲线称为三次样条曲线，其函数称为三次样条函数。

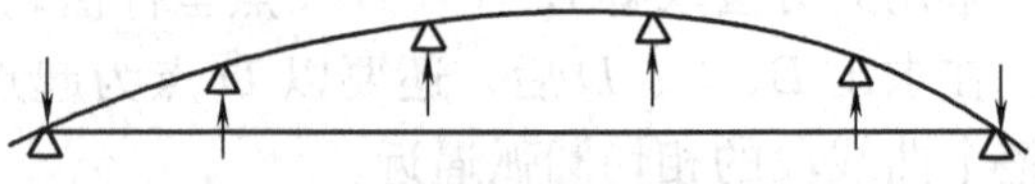

图3-18　样条曲线的由来

三次样条函数是建立在小挠度梁变形的基础上，且拟合的曲线随坐标系的变化而变化，不具有几何不变性的要求。三次参数样条曲线的拟合方法就是为克服上述缺陷而提出的曲线拟合方法。三次参数样条曲线以t为参数，用参数方程拟合列表曲线。如图3-19所示，设

平面上给出 $n+1$ 个型值点 P_j（$j=0$，1，2，…，n），对 x_j 和 y_j 关于 t 分别作三次样条函数 $x_j(t)$ 和 $y_j(t)$，这样构成的曲线方程称为三次参数样条函数。例如，把相邻两个型值点连接起来的弦长作累加，对于每个型值点都有一个确定的累加弦长与之对应。选取累加弦长作为参数方程中的参数，作 x、y 关于 t 的三次样条，便得到所需的参数样条曲线函数 $S(t)$。

采用三次参数样条函数描述的曲线能通过给定的各型值点，在各型值点处的一阶导数及二阶导数均连续，曲线整体光滑且无多余拐点。同时三次样条曲线是用参数方程表示的，与坐标系的选择无关，具有几何不变性，而且对大挠度曲线、封闭曲线的拟合都能解决，适应范围广。

三次参数样条曲线是目前 CAD/CAM 软件表达列表曲线的重要方法之一，其数学处理方法主要用于计算机辅助设计中的几何建模，由于处理过程十分复杂，一般数控编程人员可不必深究。需要注意的是三次参数样条曲线的端点条件，要与实际零件图样的要求相适应。通过端点条件的设置，可使曲线在两端点处与其他曲线相切过渡。另外，曲线在两端点处的切线方向还会影响曲线的形状。图 3-20 表示了由 5 个型值点绘制的三次参数样条曲线，图 a 未选择曲线端点条件，称为自由端点，按曲线长度最短条件建立该曲线；图 b 表示左端点的切线方向对 X 轴为 0°，右端点的切线方向为 45°时所绘制的曲线形状。

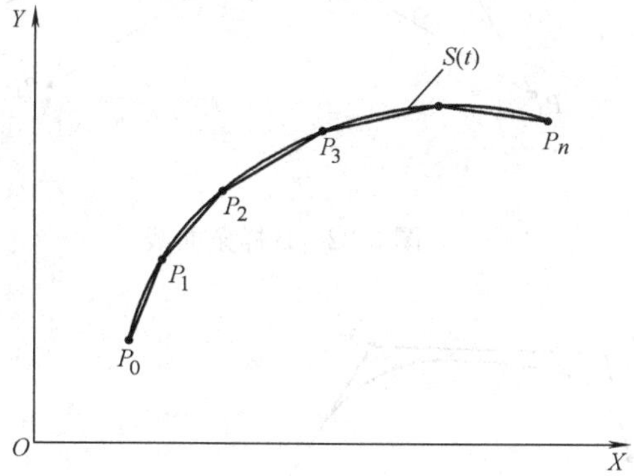

图 3-19　三次参数样条曲线拟合

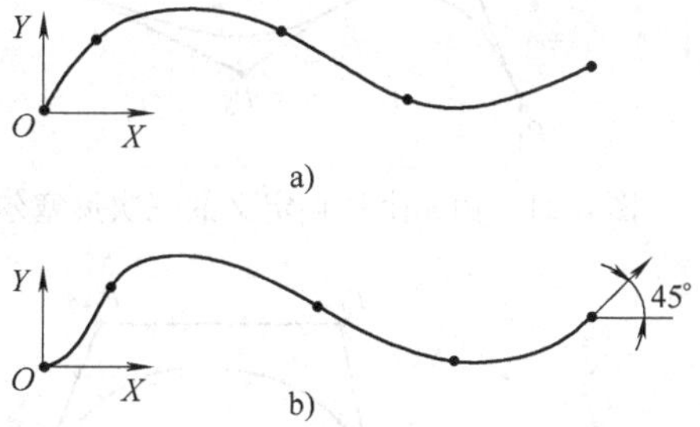

图 3-20　样条曲线的端点条件

2. NURBS 曲线

NURBS 是非均匀有理 B 样条（Non-Uniform Rational B-Spline）的英文缩写，由于在 CAD/CAM 软件的 CAD 造型中广泛应用，应给予简要介绍。首先是 B 样条曲线，它的发展起源于法国雷诺汽车公司的车身设计师贝塞尔（Bezier）。20 世纪 60 年代，贝塞尔在车身设计中注意到，由给定的型值点进行曲线设计，往往由于型值点的误差而得不到满意的结果，另一方面，在一些注重外观的设计中，型值点的精度又不是很重要，贝塞尔开始构造以“逼近”为基础的参数曲线表示法。贝塞尔用一组多边折线（特征多边形）的各个顶点来定义贝塞尔曲线，当用 N 根折线时，贝塞尔曲线是关于参数 t 的 n 次多项式。工程上应用较多的是三次贝塞尔曲线。图 3-21 给出了由 4 个顶点（3 根折线）定义的三次贝塞尔曲线。

1972～1974 年，福雷斯特（Forrest）等人，为推广贝塞尔曲线，对贝塞尔曲线进行了改进，得到的曲线就称为 B 样条曲线。B 样条曲线也使用特征多边形，但曲线的形成方法与贝塞尔有所不同，如图 3-22 所示，在由 P_1、P_2、P_3、P_4 构成的特征多边形中，用 $P_{(0)}$～$P_{(1)}$ 弧段表示该曲线，则曲线的始点位于由 P_1、P_2、P_3 构成的三角形中线 $P_2P_2^*$ 上

距 P_2 点 1/3 处，终点位于由 P_2、P_3、P_4 构成的三角形中线 $P_3P_3^*$ 上距 P_3 点 1/3 处。始点切矢平行于三角形底边且长度为其一半，终点切矢与起点类似。与图 3-21 比较，B 样条曲线要解决曲线通过首末端点的问题，这可通过三重节点法或三顶点共线法加以解决。所谓三重节点法是指在首末节点处再分别增加两个与首末节点重叠的节点；三顶点共线法是指在首末节点附近增加共线的点。这样计算的曲线就可通过首末两节点，如图 3-23 所示。

由于 B 样条曲线不能精确描述二次曲线以及球面等曲面，而使用非均匀有理 B 样条则可以解决这一问题。这使得 NURBS 技术得到了较快发展和广泛应用。NURBS 曲线与 B 样条曲线的不同之处在于，在 $0\sim n$ 共 $n+1$ 个控制点处增加了权因子 W_i，这使 NURBS 在曲线的表达上更为灵活。

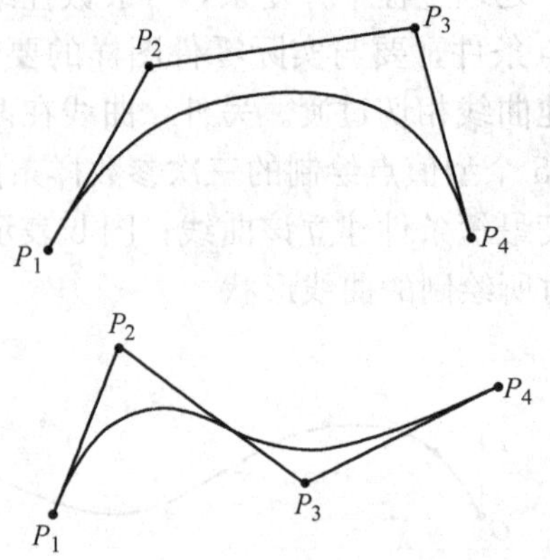

图 3-21　由 4 个顶点定义的三次贝塞尔曲线

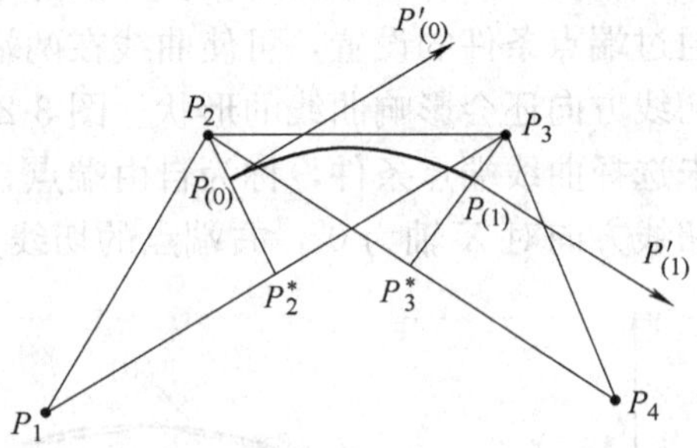

图 3-22　B 样条曲线

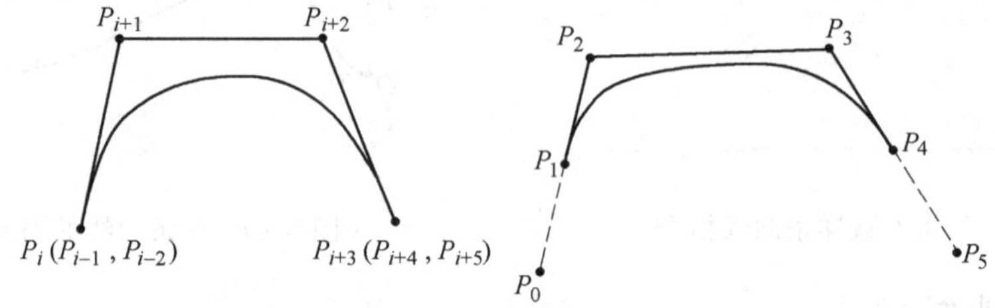

a)　　b)

图 3-23　使 B 样条曲线通过首末端点

a）三重节点法　b）三顶点共线法

对上述两种曲线进行比较，三次参数样条曲线每两个相邻点之间就是一段三次多项式，因此，曲线实际上是由多段组成，曲线通过所有型值点是其重要特征。而 NURBS 曲线除首尾两点通过定义的点外，其余点则都不在曲线上。在 CAD/CAM 软件中，以“通过点”为目的而构建的点称为节点，而以逼近为目的而构建的点称为曲线的控制点或极点。

3. 双圆弧法

如果根据给定的列表点，能够确定曲线在列表点处切线的方向，就能够在两相邻点之间用两段圆弧表示曲线在该处的形状，并使两段圆弧彼此相切，这就是双圆弧法的由来。要确定两点间双圆弧的参数，只需在两个点前后各增加一个点，如图 3-24 所示。图中，设 P_1、P_2、P_3、P_4 为连续的 4 个型值点，且 P_1、P_4 在 P_2、P_3 连线的一侧，过 P_2 点作$\angle P_1P_2P_3$

的角平分线$\overline{P_2L_2}$的垂线$\overline{P_2M}$，过 P_3 点作$\angle P_2P_3P_4$ 的角平分线$\overline{P_3L_3}$的垂线$\overline{P_3M}$；过 P_2 点作$\angle P_3P_2M$ 的角平分线$\overline{P_2T}$，过 P_3 点作$\angle P_2P_3M$的角平分线$\overline{P_3T}$；过$\overline{P_2T}$和$\overline{P_3T}$的交点 T 作$\overline{P_2P_3}$的垂线$\overline{PT}$；$\overline{PT}$与$\overline{P_2L_2}$交于 O_2 点，与$\overline{P_3L_3}$交于 O_3 点，则 O_2 点与 O_3 点为所求两圆弧的圆心，$\overline{P_2O_2}$和$\overline{P_3O_3}$为所求两圆弧的半径，并分别用 R_2 与 R_3 表示，O_2 圆弧与 O_3 圆弧彼此相切于 T 点，O_2 圆弧在 P_2 点与$\overline{P_2M}$相切，O_3 圆弧在 P_3 点与$\overline{P_3M}$相切。

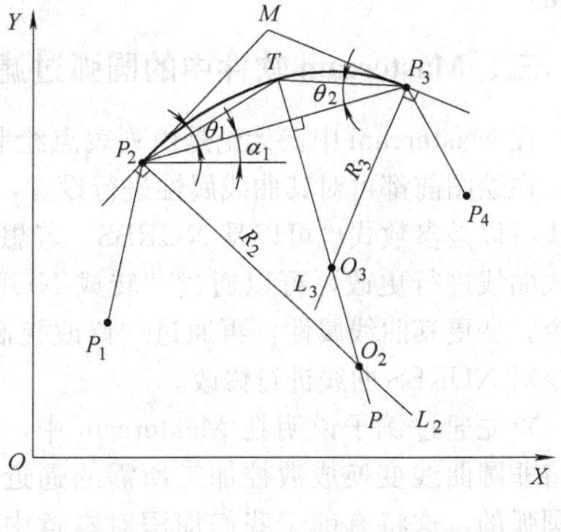

图 3-24　双圆弧法构建原理

若 P_1 和 P_2 间的一个圆弧的圆心也在$\overline{P_2L_2}$上，即在 P_2 点与$\overline{P_2M}$相切；P_3 和 P_4 间的一个圆弧的圆心也在$\overline{P_3L_3}$上，即在 P_3 点与$\overline{P_3M}$相切，则在型值点处的相邻两圆弧彼此相切。

采用双圆弧法因曲线在型值点处的切线方向是由相邻三个型值点的位置确定，未考虑曲线整体变化情况，拟合效果较差，目前很少采用。但如果列表点已通过三次参数样条拟合，则不仅型值点处曲线的切线方向可以确定，曲线在任何位置的切线方向均可确定。通过在相邻型值点之间适当增加一些节点，再利用曲线确定各节点切线的方向，采用双圆弧拟合，就能得到极好的效果。

事实上，双圆弧法不仅可用于列表曲线的二次拟合，也常被用来对各种非圆曲线进行拟合，由于数学处理过程十分简单，若用于宏程序编程，则既避免了繁琐的数值计算，又克服了用直线段逼近的不足。本书第六章将讨论双圆弧法在宏程序编程中的应用。

以下简要说明双圆弧参数的求解方法。在各型值点坐标已知的情况下，假定各型值点处曲线的切线方向已定，则图中各角 θ_1、θ_2 以及 α_1 的大小均不难确定，在$\triangle P_2P_3T$ 中，根据正弦定理可得

$$\overline{P_2T}=\frac{\sin\theta_2}{\sin(\theta_1+\theta_2)}\overline{P_2P_3}$$

$$\overline{P_3T}=\frac{\sin\theta_1}{\sin(\theta_1+\theta_2)}\overline{P_2P_3}$$

设 T 点坐标为（X_T，Y_T），P_2 点坐标为（X_{P2}，Y_{P2}），则

$$X_T=X_{P2}+\overline{P_2T}\cos(\alpha_1+\theta_1)$$

$$Y_T=Y_{P2}+\overline{P_2T}\sin(\alpha_1+\theta_1)$$

设两段圆弧半径分别为 R_1 与 R_2，则

$$R_2=\frac{\overline{P_2T}}{2\sin\theta_1}$$

$$R_3=\frac{\overline{P_3T}}{2\sin\theta_2}$$

上述数据，当圆弧插补用 R 编程时已经足够。另一点需要说明的是，图中 T 点是由$\triangle P_2P_3M$ 的两条角平分线决定的，因此也是该三角形的内心。但是要满足两圆弧相切条件的 T 点位置并不唯一，可以证明切点 T 的轨迹是一段圆弧，该圆弧通过 P_2、P_3 两点，且

通过$\triangle P_2P_3M$的内心。调整T点位置可减小双圆弧逼近曲线时的误差，但会使计算变得复杂化。

三、Mastercam 软件中的圆弧过滤

在 Mastercam 中，无论是由列表点绘制的样条曲线，还是由方程式表达的各种非圆曲线，在绘图前都可对其曲线属性进行设置，存储格式可以是参数式也可以是 NURBS。若想对参数式曲线进行更改，可以通过“转成 NURBS”命令，变更其曲线属性，再通过“修改控制点”命令对 NURBS 曲线进行修改。

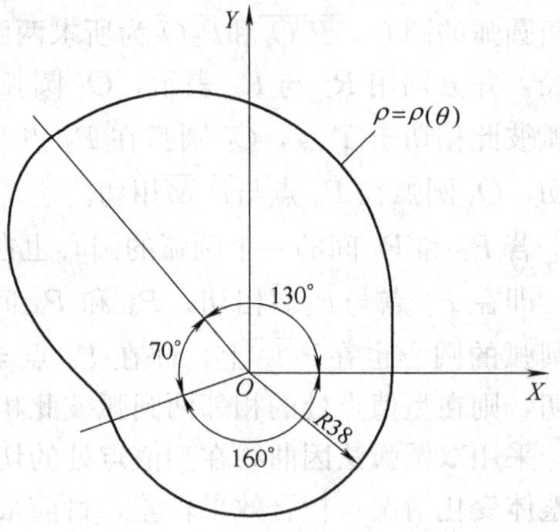

图 3-25　凸轮槽曲线

首先通过例子说明在 Mastercam 中，是如何将非圆曲线变换成数控加工所需的逼近线段或圆弧的，这将有助于我们加深对本章中有关曲线逼近问题的理解。

举例：如图 3-25 所示，某零件上凸轮槽曲线是以极坐标方程表示，凸轮曲线方程为

$$\rho_i=\begin{cases}38+21.25\left(1-\cos\dfrac{180^\circ}{130^\circ}\theta_i\right) & (0^\circ\leqslant\theta_i\leqslant130^\circ)\\ 80.5-21.25\left[1-\cos\dfrac{180^\circ}{70^\circ}(\theta_i-130^\circ)\right] & (130^\circ\leqslant\theta_i\leqslant200^\circ)\\ 38 & (200^\circ\leqslant\theta_i\leqslant360^\circ)\end{cases}$$

由曲线方程可知，凸轮曲线是以转角θ为自变量的分段极坐标方程表示的，前两段即典型的非圆曲线，最后是一段圆弧。圆弧可直接绘出，而前两段曲线则需通过 Mastercam 软件自带的 fplot. dll 应用程序绘制。在 Mastercam 中，所有用户应用程序都存储在 chooks 文件夹下，单击“设置”/“运行用户应用程序”命令，即可从弹出的对话框中找到 fplot. dll，运行该程序，要求打开一个 . eqn 文件，对打开的文件完成参数设置后，执行“fplot”命令，就能在屏幕上绘出图形。. eqn 文件是函数表达式存储文件，可用它画出函数曲线或曲面，可事先编辑并存储。下面给出第一段曲线在 Mastercam 中的存储格式，内容如下：

```
step_var1 = t
step_size1 = 0.1
lower_limit1 = 0
upper_limit1 = 130
geometry = spline
angles = degrees
origin = 0, 0, 0
r = 38+21.25* (1-cos(180*t/130))
x = r * cos(t)
y = r * sin(t)
```

另一段曲线可仿照上述写出。将这两个文件存于 Mastercam 的 chooks 子目录下。之后按以下步骤进行：

1）两次执行 fplot. dll 应用程序，绘出凸轮曲线上的 0°～130°，130°～200°的两段曲线（参数式样条曲线），再由画圆弧功能直接绘出凸轮在 200°～360°一段处 $R38$ 圆弧。

2）选择刀具（本例选 ϕ12mm 立铣刀）直接在图形上创建刀具路径。此时，由于串连的曲线上有参数式样条曲线存在，在外形铣削的参数设置中，“曲线打断成线段的误差值”选项将被激活，要求给出一个误差值，此处设置为 0.001mm，这相当于用直线段逼近曲线时的最大允许误差。

3）外形铣削的对话框中还有一个“程式过滤”按钮，选中其复选框后再单击该按钮，则可以通过打开的对话框，对线性化公差计算的点再次进行圆弧过滤，设置圆弧过滤公差为 0.001mm，则圆弧之间的点因小于圆弧过滤公差而被过滤掉。程序可以用圆弧插补代替直线插补，使程序段的数目大为减少。

本例凸轮加工，按上述过程处理后，整个凸轮曲线的加工仅由 32 段圆弧段组成（因版本不同，可能略有差异）。

通过此例分析在 Mastercam 中如何由非圆曲线到完成圆弧段逼近。首先系统以 t 为参数（代替非圆曲线中的 θ），取步进量为 0.1，计算代表曲线上一系列点的 X、Y 坐标，其做法类似于手工编程时用等间距法求出曲线节点的过程，但求出的点被用于创建参数式样条曲线（类似于列表曲线中的列表点）；样条曲线建立后，再按线性化公差对曲线进行分割，其做法又类似于按等误差法对非圆曲线进行直线段逼近；下一步再通过圆弧过滤以减少程序段的数目，采用的方法是对一系列点进行过滤。这样，编程人员无须进行任何计算，就能高效完成 NC 程序的整个制作过程。

凸轮曲线以方程式表达，可能用于某一重要目的。因此，在进行每一项有关误差的设置时应尽可能取小值，包括由非圆曲线到样条曲线时步进量大小的设置。此处的step _ size1＝0.1 即表示步进量取为 0.1°，如果改为 1°，虽然理论上可行，但后面在进行圆弧过滤时，将有 316 条直线段不能实现圆弧过滤，使程序变长。

四、利用 UG 软件对样条曲线进行调整

前面在讨论用数学方程式对列表点进行拟合的要求时，曾提及光滑性、连续性等概念以及“坏点”问题。在 Mastercam 中虽然可通过“修改控制点”命令对 NURBS 曲线的形状进行调整，但要精确控制曲线的形状还是比较困难的。以下结合 UG 软件作一些简要介绍。

1. 生成合乎要求的样条曲线

UG 软件是具有强大功能的 CAD/CAE/CAM 软件，单是样条命令就有“样条”、“艺术样条”、“拟合样条”之分，而每种又有若干细分，但只有选择“插入”/“曲线”/“样条”命令，在弹出的对话框中单击“通过点”按钮，弹出“通过点生成样条”对话框；此时，还要选择“曲线类型”为“多段”，并将曲线阶次设置为 3 时才能得到符合上述列表曲线要求的样条曲线。在 UG 中，“曲线类型”可设置为“单段”或“多段”，设置为“单段”时，阶次不能设置，设置为“多段”时，可以在节点数目减 1 的范围内，任意设置曲线的阶次。

2. 曲线的连续性

当一条样条曲线是由多段曲线组成时，在 UG 中是用 Gn 来表示分段曲线在边界处的连

接情况，它表示两个几何对象相连的几何连续性。当选择 G0 时，仅表示两曲线在位置上相连，两曲线在连接处曲线的切线方向可以不同，相当于曲线在端点相交；当选择 G1 时，表示两个对象光顺连接，一阶导数连续，曲线间相切过渡，但曲线曲率可以不相等；当选择 G2 时，表示两个对象光顺连接，二阶导数连续，在连接点处曲线的曲率也必须相等；G3 表示两个对象光顺连接，在连接点处，三阶导数连续，曲率均匀变化。

3. 曲率梳状线

曲率在数学中可用来表示曲线的弯曲程度，曲率的倒数即曲率半径。为了能直观地观察曲线曲率的变化情况，UG 强大的分析功能提供了多种分析曲线的方法，曲率梳状线就是一种非常直观的曲线特征分析工具。当选择“分析”/“曲线”命令时，有“曲率梳”、“峰值”、“拐点”等子命令可供进一步选择，还可以选择“图表”，在“图表”窗口（使用电子表格）中显示被选中曲线的曲率图表。应用曲率梳状线进行分析的例子如图 3-26 所示，首先利用 UG 中绘制双曲线的命令，绘制一段双曲线，绘图时设置实半轴为 15，虚半轴为 20，Y 轴取值在±40 之间，得到的曲线通过分析功能使其显示曲率梳状线，结果如图 a 所示；为进一步探讨“通过点”绘制曲线的效果，按等弧长在该曲线上创建 5 个等分点（见图 a）。图 b～图 d分别表示使用相同位置的 5 个点，以“通过点”方式绘制样条曲线，阶次依次选择 2、3、4 时曲率梳状线的显示情况。当阶次为 2 时，曲率梳状线有两处出现陡然变化，表明两段曲线在该处相切但曲率半径不等（相当于 G1 连续）；当阶次为 3 时，曲率梳状线连续变化，但在最短处以拆线变化，表明两段曲线在该处曲率相等（相当于 G2 连续）；当阶次为 4 时，曲率梳状线均匀变化（相当于 G3 连续），但靠近曲线端点的位置，曲率梳状线的显示由外侧移向内侧，表示生成的曲线上出现了拐点。

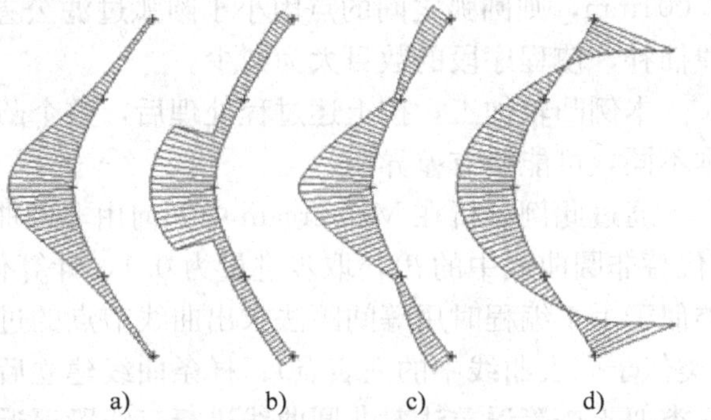

图 3-26　用曲率梳状线分析曲线

4. 样条曲线参数的编辑

在 UG 中生成的所有样条曲线都以“非均匀有理 B 样条”的形式存储，单击“根据极点”、“通过点”或“拟合”按钮，都能得到样条曲线。选择“编辑”/“曲线”/“参数”命令后，用鼠标单击屏幕上的样条曲线，显示的对话框中有多个按钮可以选择，如“编辑点”、“编辑极点”、“更改斜率”、“更改曲率”、“更改阶次”等。单击“编辑极点”按钮后，就能对极点进行移动或添加，还可以按下“微调”按钮，对极点位置进行微调。在调整曲线时，不仅显示特征多边形和控制点，还可显示曲率梳状线，可动态观察曲率梳的变化。

如果测量中得到的列表点中有“坏点”存在，曲率梳状线在该位置就会出现明显的波动，通过调整可使曲率梳状线变化正常。也可以在“编辑点”方式下，通过“移除点”或“撤销”按钮，通过观察曲率梳状线的变化来找出“坏点”，并将其移除。图 3-27 显示了“坏点”对曲率梳状线的影响及移除前后的结果。

5. 光顺样条

UG 提供了“光顺样条”命令，可按“曲率”或“曲率变化”对已有样条进行光顺处理。光顺一般是在两端点之间进行，但也可以选择曲线中间的某一段。在对样条曲线进行光顺处理时，可分别用 G0～G3（几何连续性）对曲线起点和终点建立约束。如图 3-28 所示，图 a 表示未光顺前曲率梳的变化情况；图 b 和图 c 表示保持端点 G2 连续时，分别选择“曲率”和“曲率变化”选项光顺的结果。执行此命令将引起曲线除端点外的整体变化，仅能用于要求光滑性而型值点的位置并不很重要的场合。

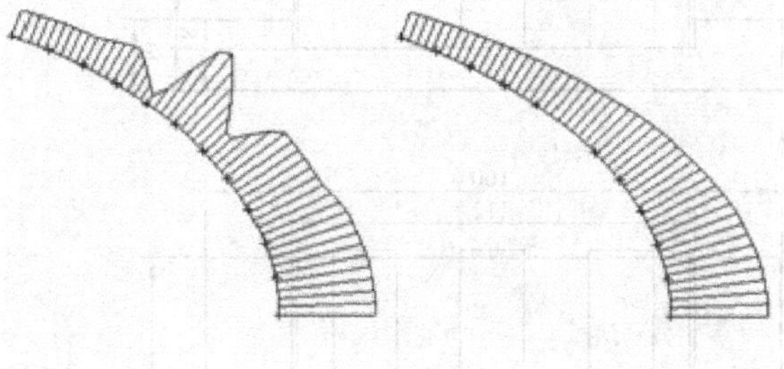

a)　　b)

图 3-27　通过移除“坏点”改善曲率梳的形状

a）移除前　b）移除后

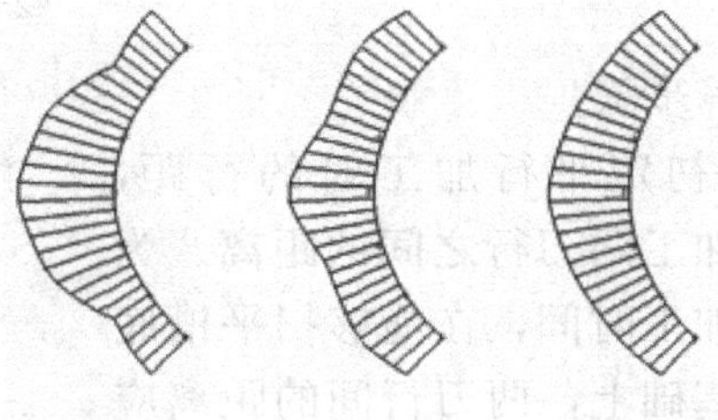

a)　　b)　　c)

图 3-28　光顺样条

a）光顺前　b）选择“曲率”　c）选择“曲率变化”

第五节　刀位轨迹的坐标计算

一、刀位点的选择及对刀

对于一般的二维或三维加工，刀位点的选择是比较简单的。对于旋转型的刀具，如各种立铣刀，钻头等，都应使刀位点位于刀具轴心线某一确定的位置上。对于平底立铣刀，选择刀底中心为刀位点；对于球头立铣刀，手工编程时为计算方便，通常选择球刀球心点作为刀位点；自动编程时为对刀方便，通常选择刀端点作为刀位点。钻头一般用钻尖位置作为刀位点，但编程时，应根据图样上对孔加工的尺寸标注，适当增加出钻尖的长度。数控车床使用的刀具，由于刀具的结构特点，刀位点的选择比较复杂。目前数控车床用机夹可转位刀片，刀尖处均含有不大的圆弧，数控编程时，通常均应考虑刀尖圆弧半径对零件加工尺寸的影响。还有一些刀具（如切槽刀），实际上存在两个刀尖位置，选择哪个位置作为刀位点主要应考虑如何便于对刀和测量，并做出统一规定。

对刀是操作者在启动程序之前，通过一定的测量手段，使刀位点与对刀点重合。可以用对刀仪对刀，其操作比较简单，测量数据也比较准确，还可以在数控机床上定位好夹具或安装好工件之后，使用量块、塞尺、千分表等，利用机床上的坐标显示对刀。

二、铣削加工刀位轨迹计算

由于铣削加工是用刀具中心作为刀位点，因此铣削加工刀位轨迹的计算，又称为刀具中心轨迹的计算。对于零件的轮廓加工，不论是外形轮廓还是内形轮廓，当可以使用刀具半径补偿功能编程时，应尽量使用，以减少编程中的计算工作量。然而，零件在实际加工过程中，除需进行轮廓加工外，常需在给定的区域内进行面铣削加工。对于区域加工，编程员一般不能使用刀具半径补偿功能，而只能按刀具中心轨迹编程。以下通过两个实例，讨论手工编程中可能用到的计算。

1. 双边开口槽的槽底加工

如图 3-29 所示零件，要求用 ϕ20mm 立铣刀采用往复平行加工方式开槽，112mm 尺寸边界单边留精铣余量 Δt＝1.5mm，试计算铣削槽底平面时的刀位轨迹坐标值。

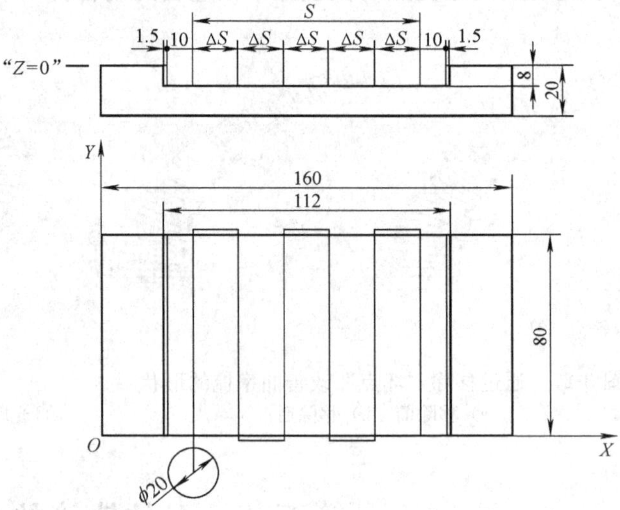

图 3-29　双边开口槽的槽底加工

计算步骤：

1）初定平行加工时的行距，即刀具加工两刀行之间的距离。为了减少加工时间，在能够扫平槽底平面的基础上，两刀行间的距离应尽可能取大些。一般，对于平行加工，可取行距ΔS=(0.85～0.9) d，此处 d 为刀具直径。

本题取初定行距 $\Delta S = 0.9d = 0.9 \times 20\text{mm} = 18\text{mm}$。

2）计算边行行距 S：$S = 112\text{mm} - 2\Delta t - d = (112 - 2 \times 1.5 - 20)\text{mm} = 89\text{mm}$

3）计算走刀往复次数 n：$S/\Delta S = 89/18 \approx 4.94$ 取整后可得$n=5$

实际加工时，应使各刀行之间的距离相等，而走刀次数又必须为整数，因此计算时可先用边行行距除以初定行距，若所求结果不为整数，则应向上取整至一个整数值。

4）由走刀往复次数 n 反算实际行距 ΔS：$\Delta S = 89\text{mm}/5 = 17.8\text{mm}$

5）根据给定的坐标系计算刀位轨迹坐标值。本题计算出的 X 方向上各点的坐标值应为 35.5、53.3、71.1、88.9、106.7、124.5。

2. 矩形封闭槽的槽底加工

对图 3-30 所示零件上的封闭槽用 ϕ20mm 立铣刀采用环绕加工方式粗开槽后，再用 ϕ6mm 立铣刀作清角加工，然后用 ϕ6mm 立铣刀对槽轮廓作精铣加工，试计算粗加工刀位轨迹坐标值。

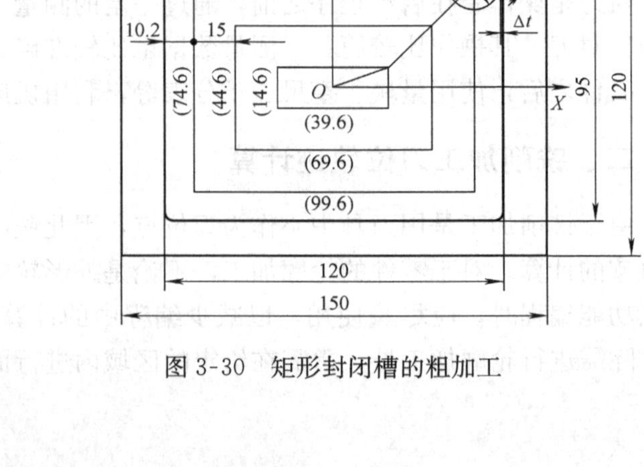

图 3-30　矩形封闭槽的粗加工

计算步骤：

1）验算粗加工后角部残留余量。粗加工时通常使用直径较大的刀具，但应保证加工后角部残留的面积可以用小直径的精加工刀具一次走刀切除。本题加工的槽为矩形槽，可用下式验算角部残留量：

$$\Delta h = 0.4142(d/2 - r) = 0.4142 \times (20/2 - 3)\text{mm} = 2.9\text{mm}$$

式中，d 为粗切刀具直径；r 为槽轮廓上过渡圆角半径。

本题验算角部残留量 2.9mm 小于精切刀具直径 6mm，否则应减小粗切刀具直径。

2）确定行距 ΔS。行距的确定既要尽量减少加工时间，又要保证刀具在拐角处清除所有残料。因此计算的行距比平行加工时的行距要小。根据计算，当取 $\Delta S \approx 0.85d$ 时，刀具刚好可以清除拐角残料，考虑刀具刀角位置的磨损，一般可取 $\Delta S = 0.7 \sim 0.8d$。

3）根据槽轮廓尺寸及所留精切余量，计算粗加工时第一个内收矩形的尺寸。

设 L 为槽长（或槽宽），Δt 为精切余量，则第一个内收矩形长（或宽）应为

$$L_1 = L - 2\Delta t - d$$

本题若取精铣余量为 0.2mm，则第一个内收矩形尺寸应为 99.6mm×74.6mm，如图 3-30所示。

4）按第一个内收矩形的尺寸长宽各减两倍行距得第二个矩形，以下类推直到最小矩形宽度小于铣刀直径。本题取行距 $\Delta S = 0.75d = 0.75 \times 20\text{mm} = 15\text{mm}$，则 $2\Delta S = 30\text{mm}$，所求矩形尺寸如图 3-30 所示。

5）根据给定的坐标系计算刀位轨迹坐标值。本题坐标系取在零件对称中心，则各刀位点坐标由图不难确定。

三、车削加工刀位轨迹计算

数控车削加工中使用的车刀，目前多采用机夹可转位刀片。在这种刀片的刀尖位置处，规定了标准的刀尖圆角半径。车削加工中刀位点的选择有两种可能，即假想刀尖点或刀尖圆弧中心，为了便于对刀和测量，通常用车刀的假想刀尖点作为刀位点。对于已经配备了刀尖圆弧半径自动补偿功能的数控车床，编程时只需按零件的实际轮廓尺寸编程，无须考虑刀尖圆弧对零件加工精度的影响。但也有少数简易数控系统，只有长度偏移功能而无刀尖半径自动补偿功能，编程时为保证精确地加工出零件轮廓，仍需手工进行刀补值的计算，其计算的方法与刀位点的选择有关。

1. 假想刀尖点作为刀位点

所谓假想刀尖点，是指与 ZX 坐标轴平行并与刀尖圆弧相切的两直线的交点，如图3-31中所示的 P 点即为假想刀尖点。采用假想刀尖点作为刀位点对于零件局部有锥面的加工情况，补偿计算比较简单，编写程序时仅在锥面加工的局部进行补偿计算，圆柱面或端面位置仍可按零件轮廓编程。

通过图 3-32 可导出假想刀尖点在 Z 向和 X 向的补偿量。图中实线为零件的外形轮廓，虚线为零件外形轮廓的等距线，偏移距离等于刀尖圆弧半径 r，则刀尖圆弧中心只有按图中虚线运动时，才能由刀具的切削刃部分精确切出零件的锥面形状。此时，假想刀尖点相对于零件轮廓上的对应点就发生了偏移。即相对于 M 和 N 点的编程要修正为相对于 M' 和 N' 点的编程。图中 ΔZ 与 ΔX 即分别为 Z 轴与 X 轴方向上的轴向偏移量。

由图不难导出偏移量计算公式如下：

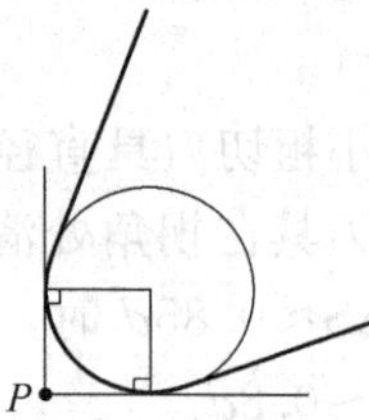

图 3-31　假想刀尖点的位置

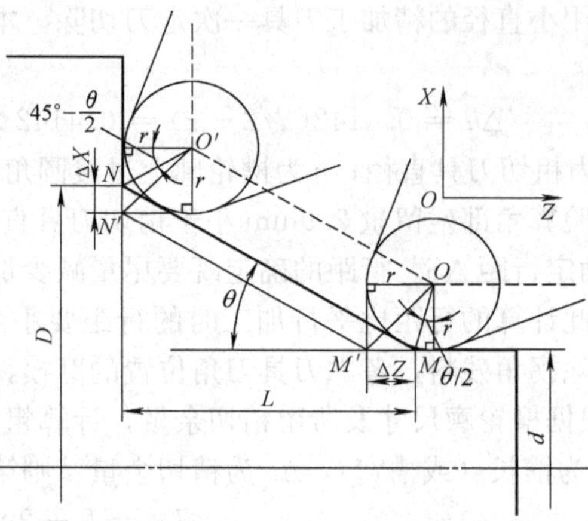

图 3-32　假想刀尖编程时的补偿计算

$$\Delta Z = r\left(1-\tan\frac{\theta}{2}\right)$$

$$\Delta X = r\left[1-\tan\left(45^\circ-\frac{\theta}{2}\right)\right]$$

式中，$\theta=\arctan\dfrac{D-d}{2L}$，可由锥体的大小端直径及长度确定。

计算举例：若图中所示零件，锥体部分大端直径 $D=60\text{mm}$，小端直径 $d=45\text{mm}$，锥长 $L=50\text{mm}$，刀尖圆弧半径 $r=0.8\text{mm}$，利用上式可计算出 $\theta=8.5308^\circ$，$\Delta Z=0.740\text{mm}$，$\Delta X=0.111\text{mm}$。编程时刀具在 M 点应向左偏移 0.74mm，在 N 点应向下偏移 0.111mm，即可由 M 点及 N 点坐标计算出 M' 点及 N' 点坐标。

2. 刀尖圆弧中心作为刀位点

刀尖圆弧中心作为刀位点适用于较复杂轮廓回转面加工的刀位计算。下面以一个手柄的成形表面精加工为例，讨论刀位轨迹的计算。图 3-33 所示为某机床用手轮手柄图，设精加工时使用的车刀刀片刀尖圆角半径 $r=1\text{mm}$。

手柄计算图如图 3-34 所示，Z 轴为横坐标轴，X 轴为纵坐标轴，程序原点设在零件右端面轴心线处，为计算方便 X 轴坐标以半径值表示。图中虚线为刀尖圆弧中心运动轨迹，

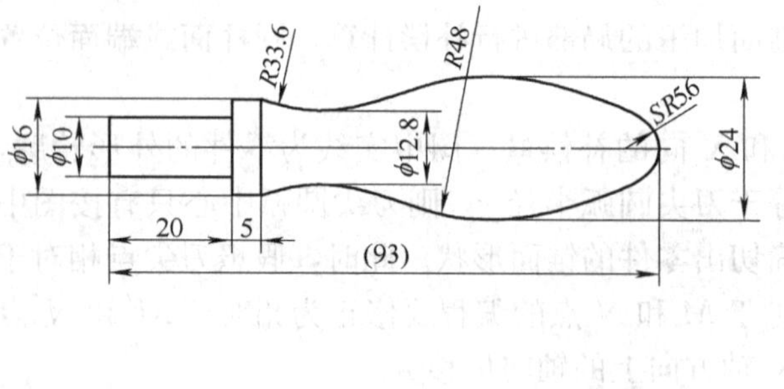

图 3-33　手轮手柄图

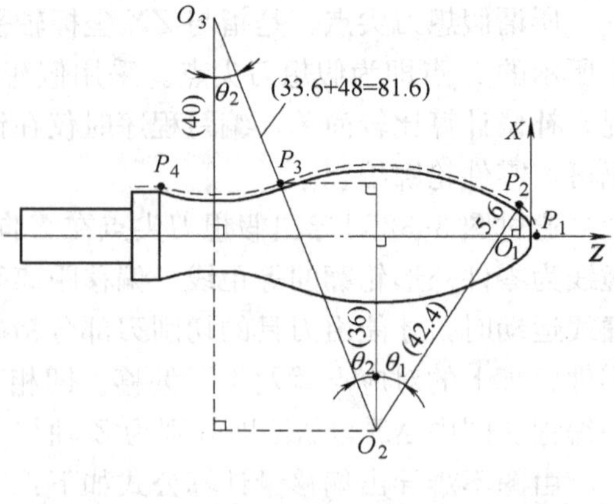

图 3-34　手柄计算图

它应为零件轮廓曲线的等距线，编程计算时需算出虚线上 P_1、P_2、P_3、P_4 点的坐标。由于零件图样上未给出各圆弧的圆心坐标，编程员需根据各相邻圆弧间彼此相切的条件，首先求出圆心点的坐标，再利用三角函数关系求出夹角 θ_1 与 θ_2，则各刀位点坐标均不难确定。

本题计算后各圆心点坐标为：O_1（－5.6，0）；O_2（－28，－36）；O_3（－57.708，40）。刀位计算：P_1(1，0)；P_2（－2.113，5.604）；P_3（－45.839，9.637）；P_4（－67.796，9）。

第六节　曲面加工中的数值计算

在具有三坐标的数控铣床上，除可完成复杂的平面廓形曲线的加工，也可以采用行切法实现复杂曲面的加工。由于复杂曲面的加工目前大多采用自动编程软件生成数控程序，因此本节讨论的曲面加工中的数值计算主要针对自动编程中尚需手工进行的一些辅助计算。计算的结果可以作为自动编程中参数设置的依据，在用于宏程序编程或手工编程时，这种计算同样是非常必要的。

一、曲面的类型

在 CAD/CAM 自动编程软件中，以 Mastercam 软件为例，可将曲面定义为：网格曲面(Net)、直纹/举升曲面（Ruled/Loft)、旋转曲面（Revolve)、扫描曲面（Swept)、围栏曲面（Fence）和牵引曲面（Draft）等。除此而外，编程员也可用函数表达式构建所需的各种曲面。这样，编程人员在编程过程中遇到的各种典型空间曲面形状如球面、圆柱面、圆锥面、椭圆锥面、椭球面以及棱柱面等，均可包括在其中。

二、曲面编程方法

1. CAD/CAM 软件自动编程

目前采用 CAD/CAM 软件自动编程已相当普及，在生成刀具路径时，有多种刀具路径的类型可供选择。以 Mastercam 软件为例，如平行式加工、等高外形加工、放射状加工、流线加工、环绕等距精加工、熔接精加工等；线架加工方式下的直纹加工、2D 扫描加工也常被采用。大多数加工要求编程员提供如行距、Z 轴步进量等参数，而这些参数设置得恰当与否会对零件加工的表面粗糙度产生直接影响。

2. 宏程序编程

宏程序编程，一般是采用由厂方提供的宏程序或编程员自行开发的宏程序，通过对变量进行赋值及处理后完成零件的数控加工任务。编程员在编程过程中，通过宏指令提供参数，由宏程序完成复杂的刀具路径计算。如用宏程序加工圆锥体时，编程员需将圆锥体的底圆半径、圆锥高、刀具参数及加工参数等作为参数赋值到变量中去，通过宏程序的逻辑判断及变量运算即可完成圆锥体的数控加工。

3. 手工编程

手工编程是指编程中的所有计算工作量，全部靠手工计算完成，当然也不排除使用计算器或计算机进行辅助计算。对于简单的立体型面零件，如果能掌握基本的计算方法，采用手工编程也是可行的。

三、2.5 维行切法加工原理

在数控铣削加工中，所谓 2.5 维行切法加工，即指 X、Y、Z 三轴中任意两轴作插补联动，刀具在给定的插补平面内作平面曲线运动，完成一行（又称为一层）的加工后，沿第三轴方向进给一个行距，再完成一行的加工，如此作周期性的进给运动与插补加工，直到完成整个曲面的加工。以图 3-35 所示的半球面加工为例，采用球头刀加工，刀具在 XY 平面内作圆弧插补完成一个整圆的加工后，首先沿 Y 轴退刀，然后沿 Z 轴进刀到下一行。数值计算只要计算出刀具每次的 Y 轴退刀量与 Z 轴进刀量及每一层上圆的半径值，即可按此数据编程完成球面的加工。

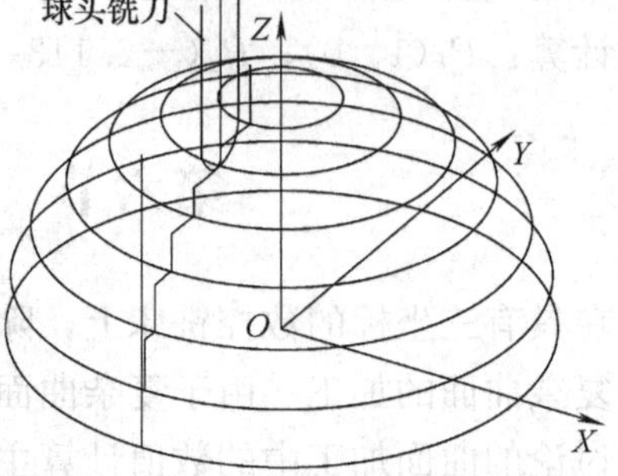

图 3-35　2.5 维行切法加工球面

四、行距的计算

行距计算是 2.5 维行切法加工中最重要的计算。根据实际加工中曲面类型的不同，加工中选择的刀具类型不同，计算方法也不同。下面根据加工中经常遇到的几种情况，分别加以讨论。

1. 平刀加工平缓斜面

平刀即指平头立铣刀。采用平刀加工曲面的效率比球头刀要高，但加工表面的质量较差，一般可用于粗加工。有时零件上的台阶面有清根要求时，最后加工也必须使用平刀。图 3-36 所示为采用平刀加工斜面的典型例子，为避免刀具沿 Z 轴负方向作进给运动，加工时采用单向进刀，刀具在工件外部下刀后在 YZ 平面作插补加工，完成一行加工后提刀返回到下一行起点位置，下刀后继续加工。本例刀具需在 X 轴方向作步进进给，其步进量即行距应由编程人员计算确定。

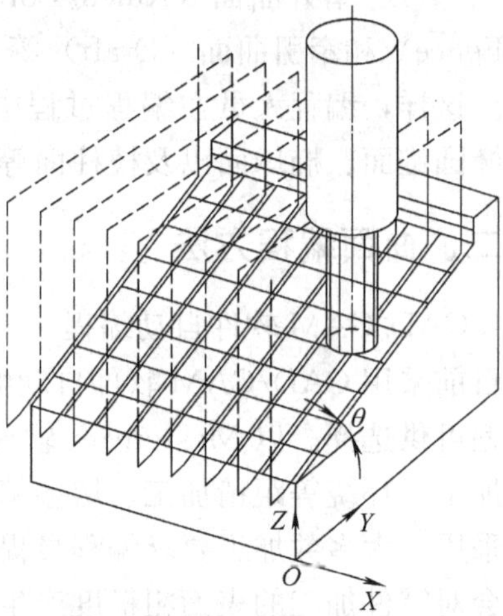

图 3-36　平刀行切法加工斜面

如图 3-37a 所示，M 平面是与斜面垂直的平面，将刀具路径上平刀的刀底圆投影至 M 平面，其形状应为椭圆。椭圆的长半轴为刀具半径即 $d/2$，椭圆的短半轴与斜面对 Y 轴夹角 θ 的大小有关，其大小应为 $(d\ \sin\theta)/2$。如图 3-37b所示，在 M 截平面内建立 X-Y 坐标系，原点位于椭圆中心，可得椭圆方程为

$$\frac{X^2}{\left(\frac{d}{2}\right)^2}+\frac{Y^2}{\left(\frac{d\sin\theta}{2}\right)^2}=1$$

由图 3-37 可知，在 $S/2$ 处产生最大残高误差 δ，将 $X=S/2$ 代入上式，可求出 A 点坐标。由此不难求得残高误差：

$$\delta=\frac{\sin\theta}{2}(d-\sqrt{d^2-S^2})$$

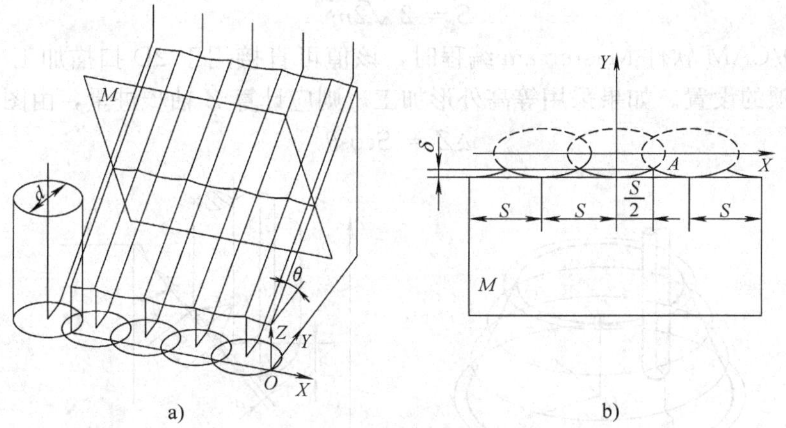

图 3-37　平刀加工缓平斜面时行距的计算

利用上式，在确定行距 S 后，可验算残高误差 δ 是否超出允许误差。也可以用下式由残高允差计算出行距：

$$S = 2\sqrt{\frac{d\delta}{\sin\theta} - \frac{\delta^2}{\sin^2\theta}}$$

在行距一定时，增大斜面的倾角 θ，也会增大残高误差，因此这种加工方式较适合平缓斜面的加工。

2. 平刀加工陡斜面

在制定数控加工工艺时，由于没有合适角度的锥形立铣刀，有时也用平底直刀加工与刀轴夹角很小的陡斜面。加工时刀具在 XY 平面内作平面曲线运动，沿 Z 轴作步进进给。陡斜面加工的行距计算如图 3-38 所示，图中 θ 为斜面与垂直轴线的夹角，δ 为残高误差，S 为行距。则 X 轴位移量 $\Delta X = \delta/\cos\theta$；$Z$ 轴位移量 $\Delta Z = \delta/\sin\theta$；行距 $S = \delta/(\sin\theta\cos\theta)$。

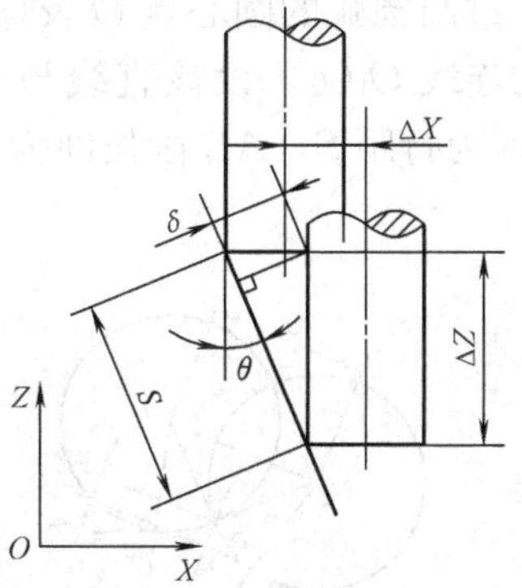

图 3-38　平刀加工陡斜面时行距的计算

3. 球刀加工斜面或圆锥面

球头立铣刀是曲面加工中广泛采用的刀具。采用球刀加工斜面或圆锥面时需进行行距的计算。如图 3-39a 所示，采用行切法用球刀加工圆锥面时，刀具需在 XY 平面作圆弧插补运动，在 Y 轴（或 X 轴）方向作周期的退刀运动，在 Z 轴负方向作周期进给运动。图 3-39b 表示了行距与残高误差之间的关系，用球刀加工斜面或圆锥面时，零件外形的纵剖面线是倾斜角为 θ 的直线，设球刀的球头半径为 r，由图 3-39b 可确定以下关系：

$$\left(\frac{S}{2}\right)^2 = r^2 - (r-\delta)^2$$

整理后可得

$$S = 2\sqrt{2r\delta - \delta^2}$$

实际计算时可忽略 δ^2 一项，则计算公式为

$$S = 2\sqrt{2r\delta}$$

在用 CAD/CAM 软件 Mastercam 编程时，该值可直接用于 2D 扫描加工中“截断方向的切削量”一项的设置。如果采用等高外形加工，则应计算 Z 轴步进量，由图 3-39b 可知：

$$\Delta Z = S\cos\theta$$

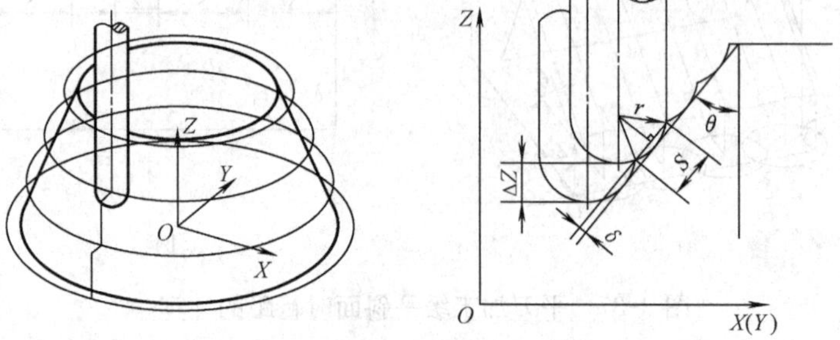

a) b)

图 3-39 球刀加工圆锥面时的行距计算

4. 球刀加工凸球面

前面图 3-35 所示即为用球头铣刀加工凸球面的例子，虽然在手工编程时需计算 Y 轴退刀量及 Z 轴进刀量两个步进参数，但在 Mastercam 的 2D 扫描加工中，则要求输入球刀球心点在两刀行间的直线距离，而 Y 轴与 Z 轴的移动量的计算是由系统自动完成的。如图 3-40 所示，在图 3-40a 中，用球刀加工凸球面时，对于“截断方向的切削量”一项，要求输入的是 O_1O_2 间的直线距离 S。因此需根据零件外形的纵剖面线为凸圆弧的情况，确定 S 与残高误差 δ 之间的关系。分析如下，图中以 R 表示凸圆弧半径（球面半径），以 r 表示球刀的球头半径。过凸圆弧的圆心点 O 及球刀两圆 r 的交点 B 作一直线，该直线必垂直平分球刀两刀心点的连线 O_1O_2。设该直线与凸圆弧 R 的交点为 A，与 O_1O_2 的交点为 C，则图中的 O_1O_2 段即为行距 S，AB 段长即为残高误差 δ。

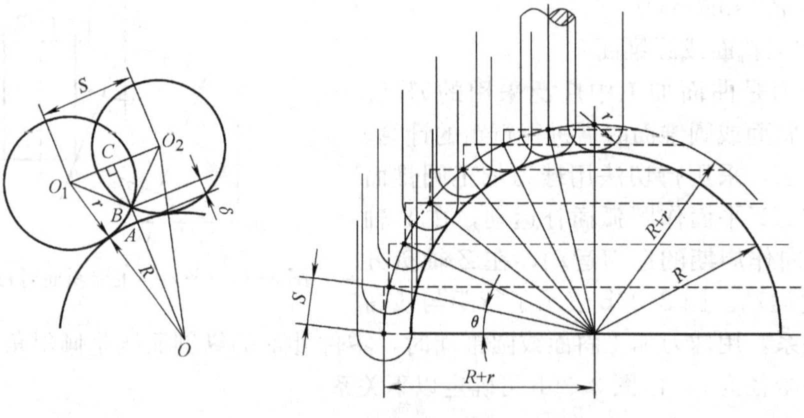

a) b)

图 3-40 球刀加工凸球面时各参数间的关系

由几何关系可得

$$(R+\delta)+\sqrt{r^2-\left(\frac{S}{2}\right)^2}=\sqrt{(R+r)^2-\left(\frac{S}{2}\right)^2}$$

将等式两边平方后并整理可得

$$2(R+\delta)\sqrt{r^2-\left(\frac{S}{2}\right)^2}=2R(R-\delta)-\delta^2$$

忽略 δ^2 一项，继续整理可得

$$S=2\sqrt{r^2-\left[\frac{R(r-\delta)}{R+\delta}\right]^2}$$

此式即为球刀加工凸球面时行距 S 与残高误差 δ 之间的关系。

5. 球刀加工凹球面

当用球刀加工内凹的球面时，零件外形的纵剖面线为凹圆弧，行距的计算可用下式：

$$S=2\sqrt{r^2-\left[\frac{R(r-\delta)}{R-\delta}\right]^2}$$

综合以上凸球面加工与凹球面加工，行距 S 的计算公式可统一写为

$$S=2\sqrt{r^2-\left[\frac{R(r-\delta)}{R\pm\delta}\right]^2}$$

式中，R 为凸圆弧或凹圆弧的圆弧半径；r 为球刀半径；δ 为残高误差。

“±”符号的选择：凸圆弧时用“+”，凹圆弧时用“−”。

在手工编程或宏程序编程中，常以图 3-40b 中所示 θ 角作为步进角，控制刀具的 Z 轴深度和铣圆半径，θ 与行距 S 之间的关系可由 $\theta=2\arcsin\dfrac{S}{2(R\pm r)}$ 确定。“±”符号处理同上。

五、计算举例

零件形状如图 3-41a 所示，由图 3-41b 可知其纵剖面形状依次由 $R1.5$ 圆弧，30°斜线及 $R5.5$ 圆弧组成，若精铣时采用 $r=4$mm 的球头立铣刀，采用 2D 扫描作环绕加工，取加工时的残高误差 $\delta=0.002$mm，试计算不同类型表面加工时应设置的行距 S。

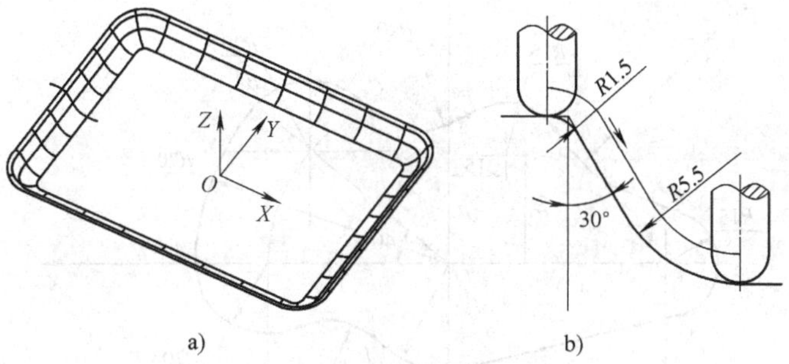

图 3-41 计算举例

分析及计算结果：当球刀沿 $R1.5$ 弧面作横向进给时，按球刀加工凸球面计算行距；当球刀沿 30°斜线作横向进给时，按球刀加工斜面或圆锥面计算行距；当球刀沿 $R5.5$ 弧面作横向进给时，按球刀加工凹球面作行距计算。采用不同的公式进行计算，求出不同类型表面加工时的行距 S 依次为 0.484mm、0.253mm 及 0.132mm。上述计算结果表明，若不采用分别计算行距的方法进行加工，要满足残高误差 $\delta=0.002$mm 的要求，则只能按 $S=0.132$mm 设置行距参数。这样在加工 $R1.5$mm 凸弧面时，时间增加到原来的 3.67 倍，加工 30°斜面

时，时间增加到原来的 1.92 倍。可见，为了提高生产效率，对不同的加工区域采用不同的行距仍是非常必要的。

习题与思考题

3-1　何谓数控编程的数值计算？数值计算包括哪些内容？

3-2　何谓基点？何谓节点？两者有何区别？

3-3　基点坐标计算训练，试计算图 3-42 中直线与圆弧的切点 A、B、C、D、E、F、G、H 的坐标。

3-4　计算如图 3-43 所示零件外形轮廓上直线与圆弧的交点 A 的坐标。

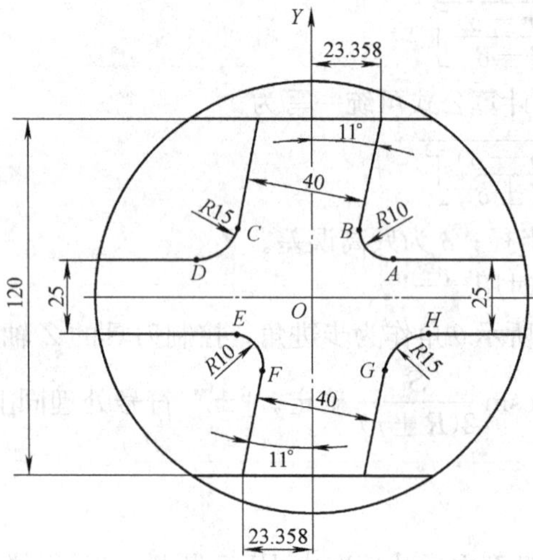

图 3-42　题 3-3 图

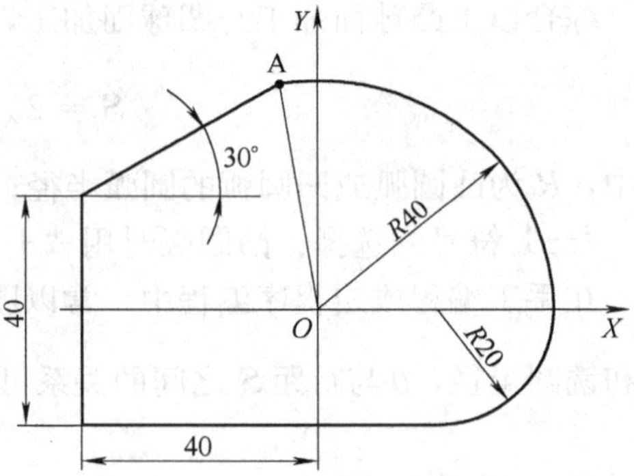

图 3-43　题 3-4 图

3-5　计算如图 3-44 所示零件外形轮廓上直线与圆弧或圆弧与圆弧的切点 A、B、C、D、E、F、G、H、I、J 的坐标。

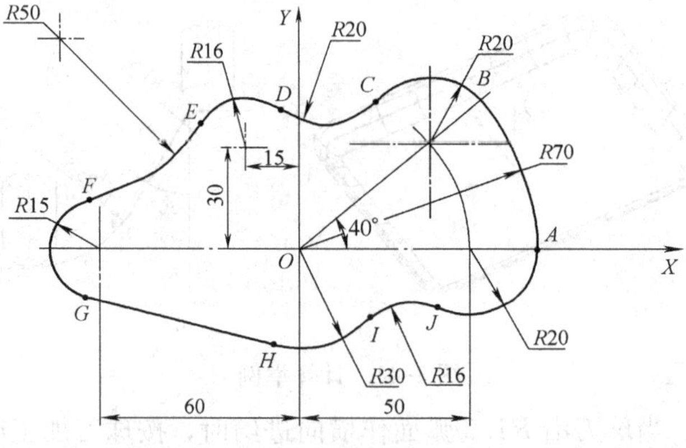

图 3-44　题 3-5 图

3-6　何谓非圆曲线？常用的直线逼近算法和圆弧逼近算法有哪些算法？各有何特点？

3-7　假如用等间距法求出某非圆曲线上 P_1、P_2、P_3 三点的坐标分别为：$x_1=100$，$y_1=40$；$x_2=110$，$y_2=40.839$；$x_3=120$，$y_3=43.431$，通过上述 3 点作圆弧，试求该圆弧圆心点坐标及圆的半径（计算结果保留小数点后三位）。

3-8 测量列表点的二次拟合法在处理时有何特点？

3-9 采用三次参数样条函数表达列表曲线时有何特点？

3-10 试述B样条曲线的构建原理。

3-11 NURBS曲线与B样条曲线有何不同？

3-12 试根据双圆弧法构建原理，计算图3-45中T点坐标及双圆弧半径$R1$和$R2$。

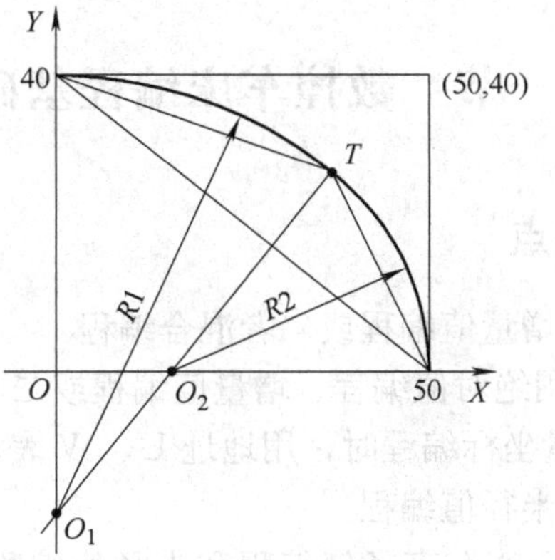

图3-45 题3-12图

3-13 在Mastercam中是如何将非圆曲线变换成数控加工所需的逼近线段或圆弧的？

3-14 铣削加工刀位轨迹的计算应注意哪些问题？

3-15 车削加工刀位轨迹的计算应注意哪些问题？

3-16 何谓曲面铣削加工中的2.5维行切法加工？

3-17 以图3-36所示的平刀行切法加工斜面为例，设斜面对水平面的夹角$\theta=25°$，选用ϕ10mm平底立铣刀按行切法沿斜面方向走刀加工，若要求切削后引起的残高误差$\delta\leqslant0.4$mm，求行距S的最大值。

3-18 以图3-40所示球刀加工凸球面为例，若球面半径$R=30$mm，球刀球头半径$r=5$mm，采用刀具从上向下的2.5维行切法加工方案（见图3-35），取残高误差$\delta=0.1$mm，计算步进角θ和前5圈加工时球刀球心点的Z轴坐标和铣圆半径。

3-19 以图3-41所示零件曲面铣削为例，若在加工时使用$r=5$mm的球头立铣刀采用2D扫描环绕加工方法，取残高允许误差$\delta=0.001$mm，试分别计算$R1.5$弧面、30°斜面及$R5.5$弧面加工时，球刀球心沿横向进给的行距。

第四章　数控车床编程

第一节　数控车床编程基础

一、数控车床的编程特点

1. 可以采用绝对值编程、增量值编程或二者混合编程

在一个程序段中，可以采用绝对值编程、增量值编程或二者混合编程。按绝对坐标编程时，用地址 X、Z 表示；按增量坐标编程时，用地址 U、W 表示。

2. 可以采用直径值编程或半径值编程

在数控车削加工中，X 坐标值有直径值编程和半径值编程两种表示方法。数控系统默认的编程方式为直径值编程，这是由于回转体零件的径向尺寸都是以直径值表示的，采用直径值编程时，只需在地址 X 后写入直径值即可，编程比较方便；若用增量值编程时，地址 U 后的数值应为径向实际位移量的 2 倍，并有正、负方向符号（正号可省略）。

3. 具有各种不同形式的固定循环功能

由于车削加工常用圆棒料或锻料作为毛坯，加工余量较大，要加工到图样尺寸，需要一层一层切削，如果每层切削加工都编写程序，编程工作量会大大增加。因此，为简化编程，数控装置通常具备各种不同形式的固定循环功能，如车内、外圆柱表面固定循环，车端面、车螺纹固定循环等。

4. 具有刀具自动补偿功能

大多数数控车床都具有刀具自动补偿功能，利用此功能可以实现刀尖圆弧半径补偿和刀具安装的位置补偿。加工前操作人员只要将相关补偿值输入到规定的存储器中，数控系统就能自动进行刀具补偿。因而编程人员可以按照工件的实际轮廓尺寸编程。

5. 具有恒表面切削速度控制和主轴最高转速限定功能

一般车削时，主轴转速是恒定的，在加工端面、圆弧、圆锥以及阶梯直径相差较大的零件时，沿 X 轴方向进给时，虽然进给速度不变，但切削线速度却在不断地变化，导致加工表面质量变化。为了保证加工表面质量，数控车床一般都具有恒表面切削速度控制功能。该功能可使切削速度保持恒定，而与刀尖所处的 X 坐标值无关。

当刀具逐渐移近工件旋转中心时，主轴转速越来越高，工件有从卡盘中飞出去的危险，为了防止出现事故，数控车床具有主轴最高转速限定功能。

二、数控系统的基本功能

数控系统的基本功能包括准备功能（G 指令）、辅助功能（M 指令）、进给功能（F 指令）、刀具功能（T 指令）和主轴功能（S 指令）。

由于我国目前数控机床的形式和数控系统的种类较多，它们的指令代码定义尚未完全统

一，因此编程人员在编程之前要仔细阅读编程说明书，对数控系统的功能进行研究，以免发生错误。下面以 FANUC 0i-TC 系统为例介绍数控车床数控系统的基本功能。

（一）准备功能指令（G 指令或 G 代码）

准备功能指令又称“G”指令或“G”代码，它是建立机床或控制数控系统工作方式的一种命令，它由地址 G 及其后的二位数字组成。

FANUC-0i 系统的 G 指令有 A、B、C 三种，用 3401 号参数的第 6 位（GSB）和第 7 位（GSC）选择 G 指令系统。一般情况下，常用准备功能指令为系统 A，如表 4-1 所示。本书叙述 G 指令系统 A 的使用。

表 4-1 准备功能

代码	组别	功能	代码	组别	功能
G00	01	快速点定位	▲G54	14	选择工件坐标系 1
▲G01		直线插补（切削进给）	G55		选择工件坐标系 2
G02		顺时针方向圆弧插补	G56		选择工件坐标系 3
G03		逆时针方向圆弧插补	G57		选择工件坐标系 4
G04	00	暂停	G58		选择工件坐标系 5
G10		可编程数据输入（补偿值设定）	G59		选择工件坐标系 6
G11		可编程数据输入方式取消	G65	00	宏程序调用
▲G18	16	*Z*、*X* 平面选择	G66	12	宏程序模态调用
G20	06	英制输入（英寸）	▲G67		宏程序模态调用取消
G21		米制输入（毫米）	G70	00	精车循环
▲G22	09	存储行程限位有效（检查接通）	G71		外径/内径粗车循环
G23		存储行程限位无效（检查断开）	G72		端面粗车循环
G27	00	返回参考点检查	G73		轮廓粗车循环
G28		自动返回参考点	G74		端面切槽、钻孔循环
G30		返回第 2、第 3 和第 4 参考点	G75		外径/内径切槽循环
G31		跳转功能	G76		复合螺纹切削循环
G32	01	等螺距螺纹切削	G90	01	外径/内径车削循环
G34		变螺距螺纹切削	G92		螺纹切削循环
▲40	07	刀尖半径补偿取消	G94		端面车削循环
G41		刀尖半径左补偿	G96	02	恒表面切削速度控制
G42		刀尖半径右补偿	▲G97		恒表面切削速度控制取消
G50	00	坐标系设定或最大主轴速度设定	G98	05	每分钟进给
G50.3		工件坐标系预置	▲G99		每转进给
G52	00	局部坐标系设定			
G53		机床坐标系设定			

表 4-1 中的指令按组别划分，“00”组指令为非模态指令，仅在指定的程序段中有效，其余为模态指令，一经指定就一直有效，直到后面程序段中出现同组 G 代码。模态指令中，有▲标记的 G 指令是在电源接通时或按下复位键时就立即生效的 G 指令。同一个程序段中，

可以指定不同组的G指令并有效。当一个程序段中，指定了两个或两个以上属于同组的G指令时，则只有最后一个被指定的G指令有效。

(二) 辅助功能指令（M指令或M代码）

M指令是数控机床加工操作时的工艺性指令，主要用于控制数控机床各种辅助动作及开关状态。如主轴的正、反转，切削液的开、停，工件的夹紧、松开，程序结束等。常用的M指令由地址M和其后的两位数字组成，从M00～M99共100种。FANUC-0i系统常用的M指令如表4-2所示。表中M00～M30常用指令的具体含义可参考第一章第二节。

表4-2 辅助功能

代 码	功 能	代 码	功 能
M00	程序停止	M08	切削液开
M01	计划停止	M09	切削液关
M02	程序结束	M30	纸带结束
M03	主轴正转（顺时针方向）	M98	子程序调用
M04	主轴反转（逆时针方向）	M99	子程序结束
M05	主轴停止		

说明：通常，一个程序段中只能指定一个M指令。但通过对机床相关参数进行设定后，可以在一个程序段中最多指定三个M指令。

(三) 进给功能指令（F指令）

该指令指定刀具的进给速度，由指令F和其后的数字组成。数字表达的方式有三种：每转进给量（mm/r，用G99指定），每分钟进给量（mm/min，用G98指定）和螺纹切削功能中的导程（mm）。系统通电后默认为G99模式。

在程序启动第一个G01或G02或G03功能时，必须同时启动F指令。F指令为模态指令，即当前F值一直有效，直到被新的F值所取代。借助机床控制面板上的倍率按键，F值可在一定的范围内进行倍率修调，但执行螺纹切削时倍率开关无效，即进给倍率固定在100%。在G00工作方式下，其进给速度由机床制造商设定与F值无关。

(四) 刀具功能指令（T指令）

在数控车床上，使用刀具功能指令（T指令）可以实现刀架的转位换刀动作。用地址T和其后的数字来指定刀具号和刀具偏置号，常用的有两种形式：T1+1或T2+2

即：

T00 —— 刀具偏置号（后一位）、刀具选择号（前一位）

T0000 —— 刀具偏置号（后两位）、刀具选择号（前两位）

在FANUC-0i系统中，这两种形式都可采用，具体由机床制造商决定。当移动指令和T代码在同一程序段指定时，按照下面两种方法中的一种执行指令：

1）同时执行移动指令和T功能指令；

2）在移动指令执行完成后执行T功能指令。

T功能的应用（T2+2），如T0303；表示选择3号刀具和3号刀偏值。执行此指令时3号刀将转到工作位。刀具偏置号有两种意义，既用来开始偏置功能，又指定与该号对应的偏置距离。刀具偏置号 0 或 00 表示偏置量是 0 和取消偏置。

（五）主轴功能指令（S 指令）**和主轴速度控制指令**（G96、G97）

主轴功能指令（S 指令）是用以设定主轴转动速度的指令，用 S 指令和其后的数字组成，数字表达的含义有两种：主轴切削线速度和主轴转速。

1. 主轴速度以转速设定

指令格式：G97 S＿；该指令之后的程序段工作时，主轴转速为 S 指令后的数值（以 r/min为单位），是恒转速。例如：G97 S800 表示主轴转速 $n=800$r/min。

车床主轴转速的确定方法。数控车削加工时，工件旋转，刀具作插补运动。当要求的圆周切削速度为 v_c（单位为 m/min）时，车床主轴的转速（r/min）为

$$n=\frac{1000v_c}{\pi d}$$

式中，d 为待加工面直径（mm）。

例如，待加工面为 ϕ200mm，要求的切削速度为 300m/min，经计算可得主轴转速为 478r/min，程序中表示为 G97 S478 M03。

2. 主轴速度以线速度设定

指令格式：G96 S＿；该指令之后的程序段工作时，切削速度为 S 指令后的数值（以 m/min 为单位），是恒表面速度（CSS）。例如：G96 S100 表示切削速度 $v_c=100$m/min。

用 G96 编程时，必须限定主轴的最高转速，以避免刀具接近工件中心时，因主轴转速过高，工件从卡盘飞出而造成伤人事故。设置方法为：G50 S＿；例如：G50 S2000 表示限定主轴的最高转速为 2000 r/min。

如图 4-1 所示，程序中先用 G50 S1500；限定主轴最高转速，再用 G96 S120 M03；指定恒表面速度控制。当刀具由 X100.0 切削至 X0 时，主轴转速由 382r/min 逐渐增大，至临界直径 ϕ25.46 时，主轴转速已达 1500r/min，此后刀具继续切削到 X0，主轴转速不再增大。

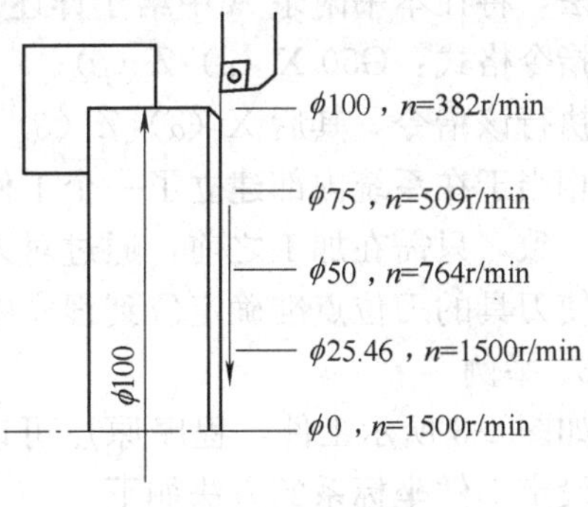

图 4-1　G96 编程时的转速变化

程序编写：

……

G97 S364 M03 T0101；	（指定主轴转速为 364r/min，主轴正转）
G00 X105 Z0 M08；	（1 号刀具快速定位到（105.0，0.0）点）
G50 S1500；	（G50 限定主轴最高转速为 1500 r/min）
G96 S120；	（G96 设置恒切削速度为 120m/min）
G99 G01 X0 F0.15；	（车端面）
G0 Z3.0；	（Z 轴方向退刀）
G30 U0 W0 M05；	（返回第二参考点，主轴停止）

……

3. 说明

1）在零件加工之前，必须同时启动 S 指令和主轴旋转指令（M03 或 M04）。

2）启动程序时，先用 G97 S __；以得到一个预期的主轴转速（可由切削起点直径推算出），刀具接近工件后再用 G96 __；以免直接启动 G96 使主轴转速过低或过高。

3）G96 一般用于车端面半径变化较大的场合，切削完成后应立即用 G97 撤销。对于钻孔、扩孔等需用 $X0$ 指定刀具位置的情况，编程时必须用 G97。

三、常用的准备功能

（一）工件坐标系设定指令 G50

1．工件坐标系

数控编程时要使用编程坐标系及程序原点，以便确定图样上各点的坐标值。数控加工时则要在机床上建立工件坐标系，即确定工件零点在机床坐标系中的位置。工件安装后，如果在机床上设置的工件零点（工件原点）与图样上规定的程序原点重合一致，则加工可以正常进行。车削零件程序原点的设置比较简单，一般可选在工件轴线与工件左端面或右端面的交点处，究竟选在何处，主要与设计基准、定位基准或测量基准有关。如图 4-2 所示，根据程序原点中是选择 O 点或 O' 点来确定工件原点的位置。

2．工件坐标系设定

如前所述，对于 FANUC 系统，许多编程人员已不再使用 G50 来设定工件坐标系了。因此，此处仅作简要介绍，其与使用 G54～G59 或直接使用刀具几何偏置来建立工件坐标系的方法，将在本书附录 A 中给予详述。

指令格式：G50 X（α）Z（β）;

执行该指令，其后 X（α）Z（β）值即存储到数控系统的寄存器中并显示在显示器上。这就相当于在系统内部建立了一个工件坐标系，要使系统建立的工件坐标系原点与程序原点重合一致，只需在加工之前，通过对刀操作，移动刀具的刀尖到起刀点（又称对刀点），也就是使刀具的刀位点准确定位到程序中指定的（α、β）数据（见图 4-2）所指定的起刀点处。

3．举例

如图 4-3 所示工件，程序原点可以选择 O' 点，也可选择 O 点，而刀具起刀点设在 P_0 处，设定工件坐标系的方法如下：

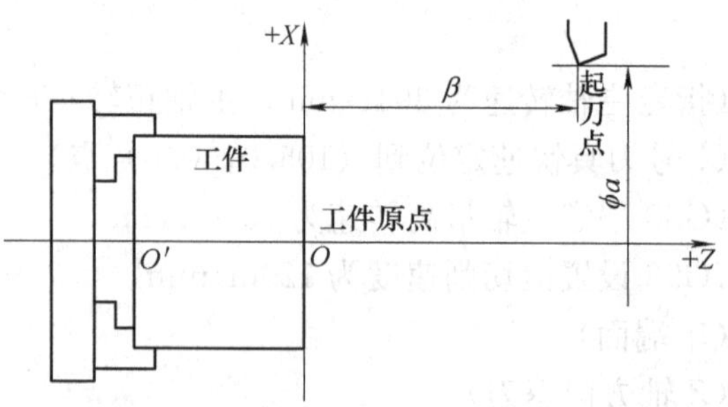

图 4-2　工件坐标系

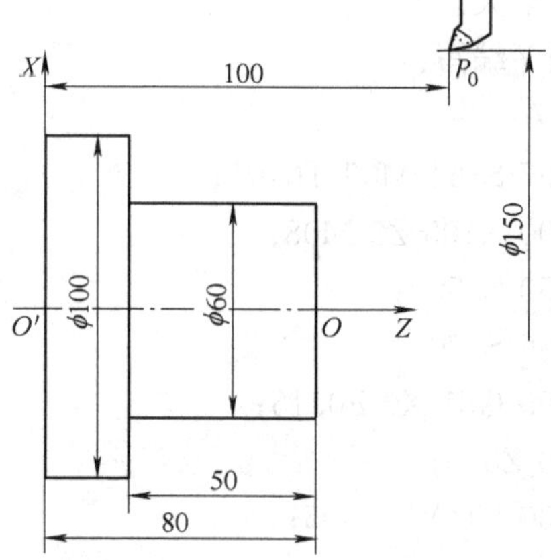

图 4-3　G50 设置工件坐标系

选工件右端面 O 点为工件原点时，其程序段为：G50 X150.0 Z20.0;（刀尖起始点在距工件坐标系原点 X150.0，Z20.0 处)。若选工件左端面 O′点为工件原点时，则程序应写为：G50 X150.0 Z100.0；由此可知，同一工件由于工件原点变了，程序段中的坐标尺寸也随之改变。必须注意，执行此程序段刀具不作任何运动，但工件坐标系显示会发生变化。

(二) 快速点定位指令 G00

使刀具以快速的速率移动到指令中给定的目标点位置。被指定的各坐标轴的运动是互不相关的，即刀具运动的轨迹不一定是一条直线。

1. 指令格式

G00 X (U) __ Z (W) __；

其中 X、Z 为终点坐标的绝对值，U、W 为终点坐标相对于起点坐标的增量值。在一个程序段中，绝对坐标指令和增量坐标指令可以混用，如：G00 X __ W __；或 G00 U __Z __；如果某一轴方向上没有位移，该轴的坐标值可以省略，如：G00 X __；或 G00 Z __。

2. 说明

1) 该指令不能用于切削加工，快速定位目标点一般应离开工件表面 2～5mm。

2) 快速移动速度由机床参数“快速进给速度”对各轴分别设定，也不受当前 F 值影响，但可由机床操作面板上的快速修调按钮修正。

3) 该指令由于各轴运动互不相关，不能保证同时到达终点。为避免碰撞，可在编程时分为两个程序段，先移动一个坐标轴，再移动另一个坐标轴。

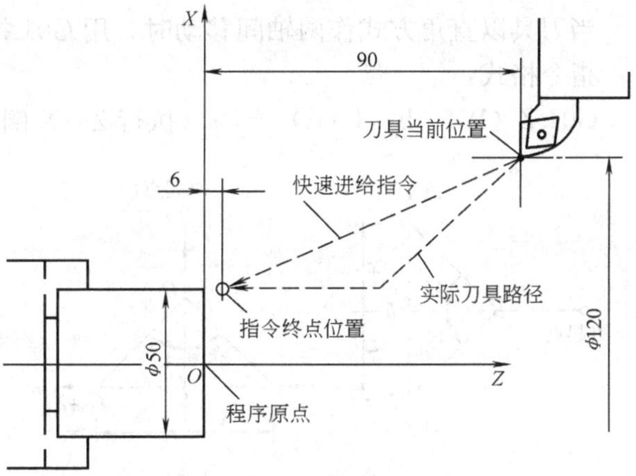

图 4-4 G00 指令快速移动

如图 4-4 所示，刀具快速移动的目标点是 (50，6)，刀具起始点在 (120，90)，程序段写成 G00 X50.0 Z6.0；或 G00 U-70.0 W-84.0；均可。快速移动时，实际刀具路径为一折线而不是直线。另外注意 X 方向的移动量为程序中 U 指令值的一半，即 35mm。

(三) 直线插补指令 G01

使刀具从当前位置移动到指令中给定的目标点位置，其轨迹是一条直线，F 指定的速度是刀具沿直线运动的速度。

1. 指令格式

G01 X (U) __ Z (W) __ F __；

其中，X、Z 或 U、W 的含义同 G00。程序中第一次使用 G01 时，必须指定 F 值，必要时还需指定 G98 或 G99。F 还受到进给倍率的控制，实际进给速度＝F×进给倍率。

G01 可应于零件端面，内孔、外圆、槽、倒角及圆锥面等绝大多数表面的加工。

2. 编程举例

试编写如图 4-5 所示零件的精加工程序。

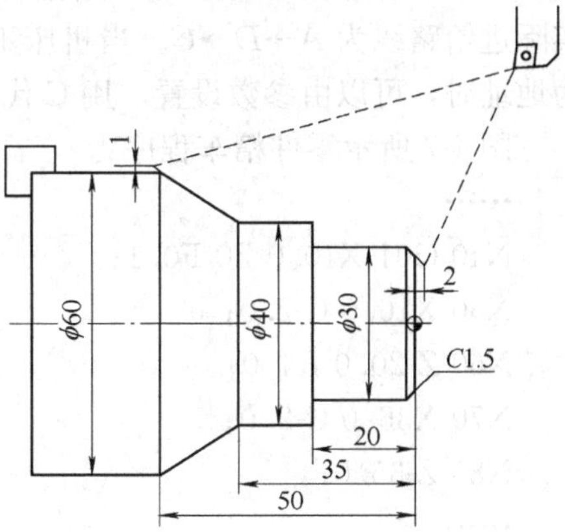

图 4-5 G01 指令编程实例

O0002；（程序号）
G50 X100 Z20；（工件坐标系设定）
G97 S500 M03 T0101；（主轴正转，500r/min，换1号刀）
G00 X23 Z2；（快速移动到倒角延长线Z2.0处）
G99 G01 X30 Z-1.5 F0.15；（直线插补，倒角，进给量0.15mm/r）
Z-20；（加工ϕ30mm外圆）
X40；（车端面到ϕ40mm处）
Z-35；（车ϕ40mm外圆）
X62 Z-51.5；（车圆锥面，延伸尺寸到ϕ62mm）
G00 X100 Z20 T0100 M05；（快速返回对刀点，取消刀补，主轴停止）
M30；（程序结束）

3. 倒角、倒圆角

当刀具以直角方式作两轴间移动时，用G01指令可以插入45°倒角或1/4圆角。

指令格式：

G01 Z（W）_b_ I（C）$\underline{\pm i}$；（执行Z→X倒角，见图4-6a）

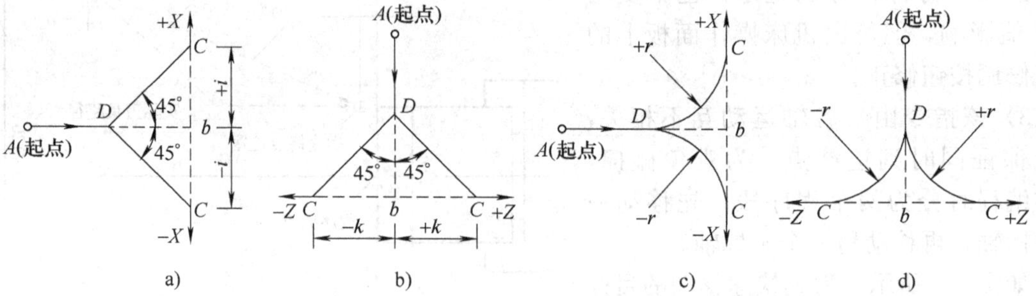

图4-6 倒角与倒圆角

G01 X（U）_b_ K（C）$\underline{\pm k}$；（执行X→Z倒角，见图4-6b）
G01 Z（W）_b_ R $\underline{\pm r}$；（执行Z→X圆角，见图4-6c）
G01 X（U）_b_ R $\underline{\pm r}$；（执行X→Z圆角，见图4-6d）

起点A到b点的移动可以用绝对值或增量值；实际进给路线为A→D→C。当机床不使用C轴作为地址时，可以由参数设置，用C代替I和K。

图4-7所示零件精车程序为

……

N40 G01 X10.0 Z0 F0.1；
N50 X16.0 C-2.0；
N60 Z-20.0 R4.0；
N70 X36.0 C-2.0；
N80 Z-35.0；
……

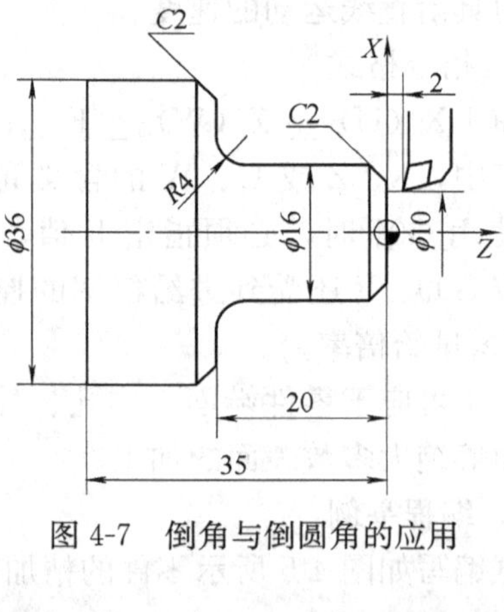

图4-7 倒角与倒圆角的应用

（四）圆弧插补指令 G02 或 G03

1. 指令格式

$$\begin{Bmatrix} G02 \\ G03 \end{Bmatrix} \begin{Bmatrix} X\_\_\_ \ Z\_\_\_ \\ U\_\_\_ \ W\_\_\_ \end{Bmatrix} \begin{Bmatrix} I\_\_\_ \ K\_\_\_ \\ R\_\_\_ \end{Bmatrix} F\_\_\_;$$

使刀具沿圆弧轨迹运动，G02 为顺时针（CW）方向圆弧插补；G03 为逆时针（CCW）方向圆弧插补。F 指定的进给速度是沿圆弧切线方向的速度。

（1）圆弧顺、逆方向的判断　数控车床有前置刀架与后置刀架的区分，表示工件坐标系时的 *X* 轴方向也不同。如图 4-8 所示，图 a 为后置刀架时 *X* 轴正向指向及圆弧插补顺、逆的判断，与习惯一致；图 b 为前置刀架时 *X* 轴正向指向及圆弧插补顺、逆的判断，与习惯不一致。之所以产生这种结果，是由于标准中规定必须从圆弧插补所在平面（*XOZ* 面）的垂直轴（*Y* 轴）正方向向负方向看，而 *Y* 轴正方向是按右手坐标系确定的，它符合后置刀架的观测方向。在实际编程时，可不考虑前置刀架的情况，而一律按后置刀架设置坐标系，编制的程序在前置刀架的数控车床上总可以正常运行。

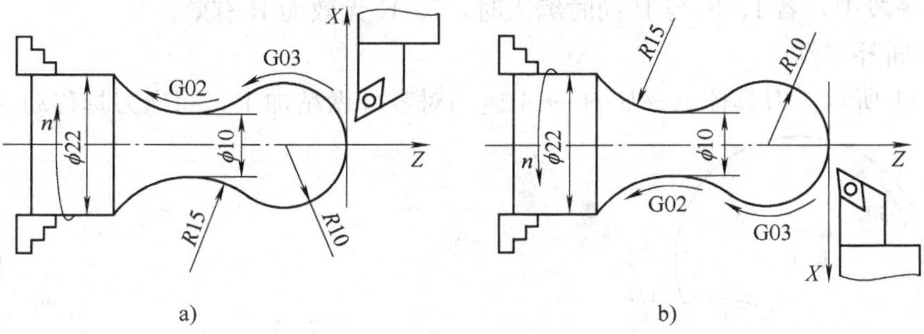

图 4-8　刀架位置与圆弧顺、逆方向的判断

a）后置刀架　b）前置刀架

（2）圆弧终点坐标的确定　如图 4-9 所示，用 X、Z 指定时，为圆弧终点在工件坐标系中的坐标值；用 U、W 指定时，为圆弧终点相对于圆弧起点的位移量。对于 X 和 U 还应注

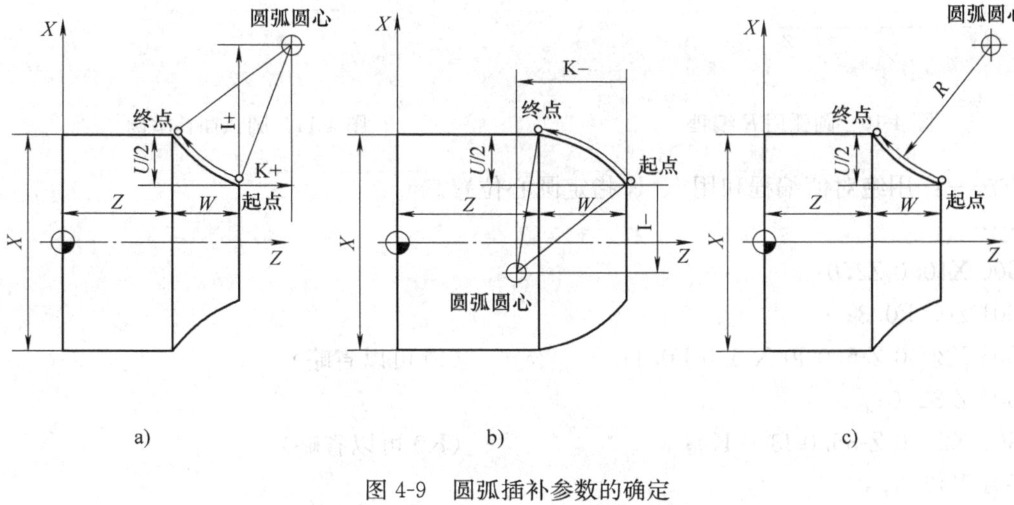

图 4-9　圆弧插补参数的确定

a）G02 圆弧　b）G03 圆弧　c）G02 圆弧用 *R* 编程

意按直径值编程或按半径值编程的区别，图中表示为按直径值编程。

（3）圆弧圆心位置的指定　可以用 I、K 指定也可以用圆弧半径 R 指定。

1）用 I、K 指定。如图 4-9a 和图 4-9b 所示，无论绝对值编程还是增量值编程，I、K 总是表示圆心相对于圆弧起点在 X、Z 轴方向的增量值。不管是用直径值编程，还是用半径值编程，都等于圆心点的坐标减去圆弧起点的坐标。相减结果为正值时，“+”可省略；为零时，该轴地址可以省略；为负时数字前加“−”。为便于掌握 I、K 正负值的用法，图中用单向箭头指示 I、K 的方向，并根据图中实际位置加上“+”、“−”符号。用 I 方向与 X 轴方向比较，用 K 方向与 Z 轴方向比较，要判断 I、K 的正负方向就不困难了。

2）用圆弧半径 R 指定。图 4-9c 所示为用 R 指定圆心位置的方法，此时圆弧中心位置可由系统自动计算得到。但由于自动计算时，符合要求的圆心通常为两个，为区别两者，以圆弧所对应圆心角的大小进行判断，当圆心角 $\alpha \leqslant 180°$ 时，R 用正值表示（正号可省略），如图 4-10 中的圆弧 1；当圆心角 $\alpha > 180°$ 时，R 用负值表示，如图 4-10 中的圆弧 2。用 R 指定圆心位置时，不能进行整圆编程。

同一程序段中，若 I、K 与 R 同时编入时，I、K 无效而 R 有效。

2. 圆弧插补举例

如图 4-11 所示，刀具按 $A \to B \to C \to A$ 运动对零件做精加工，写出刀具移动的程序段。

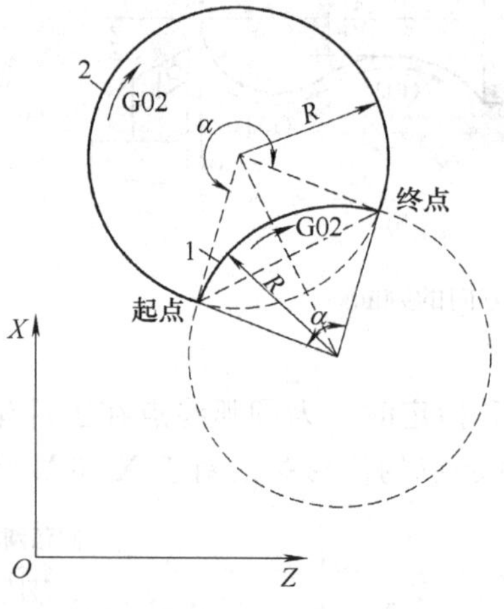

图 4-10　圆弧用 R 编程

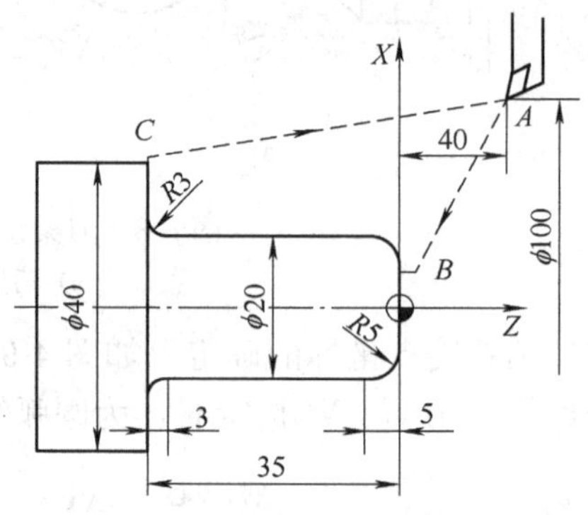

图 4-11　圆弧插补举例

方法一：用绝对值编程和用 I、K 指定圆心位置。

……

```
G00 X10.0 Z2.0;
G01 Z0. F0.3;
G03 X20.0 Z-5.0 I0 K-5.0 F0.1;           (I0 可以省略)
G01 Z-32.0;
G02 X26.0 Z-35.0 I3.0 K0;                (K0 可以省略)
G01 X42.0;
G00 X100.0 Z40.0;
```

……

方法二：用增量值编程和用圆弧半径 R 指定圆心位置。

……

```
G00 U-90.0 W-38.0;
G01 W-2.0 F0.3;
G03 U10.0 W-5.0 R5.0 F0.1;
G01 W-27.0;
G02 U6.0 W-3.0 R3.0;
G01 U16.0;
G00 U58.0 W75.0;
```

……

（五）刀具进给速度与进给量设置指令 G98 或 G99

在车削加工中，刀具的进给速度表达方式有如下两种：

1. 每转进给量指令 G99

如图 4-12 所示，指令 G99 设定主轴每转一转时刀具的进给量（每转进给量），单位为 mm/r。在含有 G99 程序段后面，指令 F 后面的数值是以主轴每转一转刀具的移动距离来计算的。

2. 每分钟进给量指令 G98

如图 4-13 所示，指令 G98 设定主轴每分钟刀具的进给量，单位为 mm/min。在含有 G98 程序段后面，指令 F 后面的数值是以主轴每分钟刀具的移动距离来计算的。

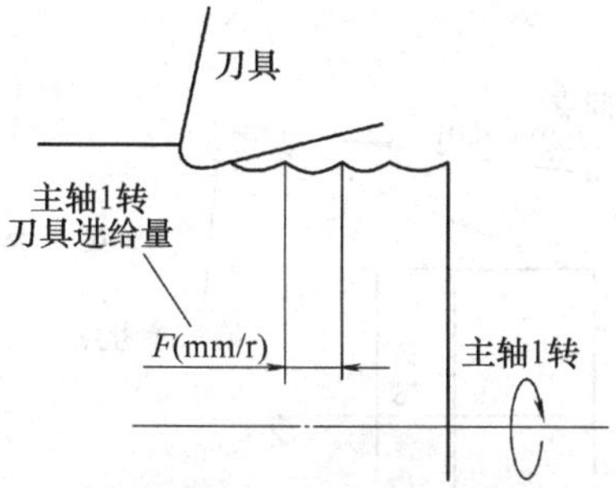

图 4-12　G99 每转进给量

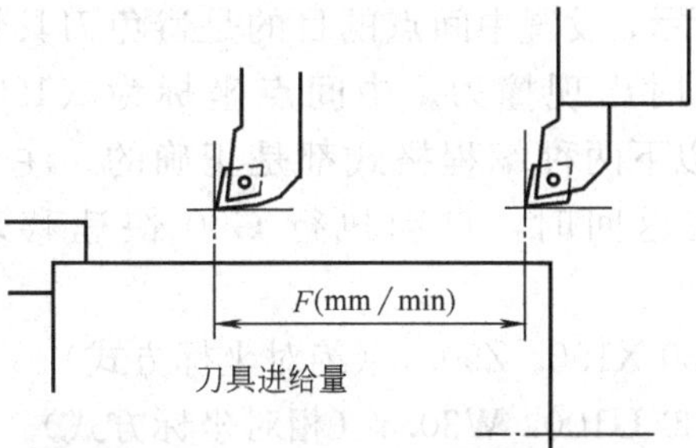

图 4-13　G98 每分钟进给量

说明：G98 指令（或 G99 指令）只能被 G99 指令（或 G98 指令）取消。机床通电时，默认值为 G99，即每转进给量方式。

（六）参考点返回指令 G28 或 G30

参考点是数控机床上的固定点，利用参考点返回指令可以很容易地移动刀架到该点，以便在该位置换刀。数控车床最多可以预设四个参考点，每个参考点相对于机床原点的位置可以用参数（1240 号～1243 号）预先设置，一般设置 G28 参考点与机床原点重合。

1. 返回第 1 参考点指令 G28

G28 指令使刀具从当前位置经中间点自动返回到第 1 参考点（机床原点），当中间点与当前位置不重合时，刀具轨迹如图 4-14 所示；重合时如图 4-15 所示。

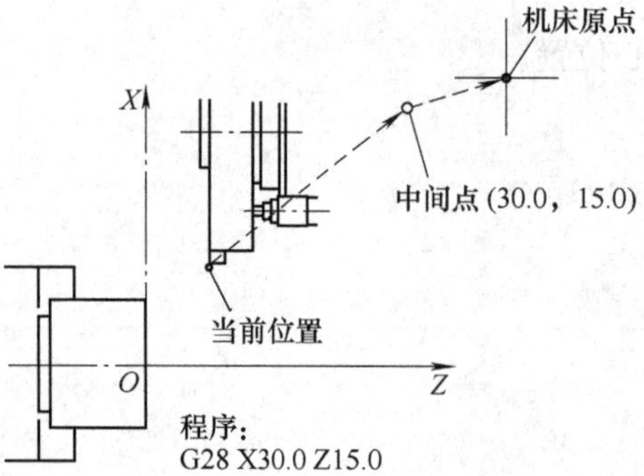

图 4-14　刀具经中间点返回机床原点

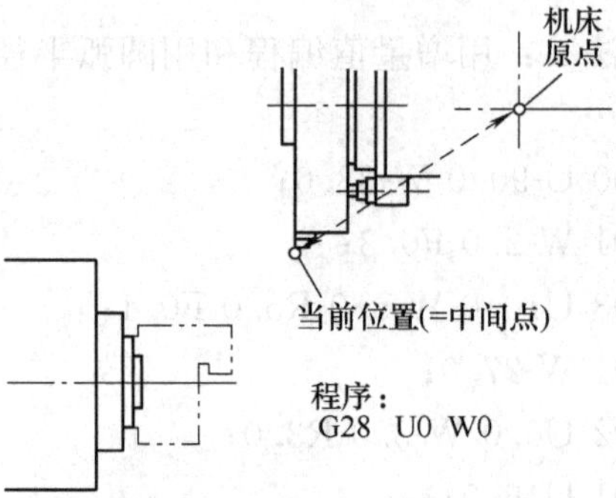

图 4-15　刀具直接返回机床原点

指令格式：G28 X（U）____ Z（W）____；

指令中 X、Z 为中间点的绝对坐标值，U、W 为中间点相对于当前位置的增量坐标值，其中 X 坐标应按直径给定。使用 G28 U0 W0 可使刀具直接返回参考点（见图 4-15）。

数控车床接通电源后，应首先执行手动返回参考点的操作（执行该操作将在车床上建立编程的绝对零点），在程序中需要换刀时，才使用自动参考点返回指令 G28 或 G30。

2. 返回第二（或第三、第四）参考点指令 G30

为节省换刀时间，可将距离工件加工位置比较近的换刀点设为第二参考点，并通过 G30 指令使刀具返回该点。指令格式为

G30 X(U) ____ Z(W) ____；

指令中的坐标 X（U）、Z（W）的含义同 G28 指令。刀具返回第二参考点的例子如图 4-16 所示，设置中间点的目的是避免刀具快速返回时出现撞刀。中间点坐标为（190，50），以下两种编程格式都是正确的。注意刀具在返回时，自动执行 G00 快速移动速度。

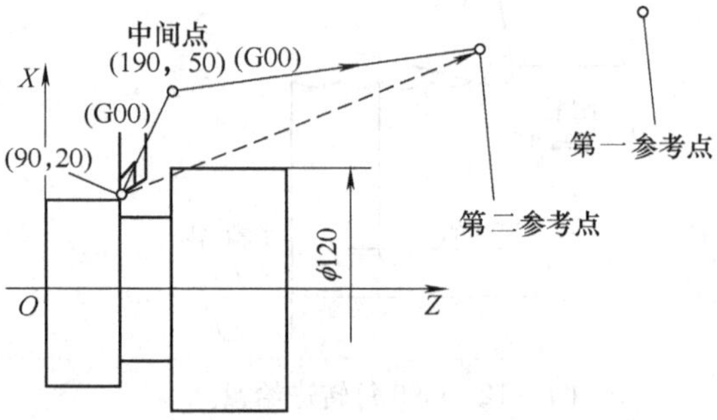

图 4-16　刀具经中间点返回第二参考点

G30 X190. Z50.；（绝对坐标方式）

G30 U100. W30.；（相对坐标方式）

另外，换刀点位置的设置，必须保证刀具转位时不碰撞工件及其他部件，实际编程时也常用 G00 指令退刀至换刀点。

（七）暂停延时指令 G04

暂停延时一般用于以下情况：

1）钻（镗）孔加工到达孔的底部时，应设置延时时间，以保证孔底的质量。

2）钻孔加工中途退刀后应设置延时时间，以保证孔中铁屑充分排出。

3）加工要求较高的零件轮廓终点设置延时，以保证该段轮廓的车削质量，如车槽、镗平面等场合，以提高零件表面质量。

指令格式：

G04 X __；或 G04 U __；或 G04 P __；

X __或 U __指定时间时允许用小数点，时间单位为 s（秒）；P __指定时间时不使用小数点，时间单位为 ms（毫秒）。

当用每转进给方式 G99 时，也可通过参数 No. 3405＃1（DWL）的设置，对每转进给指定暂停，指定时的单位都是转。如图 4-17 所示零件在进行钻孔加工时，为充分排屑和保证孔底质量，使用了 G04 指令。部分程序段写法如下，设加工前钻头已定位到 X0 Z5.0 的位置。

```
……
N30 G98 G01 Z-20.0 F80;
N40 G00 Z5.0 G04 X2.0;
N50 Z-19.0;
N60 G01 Z-40.0 G04 X0.5;
N70 G00 Z5.0 ;
……
```

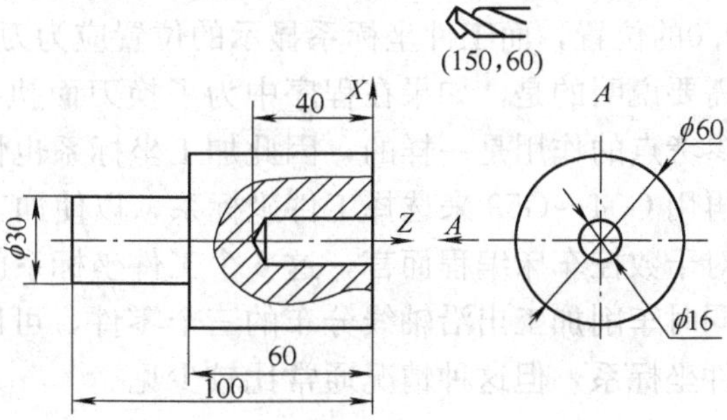

图 4-17　暂停指令 G04 的应用举例

四、工件零点偏置

机床通电后，必须通过手动返回参考点的操作使机床返回参考点，以便建立机床坐标系，同时一个加工坐标系也被建立。通常机床制造商设置加工坐标系原点与机床原点重合。作为用户，一般可认为刀架返回参考点后，刀架上某一基准点位置（称为刀架参考点）将移动到机床原点处。如图 4-18 所示，该图反映了操作者安装工件和刀具后，通过手动返回参考点操作，使回转刀架移至机床原点时各运动部件以及刀具和工件之间的关系。

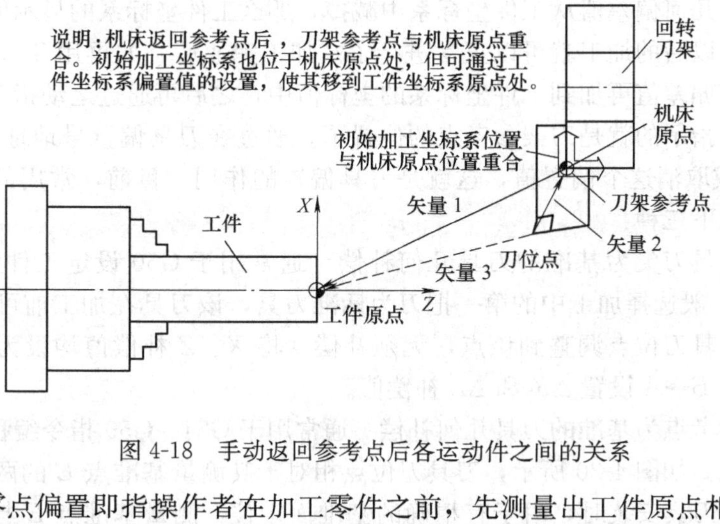

图 4-18　手动返回参考点后各运动件之间的关系

所谓工件零点偏置即指操作者在加工零件之前，先测量出工件原点相对于机床原点在 X、Z 方向的偏置值（图中矢量 1 的 X、Z 分量），并通过工件坐标系偏置操作将其存入数控系统内部的过程。有关操作步骤的详细讲解已安排到附录 A 中。

在 FANUC 系列的数控系统中，除使用前面介绍的 G50 指令可以设定工件坐标系，还提供了 G54～G59 共 6 个工件坐标系选择指令，指令格式非常简单，可以单独使用，如

“G54；”，但一般是与运动指令 G00 放到同一个程序段中。在 MDI 方式下，写入 G54 指令并立即执行，虽然刀架位置没有移动，但工件坐标系的显示值会随之变化。例如，手动返回参考点完成后，工件坐标系的显示值 X、Z 轴均为“0.000”，如果已将 G54 工件零点偏置值设置为“X-100.0”、“Z-300.0”，执行 G54 后，工件坐标系显示值将变为“X100.000”、“Z300.000”，其结果表明工件坐标系原点已由机床原点处移到机床坐标系中 X-100.0、Z-300.0的位置，而工件坐标系显示的位置应为刀架参考点目前所处的位置。

需要说明的是，如果在程序中为了换刀而执行了 G28 指令，其作用与开机后执行手动返回参考点的作用是一样的，因此加工坐标系也恢复到机床原点位置，换刀后要继续加工，必须再用 G54～G59 来选择工件坐标系，以使加工坐标系原点再次偏移到工件原点处。

对于数控车床编程而言，这 6 个工件坐标系已足够。例如，编程员要在一次装夹的棒料上，同时车削加工出沿轴线分布的三个零件，可以在编程时分别用 G54、G55、G56 设置三个工件坐标系，但这种情况通常比较少见。

五、刀具偏置与刀尖半径补偿

（一）刀具偏置

刀具偏置用来补偿实际刀具位置和编程中假想刀具位置的偏差。刀具偏置又分为刀具几何偏置和刀具磨损偏置。刀具几何偏置用于补偿刀具形状或刀具安装位置上的差异；刀具磨损偏置用于补偿刀尖的磨损。

1. 刀具几何偏置

如图 4-18 所示，前已述及通过工件零点偏置可以将加工坐标系原点移到工件原点处，但显示器显示的工件坐标系坐标值却是刀架参考点目前所在的位置。而每一把刀具安装后，在刀具刀位点与刀架参考点之间，都存在 X、Z 轴方向的几何偏差。如果能够在调用每一把刀具时，将这两个几何偏差值从工件坐标系中减掉，那么工件坐标系的显示值就变成刀具刀位点的位置显示，以后的加工就可以正常进行了。加工完成后，如再用 T××00 来取消刀补，将这两个几何偏差值再加到工件坐标系的坐标值中，之后再通过运动指令控制刀架返回时，工件坐标系中指示的就是刀架参考点的位置了。通过在刀具偏置号地址中设置偏置值，再由 T 代码调用或取消这个偏置值，这就是刀具偏置的作用。目前，常用的刀具几何偏置参数设置方法有以下三种：

（1）以标准刀具刀尖为基准的刀具几何补偿　通常用于 G50 设定工件坐标系的情况。如图 4-19 所示，一般选择加工中的第一把刀为标准刀具，该刀具在加工前可按 G50 指定的对刀点，直接将刀具刀位点调整到该点，无须补偿（将 X、Z 补偿值均设为 0.000），其后所有刀具按矢量由 $B \rightarrow A$ 设置 ΔX 和 ΔZ 补偿值。

（2）以刀架参考点为基准的刀具几何补偿　通常用于 G54～G59 指令编程，并采用机外对刀仪对刀的情况。如图 4-20 所示，刀具刀位点相对于其测量基准点 E 的两个长度值 L 和 Q 已预先测量出。刀具安装时，由于有精确的基准面定位，测量基准点 E 与刀架参考点重合。这时就能按图 4-18 所示的矢量 2，设置 L 和 Q 两个补偿值。

（3）以工件原点为基准的刀具偏置补偿　通常用于没有使用 G50 和 G54～G59，并采用试切法对刀的情况。大多数数控系统支持这种设置方法，当不使用 G54 时，G54 的零点偏置值也不起作用。如图 4-18 中以虚线表示的矢量 3，可根据该矢量设置 ΔX 和 ΔZ 补偿值。

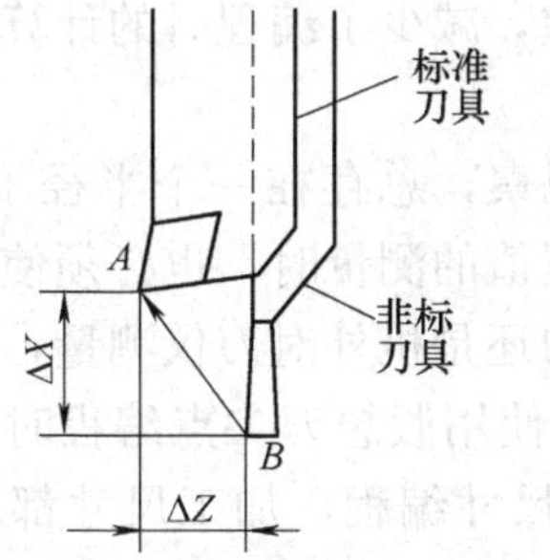

图 4-19　补偿刀尖差值

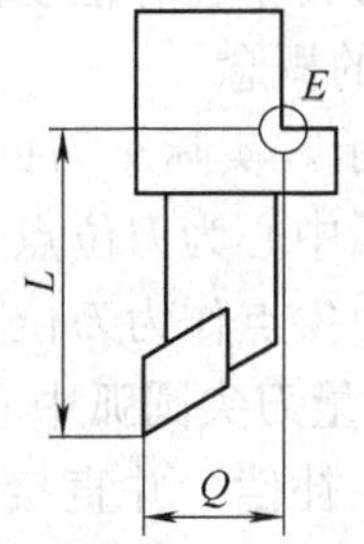

图 4-20　车刀的测量

刀具偏置由刀具偏置号指定，如图 4-21 所示，在 N1 程序段中，产生与偏置号 02 对应的偏置矢量，编程点按偏置矢量偏离编程轨迹；在 N3 程序段中，指定偏置号 00 以取消偏置矢量，编程点又回到编程轨迹上。刀具偏置运动必须在运动的程序段中完成。

需要说明的是，在 FANUC 0i-TC 的操作说明书中，关于取消刀具偏置时的执行结果，给出了一段注释。该注释表明，通过参数设置，执行 T××00 可以有两种结果：其一为同时取消刀具几何偏置和刀具磨损偏置；其二为只取消刀具磨损偏置而不取消刀具几何偏置。如图 4-22 所示，该图即表明了两种不同的刀具位移结果。

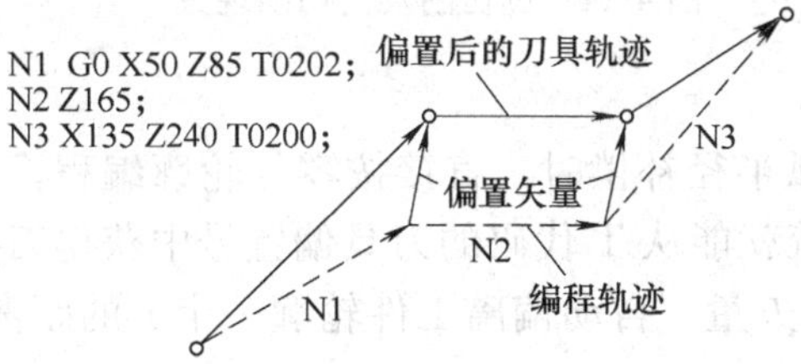

图 4-21　偏置运动

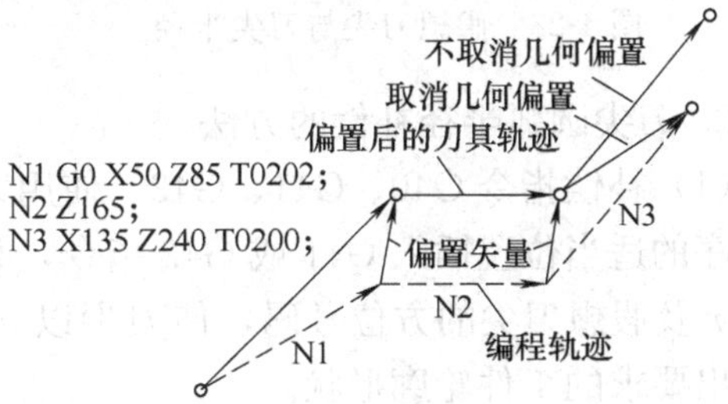

图 4-22　取消刀具偏置时有两种结果

2. 刀具磨损偏置

刀具磨损偏置与刀具几何偏置共同使用同一个刀具偏置号（也可由参数设置刀具几何偏置与刀具号共用），磨损偏置值对工件坐标系坐标值的影响与几何偏置相同，即也是通过加减运算来调整工件坐标系坐标值，从而改变工件坐标系下被指定的点的位置，达到补偿的目的。其偏置矢量对刀具轨迹的影响与图 4-21 所示的结果完全一致。刀具磨损偏置值的设置一般用于试切后或刀具磨损时的微量调整，显示页面及数据输入方法可参考附录 A 中的相关实验。

3. 说明

由于在刀具位置偏置状态下使用下列操作：G53、G28、G30，手动返回参考点以及用 T00 取消刀具位置偏置，都可能对绝对位置的坐标显示产生影响，并与参数设置有关，要详细了解必须查阅具体的机床操作说明书。此处从便于初学者学习出发，只作简要介绍。

（二）刀尖半径补偿

在车削含有锥面或圆弧面的工件时，由于刀尖圆弧的存在，只用刀具偏置功能很难获得精密的零件，而刀尖半径补偿功能能够自动补偿这种误差，减少了编程时的计算工件量。

1．假想刀尖的概念

如图 4-23 所示，实际车刀的刀尖经放大后再进行观察，总存在一个半径不大的圆弧。如果选择刀尖圆弧中心为刀位点，则在进行刀具几何偏置值的测量时，也必须使用该点。反之，若选择假想刀尖点作为刀位点，则无论是试切法对刀还是机外对刀仪测量，获得该点的 X、Z 偏置值比测量刀尖圆弧中心要方便得多。另外，在使用假想刀尖点编程时，即使程序中未使用刀尖半径补偿，并直接按圆柱面和端面的标注尺寸编程，加工尺寸都不受任何影响。然而，当零件上含有倒角、锥面、圆弧或曲面时，若仍直接按零件轮廓编程，就将影响加工精度。图 4-24 表示了以假想刀尖点编程时的过切削及欠切削现象。

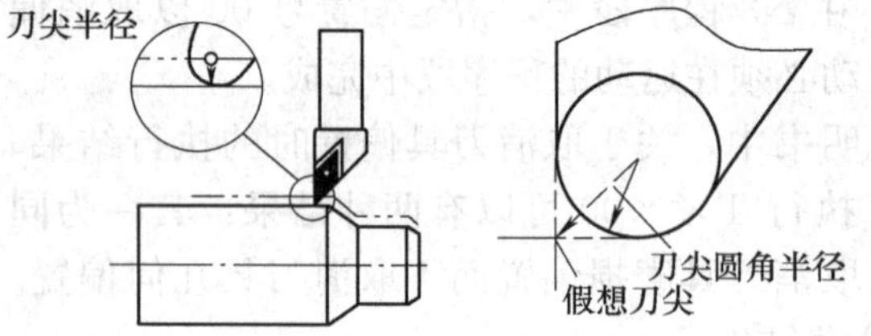

图 4-23　假想刀尖与刀尖半径

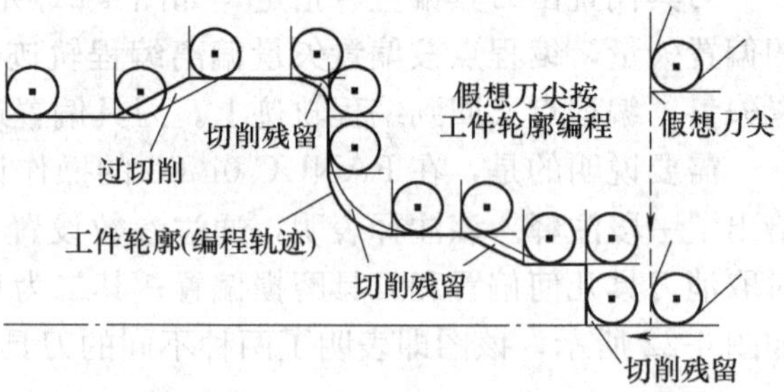

图 4-24　过切削及欠切削现象

2．刀尖圆弧半径补偿的方法

（1）补偿指令 G40、G41、G42　使用刀尖圆弧半径补偿时，直接按零件轮廓编程，并在程序的适当位置插入 G41 或 G42 指令，数控系统就能从 T 代码的刀具偏置号中获得刀尖半径 r 及假想刀尖的方位号码，使刀尖以 r 为刀偏矢量，自动偏离工件轮廓一个 r 的距离，加工出要求的工件轮廓形状。

指令格式：

$\begin{Bmatrix}G41\\G42\end{Bmatrix}\begin{Bmatrix}G00\\G01\end{Bmatrix}$　X（U）____ Z（W）____（F ____）；

……

G40$\begin{Bmatrix}G00\\G01\end{Bmatrix}$　X（U）____ Z（W）____（F ____）；

1）G41 为刀尖半径左补偿；G42 为刀尖半径右补偿；G40 为取消刀尖半径补偿。编程时 G41 或 G42 应与 G40 成对使用，但有时为安全，也在程序头多写一个 G40。

2）左补偿或右补偿可按图 4-25 判断。即沿刀尖前进的方向看，刀尖圆弧中心偏到工件左侧时为左补偿；偏到工件右侧时为右补偿。在前置刀架的车床上 G41 与 G42 反向。

3）起刀。从 G40 方式变为 G41 或 G42 方式的程序段叫做起刀程序段，该程序段启动补偿，刀尖圆弧中心运动到下一段起点法线方向上，距起点为半径 r 的位置（见图 4-26a）。

4）取消补偿。从 G41 或 G42 方式变为 G40 方式的程序段叫做取消补偿程序段。在其之前的程序段，刀尖中心运动到该段终点法线方向上，距终点为半径 r 的位置（见图 4-26b）。

5）起刀时不能用圆弧插补指令 G02 或 G03，否则产生（P/S 34）报警。

6）应在切入程序段之前的程序段启动刀补，在切出程序段之后的程序段取消刀补，以避免过渡程序段的运动对零件加工产生影响。上述格式中，X（U）__ Z（W）__指定的是该程序段运动的终点坐标或到运动段终点的位移量。

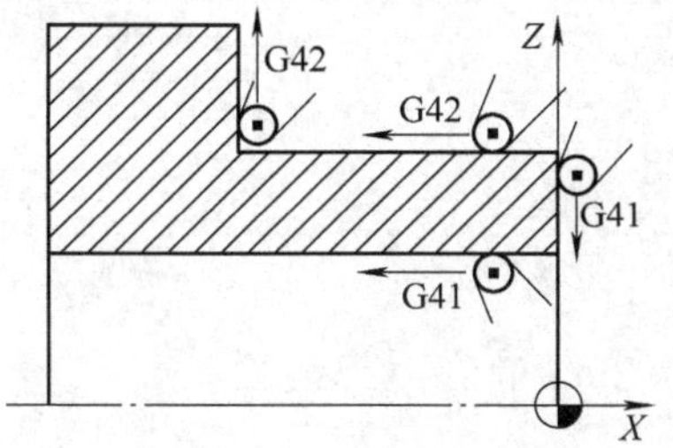

图 4-25　刀尖半径补偿偏置方向的判断

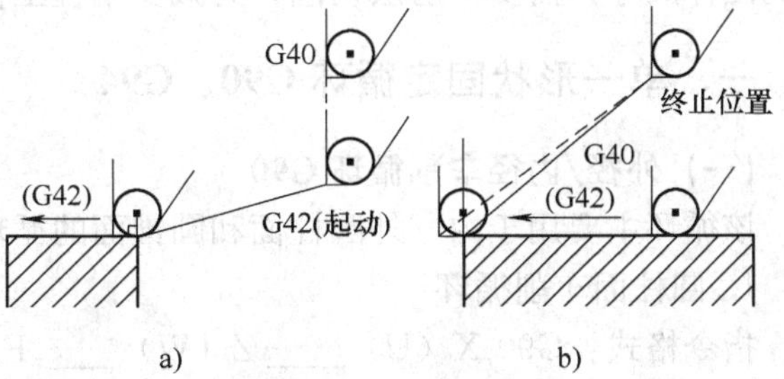

图 4-26　偏置起动和偏置取消

（2）假想刀尖方位的确定　在设置刀尖半径的同时，必须正确设置刀尖的方位号，否则补偿就不能正常进行。假想刀尖方向及其编号如图 4-27 所示，A 点指定刀位点的选择，数字表示其方位号。0 或 9 指定刀尖圆弧中心，表示该点为刀位点。常用车刀假想刀尖方位编号也可由图 4-28 确定。上述刀尖方位号码的指定适用于后置刀架坐标系。

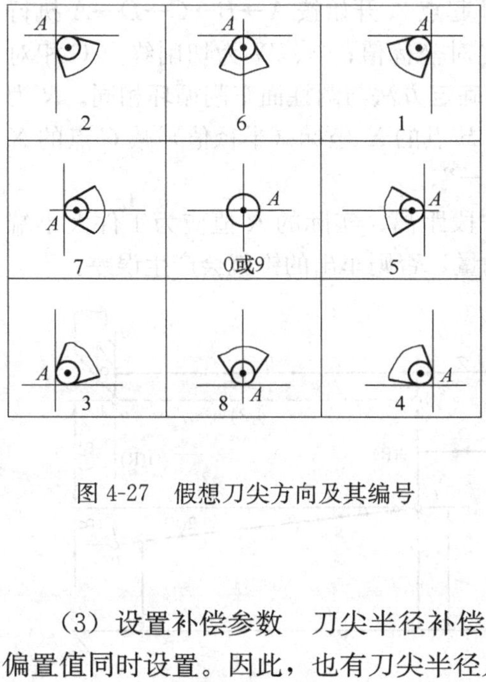

图 4-27　假想刀尖方向及其编号

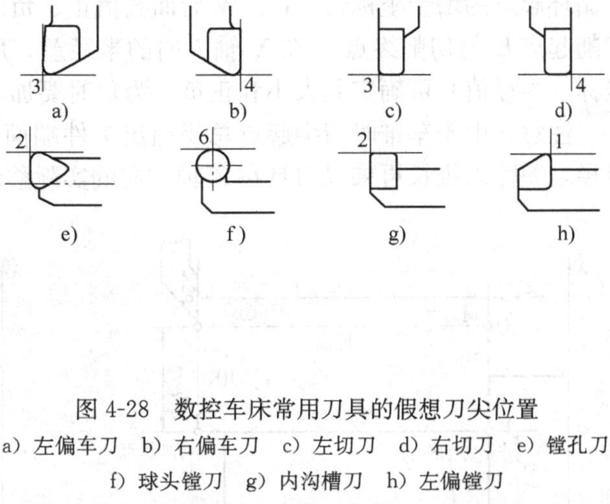

图 4-28　数控车床常用刀具的假想刀尖位置

a）左偏车刀　b）右偏车刀　c）左切刀　d）右切刀　e）镗孔刀　f）球头镗刀　g）内沟槽刀　h）左偏镗刀

（3）设置补偿参数　刀尖半径补偿参数根据是否使用刀尖半径补偿，应与 T 代码刀具偏置值同时设置。因此，也有刀尖半径几何补偿值和刀尖半径磨损补偿值可以设置。注意，刀尖半径补偿值是上述两项之和。假想刀尖方位可以在几何偏置画面设置，也可以在磨损偏置画面设置，以最后设定的方位为有效。

编程示例及参数设置方法均见附录 A，此处不再叙述。

第二节 车削固定循环

在数控车床上加工零件时，毛坯通常为棒料或余量较大的铸、锻件，加工余量大，要加工到图样尺寸，需要一层层切削，为减少编程工作量，数控系统设有多种固定循环功能。

一、单一形状固定循环 G90、G94

（一）外径/内径车削循环 G90

该循环主要用于内、外圆柱面和圆锥面的循环车削。

1. 圆柱面车削循环

指令格式：G90 X（U）____ Z（W）____ F____；

如图 4-29 所示，刀具从循环起点 A 开始按 $A\rightarrow B\rightarrow C\rightarrow D\rightarrow A$ 执行矩形循环。图中（R）表示以 G00 方式作快速运动，（F）表示以 F 指定的工作进给速度运动。X、Z 为切削终点 C 在工件坐标系中的绝对坐标值；U、W 为切削终点相对于循环起点的增量坐标值。

在增量值编程中，U、W 后面的数值符号取决于轨迹 1 和 2 的方向，当刀具运动方向与坐标方向相同时，U、W 的符号为“+”（可以省略）；反之，U、W 的符号为负。

2. 圆锥面车削循环

指令格式：G90 X（U）____ Z（W）____ R____ F____；

圆锥面车削循环过程如图 4-30 所示，刀具从循环起点 A 开始按 $A\rightarrow B\rightarrow C\rightarrow D\rightarrow A$ 执行循环。图中 X、Z 为切削终点 C 在工件坐标系中的绝对坐标值；U、W 为切削终点 C 相对于循环起点的增量坐标值，U、W 后面数值正、负的确定方法与圆柱面车削循环相同。R 为切削起点 B 与切削终点 C 在 X 轴方向的半径差，用 B 点的 X 坐标（半径值）减 C 点的 X 坐标（半径值）可确定其大小和正负，为负时要加“－”。

注意：由于车锥时刀尖起点总要超出工件端面一段距离，实际的 R 值应为工件大小端半径之差除以锥长再乘以刀具在 Z 轴方向的实际移动量，否则车出的锥就会产生误差。

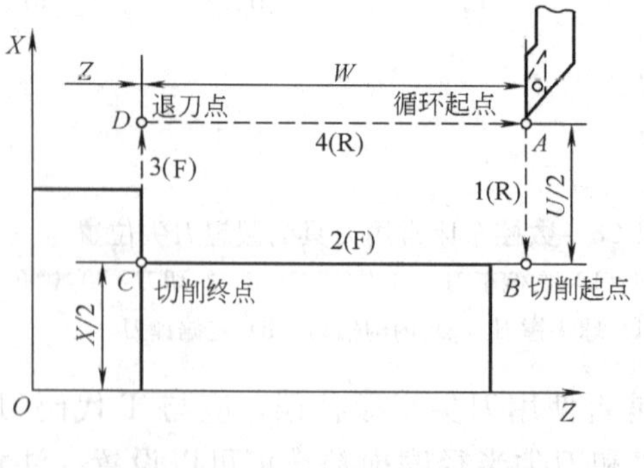

图 4-29 圆柱面车削循环

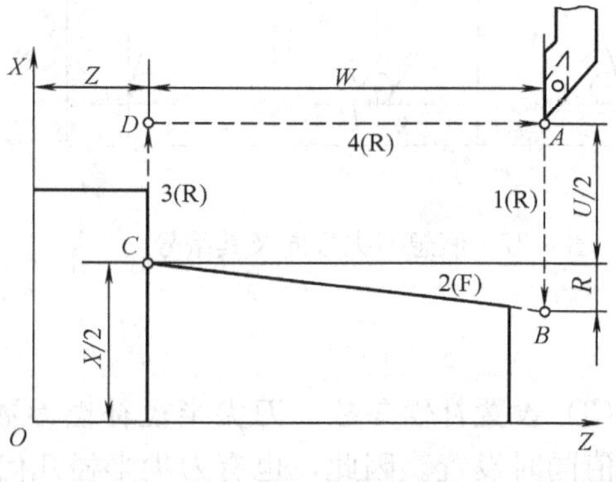

图 4-30 圆锥面车削循环

3. 编程举例

加工如图 4-31 所示工件的圆柱面，精车余量单边 0.5mm，循环起点的坐标为（44.0，52.0），其有关程序如下：

```
……
N05  G00 X44.0 Z52.0 M03 S600；      （刀具快速运动到圆柱面车削循环起点）
N10  G90 X35.0 Z20.5 F0.4；          （第 1 次粗车循环，进给量 0.4mm/r）
N15  X30.0；                          （第 2 次粗车循环）
N20  X26.0；                          （第 3 次粗车循环，留精车余量单边 0.5mm）
……
```

加工如图 4-32 所示工件的圆锥面，循环起点坐标为（55，2），其有关程序如下：

```
……
N05  G00 X55.0 Z2.0 M03 S600；           （刀具快速运动到圆锥面车削循环起点）
N10  G90 X40.0 Z-40.0 R-5.25 F0.4；      （第 1 次粗车循环，进给量 0.4mm/r）
N15  X35.0；                              （第 2 次粗车循环）
N20  X30.0；                              （第 3 次粗车循环）
……
```

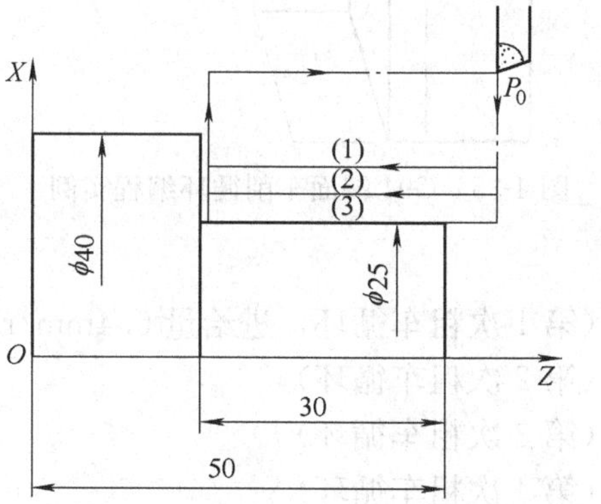

图 4-31 圆柱面车削循环编程实例

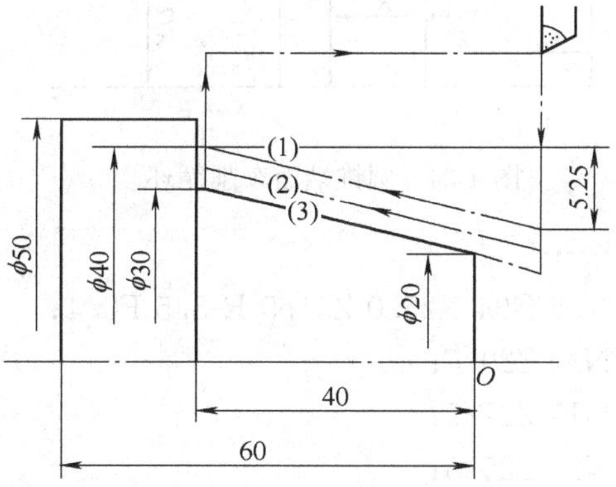

图 4-32 圆锥面车削循环编程实例

（二）端面车削循环 G94

1. 垂直端面车削循环

指令格式：G94 X（U）____ Z（W）____ F____；

如图 4-33 所示，刀具从循环起点 A 开始按 $A \rightarrow B \rightarrow C \rightarrow D \rightarrow A$ 执行矩形循环。图中 X、Z 为切削终点 C 在工件坐标系中的绝对坐标值；U、W 为切削终点 C 相对循环起点 A 的增量坐标值。U、W 正、负的判断方法同 G90。

2. 圆锥端面车削循环

指令格式：G94 X（U）____ Z（W）____ R____ F____；

如图 4-34 所示，R 为圆锥端面切削起点 B 与切削终点 C 在 Z 轴方向坐标的差值，编程时要注明正负号。用 B 点的 Z 坐标减 C 点的 Z

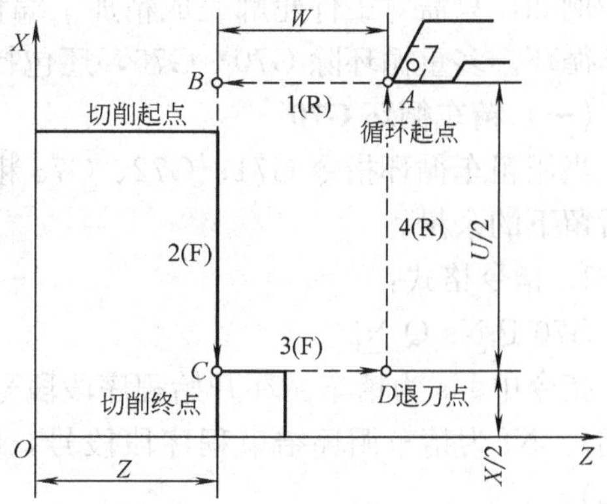

图 4-33 垂直端面车削循环

坐标可确定其大小和正负，为负时要加“—”。由于车锥时刀尖起点总要超出工件外圆一段距离，因而 R 值并不等于工件锥面部分的锥高，而需由计算确定，方法可参考 G90 车锥 R 的计算。

3. 编程举例

加工如图 4-35 所示工件，锥面高度为 3mm，用 G94 指令编写粗车锥面的加工程序，循环起点坐标为（60，35），每次背吃刀量 2mm，其有关程序如下：

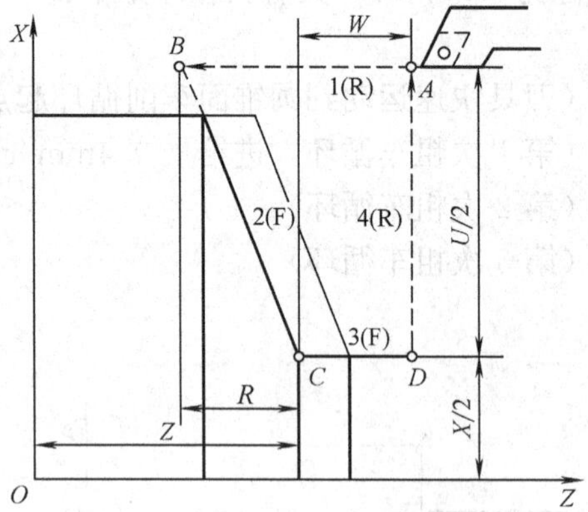

图 4-34　圆锥端面车削循环

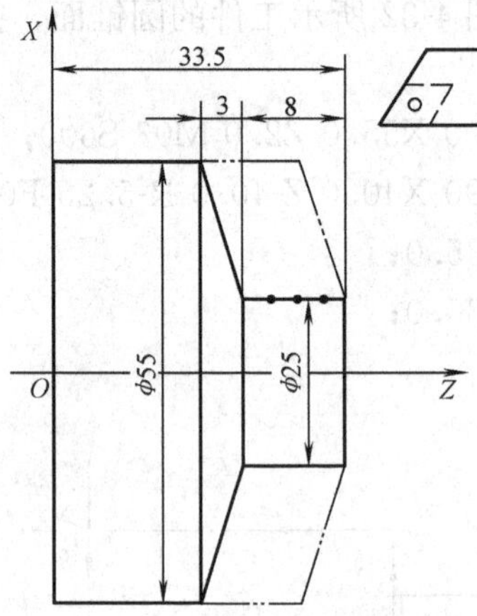

图 4-35　G94 端面车削循环编程实例

……

N05 G94 X25.0 Z31.5 R-3.5 F0.4;　　（第 1 次粗车循环，进给量 0.4mm/r）

N10 Z29.5;　　（第 2 次粗车循环）

N15 Z27.5;　　（第 3 次粗车循环）

N20 Z25.5;　　（第 4 次粗车循环）

……

二、复合固定循环 G70～G75

复合固定循环又称多重循环，可针对工件毛坯的类型特点（如棒料或铸、锻件）及加工表面特征（如圆周槽、端面槽、深孔、螺纹等），提供专门的编程指令，使编程工作得以简化。例如，只需对工件轮廓完成精加工编程，就能由粗车循环指令调用精加工程序段，完成粗车循环。多重循环除 G70～G75，还包括螺纹复合循环 G76，将在下一节介绍。

（一）精车循环 G70

当用粗车循环指令 G71、G72、G73 粗车工件后，可用 G70 来指定精车循环，切除粗加工后留下的余量。

1. 指令格式：

G70 P Ns Q Nf

指令中 Ns 为精车循环开始程序段段号，即精加工切削路径第一个程序段的段号（以下类同）。Nf 为精车循环结束程序段段号，即精加工切削路径最后一个程序段的段号（以下类同）。

2. 说明

1）精车过程中的 F、S、T 在 Ns 到 Nf 之间的程序段中指定。

2）在精车削循环期间，刀尖半径补偿功能有效。

3）在 Ns 和 Nf 之间的程序段不能调用子程序。

（二）外径/内径粗车循环 G71

该指令适用于圆柱棒料毛坯外径的粗车和圆筒毛坯料内径的粗车。G71 粗车外径循环的进给路线如图 4-36 所示。图中 A 点是粗车循环的起点，AC 在 X 方向的投影长度为径向精车余量 $\Delta u/2$，在 Z 方向的投影长度为轴向精车余量 Δw。e 是径向退刀量，（R）表示快速移动，（F）表示切削移动，以下类同。

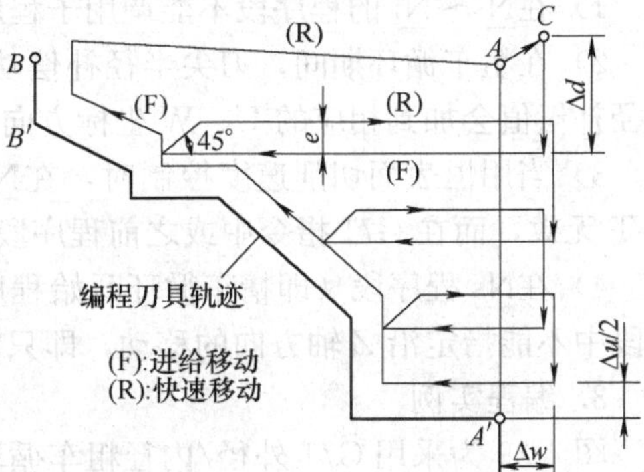

图 4-36　G71 粗车外径的进给路线

1. 指令格式：

G00（G01）X $\underline{\alpha}$ Z $\underline{\beta}$ ；

G71 U $\underline{\Delta d}$ R $\underline{e}$ ；

G71 P $\underline{\text{Ns}}$ Q $\underline{\text{Nf}}$ U$\underline{\Delta u}$ W $\underline{\Delta w}$ F ____ S ____ T ____ ；

程序段中各地址的含义为

α、β——粗车循环起点的坐标值。α、β 值的确定如图 4-37 所示，粗车外径时，α 值应比毛坯直径稍大 1～2mm，β 值应离毛坯右端面 2～3mm。粗镗内径时，α 值应比筒料内径稍小 1～2mm，β 值应离毛坯右端面 2～3mm。

Δd——径向背吃刀量（径向车削深度），无符号，半径值，单位为 mm。车削方向取决于 AA' 方向，该参数为模态值，直到指定另一个值前保持不变。

e——径向退刀量，半径值，单位为 mm。该参数为模态值，直到指定另一个值前保持不变。

Ns——精车循环开始程序段段号（$A \rightarrow A'$ 程序段段号）

Nf ——精车循环结束程序段段号（$B \rightarrow B'$ 程序段段号）

Δu——X 轴方向精车余量（直径值或半径值，由数控系统参数确定），单位为 mm。以下例子中采用直径编程。当切入方向沿 X 轴正向时（工件内径粗车），取负值。

Δw——Z 轴方向精车余量，单位为 mm。当切削方向沿 Z 轴正向时，取负值。

关于 Δu 和 Δw 正负值的判断也可参考图 4-38，图中给出了 $A \rightarrow B$ 运动的所有形式。

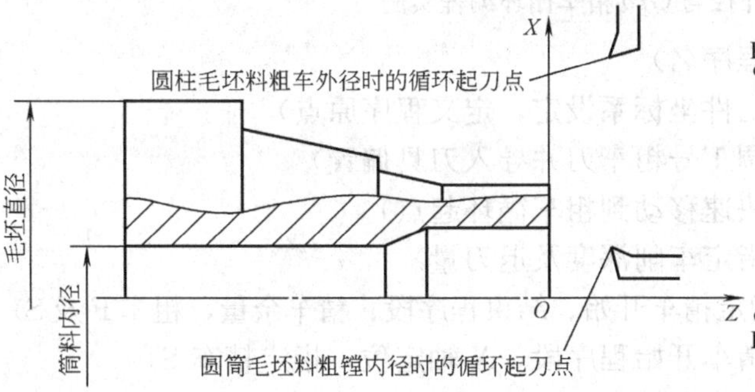

图 4-37　α、β 值的确定

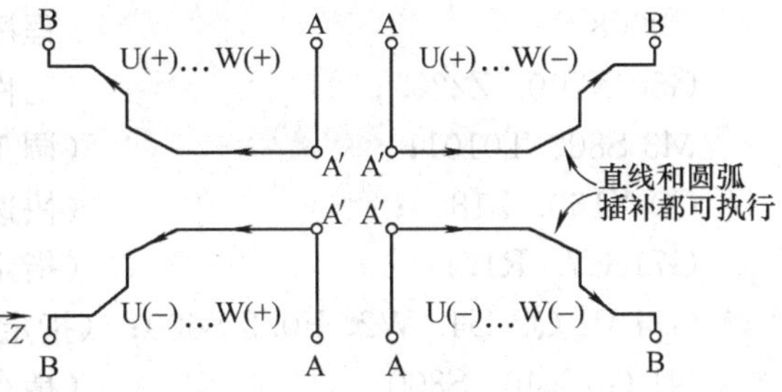

图 4-38　Δu 和 Δw 正负值的判断

F、S、T：粗车过程中从程序段号Ns～Nf 包括的任何 F、S、T 功能都被忽略，只有G71 指令中指定的 F、S、T 功能有效。

2. 说明

1）在Ns～Nf 的程序段不能调用子程序。

2）在粗车循环期间，刀尖半径补偿功能无效。但如果假想刀尖编号为 0 或 9，则刀尖半径补偿值会加到相应的 U、W 坐标方向上。

3）当用恒表面切削速度控制时，在Ns～Nf 程序段中指定的 G96 和 G97 功能及 F、S 和 T 无效，而在 G71 指令中或之前程序段指定的这些功能有效。

4）在Ns 程序段（即精车循环开始程序段）中用 G00 或 G01 指定刀具运动，且在该程序段中不能指定沿 Z 轴方向的移动，即只能写成 G00（G01）X（U）____；的形式。

3. 编程实例

图 4-39 为采用 G71 外径/内径粗车循环与 G70 精车循环的例子。毛坯为 ϕ140mm 棒料，粗加工径向背吃刀量为 7mm，进给量为 0.3mm/r，退刀量为 1mm，主轴转速为 600r/min，精车余量 X 方向和 Z 方向均为 2mm，精车进给量为 0.15mm/r，主轴转速为 800r/min，程序启动时的刀具当前位置见图 4-39，其数控程序如下：

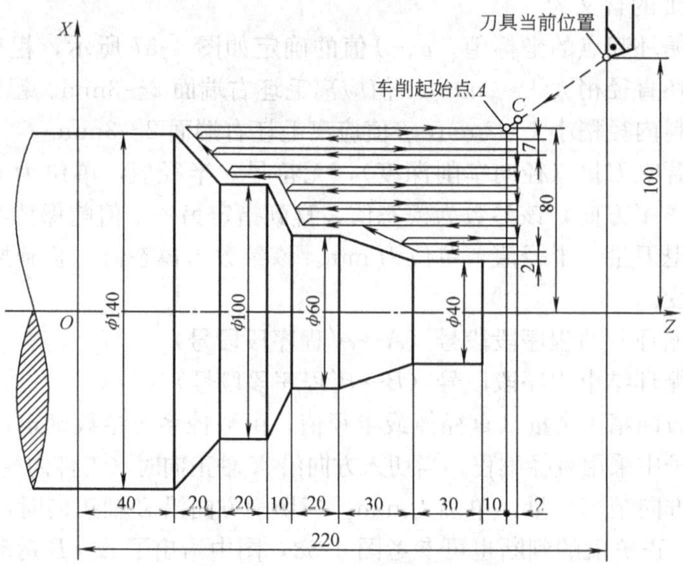

图 4-39　G71 粗车外径与 G70 精车循环编程实例

O0008；	（程序名）
G50 X200. Z220.；	（工件坐标系设定，定义程序原点）
M3 S800 T0101；	（调 1 号粗车刀并导入刀具偏置）
G0 X160. Z180.；	（快速移动到粗车循环起点）
G71 U7. R1.；	（指定车削深度及退刀量）
G71 P1 Q2 U4. W2. F0.3 S600；	（指定精车开始、结束程序段、精车余量，粗车 F 及 S）
N1 G0 X40. S800；	（精车开始程序段，X 轴定位，指定精车 S）
G1 W-40. F0.15；	（直线插补，指定精车 F）
X60. W-30.；	

W-20.；

X100. W-10.；

W-20.；

N2 X140. W-20.；　　（精车结束程序段）

T0100；　　（取消 01 号刀刀具偏置）

G0 X200. Z220. ；　　（快速返回到对刀点）

X160. Z180. T0202；　　（换 02 号精车刀并导入刀具偏置）

G70 P1 Q2；　　（定义精车循环）

T0200；　　（取消 02 号刀刀具偏置）

G0 X200. Z220.；　　（快速返回到对刀点）

M05 M30；　　（程序结束）

执行上述程序时，刀具从起始点（200，220）出发，刀具快速运动到粗车循环起始点（160，180）。执行 G71 进入粗车循环，粗车循环指令并没有直接给出刀具的进给路线，而是“通知”数控系统按给定的精车循环刀具进给路线来计算粗车循环的刀具进给路线。G71 表示开始执行粗车循环；U4. 和 W2. 表示粗加工的最后一刀应留出的精车余量，粗车循环中每一刀都完成一个循环，直到按工件小头尺寸不能再进行完整的循环。然后刀具会自动沿工件轮廓走一刀（留出精车余量），接着执行精车循环，精车的轮廓尺寸由 N1～N2 程序段中的指令确定。完成工件轮廓精车后，刀具返回到粗车循环起始点（160，180）。

采用这类固定循环功能虽然能简化程序编制，但也有一些不足之处。主要缺点是对进给速度限制过死，整个粗加工阶段只有一种进给速度，此外都是快速运动。若希望不同的表面采用不同的进给速度，本循环就无能为力了。

4. 类型Ⅰ与类型Ⅱ

FANUC 0i-TC 允许 G71 编程时使用两种轮廓类型。当工件轮廓沿 X 轴及 Z 轴方向的坐标值均单调增大或减小时（图 4-38 中 $A'\to B$ 的 4 种形式），应按类型Ⅰ处理。而当 Z 轴方向可保持单调变化（否则无法正常切削），而 X 轴方向不能保持单调变化，零件轮廓上就会出现凹槽，这时应按类型Ⅱ处理，类型Ⅱ允许最多不超过 10 个凹槽。为在程序中与类型Ⅰ相区别，规定在指令Ns 程序段时，除用 G00 或 G01 指定刀具运动外，还必须包含 Z 轴移动代码。其形式为：G00（G01）X（U）____ Z（W）____；，既使该程序段无需 Z 轴移动，也必须用 W0 指定。选择类型Ⅱ时的刀具轨迹如图 4-40 所示，G71 程序段中精车余量 W Δw 必须指定为 W0，否则刀尖将切入工件侧面。此外，刀尖半径补偿功能在粗车时也无效。

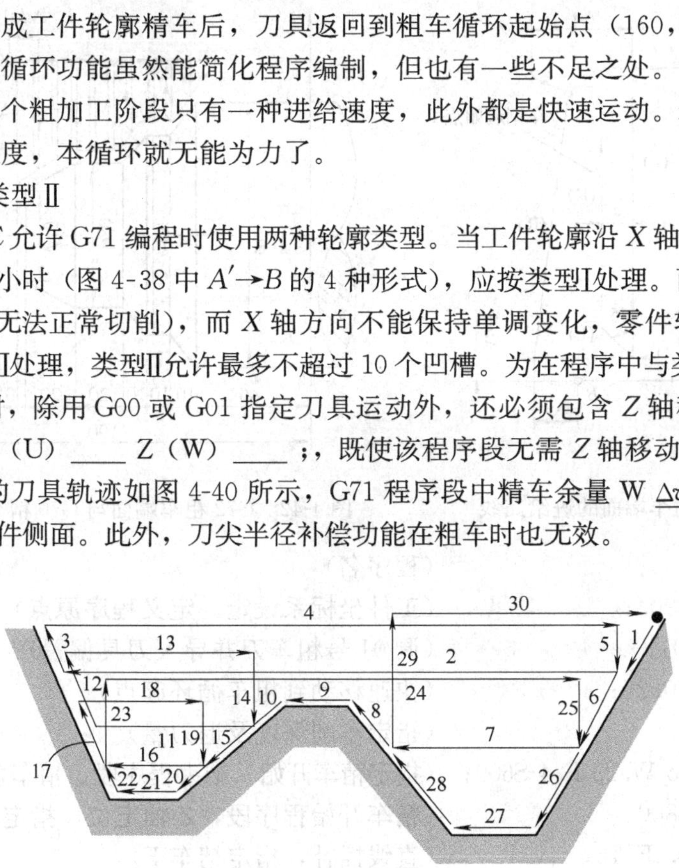

图 4-40　选择类型Ⅱ时的刀具轨迹

（三）端面粗车循环 G72

该指令适用于圆柱棒料毛坯端面方向粗车。端面粗车循环 G72 的进给路线如图 4-41 所示。

1. 指令格式：

G00 X $\underline{\ \alpha\ }$ Z $\underline{\ \beta\ }$；

G72 W $\underline{\Delta d}$ R $\underline{\ e\ }$；

G72 P $\underline{Ns}$ Q $\underline{Nf}$ U $\underline{\Delta u}$ W $\underline{\Delta w}$ F____ S____ T____ ；

G72 程序段中 Δd 为轴向背吃刀量（车削深度），它只能完成端面方向粗车，其他地址的含义与 G71 指令相同。

在 $\underline{Ns}$ 程序段（精车循环开始程序段）中用 G00 或 G01 指定刀具运动，且在该程序段中不能指定沿 X 轴方向的移动，其他说明与 G71 指令相同。

2. 编程实例

如图 4-42 所示零件，若需要对其进行端面粗车，粗加工车削深度为 2mm，退刀量为 1mm，进给量为 0.4mm/r，主轴转速为 600r/min；精车削余量 X 方向、Z 方向均为 0.25mm，精车进给量 0.15mm/r，主轴转速为 800r/min，编写数控程序（程序启动时的刀具当前位置见图4-42）如下：

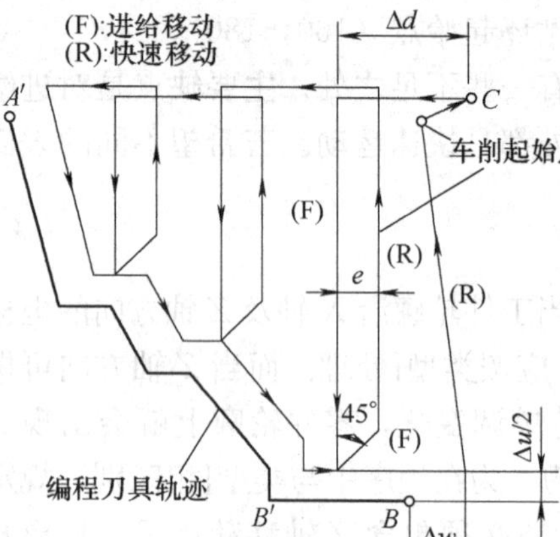

图 4-41　G72 粗车端面的进给路线

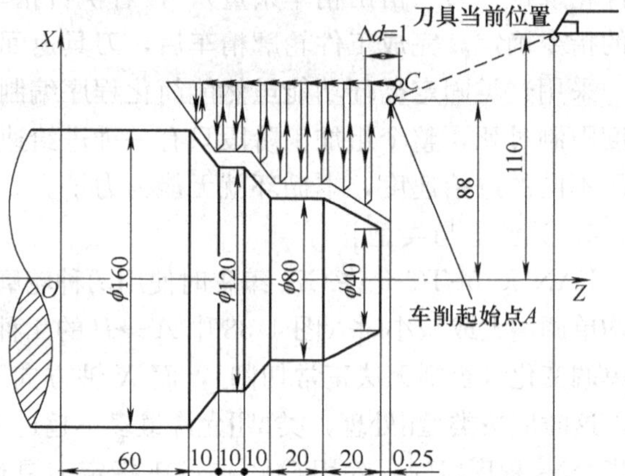

图 4-42　G72 粗车端面与 G70 精车循环编程实例

O0011；	（程序名）
G50 X220. Z190.；	（工件坐标系设定，定义程序原点）
M3 S800 T0101；	（调 01 号粗车刀并导入刀具偏置）
G0 X176. Z130.25；	（快速移动到粗车循环起点）
G72 W2. R1.；	（指定车削深度及退刀量）
G72 P1 Q2 U.5 W.25 F.4 S600；	（指定精车开始、结束程序段、精车余量、粗车 F 及 S）
N1 G0 Z56. S800；	（精车开始程序段，Z 轴定位，指定精车 S）
G1 X120. Z70. F.15；	（直线插补，指定精车 F）
W10.；	

X80. W10. ;
W20. ;
N2 X40. W20. ; （精车结束程序段）
T0100; （取消 01 号刀刀具偏置）
G0 X220. Z190. ; （快速返回到对刀点）
X176. Z130. 25 T0202; （换 02 号精车刀并导入刀具偏置）
G70 P1 Q2; （精车循环）
T0200; （取消 02 号刀刀具偏置）
G00 X220. Z190. ; （快速返回到对刀点）
M30; （程序结束）

（四）轮廓粗车循环 G73

适用于毛坯轮廓形状与零件轮廓形状相似的粗车。例如，一些锻件、铸件的粗车，轮廓粗车循环的进给路线如图 4-43 所示。

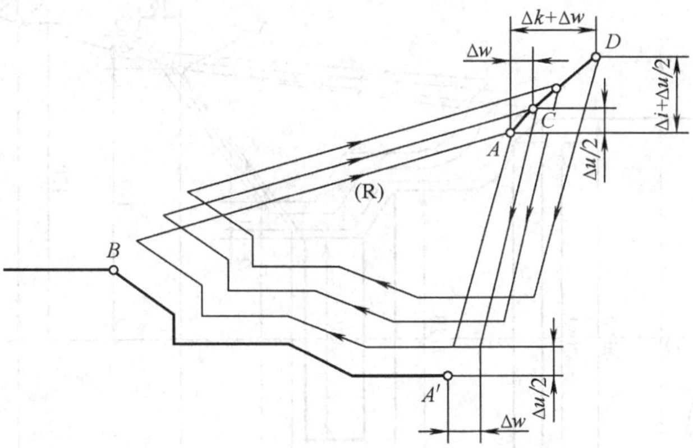

图 4-43 G73 轮廓粗车循环的进给路线

1. 指令格式：

G00 X <u>α</u> Z <u>β</u> ;

G73 U <u>Δi</u> W <u>Δk</u> R <u>d</u> ;

G73 P <u>Ns</u> Q <u>Nf</u> U <u>Δu</u> W <u>Δw</u> F ____ S ____ T ____ ;

程序段中各地址的含义：

α、β——粗车循环起点的坐标值。

Δi——X 轴方向粗加工退刀量（半径值编程），该参数为模态量。

Δk——Z 轴方向粗加工退刀量，该参数为模态量。

d——分割次数，与粗车削重复次数相同。该参数为模态量，直到指定另一个值前保持不变。

Ns、Nf、Δu、Δw 地址的含义与 G71 指令相同。

F、S、T：粗车过程中从程序段号Ns～Nf 包括的任何 F、S、T 功能都被忽略，只有 G73 指令中指定的 F、S、T 功能有效。

2. 说明：

1）精车余量 Δu 和 Δw 的符号与 G71 指令的确定方法相同。

2）在车削循环期间，刀尖半径补偿功能无效。

当工件毛坯为锻件或铸件时，往往可以通过使用 G73 和 G70 循环功能将工件加工成形。G73 轮廓粗车循环和 G71 功能一样，也是一种具有自动加工分配的固定循环，但分配的方式不同。执行 G73 功能时，每一刀进给路线的轨迹形状是相同的，只是位置不同。每走完一刀，就把加工轨迹向工件方向移动一个位置，这样就可以将铸、锻件待加工表面上分布较均匀的加工余量分层切除。

3. 编程实例

G73 轮廓粗车循环与 G70 精车循环编程实例如图 4-44 所示。设粗加工分三刀进行，粗加工进给量为 0.3mm/r，主轴转速为 500r/min，X 方向和 Z 方向的粗加工退刀量均为 14mm；精车余量 X 方向和 Z 方向均为 2mm，进给量为 0.15mm/r，主轴转速为 800r/min，编写数控程序如下：

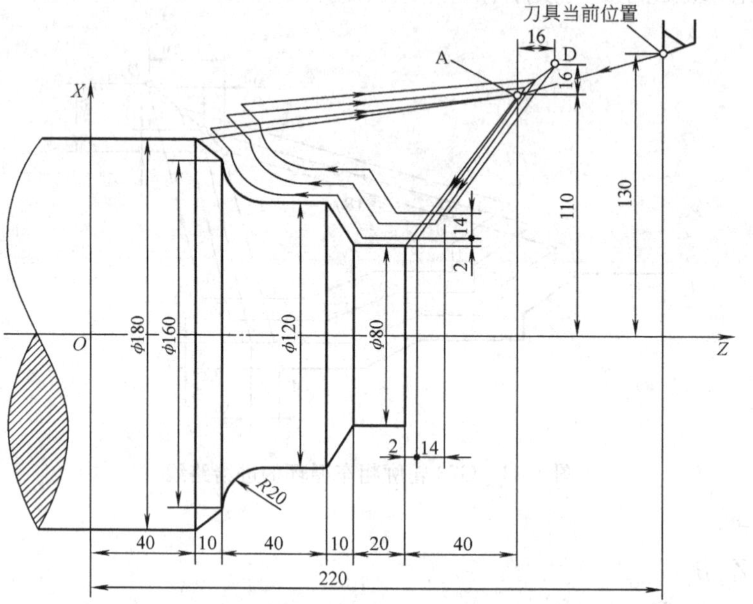

图 4-44　G73 轮廓粗车循环与 G70 精车循环编程实例

O0012；	（程序名）
G50 X260. Z220.；	（工件坐标系设定，定义程序原点）
M03 S800 T0101；	（调 01 号粗车刀并导入刀具偏置）
G00 X220. Z160.；	（刀具快速移动到粗车循环起始点）
G73 U14. W14. R3；	（指定 X、Z 退刀量和分割次数）
G73 P3 Q4 U4. W2.0 F.3 S500；	（指定精车开始、结束程序段、精车余量、粗车 F 及 S）
N3 G0 X80. Z122. S800；	（精车开始程序段，快速定位，指定精车 S）
G01 Z100. F.15；	（直线插补，指定精车 F）
X120. W-10.；	
W-20.；	

G2 X160. W-20. R20.;
N4 G1 X180. W-10.;　　　　(精车结束程序段)
T0100;　　　　(取消 01 号刀刀具偏置)
G00 X260. Z220.;　　　　(快速返回到对刀点)
X220. Z160. T0303;　　　　(换 03 号精车刀并导入刀具偏置)
G70 P3 Q4;　　　　(精车循环)
T0300;　　　　(取消 03 号刀刀具偏置)
G0 X260. Z220.;　　　　(快速返回到对刀点)
M30;　　　　(程序结束)

(五) 端面切槽、钻孔循环 G74

当零件端面上槽的宽度大于切槽刀的刃宽时，利用该指令可以实现 Z 向间断进给和 X 向周期移动，达到加工端面上尺寸较宽较深槽的目的。该指令的另一种功能是沿 Z 轴深孔的间断进给钻孔加工。

1. 端面切槽指令格式：

G74 R $\underline{e}$；

G74 X (U) ____ Z (W) ____ P $\underline{\Delta i}$ Q $\underline{\Delta k}$ R $\underline{\Delta d}$ F ____；

程序段中各地址的含义：

e——Z 方向间断进给的回退量，无符号数，单位 mm。

Δi——刀具沿轴向退出后，X 方向周期进给每次移动量，无符号数，单位 0.001mm。

Δk——Z 方向间断进给每次切入量，无符号数，单位 0.001mm。

Δd——刀具每次到达切削终点时沿 X 方向的退刀量，若不能回退时，此项设为 0。

X (U) __ Z (W) __的设置与 G90 时的用法类似，即槽切削终点的 X、Z 绝对坐标值或切削终点相对于循环起点的 U、W 增量坐标值。在执行该指令之前，先用 G00 使刀具快速定位到循环起点。

2. 深孔钻孔的指令格式：

G74 R $\underline{e}$；

G74 Z (W) ____ Q $\underline{\Delta k}$ F ____；

3. 编程实例

采用 G74 钻深孔的编程实例如图 4-45 所示。设钻孔循环起始点的坐标位置为 (0，3)，ϕ16mm 钻头每次钻孔深度为 8mm，Z 向回退量为 2mm，孔深度 65mm，进给量为 0.1mm/r，主轴转速为800r/min，编写数控程序（刀具起始位置见图 4-45）如下：

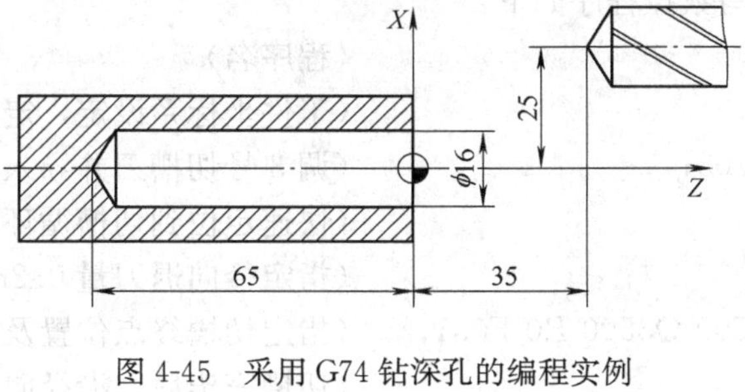

图 4-45　采用 G74 钻深孔的编程实例

O0445；　　　　　　　　　　（程序名）
G50 X50. Z35.；　　　　　　（工件坐标系设定，定义程序原点）
G97 S800 M3 T0202；　　　　（主轴为恒定转速，调 02 号钻头并导入刀具偏置）
G0 X0 Z3.；　　　　　　　　（钻头快速定位到钻孔循环起点）
G74 R2.；　　　　　　　　　（Z 向回退量 2mm）
G74 Z-65. Q8000 F.1；　　　（指定孔底位置及每次间歇进给量 8mm）
G0 X50. Z35.；　　　　　　 （快速返回到对刀点）
M30；　　　　　　　　　　　（程序结束）

（六）外径/内径切槽循环 G75

当零件外圆或内孔中槽的宽度大于切槽刀的刃宽时，利用该指令可以实现 X 向间断进给和 Z 向周期移动，达到加工外圆或内孔中尺寸较宽较深槽的目的，一般用于粗加工。当该指令中忽略地址 Z（W）、Q 和 R 时，可用于 X 轴方向的间断进给钻孔加工（车削中心）。

1. 指令格式

G75 R $\underline{e}$；

G75 X（U）____ Z（W）____ P$\underline{\Delta i}$ Q $\underline{\Delta k}$ R $\underline{\Delta d}$ F____；

程序段中各地址的含义：

e——X 方向间断进给的回退量，半径值，无符号数，单位 mm。

Δi——X 方向间断进给每次切入量，半径值，无符号数，单位 0.001mm。

Δk——刀具沿径向退出后，Z 方向周期进给每次移动量，无符号数，单位 0.001mm。

Δd——刀具切到槽底后，在槽底 Z 方向的退刀量，单位为 mm。若不能回退时，此项设为 0，以免断刀。

X（U）__Z（W）__的设置与 G94 时的用法类似，即切槽终点的 X、Z 绝对坐标值或切槽终点相对于循环起点的 U、W 增量坐标值。在执行该指令之前，先用 G00 使刀具快速定位到循环起点。

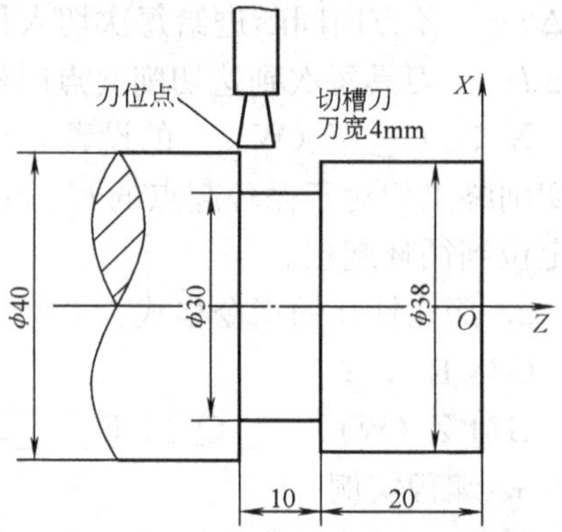

图 4-46　切槽循环 G75

2. 编程实例

如图 4-46 所示，切槽循环起始点的坐标位置为（42，−30），径向切入量每次 0.5mm，径向回退量为 0.2mm，采用 4mm 宽切槽刀 Z 向移动量为 3.5mm，进给量为 0.2mm/r，主轴转速为 600r/min，刀具在槽底 Z 向移动量为 0，编写数控程序如下：

O0446；　　　　　　　　　　　　　　　（程序名）
G50 X80. Z40.；　　　　　　　　　　　（工件坐标系设定，定义程序原点）
G97 S600 M03 T0303；　　　　　　　　 （调 3 号切槽刀并导入刀具偏置）
G0 X42. Z-30.；　　　　　　　　　　　（快速定位到切槽循环起点）
G75 R0.2；　　　　　　　　　　　　　 （指定径向退刀量 0.2mm）
G75 X30. Z-24. P500 Q3500 R0 F0.1；　 （指定切槽终点位置及加工参数）
G0 X80.；　　　　　　　　　　　　　　（切槽完毕后，沿径向快速退出）

Z40.；　　　　　　　　　　　　(快速返回到对刀点)

M30；　　　　　　　　　　　　(程序结束)

第三节　螺纹车削加工

在 FANUC 0i-TC 系统中，用于螺纹切削的指令有等螺距螺纹切削 G32、变螺距螺纹切削 G34、螺纹切削循环 G92 和复合螺纹切削循环 G76。

一、螺纹加工特点与螺纹切削参数

（一）螺纹加工特点

1）螺纹加工时，进给量 F 后面的数值必须等于被加工螺纹的导程，单位为 mm。

2）在整个螺纹切削期间，主轴转速必须保持固定不变，否则，螺纹导程不正确，因此螺纹切削时不能使用恒表面速度控制功能 G96。

3）若螺纹收尾处没有退刀槽时，应处理好螺纹收尾，具体与指令或参数设置有关。

（二）螺纹切削参数

1. 螺纹牙型高度

如图 4-47 所示，根据 GB/T196—2003 的规定，普通螺纹的基本牙型（图中粗实线）是在高为 H 的原始三角形的基础上，截去其顶部（$H/8$）和底部（$H/4$）而形成的。该图同时表示了内、外螺纹的大径、中径和小径基本尺寸的位置。

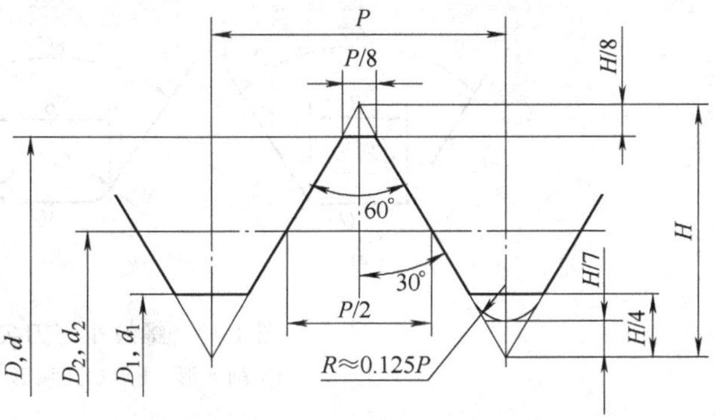

图 4-47　普通螺纹基本牙型

实际加工时，由于螺纹车刀刀尖半径的影响，无论是内螺纹大径 D 还是外螺纹小径 d_1 都不能真实反映车刀刀尖的实际位置。但在 GB/T197—2003 标准中，对外螺纹牙底形状作了规定，规定螺纹可在牙底最小削平高度 $H/7$ 处削平或倒圆（图 4-47 中以细实线表示，该处倒圆半径$R≈0.125P$)，并建议采用 $H/6$ 削平高度（牙底圆弧半径 $R=0.144P$）作为外螺纹小径应力计算的基础。所以普通螺纹实际牙型高度可按下式计算：

$$h = H - H/8 - (H/6 \sim H/7) = (0.6134 \sim 0.634)P$$

式中，H 为螺纹原始三角形高度，$H=0.866P$；P 为螺距（mm）。

2. 内、外螺纹编程大径与编程小径的确定

（1）编程大径的确定　内螺纹编程大径可直接取为螺纹大径 D（螺纹的公称直径），在控制中径尺寸 D_2 公差 TD_2 时对其进行修正；外螺纹编程大径则可通过查表或根据螺纹大径 d、基本偏差 es 和公差 Td 由计算确定（见表 4-3），也可按 $d-0.1P$ 作为外螺纹编程大径，通常能符合公差要求。例如要加工 M30×2－6g 外螺纹，查 GB/T 197—2003 得：螺纹大径的基本偏差为 es＝－0.038mm；公差为 Td＝0.28mm；则螺纹大径尺寸为 $\phi30^{-0.038}_{-0.318}$mm，如按 $d-0.1P$ 计算则为 $\phi29.8$mm，按此尺寸编程车外圆即可。表 4-3 中的基本偏差既是螺纹

顶径（内螺纹小径或外螺纹大径）的基本偏差，也是螺纹中径的基本偏差。计算时螺距 P 和公称直径 d 的单位为 mm，计算结果的单位为 μm。

表 4-3 内、外螺纹基本偏差及公差计算式 单位：μm

螺纹	基本偏差	顶径（D_1 或 d）公差	中径公差	说明
内	$G=15+11P$ $H=0$	$433P-190P^{1.22}$ （$P=0.2\sim0.8$） $230P^{0.7}$ （$P\geqslant1$）	$118P^{0.4}d^{0.1}$	顶径公差和中径公差适用于 6 级，5 级或 7 级时乘系数 0.8 或 1.25 即可
外	$g=-(15+11P)$ $h=0$	$180P^{2/3}-3.15P^{-1/2}$	$90P^{0.4}d^{0.1}$	

（2）编程小径的确定　内螺纹小径可通过查表或根据螺纹小径 D_1、基本偏差 EI 和公差 TD_1 由计算确定（表 4-3），但根据图 4-47，$D_1=D-1.0825P$，若用 $D-P$ 作为钻底孔直径，通常可符合公差要求；外螺纹编程小径虽然也可按螺纹小径 d_1 初定其尺寸，但由于 GB/T197—2003 标准中还对外螺纹牙底形状作了规定，为了既考虑螺纹中径公差 Td_2 又考虑牙底形状，编程小径还可通过计算确定。首先应确定螺纹车刀刀尖的刃磨形式，如图4-48 所示，常见的刃磨形式有三种，削平形、双圆弧形和单圆弧形。加工高性能螺纹时只能采用图中 b、c 两种形式，且其曲线部分的半径 R_1 和 R 不应小于 $0.125P$。

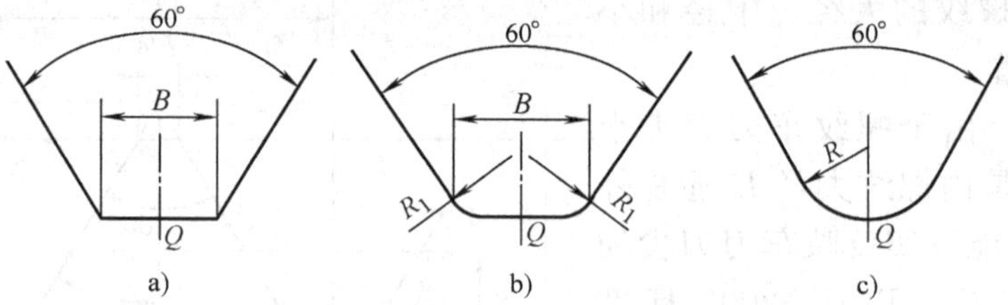

图 4-48　螺纹车刀刀尖的刃磨形式

a）削平形　b）双圆弧形　c）单圆弧形

采用单圆弧形螺纹车刀车削普通外螺纹时，编程小径可按下式计算：

$$d_1'=d-2\left(\frac{7}{8}H-R-\frac{es}{2}+\frac{1}{2}\frac{Td_2}{2}\right)=d-1.5155P+2R+es-\frac{Td_2}{2}$$

式中，d_1'为编程小径（mm）；d 为外螺纹大径（公称直径）（mm）；R 为单圆弧形刀尖圆弧半径（mm），图 4-48c 所示。一般取 $R=(0.125\sim0.144)P$ ；es 为螺纹中径上偏差（mm），表 4-3 中外螺纹基本偏差；Td_2 为螺纹中径公差（mm），表 4-3 中外螺纹中径公差。

式中给出的编程小径是使加工时控制的中径尺寸恰好在中径公差带中间的编程小径尺寸，则对刀时取图 4-48 中 Q 点作为校刀点。

对于双圆弧形螺纹车刀的编程小径，仍可利用上式计算，取 $2R=1.732B-R_1$，代入上述编程小径计算公式中，对于削平形刀具，取 $2R=1.732B$，代入上式中。

例如要加工 M30×2－6g 外螺纹，由 GB/T 197—2003 标准查出螺纹中径的基本偏差

es＝－0.038mm，螺纹中径的公差 Td_2＝0.17mm，取 $R=0.125P=0.25$mm，将以上数据代入编程小径计算公式，则编程小径为

$$d_1'=(30-1.5155\times2+2\times0.25-0.038-\frac{0.17}{2})\text{mm}$$
$$=27.346\text{mm}$$

3. 切入与切出空刀距离的确定

在数控车床上车削螺纹时，由于伺服系统的滞后，会在螺纹切削的起点和终点产生小于实际螺纹导程的螺纹。为此，如图 4-49 所示，必须在车削螺纹的两端各增加一段空刀距离，即升速进刀段 δ_1 和降速退刀段 δ_2。其数值与导程、主轴转速、伺服系统的特性以及允许的导程误差有关。例如，当伺服系统的时间常数为 0.033s 时，可由下式确定：

$$\delta_2=nL/1800，\delta_1=\delta_2[\ln L-\ln(\Delta L)-1]$$

式中，L 为螺纹导程（mm）；n 为主轴转速（r/min）；ΔL 为允许螺纹导程误差。

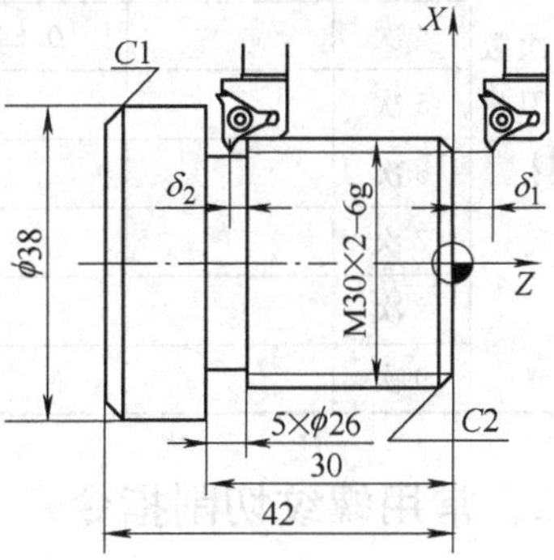

图 4-49　螺纹空刀导入、导出量

举例：设螺纹导程 $L=2$mm，主轴转速 $n=520$r/min，取 $\Delta L=0.01$mm，则

$$\delta_2=(520\times2/1800)\text{mm}=0.578\text{mm}\qquad\delta_1=\delta_2(\ln2-\ln0.01-1)\text{mm}=2.483\text{mm}$$

上式中螺纹导程的相对误差若取为 $\Delta L/L=0.005$，则也可按 $\delta_1=4.3\,\delta_2$ 来确定 δ_1 的值。通常情况下，也可按 $\delta_1=1\sim3P$，$\delta_2\geqslant0.5P$ 处理。

4. 进给次数及背吃刀量

如果螺纹螺距较大，牙型较深时，可分几次进给。一般是在确定螺纹切削进给次数之后，按每次切削面积相等（等切屑体积）的原则，确定每次进给的背吃刀量。下面给出的运算式，是采用单圆弧形螺纹车刀，车到保证 60°标准螺纹牙侧表面达到基本牙型尺寸时的每刀切削深度，背吃刀量可由两次相邻切深求差值求出。

用 P 表示螺距；N 表示计划的切削进给次数；R 表示单圆弧螺纹车刀的刀尖半径，其值应在 $R=(0.125\sim0.144)P$ 的范围内选取，但即使选择了 $R=0$ 的尖刀，计算也可照常进行。

1）计算螺纹牙型的总切削面积：$S=\sqrt{3}(7P/16)^2-(\sqrt{3}-\pi/3)R^2$

2）计算每刀切削深度（从牙顶）：$h_i=\sqrt{(3-\pi/\sqrt{3})R^2+i\sqrt{3}S/N}-R\quad(i=1,2,\cdots,N)$

当计算到第 N 刀时，就得到总的切削深度，计算结果可保证每次切削面积相等。以上述公式为基础，并按 $R=0.125P$ 确定常用螺纹切削的进给次数及背吃刀量如表 4-4 所示，供编程时参考。实际切削螺纹的进给次数受多种因素的影响，一般要经过反复切削验证，而合理设置每一刀的背吃刀量，对延长刀具寿命，提高工效都是非常重要的。上述公式将刀尖半径和切削进给次数都设置为变量，这可以满足用户更为实际的需求。为简化计算，也可直接用下式：

$$h_i=\sqrt{0.5742P^2i/N+1.186R^2(1-i/N)}-R\quad(i=1,2,\cdots,N)$$

表 4-4　常用螺纹切削的进给次数及背吃刀量　　（单位：mm）

米制螺纹（根据刀尖半径 $R=0.125P$ 计算）								
螺距		1.0	1.5	2.0	2.5	3.0	3.5	4.0
总切深（半径量）		0.633	0.949	1.266	1.582	1.898	2.215	2.531
切削次数及背吃刀量（直径量）	1次	0.653	0.815	0.940	1.042	1.128	1.202	1.267
	2次	0.345	0.443	0.522	0.590	0.649	0.701	0.748
	3次	0.268	0.346	0.410	0.465	0.513	0.557	0.596
	4次		0.294	0.350	0.396	0.438	0.476	0.511
	5次			0.310	0.352	0.389	0.423	0.454
	6次				0.319	0.353	0.385	0.413
	7次					0.326	0.355	0.382
	8次						0.331	0.356
	9次							0.335

二、常用螺纹切削指令

（一）等螺距螺纹切削 G32

该指令可实现圆柱螺纹、圆锥螺纹以及端面螺纹（涡形螺纹）的车削加工。如图 4-50 所示，该指令只包含由 $A \to B$ 的切螺纹动作，螺纹车刀的进刀、退刀、返回等均需另外编写程序，因此，编程需使用较多的程序段，实际中较少使用。

1. 指令格式

G32 X（U）____ Z（W）____ F____ ；

X、Z——螺纹终点的绝对坐标值；

U、W——螺纹终点相对螺纹起点的增量值；

F——螺纹导程 L，如果是单线螺纹，则为螺纹的螺距 P。

对于锥螺纹（见图 4-50），其斜角 α 在 45°以下时，螺纹导程以 Z 轴方向值指定；45°以上至 90°时，以 X 轴方向值指定。

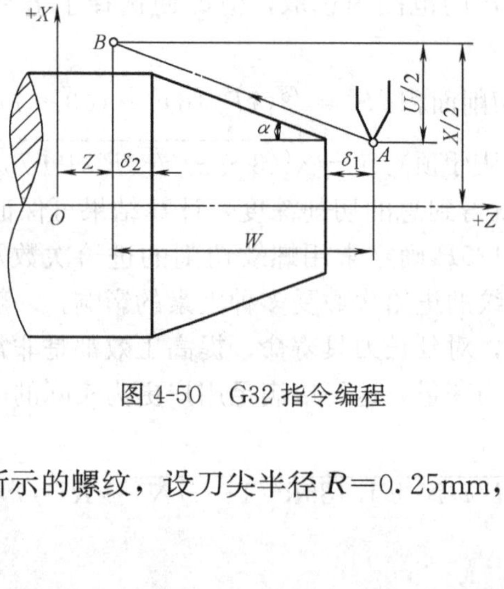

图 4-50　G32 指令编程

2. 编程举例

例 1　车削如图 4-49 所示的螺纹，设刀尖半径 $R=0.25$mm，用 G32 编程，程序如下：

……

```
G97 S520 M3 T0303；          （取消恒线速度控制，主轴正转，调用 3 号螺纹刀）
G0 X35. Z4.；                （快速定位到螺纹车削起始点）
X29.06；                     （按第 1 次背吃刀量计算进刀位置）
G32 Z-27. F2.；              （螺纹第 1 刀切削，背吃刀量为 0.94mm）
G0 X35.；                    （X 轴退刀到 φ35mm 处）
Z4.；                        （Z 轴退刀到 Z4.0）
X28.538；                    （按第 2 次背吃刀量计算进刀位置）
G32 Z-27. F2.；              （螺纹第 2 刀切削，背吃刀量为 0.522mm）
……
```

上述编程时，主轴转速根据 $n=1200/P-80$ 确定，取 $\delta_1=4$mm，$\delta_2=2$mm，每次进刀直径值可由上一次进刀直径值（第 1 次为公称直径）减本次背吃刀量确定，背吃刀量的数值由表 4-4确定。刀具起始点到工件外圆的距离不宜太大，一般大于工件外圆一个牙型深度即可。

例 2 车削如图 4-51 所示的螺纹，用 G32 编程，设螺距为 1mm，总切深 0.65mm，分两刀，第 1 刀背吃刀量 0.5mm，第 2 刀背吃刀量 0.15mm，程序如下：

```
……
G0 X13. Z122.；              （快速定位到螺纹车削起点）
G32 X42. W-43. F1.；         （第 1 次车螺纹，背吃刀量（半径值）0.5mm）
G0 X50.；                    （沿 X 向退刀）
W43.；                       （沿 Z 向退刀）
X12.7；                      （快速定位到第 2 次螺纹车削起点）
G32 X41.7 W-43. F1.；        （第 2 次车螺纹，背吃刀量（半径值）0.15mm）
G0 X50.；                    （沿 X 向退刀）
G30 U0 W0；                  （快速返回第 2 参考点）
……
```

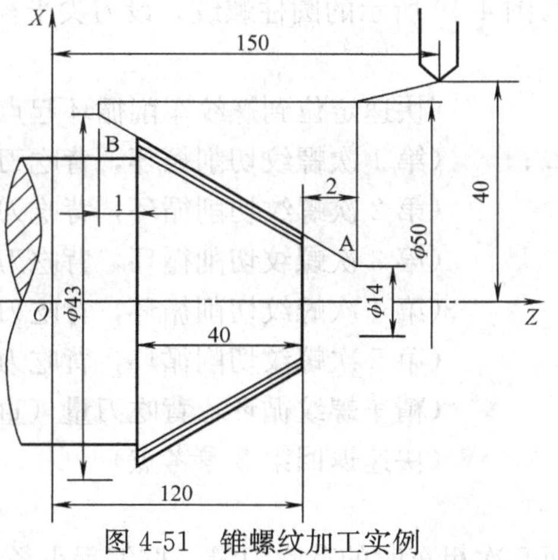

图 4-51 锥螺纹加工实例

（二）变螺距螺纹切削 G34

通过对指定的导程值增加或减小一个增量，可以实现变螺距螺纹的切削。

指令格式：G34 X（U）____ Z（W）____ F ____ K ____；

K 为主轴每转一转时导程的增加量（正值）或减小量（负值），其他地址与 G32 相同。

（三）螺纹切削循环 G92

该指令可实现圆柱螺纹或圆锥螺纹的车削加工，其循环路线与单一形状固定循环 G90 基本相同，但在螺纹终点有收尾动作（约为 45°的螺纹倒角，可由参数设定）。G92 螺纹切削循环路径如图 4-52 所示，其循环中的进刀、退刀和返回动作均执行 G00 的快速移动。

1. 指令格式

G92 X（U）____ Z（W）____（R____）F____

X、Z——螺纹终点的绝对坐标值；

U、W——螺纹终点坐标相对于循环起点的增量坐标值；

R——圆锥螺纹切削起始点与切削终点的半径差，当切削起点的锥半径小于切削终点的锥半径时，取负值。指令中省略 R 时，用于圆柱螺纹切削。

F——螺纹导程 L，如果是单线螺纹，则为螺纹的螺距 P。

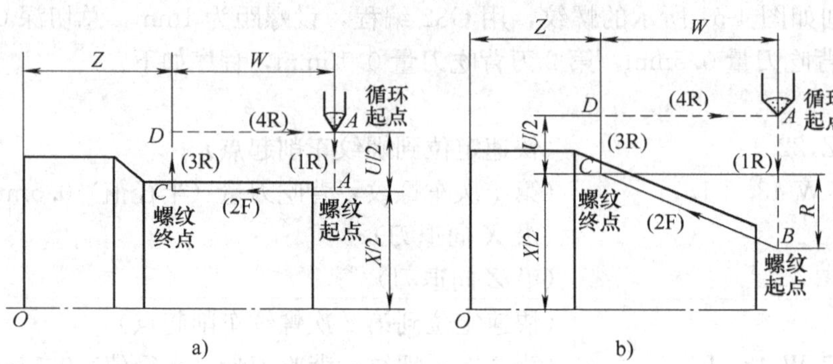

图 4-52　G92 螺纹切削循环路径

a）圆柱螺纹　b）圆锥螺纹

2. 编程举例

例 3　用 G92 指令编写图 4-49 所示的圆柱螺纹，设刀尖半径 $R=0.25$mm，程序如下：

……

G0 X35. Z4.；	（快速定位到螺纹车削循环起点）
G92 X29.06 Z-27. F2.；	（第 1 次螺纹切削循环，背吃刀量（直径值）0.94mm）
X28.538；	（第 2 次螺纹切削循环，背吃刀量（直径值）0.522mm）
X28.128；	（第 3 次螺纹切削循环，背吃刀量（直径值）0.41mm）
X27.778；	（第 4 次螺纹切削循环，背吃刀量（直径值）0.35mm）
X27.468；	（第 5 次螺纹切削循环，背吃刀量（直径值）0.31mm）
X27.346；	（精车螺纹循环，背吃刀量（直径值）0.122mm）
G30 U0 W0；	（快速返回第 2 参考点）

……

程序按表 4-4 确定前面 5 次粗车时的背吃刀量，按编程小径计算公式确定最后一刀编程直径，为提高螺纹表面质量，可在该位置再空走一至两遍（程序段重复）。

显然，用 G92 指令编写程序要比用 G32 指令编写程序简捷一些，所以在实际编程中，对于圆柱螺纹很少使用 G32 指令，但车削端面螺纹时却只能用 G32 指令编写程序。

（四）复合螺纹切削循环 G76

该指令可根据指令中指定的螺纹底径值、螺纹 Z 向终点位置、牙深及第一次背吃刀量等加工参数，由系统自动计算完成螺纹粗、精加工的全部过程。复合螺纹切削循环 G76 的进给路线如图 4-53a 所示，其进刀方式如图 4-53b 所示。

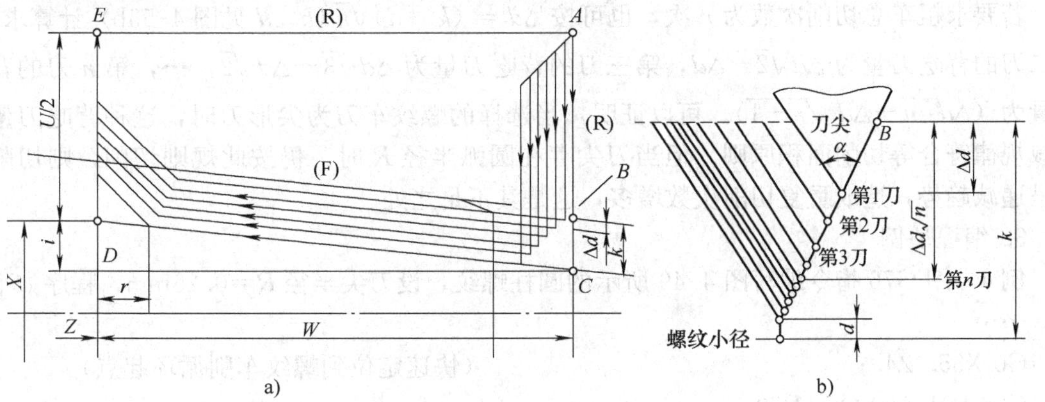

图 4-53　复合螺纹切削循环 G76 的进给路线与进刀方式
a）进给路线　b）进刀方式

1. 指令格式

G76 P <u>（m）（r）（a）</u> Q <u>Δdmin</u> R <u>d</u>；

G76 X（U）<u>　　</u> Z（W）<u>　　</u> R <u>i</u> P <u>k</u> Q <u>Δd</u> F <u>L</u>；

m——精加工重复次数，可以重复 1～99 次，模态量。

r——螺纹尾部倒角值（见图 4-53a）。该值可在 0.0L～9.9L（L 为导程）之间设定，单位为 0.1L（两位数 00～99），模态量。

a——刀尖角度（螺纹牙型角）。可选择 80°、60°、55°、30°、29°、0° 6 种中的一种，用两位整数表示，模态量。

m、r、a 可用地址 P 同时指定，如 m＝2，r＝1.2L，a＝60°时，用 P021260 表示。

Δd_{min}——最小切深，半径值编程，单位为 0.001mm。在执行循环的过程中，计算的背吃刀量一旦小于此值，则按此最小切深继续执行循环。

d——精加工余量（对照图 4-53b），半径值编程，允许小数点输入格式。

X（U）、Z（W）——螺纹终点 D 的绝对坐标值或 D 相对于循环起点 A 的增量坐标值。

i——圆锥螺纹切削的半径差，正负的判断同 G92，若 i＝0，则进行圆柱螺纹切削。

k——螺纹牙型的编程深度（对照图 4-53b），半径值，单位为 0.001mm。

Δd——第一刀的背吃刀量，半径值，单位为 0.001mm。

L——螺纹导程，单位为 mm。

上述指令中有三处规定了输入单位为 0.001mm，是由于系统规定 G74、G75、G76 循环中的地址 P 或 Q 不支持小数点输入格式，只能以最小输入增量为单位输入。

2. 进给路线与进刀方式的说明

执行 G76 指令的进给路线如图 4-53a 所示，刀具从循环起点 A 出发，首先快速定位到 B 点，然后按刀尖角度 a 所确定的方向（参考图 4-53b），以 Δd 为 X 向切深到达螺纹切削起点，以螺纹切削方式到达距 D 点为 r 的位置，倒角退刀到 Z 轴终点，X 向快速退刀到 E 点，

再快速返回到 A 点。若未达到螺纹切深，则循环继续。从进刀方式上看，系统可根据设置的刀尖角度，沿平行于牙型一侧的方向进刀，形成单刃切削，从而减小了切削阻力，提高了刀具寿命。而在精车阶段（图中 d 段），仍采用径向进刀，保证了螺纹的加工质量。

用 G76 指令编程时背吃刀量的计算如图 4-53b 所示，第一刀的背吃刀量 Δd 可以查表确定。若要求粗车总切削次数为 n 次，也可按 $\Delta d=(k-d)\sqrt{n}$（k、d 见图 4-53b）计算求出，第二刀的背吃刀量为 $\Delta d\sqrt{2}-\Delta d$，第三刀的背吃刀量为 $\Delta d\sqrt{3}-\Delta d\sqrt{2}$，…，第 n 刀的背吃刀量为（$\Delta d\sqrt{n}-\Delta d\sqrt{n-1}$）。可以证明，当选择的螺纹车刀为尖形刀时，这种背吃刀量的递减规律符合等切削面积原则。但当刀尖存在圆弧半径 R 时，仍按此规则切削，则切削面积呈递减趋势，造成重复切削次数增多，这是其不足之处。

3. 编程举例

例 4　用 G76 指令编写图 4-49 所示的圆柱螺纹，设刀尖半径 $R=0.25$mm，程序如下：

```
……
G0 X35. Z4.;                              (快速定位到螺纹车削循环起点)
G76 P011060 Q50 R50;
G76 X27.346 Z-27. R0 P1327 Q500 F2.;      (复合螺纹切削循环)
G30 U0 W0;                                (快速返回第二参考点)
……
```

程序中第一刀背吃刀量为 0.5mm，精车背吃刀量为 0.05mm，与例 3 中用 G92 编程时相近，但经计算需执行 7 次粗车和 1 次精车，比用 G92 螺纹循环多切两次。

三、多线螺纹车削加工

多线螺纹导程与螺距之间的关系如图 4-54 所示。其标注尺寸代号为“公称直径×Ph 导程 P 螺距”，如公称直径为 16mm，螺距为 1.5mm，导程为 3mm 的双线螺纹，可标注为 M16×Ph3P1.5。编程时 F 后面指定的是导程值，螺距值可用于确定相邻螺旋线起点的 Z 轴位移量。

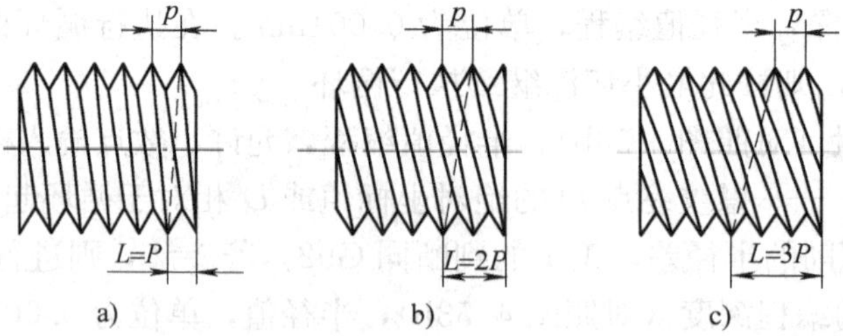

图 4-54　多线螺纹导程与螺距之间的关系

a）单线螺纹　b）双线螺纹　c）三线螺纹

（一）Z 坐标调整法

通过调整螺纹起点的 Z 轴位置，可用于所有螺纹指令的编程。以 G92 指令编程为例，可以在加工完第一条螺纹槽后，偏移一个螺距值，再加工第二条螺纹槽，直到完成所有螺纹槽；也可以按刀次在各螺纹槽间交替切削加工。当刀具磨损较快时，应采用第二种编程方法。

例 5　以图 4-49 所示零件上螺纹加工为例，将螺纹标注改为 M30×Ph3P1.5-6g，各部分已加工完毕，试编写螺纹加工程序。

程序如下：

……

G0 X35. Z4.5；　　　　　　（快速定位到第 1 线螺纹车削循环起点）

G92 X29.185 Z-27.5 F3.；（第 1 次螺纹切削循环，第 1 槽背吃刀量 0.815mm）

G0 Z6.　　　　　　　　　　（快速定位到第 2 线螺纹车削循环起点）

G92 X29.185 Z-27.5；　　　（第 1 次螺纹切削循环，第 2 槽背吃刀量 0.815mm）

G0 Z4.5；　　　　　　　　（快速定位到第 1 线螺纹车削循环起点）

G92 X28.742 Z-27.5；　　　（第 2 次螺纹切削循环，第 1 槽背吃刀量 0.443mm）

G0 Z6.；　　　　　　　　　（快速定位到第 2 线螺纹车削循环起点）

……

G92 与 G00 同为 01 组模态代码，可相互取代。上述程序实现了螺纹槽的交替加工。

（二）角度偏移法

用地址 Q 指定主轴基准脉冲相对于切削起始点的位置，可以很容易地车出多头螺纹。这种方法无需每次调整 Z 轴坐标，可以简化编程。对于图 4-54 所示的多头螺纹，若沿轴线方向观察螺纹的一端，多线螺纹每一条螺旋线的起点，在圆周上以等角度分布。如双线螺纹错开 180°；三线螺纹错开 120°。此方法在 0i 系统纸带格式，在 G32、G34、G92 指令编程中有效，但在 G76 指令编程无效。以 G32 指令编程为例，指令格式为

G32 X（U）____ Z（W）____ F____ Q____ ；

Q——起始角，该值为不带小数点的非模态值，单位为 0.001°。例如：加工双头螺纹时，第 1 头无须指定（不指定即为 0），第 2 头每次都要写 Q180000。

如果通过参数设置（设定参数 No.0001 的第 1 位），使用 FS10/11 纸带格式，也可在 G76 中使用该地址。此时 G76 的指令格式为

G76 X____ Z____ I____ K____ D____ F____ A____ P____ Q____ ；

指令中 I 为圆锥螺纹切削的半径差；K 为螺纹牙型的编程深度（半径值）；D 为首次切入深度（半径）；F 为螺纹导程；A 为刀尖角度；P 为进刀方式；Q 为起始角。

第四节　典型数控车床编程实例

一、综合实例 1

编制如图 4-55 所示零件的加工程序，毛坯直径 ϕ40mm，材料 45 钢。

1. 零件图样分析

零件由圆弧面、圆锥面、外螺纹、退刀槽、倒角及两个台阶圆柱面等组成。其中，两个圆柱面 ϕ32mm 和 ϕ38mm 尺寸精度较高，在加工中应控制好其尺寸。根据零件形状特点以及尺寸和表面粗糙度的要求，适合在数控车床上完成其加工。

2. 加工工艺性分析

此件为短轴类零件，加工时工件不宜调头，棒料长度应在 120mm 以上，在自定心卡盘装夹后，棒料伸出卡盘外约 85mm，找正后夹紧。

工件加工顺序：用 G71 粗车循环和 G70 精车循环完成零件外形加工；再用切槽刀（切

断刀）车槽和车出槽侧 C2 倒角；用螺纹车刀车螺纹；最后用切断刀切断。

3. 刀具的选择

T0101：机夹式硬质合金外圆粗车刀，主偏角 93°，粗车外轮廓表面。

T0202：机夹式硬质合金外圆精车刀，主偏角 93°，精车外轮廓表面。

T0303：4mm 宽切槽刀，用于切槽、切断。

T0404：60°机夹式硬质合金外螺纹车刀，车螺纹。

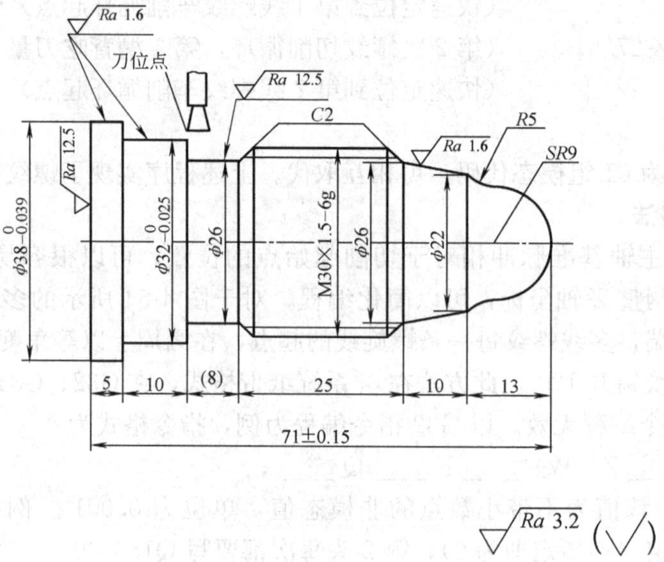

图 4-55　综合实例 1 零件图

4. 相关计算

1）根据图中 $R9$ 圆弧与 $R5$ 圆弧的尺寸标注，确定两圆弧是否相切，并算出切点坐标。

2）根据螺纹车刀刀尖半径一般取 $R=(0.125\sim0.144)P$ 的要求，可选择 $R=0.2$mm 的螺纹车刀。查表 4-4，粗车需重复 4 次，用计算法求出每刀总切深分别为 $h_1=0.4$mm；$h_2=0.618$mm；$h_3=0.79$mm；$h_4=0.937$mm，编程小径计算为 $d_1'=\phi28.022$mm。

3）编程大径按 $d-0.1P$ 计算，为 $\phi29.85$mm。

4）对尺寸精度要求高的尺寸，转换为对称公差，以转换后的轮廓尺寸编程。

$\phi32_{-0.025}^{\ 0}$ 改为 $\phi31.988\pm0.012$；$\phi38_{-0.039}^{\ 0}$ 改为 $\phi37.981\pm0.019$

5. 加工程序

O0001；	（程序名）
N1 G97 S776 M3 T0101；	（主轴正转，换 1 号刀，并导入刀补）
G0 X41. Z2.；	（刀具快速定位到外径粗车循环起点）
G50 S1500；	（限定主轴最高转速为 1500 r/min）
G96 S100；	（恒切削速度功能有效，粗车切削速度 100m/min）
G71 U2. R1.；	（指定 G71 循环的每次切深及退刀量）
G71 P100 Q200 U0.5 W0.1 F0.3；	（指定循环开始、结束程序段、精车余量，粗车 F）
N100 G0 X0；	（循环开始第 1 个程序段，只有 X 轴快速定位）
G99 G1 G42 Z0 F0.15；	（建立刀尖半径右补偿，刀具运动到 $SR9$ 球头顶点）

```
G3 X18. Z-9. R9.;                    (车削 SR9 球头)
G2 X22. Z-13. R5.;                   (车削 R5 圆弧)
G1 X26. Z-23.;                       (车削圆锥面)
X29.85 Z-25.;                        (倒角)
Z-56.;                               (车削螺纹部分圆柱面)
X31.988.;                            (按转换后的尺寸径向退刀)
Z-66.;                               (车削 ϕ32mm 外圆柱面)
X37.981.;                            (按转换后的尺寸径向退刀、车端面)
Z-76.;                               (车削 ϕ38mm 外圆柱面。考虑切断,长度比零件稍长)
N200 G0 G40 X40.;                    (循环结束程序段，径向退刀，取消刀尖半径右补偿)
G0 X100. Z200.;                      (刀具快速返回到换刀点)
/M5;                                 (若测量，则主轴停止，否则跳过此程序段)
/ M0;                                (程序暂停，对零件进行测量)
N2 G97 S932 T0202;                   (重新启动主轴，换 2 号精车刀，并导入刀补)
G0 X41. Z2.;                         (刀具快速定位到精车循环起点)
G96 S120;                            (恒切削速度功能有效，精车切削速度 120m/min)
G70 P100 Q200;                       (从 N100～N200 对轮廓进行精车循环)
G0 X100. Z200.;                      (退刀)
/M5;                                 (若测量，则主轴停止，否则跳过此程序段)
/M0;                                 (程序暂停，对零件进行测量)
G97 S800 T0303;                      (取消恒切削速度，换 3 号切槽刀，并导入刀补)
G0 X33. Z-56.;                       (快速移动到切槽起始点，图中刀具所在位置)
G75 R0.2;                            (指定径向退刀量 0.2mm)
G75 X26. Z-52. P500 Q3500 R0 F0.1;   (指定切槽终点位置及加工参数)
G0 X34.;                             (切槽完毕后，沿径向快速退出)
Z-50.;                               (沿轴向移动，准备用切槽刀切螺纹左侧倒角)
G01 X30. F0.2;                       (以 0.2mm/r 速度进给到倒角起点)
X26. Z-52. F0.1;                     (倒角)
G0 X100.;                            (径向退刀)
Z200.;                               (轴向退刀)
N3 S600 M3 T0404;                    (变换主轴转速，换 4 号螺纹刀，并导入刀补)
G0 X32. Z-20.;                       (快速定位到螺纹加工起始位置)
G92 X29.2 Z-50. F1.5;                (螺纹切削循环，第 1 刀背吃刀量 0.4mm)
X28.764;                             (第 2 刀循环，背吃刀量 0.218mm)
X28.42;                              (第 3 刀循环，背吃刀量 0.172mm)
X28.126;                             (第 4 刀循环，背吃刀量 0.147mm)
X28.022;                             (第 5 刀循环，背吃刀量 0.052mm)
G0 X100. Z200.;                      (刀具快速返回到换刀点)
/M5;                                 (主轴停转)
```

/M0；　　　　　　　　　　　　　　　（程序暂停。对螺纹检验，若不检验，则可跳跃）
S400 S400 T0303；　　　　　　　　　（变换主轴转速，换3号刀，并导入刀补）
G0 X42. Z-75.；　　　　　　　　　　（快速定位到切断位置）
G1 X-0.1 F0.1；　　　　　　　　　　（切断进给）
X42. F0.4；　　　　　　　　　　　　（切断完毕后沿径向退出）
G0 X200. Z200.；　　　　　　　　　（快速退刀）
M30；　　　　　　　　　　　　　　　（程序结束）

程序加工中若需测量，则应关闭跳段开关，测量后如合格可按循环启动按钮继续车削，否则应修改刀具偏置值，并按程序中指定的断点位置（N1、N2、N3程序段）返回到断点再启动程序，做重复加工。正常加工时，应将跳段开关置于“开”的位置。

二、综合实例2

在FANUC-0i系统数控车床上对图4-56所示的零件进行加工。要求对零件图样进行分析，按小批量生产制定加工方案，编写出刀具卡片和数控加工工序卡片，编写零件加工程序。

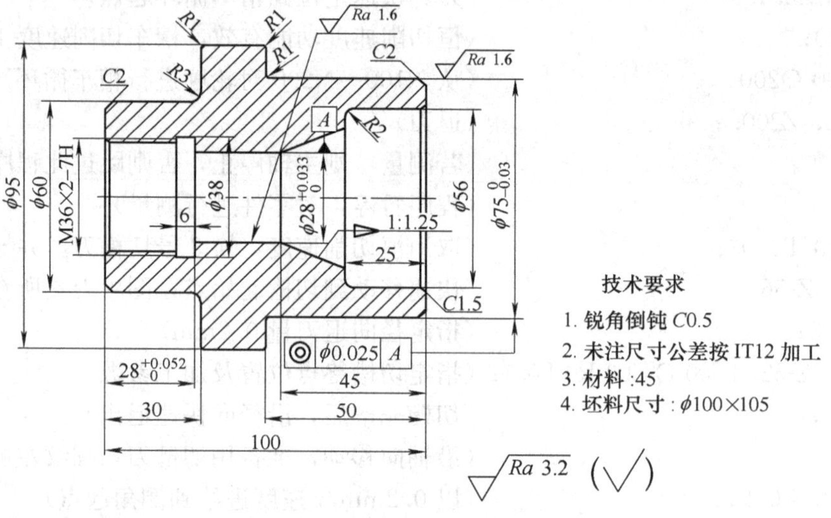

图4-56　综合实例2零件图

1. 零件图样分析

螺母套零件的加工表面由内、外圆柱面、圆锥面、圆弧面及内螺纹等组成。其φ75mm外圆与φ28mm孔尺寸公差要求较高且有同轴度要求；长度尺寸28mm有公差要求；其余尺寸按IT12应查表确定其公差，并按包容面与被包容面确定公差带位置，一般长度尺寸按对称公差带。零件形状描述清晰，尺寸标注完整，材料切削加工性能较好，适合在数控车床上完成加工。

2. 加工工艺性分析和制定加工方案

毛坯为φ100mm×105mm的圆钢，按加工方案确定的原则，车削加工应采取先粗后精、先内后外、先近后远等原则。还应保证位置精度高的表面尽可能在一次装夹中完成加工。因此，该件在加工时可安排三次装夹并按三道工序处理。第一次按图示位置用自定心卡盘装夹，完成右部端面、内孔及外形轮廓的粗车、半精车；第二次工件调头用自定心卡盘夹紧，完成左端面、内孔及外圆粗车后，车槽、车螺纹和精车外形；第三次再按图示位置装夹，对右部各表面进行精车加工。

工件在调头装夹时要找正左右端的同轴度。当装夹面为精加工的表面时，应用铜皮或 C 形套包住已加工表面，防止卡爪夹伤表面。

3. 选择刀具和确定进给路线

所有工序使用的加工刀具卡片如表 4-5 所示。若为单件生产，孔可手工用钻头钻出，批量生产时应安排到工序中。本例按批量生产处理，钻深孔用 G74、车端面用 G94、外形和内形粗加工均可用 G71、精加工可用 G70。但由于第 3 次装夹时仅安排精车加工，应按精车路线编程并保证尺寸公差要求。内孔切槽可用 G75，左端内螺纹加工可用 G76。

表 4-5 数控加工刀具卡片

<table>
<tr><td>零件号</td><td></td><td>零件名称</td><td>螺母套</td><td>零件材料</td><td>45 钢</td><td>程序号</td><td></td></tr>
<tr><td>序号</td><td>刀具号</td><td colspan="2">刀具名称及规格</td><td>加工表面</td><td>数量</td><td>刀尖圆弧半径</td><td>偏置号</td></tr>
<tr><td>1</td><td>T01</td><td colspan="2">45°硬质合金端面车刀</td><td>车端面</td><td>1</td><td>0.4</td><td>01</td></tr>
<tr><td>2</td><td>T02</td><td colspan="2">ϕ3mm 中心钻</td><td>钻中心孔</td><td>1</td><td></td><td>02</td></tr>
<tr><td>3</td><td>T03</td><td colspan="2">ϕ26.5mm 钻头</td><td>钻孔</td><td>1</td><td></td><td>03</td></tr>
<tr><td>4</td><td>T04</td><td colspan="2">93°左偏刀（粗）</td><td>车外圆轮廓</td><td>1</td><td>0.4</td><td>04</td></tr>
<tr><td>5</td><td>T05</td><td colspan="2">镗孔刀（粗）</td><td>镗内孔</td><td>1</td><td>0.4</td><td>05</td></tr>
<tr><td>6</td><td>T06</td><td colspan="2">4mm 宽内槽车刀</td><td>切螺纹退刀槽</td><td>1</td><td>0.2</td><td>06</td></tr>
<tr><td>7</td><td>T07</td><td colspan="2">内螺纹车刀</td><td>车内螺纹</td><td>1</td><td>0.14434</td><td>07</td></tr>
<tr><td>8</td><td>T08</td><td colspan="2">93°左偏刀（精）</td><td>精车外轮廓</td><td>1</td><td>0.8</td><td>08</td></tr>
<tr><td>9</td><td>T09</td><td colspan="2">镗孔刀（精）</td><td>精镗内孔</td><td>1</td><td>0.4</td><td>09</td></tr>
<tr><td>编制</td><td colspan="2"></td><td>审核</td><td></td><td>批准</td><td colspan="2"></td></tr>
</table>

4. 切削用量选择

可根据本书第二章所述选择车刀刀片型号和确定切削用量，也可参考切削用量手册及刀具样本等，获得更为详细的参数。

5. 拟定工序卡片

将上述各项内容综合后，填写如表 4-6 所示的数控加工工序卡片（此表为工序 3），并以刀具卡片和工序卡片为指导，完成数控加工程序的编写。

表 4-6 数控加工工序卡

<table>
<tr><td rowspan="2">（企业名称）</td><td rowspan="2">数控加工工序卡</td><td rowspan="2">产品名称或代号</td><td>零件名称</td><td>零件图号</td></tr>
<tr><td>端盖</td><td></td></tr>
<tr><td colspan="2" rowspan="6">工序简图
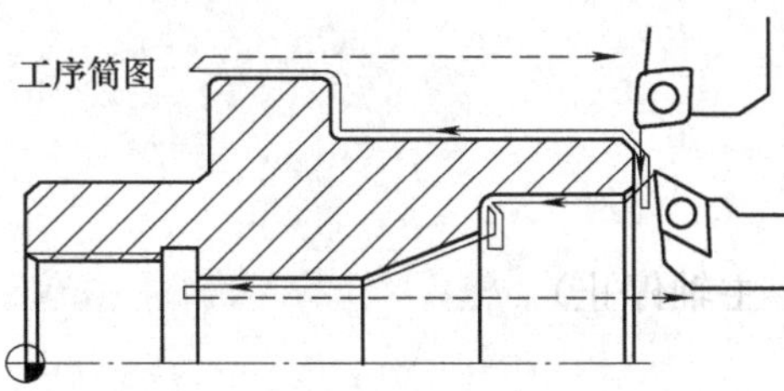
</td><td>车 间</td><td>设备名称</td><td>设备型号</td></tr>
<tr><td></td><td>数控车床</td><td>CK6140</td></tr>
<tr><td>工序名称</td><td>夹具名称</td><td>夹具编号</td></tr>
<tr><td>精车</td><td>自定心卡盘</td><td></td></tr>
<tr><td>工序号</td><td colspan="2">程序号</td></tr>
<tr><td>03</td><td colspan="2">O0002</td></tr>
</table>

<table>
<tr><td>工步号</td><td colspan="3">工步内容</td><td>刀具号</td><td>刀片型号</td><td>主轴转速/r · min^{-1}</td><td>进给量 f/mm · r^{-1}</td><td>背吃刀量/mm</td><td>备注</td></tr>
<tr><td>1</td><td colspan="3">精车端面及外形轮廓</td><td>T08</td><td>CCMT09T308</td><td>600</td><td>0.16</td><td>0.5</td><td></td></tr>
<tr><td>2</td><td colspan="3">精镗孔</td><td>T09</td><td>DCMT11T304</td><td>500</td><td>0.12</td><td>0.5</td><td></td></tr>
<tr><td></td><td colspan="3"></td><td></td><td></td><td></td><td></td><td></td><td></td></tr>
<tr><td>编制</td><td></td><td>审核</td><td></td><td>批准</td><td colspan="2">年 月 日</td><td>共 页</td><td colspan="2">第 页</td></tr>
</table>

6. 编制数控加工程序

以下仅对工序 3 的精车编写程序，其余程序作为练习，由学员自行编写。程序如下：

```
O0002;                          (程序名)
G97 S600 M3 T0808;              (主轴正转，换 8 号刀，并导入刀补)
G41 G0 X80. Z100.;              (刀尖半径左补偿，快速定位到车端面起点)
G99 G1 X54. F.16;               (精车端面)
G40 G0 Z102.;                   (取消刀尖半径补偿，Z 向退刀)
G42 X67.;                       (刀尖半径右补偿，快速定位到倒角起点)
G1 X75. Z98.;                   (车 C2 倒角)
Z51.;                           (车 φ75mm 外圆)
G2 X77. Z50. R1.;               (车 R1 内圆角)
G1 X93.;                        (车端面)
G3 X95. Z49. R1.;               (车 R1 外圆角)
G1 Z29.;                        (车 φ95mm 外圆)
G40 G0 X100. W2.5;              (取消刀尖半径补偿，退刀)
G30 U0 W0;                      (快速返回第 2 参考点)
S500 M3 T0909;                  (变换主轴转速，换 9 号刀)
G41 G0 X63. Z102.;              (刀尖半径左补偿，快速定位到车内孔倒角起点)
G1 X56. Z98.5 F.12;             (倒 C1.5 角)
Z77.;                           (车 φ56mm 内孔)
G3 X54.828 Z75.586 R2.;         (车 R2 圆弧到圆弧中点)
G1 G40 X52. Z77.;               (取消刀尖半径补偿，退刀到 R2 圆弧中心)
G0 G42 X40.;                    (刀尖半径右补偿，退刀到直径 40mm 处)
G1 Z75.;                        (进刀到车内孔端面起点)
X52.;                           (车端面)
G2 X54.828 Z75.586 R2.;         (车 R2 圆弧到圆弧中点)
G0 G40 X52. Z77.;               (取消刀尖半径补偿，退刀到 R2 圆弧中心)
G41 X45.6;                      (刀尖半径左补偿，移动车刀到车 1∶1.25 锥起点)
G1 X28. Z55.;                   (车锥)
Z26.;                           (车 φ28mm 内孔)
G40 X26.;                       (X 向退刀)
G0 Z102.;                       (Z 向快速退刀)
G30 U0 W0 M5;                   (返回第 2 参考点，主轴停止)
M30;                            (程序结束)
```

在安排内孔精车时，为避免因刀杆较长而引起振动，内孔端面车削沿 X 轴正向进行。所有表面精加工都使用了刀尖半径补偿功能，以提高零件的形状精度。

习题与思考题

4-1　简述数控车削加工程序编制的特点。

4-2　结合 FANUC 0i 系统，对 G、M、F、T、S 功能的编程规定做简要总结。

4-3　简述 G 功能和 M 功能的含义及用途。

4-4　在数控车床中，刀具的进给速度由指令 F 和其后的数字组成，数字表达的方式有哪三种？

4-5　说明在 FANUC 数控车床中，刀具功能字的作用、格式及含义。

4-6　简述使用 G96 指定主轴线速度时，为什么必须限定主轴的最高转速。举例说明使用 G96 的编程方法。

4-7　G96 S100 和 G97 S1000 分别表示什么意思？系统开机后的初始状态为什么状态？

4-8　结合图 4-7 的尺寸标注，使用和不使用倒角、倒圆角指令，写出该零件的精车程序。

4-9　在数控车床上车削圆弧时，指定圆弧中心位置的方式有哪两种？分别写出它们的指令格式，并简述各地址的含义。

4-10　结合图 4-11 的尺寸标注，写出该零件的精车程序。

4-11　结合图 4-8a 的尺寸标注，设对刀点在工件坐标系中的值为（100，20），计算基点坐标并写出该零件车圆弧的精车程序。图 4-8b 的程序是否与其完全一致？为什么？

4-12　简述参考点返回指令 G28 和 G30 有何不同。

4-13　暂停延时指令一般用于什么情况？有哪几种使用格式？举例说明它们的区别。

4-14　结合图 4-18 的分析，工件零点偏置输入的 X、Z 值都应是负值，而刀具偏置输入的都应是正值。而在某操作者使用的数控车床上显示的刀具偏置值都是负值，为什么？

4-15　常用的刀具几何偏置参数设置方法有哪三种，适用于何种场合？假如加工中都使用两把车刀，一个程序用 G50、一个用 G54、另一个二者都不用，要求采用机内对刀，试说明你如何设置刀具偏置参数（可以画简图表示）。是否也进行工件零点偏置值的设置？为什么？

4-16　为何数控车床编程多选择假想刀尖点作为刀位点？如何编程？使用刀尖半径补偿指令有哪些注意事项？

4-17　有的程序编写在退刀时，总有取消刀具偏置指令如 T0100，有的程序却从来不用该指令，你认为这其中的原因何在？对加工过程有何影响？

4-18　结合图 4-31 的尺寸标注，用 G90 指令和 G00 配合，调整每次的循环起点，编写实用的车圆柱面循环程序。

4-19　结合图 4-32 的尺寸标注，假定工件毛坯是 ϕ50mm 棒料，为避免第一刀车削背吃刀量过大，调整切削终点，写出该件实用的车锥循环程序。

4-20　结合图 4-5 所示的尺寸标注，设工件毛坯为 ϕ60mm 棒料，用 G71、G70 指令编写该零件数控加工程序。合理设置循环起点在工件坐标系中的位置。

提示：FANUC 0i 在多重循环（G70～G76）的注释中，声明在 P 和 Q 指定的顺序号之间的程序段中，不支持“倒角、倒圆角”指令的使用。

4-21　结合图 4-7 所示的尺寸标注，设工件已车成 ϕ36mm 棒料，用 G71、G70 指令编写该零件数控加工程序。

4-22　在 G74 与 G75 的程序段格式中，R $\underline{e}$ 与 R $\underline{\Delta d}$ 指令的含义各有什么不同？P$\underline{\Delta i}$ 与 Q $\underline{\Delta k}$ 的含义是什么？单位有何规定？

4-23　用 G75 指令编写如图 4-57 所示零件右端 ϕ16mm 槽的程序。

4-24　分别用 G32、G92、G76 指令编写图 4-57 所示零件中螺纹的程序。

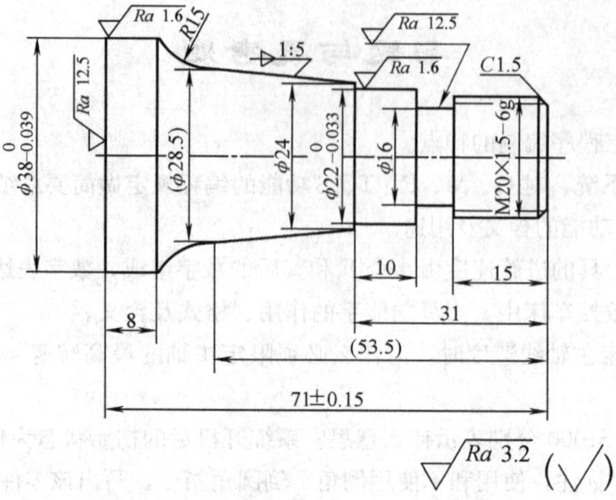

图 4-57　题 4-23、题 4-24、题 4-25 图

4-25　结合综合实例 1 的分析方法，编制如图 4-57 所示零件的加工程序，毛坯直径 ϕ40mm，材料 45 钢。

4-26　结合综合实例 1 和 2 的分析方法，假定图 4-58 所示零件粗车已完成，编制精车轮廓（不包括 ϕ85mm 外圆）、切槽和车螺纹的程序。

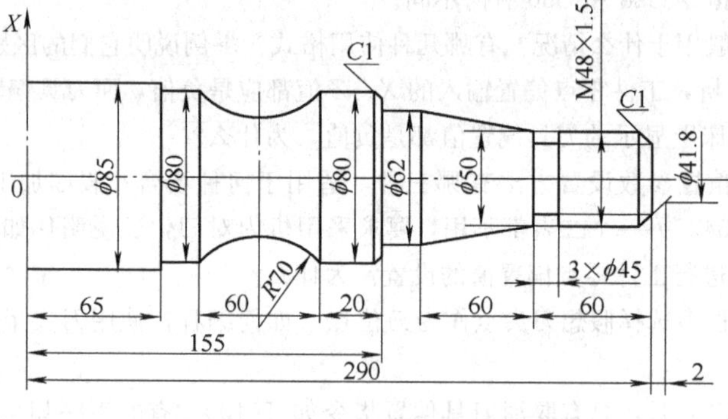

图 4-58　题 4-26 图

4-27　结合综合实例 2 的工艺分析及图 4-56 的尺寸标注，写出其工序 1 和工序 2 的工序卡片和编制数控加工程序。

4-28　图 4-59 所示为某数控车中级考核编程题，毛坯尺寸 ϕ50mm×200mm，工件材料为 45 钢。按要求完成工艺分析及相关计算，编写零件加工程序。

提示：求 α 和 β 角，以确定 C 点坐标。

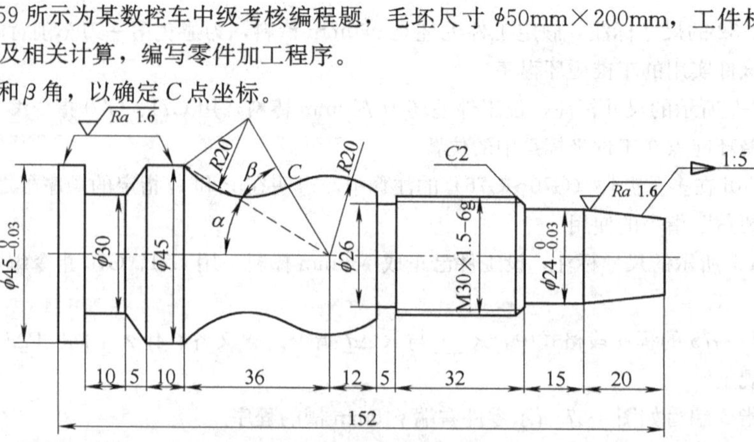

图 4-59　题 4-28 图

4-29　图 4-60 所示为某数控车技能大赛试题，零件材料为 45 钢，毛坯件 1：ϕ50mm×100mm，毛坯件 2：ϕ50mm×80mm。按图样要求完成零件基点计算，设定工件坐标系，制定合理的工艺方案，选择刀具和确定切削工艺参数，编制数控加工程序。

注：椭圆加工的宏程序编程方法将安排在第六章讲解，椭圆编程详见后述。

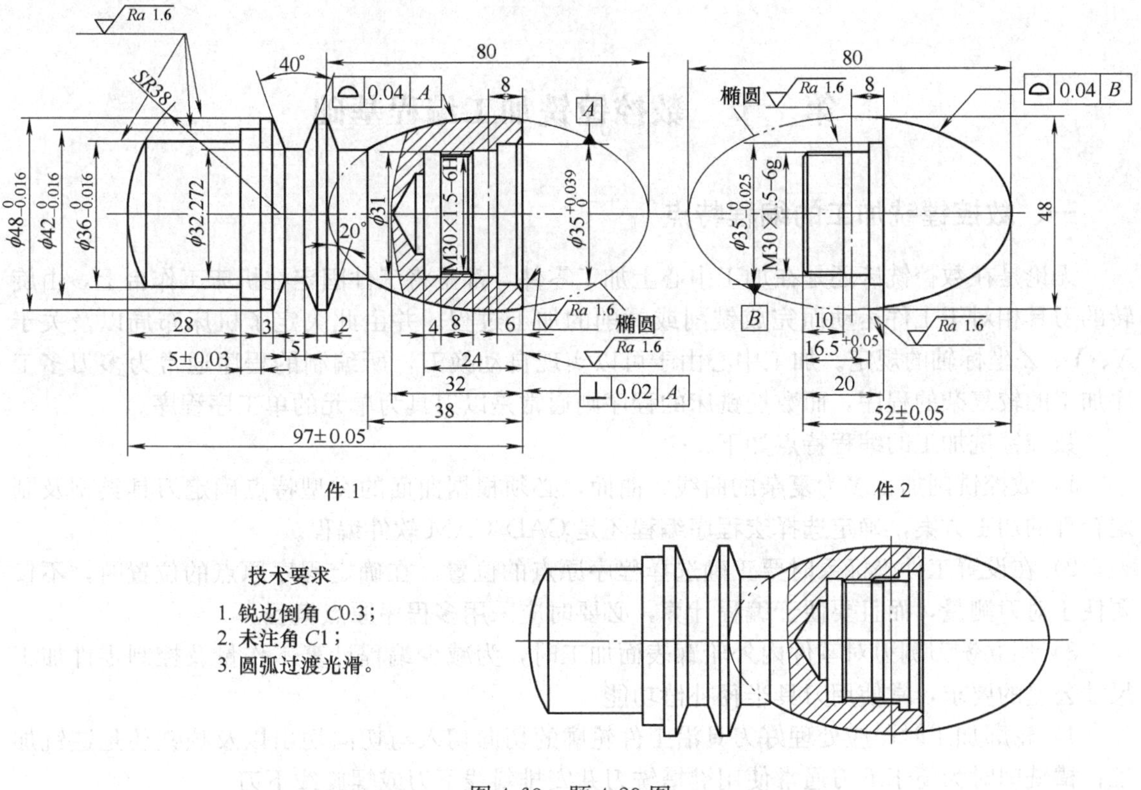

技术要求

1. 锐边倒角 C0.3；
2. 未注角 C1；
3. 圆弧过渡光滑。

图 4-60　题 4-29 图

工艺路线提示：

1）用 G71 粗车件 2 左端，再用 G70 精车，留 ϕ25mm×30mm 工艺搭子；

2）调头夹 ϕ25mm×30mm 工艺搭子，粗车右端面椭圆，留双边 1mm 余量；

3）手工切断，保证长度 52mm；

4）用 G71 粗车件 1 左端，再用 G70 精车；

5）车 40°槽及椭圆左端槽；

6）调头夹 ϕ36mm×28mm 圆柱表面，用 G71 粗车件 1 右端内孔部分，再用 G70 精车；

7）车 4×ϕ31mm 槽；

8）用 G76 复合螺纹切削循环车 M30×1.5 内螺纹；

9）粗车件 1 右端外部椭圆，留双边 1mm 余量；

10）将件 2 旋入件 1，精车椭圆。

第五章　数控铣床及加工中心编程

第一节　数控镗铣加工编程基础

一、数控镗铣加工的编程特点

无论是在数控铣床还是在加工中心上加工零件，都是将工件固定在机床工作台上，由旋转的刀具相对于工件运动而完成铣削或镗削的加工过程。并由此决定了机床布局以及关于X、Y、Z坐标轴的规定。加工中心由于可以实现自动换刀，所编制的程序通常为多刀多工序加工的较复杂的程序，而数控铣床的程序则通常是以刀具为单元的单工序程序。

数控镗铣加工的编程特点如下：

1）数控铣削加工多为复杂的曲线、曲面，必须根据曲面的类型特点确定刀具类型及制定合理的加工方案，确定选择宏程序编程还是CAD/CAM软件编程。

2）在设置工件坐标系时要正确选择程序原点的位置。在确定程序原点的位置时，不仅要便于对刀测量，而且要便于编程计算，必要时应采用多程序原点编程。

3）用立铣刀侧刃对零件内外轮廓表面加工时，为减少编程计算工作量及控制零件加工尺寸公差的要求，常使用刀具半径补偿功能。

4）轮廓加工时，应处理好刀具沿工件轮廓的切向切入与切向切出以及顺铣还是逆铣加工；槽铣削时为便于下刀通常使用键槽铣刀并安排斜线下刀或螺旋线下刀。

5）数控系统为简化编程，提供了各种孔加工的固定循环功能、子程序及宏程序编程功能，几何图形的镜像、旋转及缩放编程功能，在编程时应充分利用，以提高编程效率。

6）必须注意手动换刀或自动换刀时的安全性。手动换刀时应让工件退离足够的距离，便于手动换刀操作；自动换刀则应留出足够的换刀空间，避免碰撞事故的发生。

7）制定周密合理的加工方案。加工中心上加工的零件，由于零件加工的工序多，使用的刀具种类多，甚至在一次装夹下要完成粗加工、半精加工与精加工。周密合理地安排各工序加工的顺序，有利于提高加工精度和生产效率。

8）注重新技术、新方法的采用。如螺纹铣削加工是伴随着螺旋线插补功能的采用而迅速发展起来的一种更为先进的螺纹加工技术，使加工效率和精度都获得大幅度提高。

二、FANUC 0i-MC系统的准备功能

FANUC 0i-MC是目前我国数控机床上采用较多的机床数控系统，主要适用于数控铣床和加工中心，具有一定的代表性。

准备功能又称G功能，该系统G功能代码如表5-1所示。G代码的使用简要说明如下：

1）G代码分为两种类型：模态G代码与非模态G代码。模态G代码被指定后，在指定同组其他G代码前该代码一直有效；而非模态G代码仅在其被指定的程序段中有效。

2）表 5-1 中，“00”组 G 代码除 G10 和 G11 之外，其余都是非模态 G 代码；其他非“00”组 G 代码均为模态 G 代码。

3）通过参数 No. 3402＃6（CLR）的设置，可使电源接通或复位时 CNC 进入清除状态。表 5-1 中，有▲标记的 G 代码在执行清除后，成为当前有效状态。并且：①G20 或 G21 即使执行清除后也不受影响而保持其原来的状态；②G22 或 G23 哪个有效可由参数 No. 3402＃7（G23）设置，并不受复位操作的影响；③设定参数 No. 3402＃0（G01）可以选择 G00 还是 G01；④设定参数 No. 3402＃3（G91）可以选择 G90 还是 G91；⑤设定参数 No. 3402＃1（G18）和＃2（G19）可以选择 G17、G18 或者 G19。

4）可以在同一个程序段中指定多个不同组的 G 代码。如果在同一个程序段中指定了多个同组的 G 代码，仅执行最后指定的 G 代码。

5）如果在固定循环中指定了 01 组的 G 代码，则固定循环被取消，就如同执行了 G80。而且 01 组 G 代码也不受固定循环 G 代码的影响。

6）G60 的组别可由参数 No. 5431＃0（MDL）设置，当 MDL＝0 时，为“00”组 G 代码，当 MDL＝1 时，为“01”组 G 代码。

表 5-1　G 功能代码一览表

G 代码	组　别	功　能	G 代码	组　别	功　能
▲G00	01	快速点定位	G31	01	跳转功能
▲G01		直线插补	G33		螺纹切削
G02		圆弧插补/螺旋线插补 CW	G37	00	自动刀具长度测量
G03		圆弧插补/螺旋线插补 CCW	G39		拐角偏置圆弧插补
G04	00	暂停（延时）	▲G40	07	刀具半径补偿取消
G08		预读处理控制	G41		刀具半径左补偿
G09		准确停止检验	G42		刀具半径右补偿
G10		可编程数据输入	G43	08	正向刀具长度偏置
G11		可编程数据输入取消	G44		负向刀具长度偏置
▲G15	17	极坐标方式取消	▲G49		刀具长度偏置取消
G16		极坐标方式有效	G45	00	刀具位置偏置值增加
▲G17	02	*XY* 平面选择	G46		刀具位置偏置值减小
▲G18		*ZX* 平面选择	G47		2 倍刀具位置偏置值
▲G19		*YZ* 平面选择	G48		1/2 倍刀具位置偏置值
G20	06	英制输入	▲G50	11	比例缩放取消
G21		米制输入	G51		比例缩放有效
▲G22	04	存储行程检测功能有效	▲G50.1	22	可编程镜像取消
G23		存储行程检测功能无效	G51.1		可编程镜像有效
G27	00	返回参考点校验	G52	00	局部坐标系设定
G28		自动返回参考点	G53		选择机床坐标系
G29		从参考点返回	G54～G59	14	选择工件坐标系 1～6
G30		返回第 2、3、4 参考点	G60	00/01	单方向定位

（续）

G代码	组　别	功　　能	G代码	组　别	功　　能
G61	15	准确停止检验	▲G90	03	绝对值编程
G62	15	自动拐角倍率修调	▲G91	03	增量值编程
G63	15	攻螺纹方式	G92	00	设定工件坐标系
▲G64	15	切削进给方式	G92.1	00	工件坐标系预置
G65	00	宏程序非模态调用	▲G94	05	每分钟进给
G66	12	宏指令模态调用	G95	05	每转进给
▲G67	12	宏指令模态调用取消	G96	13	恒表面速度控制
G68	16	坐标旋转	▲G97	13	恒表面速度控制取消
▲G69	16	坐标旋转取消	▲G98	10	固定循环返回到初始点
G73～G89	09	孔加工固定循环	G99	10	固定循环返回到 R 点

三、常用辅助功能和其他功能

1. 常用辅助功能（M 代码）

辅助功能由地址 M 和两位数字组成，其指令的含义及在一个程序段中可以指定的 M 代码的个数应以机床制造厂商的说明书为准。一般规定，在一个程序段中只能指定一个 M 代码，当在一个程序段中指定了两个或两个以上的 M 代码时，则只有最后一个被指定的 M 代码有效。M 代码可以单独占用一个程序段，在该程序段执行后再执行下一个程序段；也可以与其他指令写在同一个程序段中，程序在执行时按前指令码或后指令码执行。为便于教学，表 5-2 给出了一般立式加工中心所用的 M 代码，可供编程时参考。

表 5-2　M 功能一览表

M代码	功　能	简要说明	前/后指令码
M00	程序停止	程序停止时，按循环启动按钮可以再启动	后
M01	选择停止	当操作面板上的选择停止开关为“ON”时程序停止，按循环启动按钮可以再启动	后
M02	程序结束	程序结束后，不返回到程序开头的位置	后
M03	主轴正转	从主轴前端向主轴尾端看时为逆时针	前
M04	主轴反转	从主轴前端向主轴尾端看时为顺时针	前
M05	主轴停止	执行该指令后，主轴停止转动	后
M06	刀具交换	该指令中同时包含了 M19 指令，执行时先完成主轴准停的动作，然后才执行换刀动作	前
M08	切削液开	有些厂家设置为 M07	前
M09	切削液关		后
M18	主轴解除	用于解除因 M19 引起的主轴准停状态	单独程序段
M19	主轴准停	主轴定向停止，以便于换刀	单独程序段
M30	程序结束	程序结束后自动返回到程序开头的位置	后
M98	子程序调用	用 P 指定子程序重复调用的次数和子程序号	后
M99	子程序结束	调用子程序结束并返回	后

2. 第2辅助功能（B代码）

此功能用于机床（如卧式加工中心）的旋转轴分度。每一个程序段只能包含一个B代码。当在地址B后面指定一个数值时，输出代码信号和选通信号。此代码为模态代码，直到下一个B代码被指定时为止。可以通过参数No. 3460设定用A、C、V、W取代B地址，但这些地址不能与控制轴同名。

3. 其他功能指令

(1) 进给功能指令（F功能） 直线插补（G01）或圆弧插补（G02、G03）等的进给速度是由F代码后面的数值指定的。FANUC 0i-MC可用三种方式指定：

1) 每分钟进给（G94）。在F之后，指定每分钟的刀具进给量（mm/min或inch/min）。

2) 每转进给（G95）。在F之后指定每转的刀具进给量（mm/r或inch/r）。

3) F1位数进给。在F之后指定1～9的数字，各数字代表的进给速度可由参数设置。

F功能为模态代码，并可通过机床操作面板上的进给倍率开关进行修调。进给速率修调的范围一般在0%～150%。

用参数No. 1422设置各轴切削进给速度的公共上限。如果实际的切削进给速度（使用倍率后）超过指定上限的话，速度就被箝制在上限。参数No. 1430设定直线插补和圆弧插补时各轴最大切削进给速度。当一个轴插补后的切削进给速度超过该轴的最大进给速度时，切削进给速度被箝制在最大进给速度。

(2) 主轴功能指令（S功能） 主轴转速的指定可以使用代码法，也可直接指定。直接指定时用S后跟5位数字来指定，单位为r/min。S功能为模态代码，并可通过机床操作面板上的主轴倍率开关进行修调。主轴速率修调的范围一般在50%～120%。

(3) 刀具功能指令（T功能） FANUC 0i-MC有两种刀具功能，一种是刀具选择功能，另一种是刀具寿命管理功能。在地址T后指定数值（最多8位）用以选择机床上的刀具。在给加工中心机床编程时，T代码常与M06代码配合使用，前者用于选择刀具（刀库转位），后者执行换刀动作（机械手换刀）。不同的加工中心机床由于刀库结构及布局上的差异，T代码刀号的范围及换刀指令的写法都可能不同，具体应以机床制造厂的说明书为准。

四、程序中字-地址的含义及指令范围

程序中各功能字的含义是由该字的地址和其后的数字共同组成。表5-3给出了FANUC 0i-MC系统基本地址的指令值范围及其含义。

表5-3 基本地址的指令值范围及其含义

功 能	地 址	指令值范围（米制输入）	含 义
程序号	O（:）	1～9999	程序编号
顺序号	N	1～99999	顺序编号
准备功能	G	0～99	建立工作方式
尺寸字	X、Y、Z	±99999.999mm	各坐标轴的移动指令
	A、B、C	±99999.999°	各旋转轴的移动指令
	R	±99999.999mm	圆弧半径
	I、J、K	±99999.999mm	圆弧圆心的（增量）坐标

（续）

功　能	地　址	指令值范围（米制输入）	含　义
进给功能	F	1～100000mm	进给速度（mm/min），螺距
主轴功能	S	0～20000r/min	主轴转速
刀具功能	T	0～99999999	刀具号
辅助功能	M	0～99999999	机床侧开/关量的控制
	B	0～99999999	工作台分度
偏置号	H、D	0～400	偏置号的指定
暂停	P、X	0～99999.999s	暂停时间的指定
程序号指定	P	1～9999	指定子程序号
重复次数	P	1～999	子程序的重复次数

注：表中的指令值范围是系统的极限值，具体机床的极限值以机床说明书为准。

五、机床坐标系统

1. 机床坐标系与机床原点

如图 5-1 所示，由于目前许多数控机床的伺服系统仍采用相对位置编码器，机床开机后必须执行机床返回参考点的操作，以建立机床坐标系。机床原点一般设在各轴正向移动的极限位置，运动部件在到达参考点前减速并缓慢停止。机床回零操作完成后，X、Y、Z 各轴的坐标显示均为“0.000”，它表明机床参考点与机床原点重合。此时，主轴轴线与主轴前端某基准位置相交处就位于机床原点的位置。

必须记住机床 X、Y、Z 各坐标轴的正向指向。对于立式数控铣床或立式加工中心，如图 5-1a 所示，当操作者面对机床主轴向立柱方向看时，X 轴正向朝右，Y 轴正向指向立柱而 Z 轴正向朝上；对于卧式数控铣床或卧式加工中心，如图 5-1b 所示，当操作者站在工件加工一侧，从主轴向工件看时，X 轴正向朝右，Y 轴正向朝上而 Z 轴正向是从工件指向主轴。

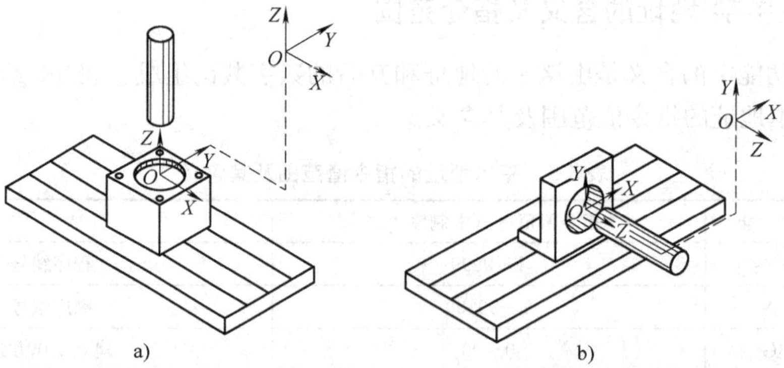

图 5-1　数控铣床或加工中心的坐标系

2. 工件坐标系与工件原点

工件坐标系是工件在数控机床上加工时，为便于确定刀具相对于工件的坐标位置而建立的一个坐标系。一般是通过工件零点偏置操作将其偏置到编程时指定的程序原点位置。由于加工时总是要使编程坐标系与工件坐标系在方向和位置上重合一致，习惯上编程员也称编程坐标系为工件坐标系，程序原点也称为工件零点。

图 5-1 中，标识在工件上的坐标系即工件坐标系，各轴沿正向移动的极限位置标识的坐标系即机床坐标系。

编程员在编程时应合理设置程序原点的位置，一般应注意以下几点：

1）当零件采用直接找正法在机床上安装加工时，程序原点应选在零件图样的设计基准上；当采用专用夹具装夹零件加工时，程序原点要选在工件的定位基准或夹具的适当位置上。

2）程序原点应尽量选择零件上加工精度要求较高的表面，以提高零件的加工精度。

3）对于对称的零件，程序原点应设在对称中心上，以便于坐标计算和找正工件。

4）对于较复杂的零件，需采用多工序加工，为减少数值计算工作量，常采用多程序原点编程。如给卧式加工中心加工的零件编程，每次转位后都使用一个新的工件坐标系。

5）Z 轴方向上的程序原点，为便于测量，一般设在零件上表面；当零件表面不是平面时可按便于坐标计算或基准重合原则设置程序原点。

工件在机床上安装时，应使工件坐标系与机床坐标系的坐标轴方向协调一致，并根据工作台工作行程范围，确定工件安装的大致位置。工件安装后的找正以及工件坐标系的偏置操作、刀具长度补偿值的设置都是比较复杂的问题，将在后面详述。

六、刀具的选择与刀具交换

在加工中心上加工零件时，利用自动换刀装置可以实现自动换刀。而自动换刀时用到的指令主要包括刀具选择指令 T××，换刀指令 M06 与自动返回参考点指令 G28 或 G30。另外，T 指令只用来表示刀具号，由地址 T 及其后的 2 位数或 4 位数组成，具体位数的多少与刀库的容量有关。一般情况下，当 T 指令的选刀动作（刀库转位）可以与机床的其他动作（如切削加工）同时进行时，为减少辅助时间，不应与 M06 指令写到同一个程序段中，也不应在 T 指令下面的程序段紧跟 M06 指令，而应提前几个程序段写出。

1. 刀具的选择方式与换刀

刀具的选择方式有两种：顺序选择方式和预选方式。

（1）顺序选择方式下的换刀　用于无机械手的加工中心，刀号由刀库的刀座号确定，通过刀库与主轴间的相对运动，完成换刀过程。在这种换刀方式下，刀库不能提前转位，加工中使用的刀具，必须先放回到该刀号对应的刀座号中，刀库才能转位使下一把要用的刀具转到换刀位并装到主轴上。其换刀指令的写法是固定的，一般是写成 G91G28Z0M6T××；的形式。由于也可能是用 T××；来执行一段宏程序，则所有动作均包含在宏程序之中。还有可能是 T××M6；的形式。因此，如要为某一台具体加工中心正确写出换刀指令，必须以机床制造商的操作说明书为准。

（2）预选方式下的换刀　对于有机械手的自动换刀机构，机械手有两个手爪，从刀库中取刀与从主轴上卸刀可同时进行。在这种加工中心上，刀具号与刀座号不能保持一致。需要交换到主轴上的刀具可以通过 T 指令先转到换刀位置，再通过换刀指令 M06 实现主轴上的刀具与刀库上换刀位置刀具的互换。对于这种刀具选择方式，在编写程序时，为了使选刀时间与加工时间重合，往往提前用 T 指令选择刀具，到需要换刀时再使用换刀指令。

2. 自动换刀程序的编制

预选方式下的自动换刀，由于编程方法不同，加工时所占用的辅助时间也可能不同。

(1) 在一个程序段中，先写 T 指令，后写 M06 指令

N ___ G28 Z ___ T×× M06;

这种编程方法在 Z 轴返回参考点的同时，刀库也开始转位，若刀具返回参考点的时间小于刀库的转位时间，要等刀库转位完成后才能执行 M06。因此，这种方法辅助时间最长，换到主轴上的刀具即 T××所指定的刀具。

(2) 在一个程序段中先写 M06 指令，后写 T 指令

N ___ G28 Z ___ M06 T××;

执行本程序段时，首先执行 G28 指令，刀具沿 Z 轴自动返回参考点，然后执行主轴准停及换刀的动作。为避免执行 T 功能指令时占用加工时间，与 M06 写在一个程序段中的 T 指令是在换刀完成后才执行，在执行 T 功能指令的同时机床继续执行后面的程序。因此，本程序段中的 T××是为下次换刀做好准备，而本次要换的刀是上次换刀后的 T 代码所指定的。由于刀库转位与机加工时间重合，这种编程方法可以采用。

(3) T 指令与 M06 不在同一程序段

N ___ T××;

……

G28 Z ___ M06;

这种编程方法一般是在 M06 程序段的下一个程序段指定 T 代码，可以与移动指令同时指定。这种编程方法也能保证选刀时间与机加工时间重合，所换刀具为 T××，且阅读程序时不易混淆，编程时也经常采用。

第二节　常用准备功能的编程

常用准备功能的正确使用是程序编制中的核心问题，编程人员必须熟练掌握这些功能的使用方法、特点，才能更好地编写出加工程序。

一、速度控制与暂停指令

1. 准确停止检验（G09、G61）

G09 为非模态指令，而 G61 为（15 组）模态指令，可被同组 G62、G63 或 G64 中任何一个指令所取代。G09 只能与运动指令（如 G01）写到同一个程序段内，才能起作用；而 G61 可以预先指定，并在刀具连续运动期间起作用，直到被取消。如图 5-2 所示，准确停止方式的刀具轨迹与切削进给方式和攻螺纹方式是不同的。在准确停止方式下，刀具在到达终点前减速并准确定位后才继续执行下一个程序段，因此可用于具有尖锐棱角的零件的加工。

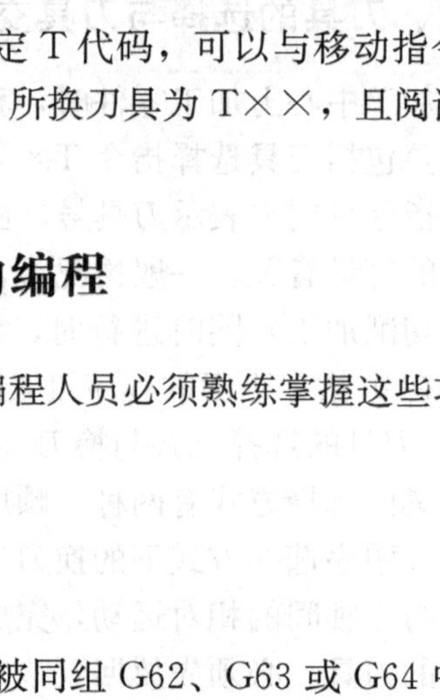

图 5-2　从程序段 1 到程序段 2 的刀具轨迹

2. 自动拐角倍率修调（G62）

在刀具半径补偿期间，如果刀具在内拐角处以

编程进给速度切削，刀具可能因过载而损坏。而通过对进给速度实施倍率，可以减小单位时间的切削量，提高零件表面加工质量。

使用 G62 功能，需设置的参数包括：①最大内拐角 θ_P，当实际的内拐角大于此值时，不作进给倍率的调整。θ_P 的设置范围为：$2°\leqslant\theta_P\leqslant178°$，由参数 No. 1711 设置。②设置 L_e 和 L_s 的长度值，L_e 为前一程序段到达终点的距离，由参数 No. 1714 设置，L_s 为下一程序段拐角倍率有效的长度值，由参数 No. 1713 设置。③由参数 No. 1712 设置内拐角倍率量。按 1%≤内拐角倍率量≤100%（每档 1%）进行设置。图 5-3 表示了直线段与直线段切削时倍率实施的范围，L_s 和 L_e 长度的计算是在刀具中心轨迹上，图中从 a 点到 b 点是倍率实施的范围。如果运动段是圆弧，刀具保持圆弧路径的运动，但倍率实施长度的计算是按弦长而不是按弧长。

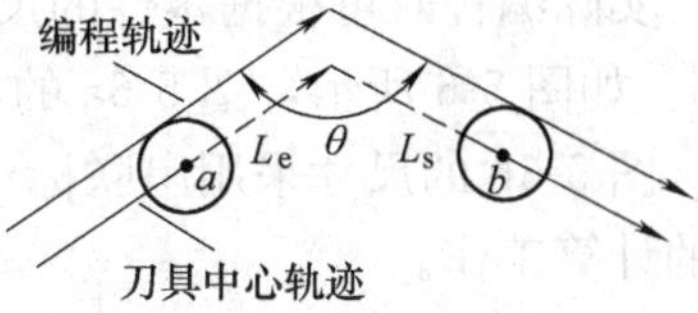

图 5-3　倍率实施的范围

使用 G62 功能时，进给倍率功能也有效，切削加工时的实际进给速度为：$F\times$（内拐角倍率）$\times$（进给倍率）。

3. 攻螺纹方式（G63）

如果指令了 G63，则该程序段及其后的程序段在执行时，进给速度倍率无效，即保持在 100%，进给保持功能也无效，切削进给在转入下一程序段前也不减速。

4. 切削进给方式（G64）

在这种方式下工作时，刀具在运动到指令的终点后不减速而继续执行下一个程序段，但该指令不影响 G00、G09 或 G60 中的定位或校验。

5. 暂停指令（G04）

暂停指令可以使本程序段执行结束时，延时一定的时间再开始执行下一个程序段。可以使用两种格式，即 G04 X__；与 G04 P__；。使用 X 时，必须用小数点且单位为 s；使用 P 时，不用小数点且单位为 ms。另外，在切削方式 G64 中，为了进行准确停止检查，可以指定暂停。当 P 和 X 都不指定时，执行准确停止。

锪孔加工时，为使孔底表面平整，刀具到达孔底后不能立即提刀，常使用 G04。图 5-4 中所示的锪孔加工，其程序如下：

G91 G01 Z-7. F60；

G04 X5.；（刀具在孔底停留 5s）

G00 Z7.；

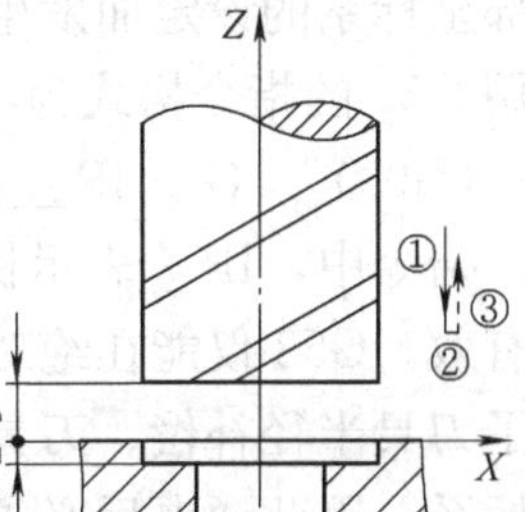

图 5-4　G04 编程举例

二、坐标系与平面选择指令

1. 绝对坐标编程与增量坐标编程指令（G90、G91）

（1）绝对坐标编程指令（G90）　绝对坐标编程指令可使程序中坐标尺寸值为绝对坐标值，即表示刀具位置的坐标值是相对于程序原点计算得到的。如图 5-5 所示，刀具从起始点 A 直线插补到目标点 B，用 G90 编程时的程序段为

G90 G01 X30.0 Y60.0 F100；

其中，X30.0 Y60.0 为 B 点相对于程序原点 X、Y 坐标绝对尺寸值。

（2）增量坐标编程指令（G91） 增量坐标编程指令可使程序中坐标尺寸值为相对坐标值，即刀具的坐标值是运动轨迹目标点相对于起始点（当前点）计算得到的。仍以图 5-5 为例，用 G91 编程时程序段应写成

G91 G01 X－40.0 Y30.0 F100；

其中，X－40.0 Y30.0 为 B 点相对于起始点 A 的相对坐标值。

实际编程时可根据零件的尺寸标注是按基准标注还是按串联标注来确定选用 G90 还是 G9l。如图 5-6 所示，图 5-6a 的尺寸都是根据零件上某一设计基准给定的，可以选用 G90 编程；图 5-6b 的尺寸采用串联标注方式，因此编程时选用 G91，这样可避免编程时各点坐标值的计算工作。

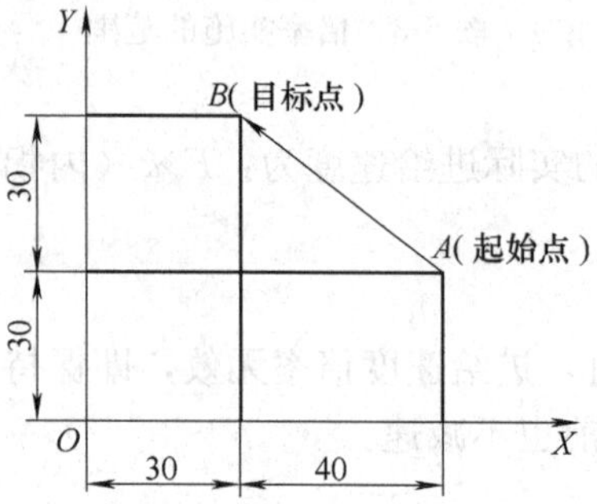

图 5-5 G90、G91 编程举例

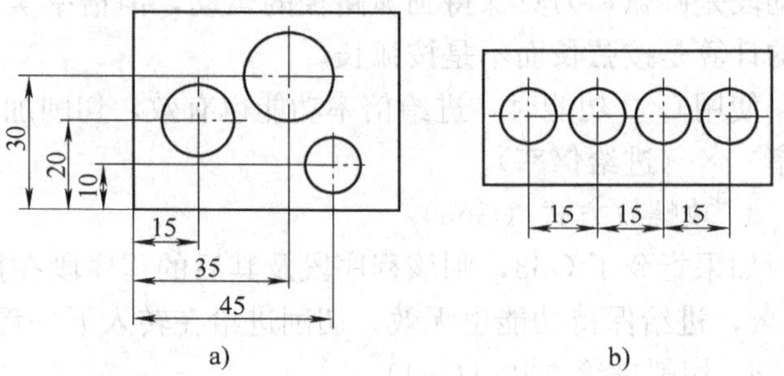

图 5-6 G90、G91 的选择

2. 机床坐标系选择指令（G53）

机床坐标系通过机床的手动或自动返回参考点操作建立后，不会因复位、工件坐标系或局部坐标系的设定而发生改变。执行 G53 指令，可使刀具按机床坐标系的坐标值快速移动。使用 G53 的指令格式为

（G90） G53 IP __；

指令中，IP __表示机床坐标系中的坐标值。G53 为非模态代码，仅在所指定的程序段中有效。G53 仅能在绝对值方式 G90 时使用，在 G91 状态下被忽略。当指定 G53 时，就取消了刀具半径补偿、刀具长度偏置及刀具位置偏置。在指定 G53 指令之前，必须设置机床坐标系，因此通电后必须进行手动返回参考点或由 G28 指令自动返回参考点。当机床采用的是绝对位置编码器时，就不需要机床回零的操作。G53 指令一般在加工中心上换刀时使用，立式加工中心只需指定 Z 轴，卧式加工中心需指定 Y 轴，但为安全起见也指定 Z 轴。

3. 工件坐标系设定指令（G92）

当用绝对坐标编程时，有三种方法可以设置工件坐标系，第一种方法是在 G92 之后指定坐标值。指定的坐标值一般是开始加工时刀具刀位点在工件坐标系中的坐标值。程序在执行 G92 坐标系设定指令时，可将该坐标值输入至数控系统的存储器内，从而在机床上建立起工件坐标系。坐标系设定指令的格式如下：

G92 X __ Y __ Z __；

X __ Y __ Z __为刀具上刀位点在工件坐标系中的初始位置，即刀具起刀点的位置。在执行 G92 指令之前应确认刀具刀位点已处于该位置。零件在加工之前，操作者通常要通过

测量对刀等手段将刀具刀位点调整到刀具起始点的位置，否则加工就不正确了。如图 5-7 所示，该图中设刀具刀位点经测量已调整到工件对称中心到顶面距离为 50mm 的位置，如果程序中坐标系设定指令为 G92X0Y0Z50.0；，则工件坐标系设置在工件顶面的位置（1）处，如果为 G92X50.0Y40.0Z50.0；，则工件坐标系原点位于工件左下角位置（2）处。使用 G92 坐标系设定指令编程时，应注意在程序结束之前一定要使刀具返回到刀具起始点的位置，以便于程序继续加工。

执行 G92 指令时，机床不动作，即 X、Y、Z 轴均不移动。但屏幕显示器上绝对坐标系的坐标值却发生了变化。为了验证坐标值的变化情况，可以选择单段运行方式，然后执行 G92 程序段，此时在屏幕显示器上，绝对坐标系的坐标值将发生变化，即执行后的显示值应与 G92 程序段中 X、Y、Z 所写坐标值一致。

利用 G92 可以实现多程序原点编程，图 5-8 所示为多程序原点编程的应用情况。为了便于编程中的数值计算，程序中首先在零件定位基准点建立坐标系，刀具在定位基准点对刀，对区域 1 加工时，刀具快速定位到 O_1 点，将程序原点定义在 O_1 点；对区域 2 加工时，刀具又快速定位到 O_2 点，再以 O_2 点为原点建立坐标系。加工完成后刀具又返回到程序起始位置。程序如下：

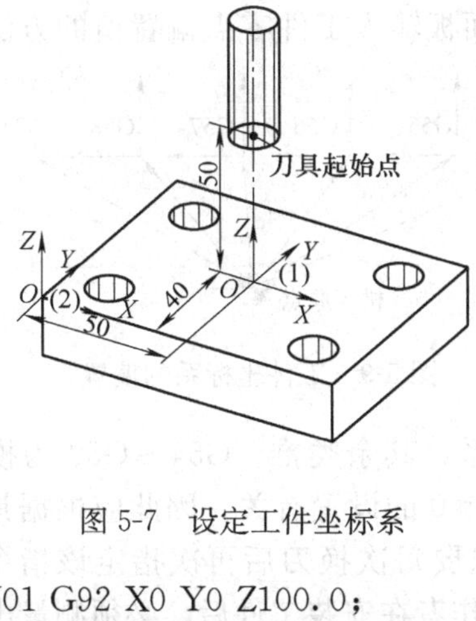

图 5-7　设定工件坐标系

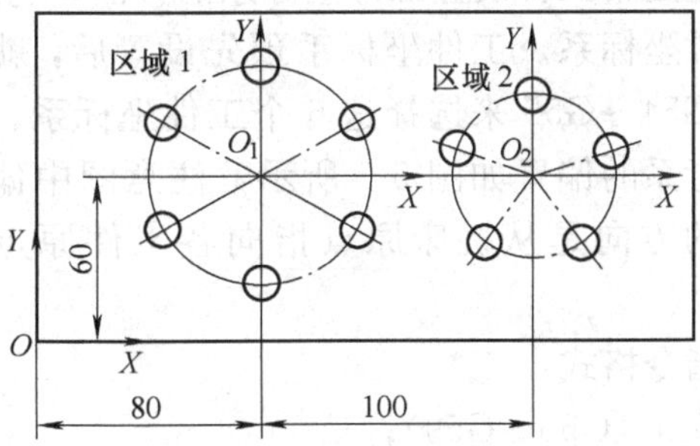

图 5-8　多程序原点编程举例

N01 G92 X0 Y0 Z100.0；　　(程序原点定义在定位基准点 O)
N02 G90 G00 X80.0 Y60.0；　　(刀具快速移动到 O_1 点)
N03 G92 X0 Y0 Z100.0；　　(程序原点定义在 O_1 点)
……　　(完成区域 1 加工)
N10 G00 X100.0 Y0 Z100.0；　　(刀具快速移动到 O_2 点)
N11 G92 X0 Y0 Z100.0；　　(程序原点定义在 O_2 点)
……　　(完成区域 2 加工)
N20 G00 X-180.0 Y-60.0 Z100.0；　　(刀具快速返回到定位基准点 O)
N21 M30；　　(程序结束)

以上程序中，如考虑安全因素，N10 与 N20 程序段中的 Z100.0 快速提刀运动可安排在前一程序段完成；而且这个提刀运动是必需的，否则下一程序段中程序原点设定的位置就不正确了。

利用 G92 设定工作坐标系的编程方法在单件手动换刀的加工条件下尚有应用，每次手动换刀后，无需设置参数，程序中也不使用刀具长度偏置指令。当一个工件加工需多工序多刀加工时，只需在第 1 次对刀时调整好 X、Y 平面原点位置，每次换刀后仅刀长会发生变化，因此仅在 Z 轴方向对刀即可。用 G92 编程的不足之处是，当因某种原因而造成程序中途停止时，再次启动程序前必须再次手动将刀具刀位点调整到起刀点位置。

与用 G92 设定工件坐标系类似的方法是自动设置工件坐标系，这是设定工件坐标系的第二种方法，无需任何指令。若预先将参数 No. 1201＃0（SPR）设为 1，当执行手动返回参考点后，就自动设定了工件坐标系。其结果是，刀具夹头的基准点或刀具的刀位点即位于 $X=\alpha$，$Y=\beta$，$Z=\gamma$ 处，这与在参考点位置执行 G92X $\underline{\alpha}$ Y $\underline{\beta}$ Z $\underline{\gamma}$；的结果是一致的。尽管这种编程方法在数控铣床或加工中心的编程中极少应用，但它会对用 G54～G59 编程时的编程习惯产生一些影响。由于加工中心的换刀点大多设置在参考点位置，当用 G28 执行自动参考点返回时，已设置的工件坐标系就会被这个坐标系所取代，因此每次换刀后在刀具运动之前，还要再次使用 G54～G59 之一选择工件坐标系，即使工件坐标系的选择没有变化。与此形成对照的是数控车床的编程，由于数控车床的刀具偏置是在 X、Z 轴方向共同进行的，通过刀具长度补偿完全取代了工件零点偏置，因此加工中可以不用 G50 同时也不用 G54～G59。

4．工件坐标系选择指令（G54～G59）

这是第三种设置工件坐标系的方法，它通过 MDI 面板输入工件零点偏置值的方法来设置工件坐标系。工件坐标系预先设置后，就可以用 G54～G59 来选择这 6 个工件坐标系。工件坐标系的偏置如图 5-9 所示，注意图中偏置矢量的方向是从机床原点指向各工件原点的方向。

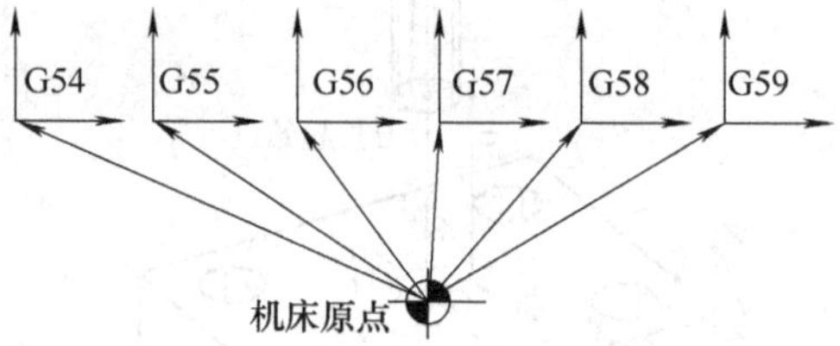

图 5-9　工件坐标系的偏置

指令格式：

G54（G55～G59）；

用 G54 选择的工件坐标系通常称为第 1 工件坐标系，其余类推。G54～G59 为模态指令，但返回参考点后是否保持其状态却与参数 No. 1201＃0 的设置有关，因此应根据具体机床加以确认。但正如前面用 G92 编程时所述的那样，只要每次换刀后再次指定该指令，加工就可正常进行。采用 G54～G59 设定工件坐标系，操作者在安装工件后，必须测量出工件坐标系原点相对于机床坐标系原点的偏置值，并写入偏置存储器中，其后通过程序中的工件坐标系选择指令 G54～G59 来选择。以使用 G54 工件坐标系编程为例，操作者应进行以下工作：

1）根据装夹图把工件（或夹具）安装到机床工作台上。

2）通过机床手动返回参考点的操作，在机床上建立起基本机床坐标系。

3）分别测量 X、Y、Z 轴方向上 G54 工件坐标系原点对基本机床坐标系原点的偏置值。

4）在 MDI 方式下，找到与 G54 对应的偏置存储器位置并输入偏置值。

由于使用 G54～G59 工件坐标系编程，必须事先进行上述工件原点偏置值的测量输入工作，这在操作上可能比用 G92 坐标系设定指令要繁琐一些。但在加工中心上加工零件时，一般要求自动换刀，而自动换刀后刀具的起始位置一般不是 G92 坐标系设定指令给出的位置，在使用时用 G92 远不如用 G54～G59 方便。因此，对于要求自动换刀的程序，编程时使用 G54～G59 成为目前最为普遍的方法。

为描述立式加工中心上刀具依照工件坐标系移动的情况，图 5-10 给出了机床主轴运动的示意图。如图 5-10 所示，设工件原点偏置值的设置工作已完成，执行以下程序：

G90 G54 G00 X100.0 Y50.0 Z200.0；

主轴前端中心将快移到 G54 坐标系中 X100.0Y50.0Z200.0 的位置。

使用 G54～G59 编程的另一个方便之处是，由于所有工件坐标系原点都是相对于机床原点而建立的，程序执行之前不必考虑刀具的起始位置，执行程序时，刀具总可以走到程序中指定的位置。

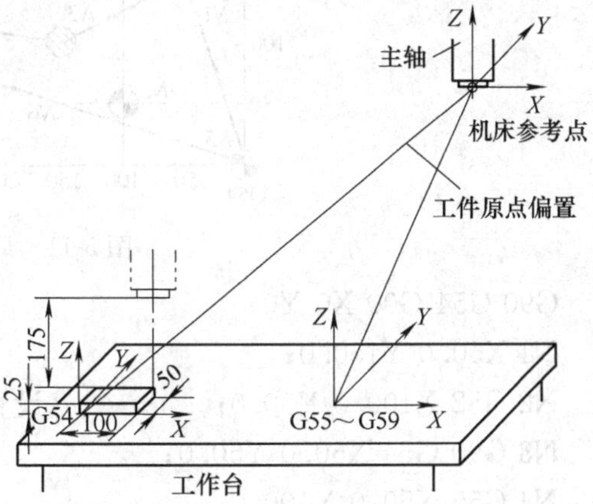

图 5-10　工件坐标系与机床坐标系的关系

5. 变更工件零点偏置值指令（G10）

指令格式：　G10 L2 Pn IP __；

其中，用 Pn 指定要改变的工件坐标系，P0 为外部工件零点偏置，通过改变外部工件零点偏置存储器 00 中的偏置值，可以使 G54～G59 共 6 个坐标系原点同时偏移，各轴偏移量在 0～±7.999mm 的范围内。用 P1～P6 分别指定工件坐标系 1～6，以便对其中一个工件坐标系进行偏置值设置。IP 指令各轴工件原点偏置量，可用绝对值，也可用增量值。当使用绝对值指令 G90 时，设置值为每个轴的工件零点偏移值；当选择增量值指令 G91 时，将设置值加到原有的偏置值上，相加的结果作为新的工件零点偏置值。

6. 附加工件坐标系指令（G54.1 或 G54）

除了可以选择 G54～G59 共 6 个标准工件坐标系外，还可选择 48 个附加工件坐标系，最多可选择 300 个附加工件坐标系。

指令格式：

G54.1 Pn；或 G54 Pn；

指令中 n＝1～48。当 P 代码和 G54.1 或 G54 一起指定时，就可从坐标系 1～48 中选择相应的附加工件坐标系。如 G54.1 P1；选择附加工件坐标系 1，…，G54.1 P48；选择附加工件坐标系 48。附加工件零点偏置值的设置方法与 G54～G59 一样，除通过 OFFSET 功能键显示和设置外，也可通过 G10 编程设定。编程的指令格式为 G10 L20 Pn IP __；用 Pn 指定工件零点偏移值的代码，n＝1～48，用 IP __设定工件零点偏移值的轴地址和偏移值。绝对值或增量值指定的含义与上述一致。G54.1 P1；可省略为 G54.1；其余则不能。

7. 局部坐标系的设定与取消指令（G52）

指令格式：

G52 IP __；

使用 G54～G59 工件坐标系编程时，还可以用 G52 设置局部坐标系，这相当于在该坐标系下的子坐标系。G52 指令中的 IP 值对 G54～G59 同时施加影响，这表示局部坐标系对任何当前使用的工件坐标系均有效。如果要取消局部坐标系，只需执行 G52 IP0 即可。用以下程序说明 G52 的应用，该程序的刀具轨迹如图 5-11 所示。

O0001；

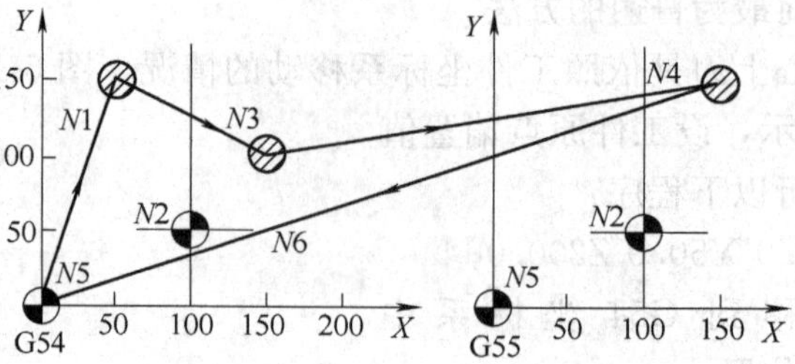

图 5-11　局部坐标系的应用

G90 G54 G00 X0 Y0；

N1 X50.0 Y150.0；

N2 G52 X100.0 Y50.0；　　　　　（设置局部坐标系，没有轴移动）

N3 G90 G54 X50.0 Y50.0；

N4 G55 X50.0 Y100.0；

N5 G52 X0 Y0；　　　　　　　　（取消局部坐标系，没有轴移动）

N6 G54 X0 Y0；

M30；

8. 坐标平面选择指令（G17、G18、G19）

如图 5-12 所示，右手直角坐标系的三个互相垂直的坐标轴 X、Y、Z 分别构成三个坐标平面，即 XY 平面、ZX 平面和 YZ 平面。坐标平面选择指令一般用于选择圆弧插补、螺旋线插补时的插补平面和刀具半径补偿时的补偿平面。另外，如坐标系旋转、极坐标编程等指令也要求预先选择坐标平面，其中：

G17——XY 平面选择

G18——ZX 平面选择

G19——YZ 平面选择

以图 5-13 所示零件上的圆弧槽加工为例，铣圆弧面 1 时，刀具在 ZX 平面内走圆弧，必须用 G18 指定；铣圆弧面 2 时，刀具在 YZ 平面内走圆弧，必须用 G19 指定。由于铣削加工大都在 XY 平面内加工，程序中一旦指令了 G18 或 G19，则在执行该指令结束后，应立即用 G17 指令返回到 XY 平面，以免执行后面程序时出现加工错误。

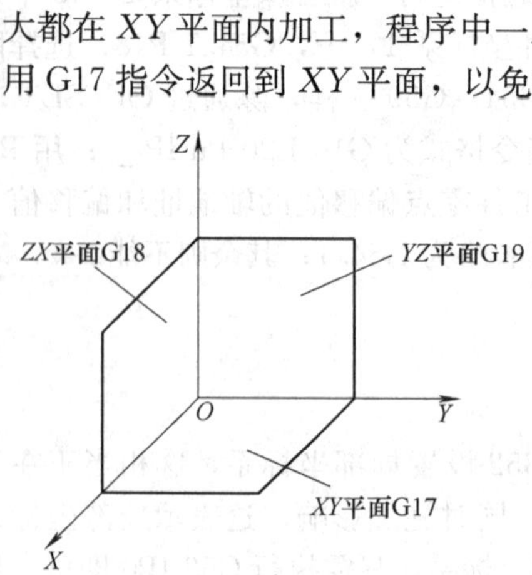

图 5-12　坐标平面选择

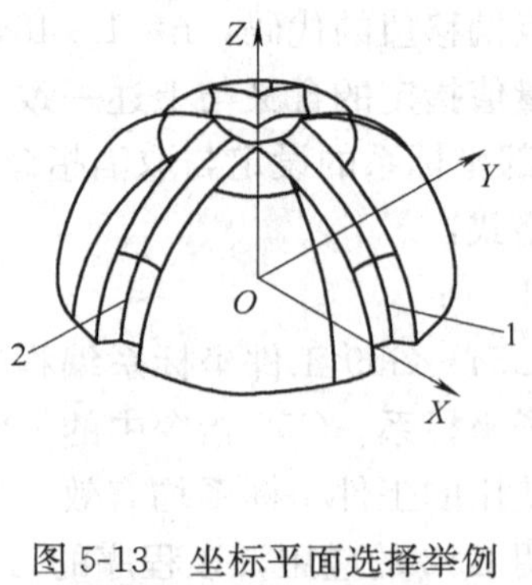

图 5-13　坐标平面选择举例

三、快速定位与插补功能指令

1. 快速点定位指令（G00）

用G00指定点定位，命令刀具以点位控制方式，从刀具所在位置以快速移动速度到达目标点。

指令格式：　G00 IP __；

IP表示目标点的坐标，绝对坐标编程时为目标点在工件坐标系中的坐标值；增量坐标编程时为目标点相对于起点的增量坐标值。实际编程时，IP可以用X、Y、Z的任意组合表示。

如图5-14所示，命令刀具从A点快速移动到B点，其程序为

G90 G00 X90.0 Y70.0；（绝对坐标编程）

G91 G00 X70.0 Y50.0；（增量坐标编程）

机床快速移动速度无须指定，而是由机床制造厂商决定并通过参数设定。快速移动的轨迹根据控制系统的不同，可能有所不同。对于FANUC 0i-MC数控系统，可以通过参数No.1401#1（LRP）设置为非直线插补定位方式或直线插补定位方式。非直线插补定位时，刀具以每轴的快速移动速度定位，刀具轨迹为一折线；直线插补定位时，刀具轨迹与直线插补G01轨迹相同，并以不大于每轴的快速移动速度在最短时间内定位。注意即使设置了直线插补正位，在执行G28以及G53中的快速移动时，仍执行非直线插补定位。

2. 单方向定位指令（G60）

对于要求精确定位的孔加工，使用G60取代G00可以实现单方向定位，从而达到消除因间隙而引起的加工误差，实现精确定位的目的。定位时的方向与过冲量均由参数No.5440设定，即使指令的定位方向与设定的方向一致时刀具也要在到达终点前停一次。单方向定位动作如图5-15所示。G60可为非模态代码，也可为01组G代码，参数设置见表5-1的说明。

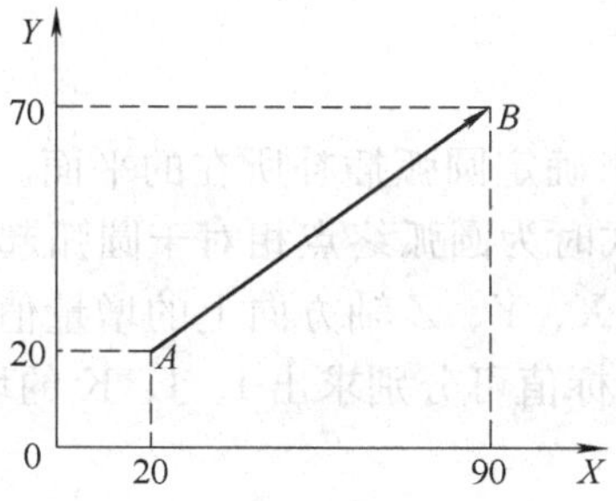

图5-14　G00编程举例

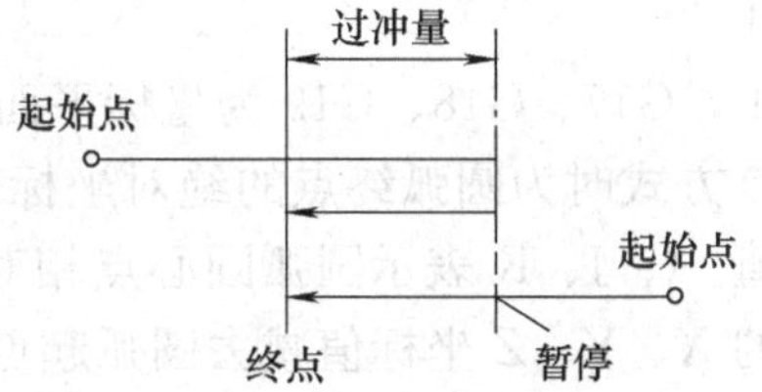

图5-15　单方向定位动作

指令格式：　G60 IP __；

IP含义同G00。当G60指定为01组G代码时，无须每次定位时都指定，并可被01组其他代码（如G00）所取代。G60代码使用有如下限制：①在钻孔固定循环期间，Z轴不执行单方向定位；②没有参数设置过冲量的轴或指定移动距离为0时，不执行单方向定位；③镜像不影响参数设定的方向；④固定循环G76和G87中的偏移运动不执行单方向定位。

3. 直线插补指令（G01）

用 G01 指定直线插补，其作用是指令两个坐标（或三个坐标）以联动的方式，按指定的进给速度，插补加工出任意斜率的平面或空间直线。

指令格式：　G01 IP _ F _；

其中 IP 符号的意义与前述一致，F _指定刀具在进给方向上的进给速度。G01 与 F 都是模态指令，第 1 次指定 G01 时必须含有 F 指令，如无 F 指令则认为进给速度为零。

如图 5-16 所示，刀具从起点 *A* 沿 *AB* 切削，程序为

G90 G01 X60. Y50. F100；（绝对坐标编程）

G91 G01 X40. Y30. F100；（增量坐标编程）

4. 圆弧插补指令（G02、G03）

用 G02、G03 指定圆弧插补。G02 表示顺时针圆弧插补；G03 表示逆时针圆弧插补。圆弧顺逆的判断如图 5-17 所示。判断的方法是：沿圆弧所在平面（如 *X*、*Y*）的另一个坐标的负方向（−*Z*）看去，顺时针为 G02；逆时针为 G03。

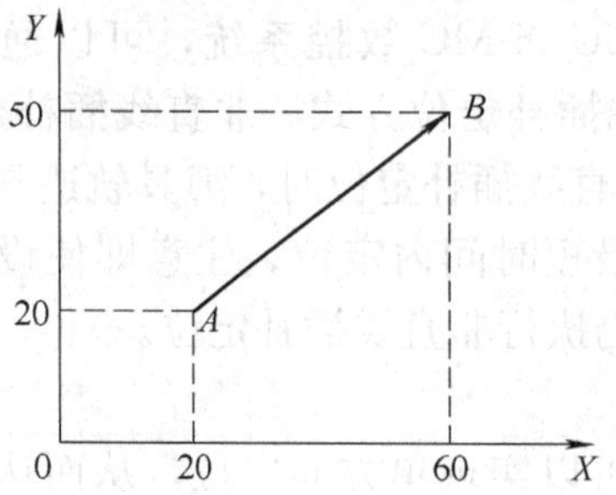

图 5-16　G01 编程举例

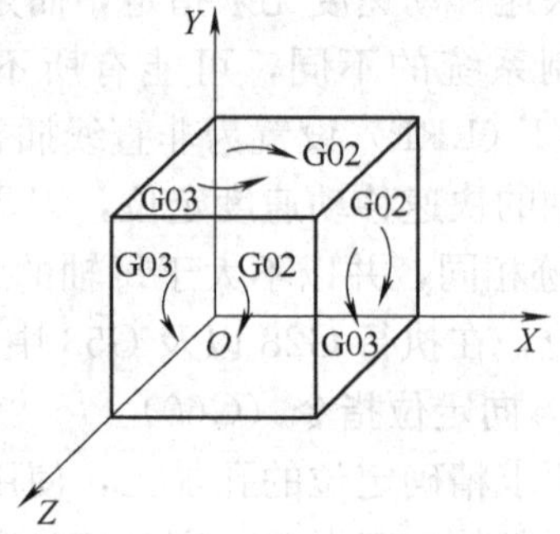

图 5-17　圆弧顺逆的判断

指令格式：

$$\begin{Bmatrix} G17 \\ G18 \\ G19 \end{Bmatrix} \begin{Bmatrix} G02 \\ G03 \end{Bmatrix} \begin{Bmatrix} X\_\ Y\_\ I\_\ J\_ \\ X\_\ Z\_\ I\_\ K\_ \\ Y\_\ Z\_\ J\_\ K\_ \end{Bmatrix} F\_;$$

其中，G17、G18、G19 为坐标平面选择指令，用来确定圆弧插补所在的平面。X、Y、Z 在 G90 方式时为圆弧终点的绝对坐标值；在 G91 方式时为圆弧终点相对于圆弧起点的增量坐标值。I、J、K 表示圆弧圆心点相对于圆弧起点在 *X*、*Y*、*Z* 轴方向上的增量值，即以圆心点的 *X*、*Y*、*Z* 坐标值减去圆弧起点的 *X*、*Y*、*Z* 坐标值可分别求出 I、J、K 的增量值。I、J、K 坐标值一律使用增量值而与 G90 或 G91 方式无关。

注意：I、J、K 为零时可以省略。

下面以图 5-18 为例，说明 G02、G03 的编程方法。设刀具从 *A* 点开始沿 *A*、*B*、*C* 移动，用绝对坐标编程：

G92 X200. Y40. Z0；

G90 G03 X140. Y100. I-60. F100；

G02 X120. Y60. I-50.；

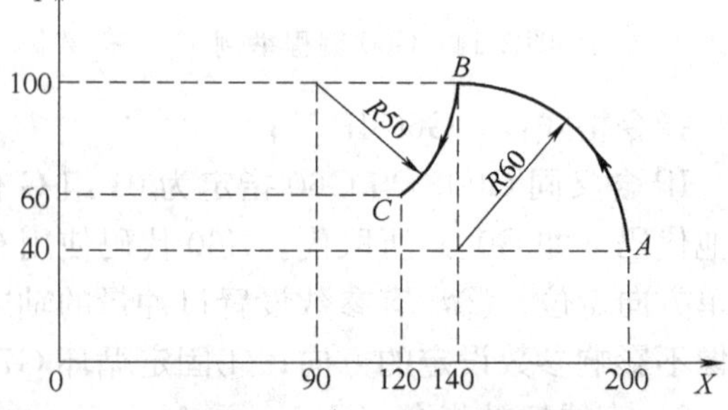

图 5-18　G02、G03 编程举例

用增量坐标编程：

G91 G03 X-60. Y60. I-60. F100；

G02 X-20. Y-40. I-50.；

图 5-19 所示为一封闭圆，现设刀具起始点在坐标系原点 O。加工时从 O 点快速移动至 A 后逆时针加工整圆，用绝对坐标编程：

G92 X0 Y0 Z0；

G90 G00 X30.0；

G03 I-30.0 F100；

G00 X0；

用增量坐标编程：

G91 G00 X30.0；

G03 I-30.0 F100；

G00 X-30.0；

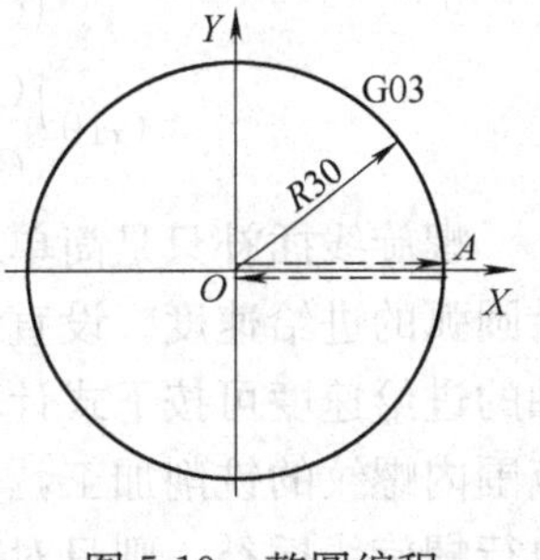

图 5-19　整圆编程

圆弧插补也可以用圆弧半径 R 代替 I、J、K 指定圆心点位置。指令格式如下：

$$\begin{Bmatrix} G17 \\ G18 \\ G19 \end{Bmatrix} \begin{Bmatrix} G02 \\ G03 \end{Bmatrix} \begin{Bmatrix} X\_\ Y\_ \\ X\_\ Z\_ \\ Y\_\ Z\_ \end{Bmatrix} R\_\ F\_;$$

用 R 编程时，如图 5-20 所示，由于满足半径 R 的圆心点实际上有两个，因此从起点 A 到终点 B 的圆弧也有两个，即圆弧段 1 和圆弧段 2。为了区别二者，特规定圆弧所对应的圆心角小于等于 180°时（圆弧段 1）用 $+R$；圆心角大于 180°并且小于 360°时（圆弧段 2）用 $-R$。对于图示的两段圆弧编程如下：

1）圆弧段 1：

G90 G02 X20. Y-15. R25. F100；

或　G91 G02 X40. Y0 R25. F100；

2）圆弧段 2：

G90 G02 X20. Y-15. R-25. F100；

或　G91 G02 X40. Y0 R-25. F100；

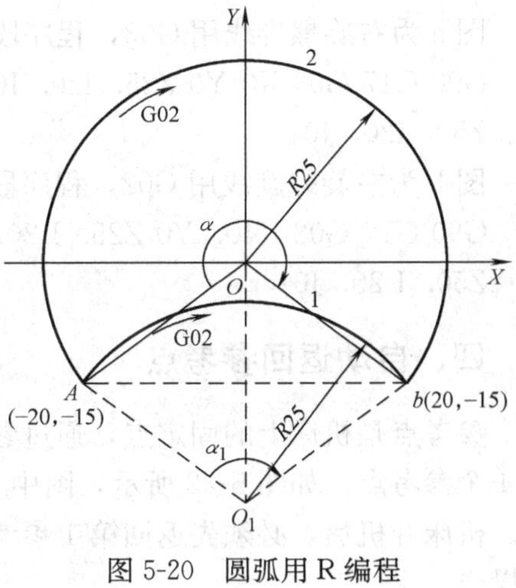

图 5-20　圆弧用 R 编程

圆弧插补编程时有以下注意事项：

① F 指定的速度是沿圆弧切向的进给速度。

② 如果在编程时，I、J、K、R 同时出现在程序段中，则根据 R 值加工圆弧。

③ 如果采用 I、J、K 编程时未使用 X、Y、Z，则刀具按整圆运动；如果圆弧插补程序段中只有 R，则刀具不移动。

④ 如果用 R 编程时程序段中未出现 R，则刀具作直线移动。

5. 螺旋线插补指令（G02、G03）

圆弧插补时，如果在垂直于插补平面的方向上有同步的直线轴移动，则构成了螺旋线插补运动。因此，螺旋线插补的指令格式与圆弧插补的指令格式相似，用 G02 表示顺时针螺旋线插补；用 G03 表示逆时针螺旋线插补。

指令格式：

$$G17\begin{Bmatrix}G02\\G03\end{Bmatrix}X\_\ Y\_\begin{Bmatrix}I\_\ J\_\\R\_\end{Bmatrix}Z\_\ F\_;$$

$$G18\begin{Bmatrix}G02\\G03\end{Bmatrix}X\_\ Z\_\begin{Bmatrix}I\_\ K\_\\R\_\end{Bmatrix}Y\_\ F\_;$$

$$G19\begin{Bmatrix}G02\\G03\end{Bmatrix}Y\_\ Z\_\begin{Bmatrix}J\_\ K\_\\R\_\end{Bmatrix}X\_\ F\_;$$

螺旋线插补只是简单地加上与圆弧插补平面垂直的轴的移动。指令的进给速度 F 仍为沿圆弧的进给速度。设直线进给速度以 $F_{直线}$ 表示，圆弧插补的进给速度以 F 表示，则直线轴的进给速度可按下式计算确定：$F_{直线}/F$＝直线轴位移/圆弧弧长。螺旋线插补可用于一定范围内螺纹的铣削加工，也可用于刀具切入工件时的螺旋线下刀。如果在刀具半径补偿期间执行螺旋线插补，则只对圆弧进行刀具半径补偿。

以 G17 平面内螺旋线插补为例，X、Y、Z 为螺旋线的终点坐标；I、J 为圆心点相对于螺旋线起点在 X、Y 坐标平面内的增量坐标，也可用半径 R 代替 I、J 指定圆心点的位置。螺旋线插补指令中圆弧的圆心角不能超过 360°，当需要指定多圈时，每 1 圈就要写一个程序段。

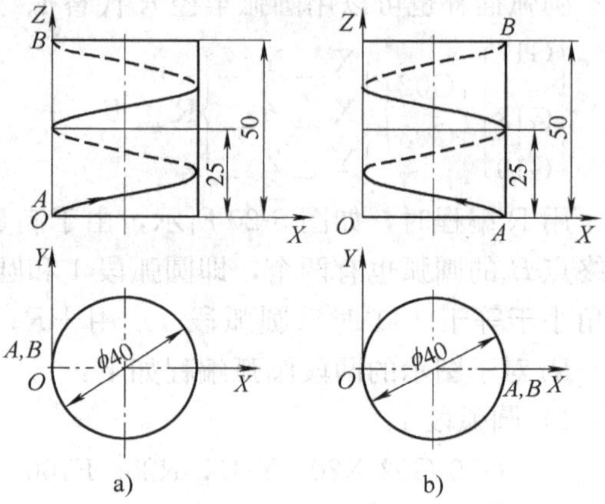

图 5-21　螺旋线插补

刀具按螺旋线插补运动时，可根据刀具在插补平面内圆运动方向决定用 G02 或 G03。如图 5-21 所示，刀具从 A 点按螺旋线运动到 B 点，采用绝对坐标编程。

图 a 为右旋螺旋线用 G03，程序段为

G90 G17 G03 X0 Y0 Z25. I20. J0 F100；

Z50. I20. J0；

图 b 为左旋螺旋线用 G02，程序段为

G90 G17 G02 X40. Y0 Z25. I-20. J0 F100；

Z50. I-20. J0；

四、自动返回参考点

参考点是机床上的固定点，通过参数 No. 1240～No. 1243 的设置，可在机床坐标系中设置 4 个参考点。如图 5-22 所示，图中参考点即指第 1 参考点，一般可设置成与机床零点重合。机床开机后，必须先返回第 1 参考点，否则不能进行其他操作。

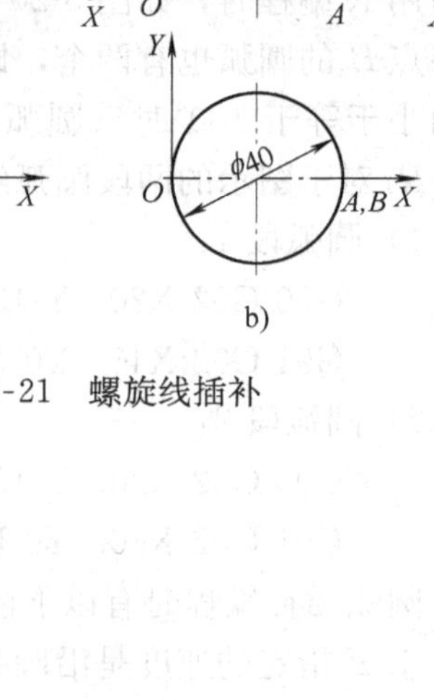

图 5-22　机床零点和参考点

1. 返回参考点校验（G27）

格式　G27 IP＿；

利用此功能可检查刀具能否正确地返回到参考点。指令在执行时，刀具将按指定的轴作快速点位运动。如果刀具已沿某轴返回到参考点，该轴的指示灯就亮，若不能到达参考

点，则产生No.092报警。指令中IP＿可以是X、Y、Z轴的任意组合，可以用绝对值，也可用增量值。使用该指令应注意以下几点：

1）假如不要求每次都执行G27指令，应在该指令前加上“/”，以便在不需要校验时，跳过该程序段。

2）若希望执行该指令后程序停止，可在该程序段后加上M00或M01指令，否则程序将不停止而继续执行后面的程序段。

3）在执行该指令前应先取消刀具补偿。否则，刀具到达的位置是加上补偿量的位置而不是参考点的位置，因而参考点指示灯也不亮。

2. 自动返回参考点（G28）

格式　G28 IP＿；

执行这条指令，可以使刀具以点位方式经中间点快速返回到参考点，中间点的位置由这条指令后面的IP坐标值所指定。使用该指令应注意以下几点：

1）只有指定了中间点的轴才执行自动返回参考点，未指定的轴则不运动。

2）若在刀具长度偏置方式中使用了G28（包括G30），刀具在到达参考点时，取消刀具长度偏置。但若写成G49 G28 Z＿；刀具移动到中间点时，刀具长度偏置即取消。

3）指定了中间点的坐标值将被存储，而本次未指定的轴，按以前的存储值记忆。

3. 自动从参考点返回（G29）

格式　G29 IP＿；

执行这条指令，可以使刀具从参考点出发，经G28指定过的中间点到达由这条指令后面IP所指定的坐标位置。这条指令在使用时应与G28指令成对使用。由于有中间点的限制，刀具的运动不是直接到达指定的终点，如要直接移动到终点，可以用G00编程。

在编程中使用G28，主要目的是换刀。如图5-23所示，设加工后刀具已定位到A点，取B点为中间点，C点为执行G29时应到达的点，则程序如下；

G91 G28 X100. Y100.；

M06；

G29 X300. Y-170.；

……

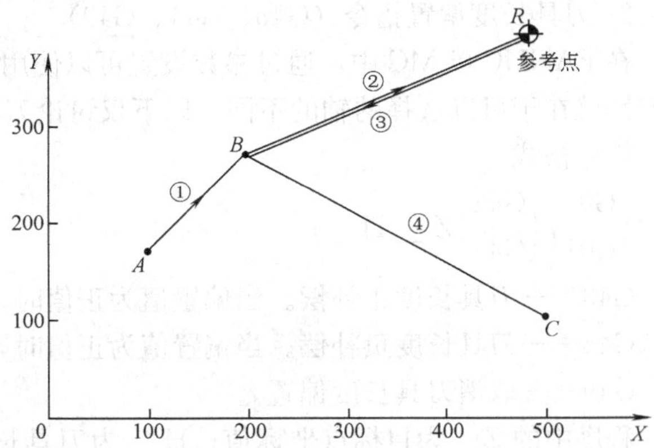

图5-23　G28与G29应用例

此程序执行时，首先执行G28，刀具从A点出发，按动作①到达中间点B，再按动作②移动到参考点R。刀具到达参考点后，执行M06自动换刀。换刀完成后再执行G29指令，刀具从参考点出发，按动作③移动到中间点B，再按动作④移动到由G29指定的终点C。程序用G91编程，因此X300. Y-170. 为B点至C点的增量坐标值。

4. 自动返回第2、3、4参考点（G30）

格式　G30 Pn IP＿；

指令中n＝2、3、4，表示选择第2、3、4参考点。若省略Pn，则表示自动返回第2

参考点。IP __表示中间点的坐标值，与 G28 中含义相同。由于某些机床自动换刀时，换刀参考点的位置不在第一参考点，不能用 G28 指令，通常可以用 G30 指令。如果 G30 后的程序段紧接着 G29 指令，则在执行 G29 时的运动过程与 G28 指令后接 G29 的运动过程相同。

五、刀具长度偏置

1. 刀具长度偏置的目的

刀具长度偏置一般用于刀具轴向（Z 方向）的偏置，它使刀具在 Z 方向上的实际位移量比程序给定值增加或减少一个偏置量，这样当刀具在长度方向的尺寸发生变化时，可以在不改变程序的情况下，通过改变偏置量，使刀具到达给定的 Z 轴深度位置。

以图 5-24 所示钻孔为例，图 a 表示用标准长度的钻头钻孔，钻头快速下降 L_1 后以切削进给的速度下降 L_2，钻出要求的孔深；图 b 表示钻头经刃磨后长度方向上尺寸减少了 ΔL，如仍按原程序运行而未对刀具的磨损进行补偿，则钻孔深度也将减少 ΔL。要改变这一状况，靠改变程序是非常麻烦的，而使用刀具长度偏置功能则可以通过修改刀具长度偏置值的方法加以解决。图 c 表示修改长度偏置值后，使钻头快速下降的深度变为 $L_1+\Delta L$，钻孔时就可以使刀具加工到图样上给定的钻孔深度。

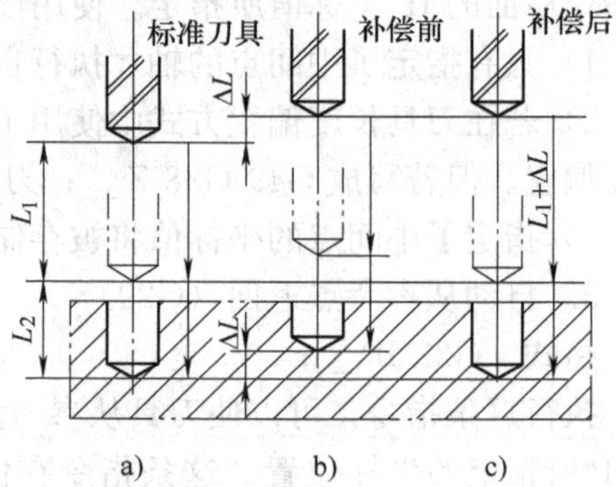

图 5-24 刀具长度补偿示例

2. 刀具长度偏置指令（G43、G44、G49）

在 FANUC 0i-MC 中，通过参数设置可以使用刀具长度偏置 A、B 或 C。三种偏置方法的差别就在于可以选择的轴的不同。以下仅讨论刀具长度偏置 A。

指令格式：

$$\begin{Bmatrix} G00 \\ G01 \end{Bmatrix} \begin{Bmatrix} G43 \\ G44 \end{Bmatrix} Z\_\_\ H\_\_;$$

G43——刀具长度正补偿。当偏置值为正值时，刀具沿正向偏移；

G44——刀具长度负补偿。当偏置值为正值时，刀具沿负向偏移；

G49——取消刀具长度偏置。

程序中的 Z __为目标点坐标值；H __为刀具长度偏置值的存储地址。执行程序前应在 MDI 方式下输入刀具长度偏置值。

使用 G43 或 G44 时，不管用绝对值还是用增量值编程，程序中指定的 Z 轴移动值都要与 H 代码所对应的存储器地址中的偏移量进行运算。G43 时相加；G44 时相减。然后把运算结果作为 Z 轴终点坐标值进行刀具的移动。G43、G44 均为模态代码，除用 G49 可以立即取消刀具长度偏置外，如果指定了 H00 或使用了 G53、G28、G30，刀具长度偏置都将取消。

关于 Z 轴终点坐标值与 H 代码补偿值的运算，通过如下程序段进一步说明如下：

G00 G43 Z100. H01；

用 H 指定偏置量存储器的地址，偏置号为 01，若在该地址中存入"－200."，则执行该指令时，将用 Z 坐标值 100. 与 H01 中所存“－200.”进行“＋”运算，即 100.＋(－200.)＝－100.，并将所求结果作为 Z 轴移动值。若为 G90 方式，则移到 Z－100. 的位置；若为 G91 方式，则沿 Z 轴负方向移动 100mm。

由于补偿值的设置可正可负，编程时只需使用 G43。这样操作者在输入补偿值时，若需正向偏移（刀长），就输入正值；若需负向偏移（刀短），就输入负值。

3. 编程举例

例 1 用 G43 指令编程加工图 5-25 所示的孔。图中 A 为程序起点，加工路线为①→②→③→④→⑤→⑥→⑦→⑧→⑨。刀具安装后，刀尖的实际位置比编程给定的位置长出 4mm，则可按刀具正向偏移的要求，在 H01 存储器中存入偏置量正值“4.000”，然后执行如下程序：

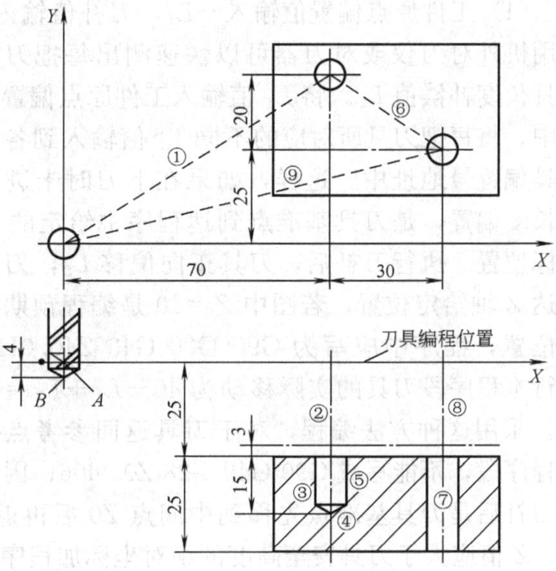

图 5-25　G43 编程举例

O0001；	（程序号 O0001）
G91 G00 X70. Y45. S600 M03；	（增量方式，刀具快速定位到第 1 个孔）
G43 Z-22. H01；	（刀具长度正补偿，实际下刀距离为 18mm）
G01 Z-18. F100 M08；	（钻 15mm 深的孔，切削液开）
G04 X2.；	（暂停指令，刀具在孔底暂停时间为 2s）
G00 Z18.；	（快速提刀到零件表面以上 3mm）
X30. Y-20.；	（刀具快速定位到第 2 个孔）
G01 Z-33. F100；	（加工通孔，钻尖钻出孔底面 5mm）
G00 G49 Z55. M09；	（刀具沿 Z 轴快速返回并取消刀补，切削液关）
X-100. Y-25.；	（刀具 X、Y 方向返回到初始位置）
M30；	（程序结束）

4. 加工中心加工时刀具长度偏置值的设置方法

上例在讨论刀具长度偏置的应用时，仅考虑一把刀因磨损或更换新刀而需重新设置刀具长度偏置值的情况。在加工中心上加工零件时，需将多把刀具事先安装到刀库上。当这些刀具从刀库调到主轴上时，因刀具长度各不相同，为使每把刀具下刀时都能到达程序中指定的位置，必须正确设置每把刀具的长度偏置值。

由于刀具沿 Z 轴的移动位置不仅与刀具长度偏置值的设置有关，而且与 Z 轴方向工件零点偏置值的设置有关，因此在设置刀具偏置值和工件零点偏置值时应视具体情况而定。首先以图 5-26 为例说明机床原点、刀具基准点、刀位点及工件原点之间的关系。图中，假定刀具基准点位于主轴中心线与主轴前端面的交点处，当主轴沿 Z 轴方向返回参考点后，刀具基准点与机床原点重合。图中刀具刀位点位于刀底中心。工件安装之后，程序原点设在工件顶平面。依据测量条件和测量手段的不同，操作者可选择以下三种方案之一种进行工件原点偏置值及刀补值的输入。

（1）工件原点偏置值输入$-L_1$，刀补值输入L_2　使用工件测量头可以快速测量出L_1，使用机外对刀仪或对刀器可以快速测出每把刀具的刀具长度补偿值L_2。将L_1值输入工件原点偏置存储器中，将每把刀具所对应的不同L_2值输入到各自的刀具偏置号地址中。这样，如果在下刀时未进行刀具长度偏置，是刀具基准点到达程序中给定的Z轴坐标位置。执行刀补后，刀具正向偏移L_2，刀位点到达Z轴给定位置。若图中$Z=40$是编程预期下刀的位置，程序中应写为 G90 G00 G43 Z40.0H __；执行本程序段刀具的实际移动为$40-L_1+L_2=40-L_3$。采用这种方法编程，对于刀具返回参考点换刀的程序段，不能写成 G90 G49 G28 Z0 M06；因为取消刀补后是刀具基准点先移到中间点 Z0 后再返回参考点，刀具下降会引起撞刀事故的发生。Z值应大于刀具安全高度的绝对坐标加程序中使用的最长刀具的刀补值之和。

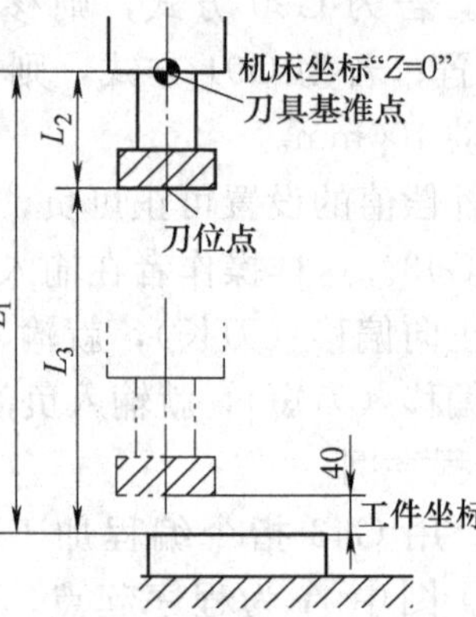

图 5-26　刀补值的确定

（2）工件原点偏置值输入 0，刀补值输入$-L_3$　工件原点偏置值输入 0，表示操作者未在Z轴方向进行工件原点偏置的操作，工件坐标系原点在Z轴方向上与机床原点重合。但因$-L_3=-L_1+L_2$，执行程序时仍可产生正常的Z轴移动。此法适合于直接对刀的刀具测量方法，每把刀具安装后，刀具下降使刀位点与工件 Z0 表面刚好接触时，屏幕上显示的机床坐标系的Z轴坐标值即为该刀具的长度偏置值。采用这种方法编程，对于刀具返回参考点换刀的程序段，可以写成 G90 G49 G28 Z0 M06；其中Z轴坐标值不应大于 0，否则中间点超出Z轴行程极限，会引起Z轴超程报警。

（3）工件原点偏置值输入$-L_3$，刀补值输入 0　这种输入方法一般是选取程序中第一把刀或程序中长度最长的刀作为基准刀，测出L_3后输入到工件原点偏置存储器中，而该刀的刀具长度补偿值输入 0。操作者对刀时，当基准刀的刀位点与工件坐标系 Z0 表面刚好接触时，将相对坐标的显示值清除为零。其他刀具用同样方法对刀，但输入的刀补值为该刀具对刀时的相对坐标显示值。这种方法当程序返回参考点换刀时，如果是用最长的刀具作为基准刀，则其中间点Z值取大于安全高度的绝对值即可。

编程员为了能正确处理执行 G28 时，Z轴中间点的坐标值，应与机床操作人员进行事先约定。也有编程人员用 G91 G28 Z0 M06；，将当前点作为中间点，这样编程时注意后面一定要及时换回到 G90。

六、刀具半径补偿

1. 刀具半径补偿的目的

当使用半径为R的圆柱铣刀加工零件轮廓时，刀具中心的运动轨迹并不与零件的轮廓重合，而是偏离零件轮廓一个刀具半径R的距离。如果数控装置不具备刀具半径自动补偿功能，则编程人员只能按刀心轨迹编程，其数值计算有时相当复杂。尤其当由于刀具磨损、重磨、更换新刀而导致刀具直径变化时，必须重新计算刀心轨迹，对原有程序进行修改后才能继续加工。数控机床配备刀具半径自动补偿功能，就是为了使编程人员在编程时可以直接按零件轮廓编程，而将计算刀具中心轨迹的任务交由控制器去处理。

如图 5-27 所示，如果不使用刀具补偿功能，编程人员只能按零件轮廓及刀具半径计算出刀具中心轨迹后，然后按刀具中心轨迹编程，这显然增加了编程工作量。

2. 刀具半径补偿指令 G41、G42、G40

现代数控系统都配备了刀具半径自动补偿功能，可以根据零件轮廓及刀具补偿值自动计算出刀具中心的运动轨迹。刀具半径补偿的指令包括：

G41——刀具半径左补偿

如图 5-28a 所示，沿刀具前进的方向看，刀具中心在零件轮廓的左侧。

G42——刀具半径右补偿

如图 5-28b 所示，沿刀具前进的方向看，刀具中心在零件轮廓的右侧。

G40——取消刀具半径补偿

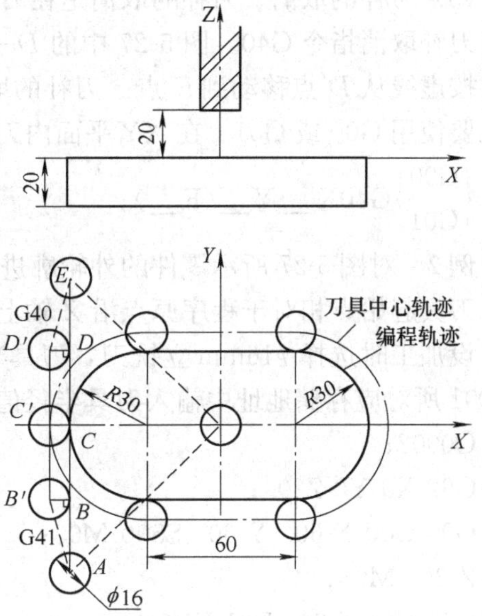

图 5-27　刀具半径补偿

刀具半径补偿的过程分为三步：

(1) 刀补的建立　刀补的建立是在刀具接近工件时所安排的一个程序段，该程序段中包含有刀补指令 G41 或 G42，并且在该程序段或之前已指定了一个刀具补偿号 D＿＿。图 5-27 中，刀具中心由 $A \to B$ 的运动段是刀具接近工件前的最后一个程序段，在此程序段中写入 G41，再指定一个刀具补偿号，并将刀补值设置为刀具半径值，则刀具中心将由 A 点移动到 B' 点，即由于刀补的作用刀具中心的轨迹相对于编程轨迹发生了变化。

刀补建立的指令格式：

$$\begin{Bmatrix} \text{G17} \\ \text{G18} \\ \text{G19} \end{Bmatrix} \begin{Bmatrix} \text{G00} \\ \text{G01} \end{Bmatrix} \begin{Bmatrix} \text{G41} \\ \text{G42} \end{Bmatrix} \text{X\_ Y\_ Z\_ D\_(F\_)};$$

其中 G17、G18、G19 用来指定补偿平面，刀具补偿只在给定的补偿平面内进行，而在第 3 坐标轴方向上不作补偿，但可以照常移动。

G00 或 G01 为刀补运动指令，由于刀补建立必须在补偿平面内有坐标轴移动，因此该运动指令是必须的。

由于刀具半径补偿多数在 XY 平面内进行；制定加工工艺时，又多数采用顺铣；刀补建立时用 G01 又比用 G00 安全。因此，刀补建立使用最多的格式是

(G17) G01 G41 X＿ Y＿ D＿；

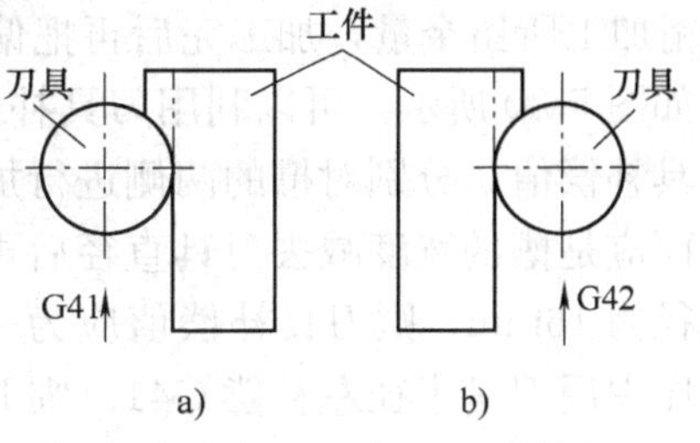

图 5-28　G41、G42 说明

(2) 刀补执行　在 G41 或 G42 程序段后，刀具中心始终与编程轨迹偏离一个刀具补偿值，直到刀补取消。图 5-27 中刀具在补偿状态下

由 B'点沿虚线移动到 C'点后按图中刀具中心轨迹运动加工出零件轮廓，到达 C'点后再沿虚线移动到 D'点，此段区间为刀补执行阶段。

（3）刀补的取消　刀补的取消是在刀具退离工件后所安排的一个程序段，该程序段中包含有刀补取消指令 G40。图 5-27 中的 $D \rightarrow E$ 移动段，由于在该程序段中包含有 G40，刀具中心按虚线从 D'点移动到 E 点。刀补的取消也必须在移动的程序段中完成，因此，刀补取消也要使用 G00 或 G01。在 XY 平面内刀补取消的指令格式为

$\begin{Bmatrix} \text{G00} \\ \text{G01} \end{Bmatrix}$G40X＿Y＿(F＿)；

例 2　对图 5-27 所示零件的外轮廓进行铣削加工，程序原点选在零件上表面对称中心位置，刀具起始点相对于程序原点沿 Z 轴上移 20mm，程序中使用刀具半径补偿功能。

设加工时选择 ϕ16mm 立铣刀，刀具半径补偿号选 D01，则加工零件前应在 MDI 方式下在 D01 所对应存储地址中输入刀具半径值 8.0，然后执行程序。数控程序如下：

```
O0002；                            （程序号 O0002）
G92 X0 Y0 Z20.；                   （设定工件坐标系，给出刀具起始点坐标值）
G90 G00 X-60. Y-60. S500 M03；     （刀具快速定位，主轴正转 500r/min）
Z-25. M08；                        （Z 轴快速下刀，切削液开）
G41 G0l Y-30. D01 F100；           （刀具半径左补偿，补偿号 D01）
Y0；                               （直线插补至 Y0）
G02 X-30. Y30. R30.；              （顺时针圆弧插补切削 R30 圆弧段）
G01 X30.；                         （直线插补切削直线段）
G02 X30. Y-30. R30.；              （顺时针圆弧插补切削右边 R30 圆弧段）
G01 X-30.；                        （直线插补切削直线段）
G02 X-60. Y0 R30.；                （顺时针圆弧插补切削圆弧段）
G01 Y30.；                         （直线插补方式刀具离开工件）
G40 G00 Y60. M09；                 （取消刀补，切削液关）
Z20. M05；                         （刀具快移至刀具起始点高度，主轴停止）
X0 Y0 M30；                        （刀具在 XY 平面返回刀具起始点，程序结束）
```

刀具半径补偿功能给数控加工带来了方便，简化了编程工作。编程人员不但可以直接按零件轮廓编程，而且还可以用同一个加工程序，对零件轮廓进行粗、精加工，如图 5-29 所示，当按零件轮廓编程以后，在粗加工零件时可以把偏置量设为 $r+\Delta$，其中 r 为铣刀半径，Δ 为精加工所留余量，加工完后再把偏置量设为 r，然后再进行精加工。

如图 5-30 所示，可以利用刀具补偿功能，按照所要加工槽的中心线编写程序，通过修改刀具补偿值，分别对槽的两侧进行加工，得到所需的槽宽。但此时的补偿值不应是刀具半径，而应是槽的宽度减去刀具直径后再除以 2。在图 5-30 中，若加工槽的宽度为 25mm，刀具直径为 16mm，则刀具补偿值应为（25－16）mm/2＝4.5mm。按图中刀具的运动方向，若程序中用刀具半径左补偿 G41，则 D01 中输入 4.5 时，刀具左偏，刀具中心按 $O \rightarrow A \rightarrow B$ 运动，加工槽的一侧；完成一侧加工后，再将 D01 中的补偿值设置为－4.5，其作用相当于执行 G42，即刀具右偏，刀具中心按 $O \rightarrow A' \rightarrow B'$ 运动，加工槽的另一侧。这种方法的不足是，当槽的一侧加工为顺铣时，另一侧槽的加工为逆铣。

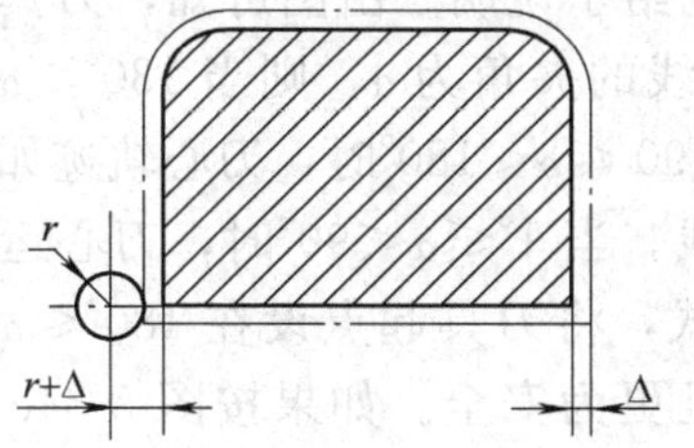

图 5-29　刀补功能利用之一

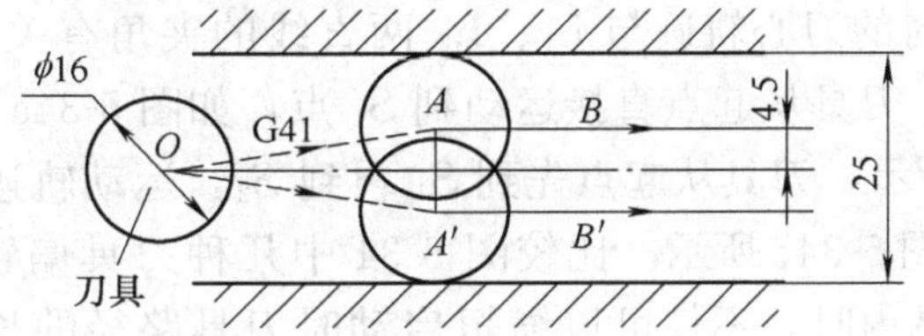

图 5-30　刀补功能利用之二

3. 刀补过程中的刀心轨迹

刀具半径补偿有两种方式，分别称为 B 型刀补和 C 型刀补，FANUC 0i-MC 采用 C 型刀补。为了在轮廓铣削时能正确利用刀具半径补偿功能，有必要对刀补过程中的刀心轨迹做进一步的深入讨论。图 5-31 所示为 B 型刀补举例。由图可见，采用 B 型刀补时，在工件轮廓的拐角处用圆弧过渡，这样在外拐角处，由于补偿过程中刀具切削刃始终与工件尖角接触，使工件上尖角变钝；在内拐角处如果不增加与刀具半径相适应的圆弧过渡，则会引起过切。C 型刀补采用了比较复杂的刀具轨迹计算数学模型，彻底消除了 B 型刀补存在的不足。图 5-31 所示零件轮廓采用 C 型刀补后，其刀心轨迹如图 5-32 所示。下面仅讨论 C 型刀补。

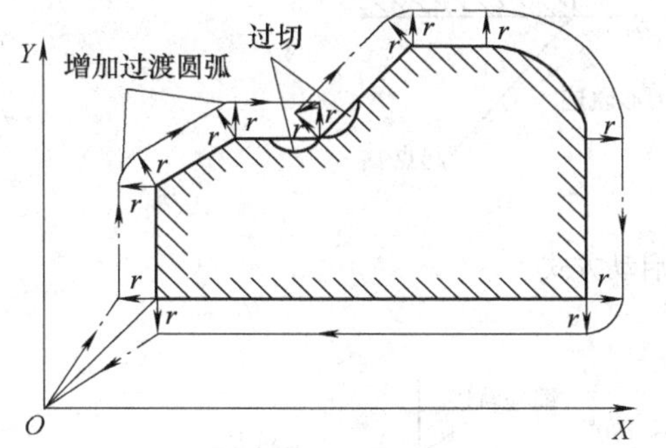

图 5-31　B 型刀补举例

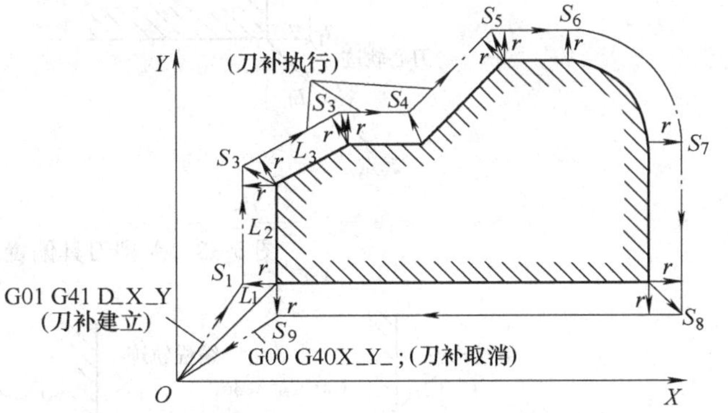

图 5-32　C 型刀补时的刀心轨迹

（1）刀具偏置矢量　刀具在半径补偿状态下加工零件时，刀具中心的运动轨迹要偏离编程轨迹，而刀心轨迹的计算总是依据于刀具偏置矢量。在图 5-32 中，标注出了刀具在各运动段起点及终点处的刀具偏置矢量 r。由图可知，刀具偏置矢量是二维矢量，其大小等于 D 代码所规定的偏置值，矢量方向则与 G41、G42 有关，并与运动段的运动方向相垂直。

（2）刀补建立与刀补取消时的刀心轨迹　刀具补偿在建立刀补的程序段执行时将启动偏置，由系统依据刀偏矢量 r 计算出刀具中心应到达的位置，然后控制刀具从起点按规定的路线移到该位置。在图 5-32 中，系统在按 L_1 建立刀补时，已完成对 L_2、L_3 的预读，而图中的 L_2 是一个在 XY 平面内的可移动指令，这样刀偏矢量就建立在直线 L_2 的起点位置。刀具中心无论从何位置出发，总是要移动到 L_2 的起点附近由刀偏矢量所确定的点 S_1。对于 C 型刀补，系统提供了 A、B 两种型式的刀偏启动方式，可由参数 No. 5003＃0（SUP）选择。A 型刀具偏置启动方式如图 5-33 所示，无论刀具从何位置出发，一律以直线运动走到图中 S_1 点。B 型刀具偏置启动方式为避免刀具与工件可能发生的干涉，刀具从不同区域出发到

达 S_1 时将选择不同的运动轨迹。这可由图 5-34a、b、c 分别给予说明。由图可知，刀具偏置启动时的刀心轨迹与 L_1、L_2 两直线的夹角有关，设两直线的夹角为 α，则当 $180^\circ \leqslant \alpha < 361^\circ$时，刀具从起点直接运动到 S_1 点，如图 5-34a 所示。当 $90^\circ \leqslant \alpha < 180^\circ$时，刀心轨迹如图 5-34b 所示，刀具从起点先到 S_1 再到 S_2，运动轨迹为一折线。当 $1^\circ \leqslant \alpha < 90^\circ$时，刀心运动轨迹如图 5-34c 所示。比较图 5-34 中几种刀具偏置启动方式，将刀具起点设在 $180^\circ \leqslant \alpha \leqslant 270^\circ$范围内时，不仅可以缩短启动时刀具路径的长度，而且更为安全。如果按图 5-34c 起刀，必须让工件避开刀具起点的位置。

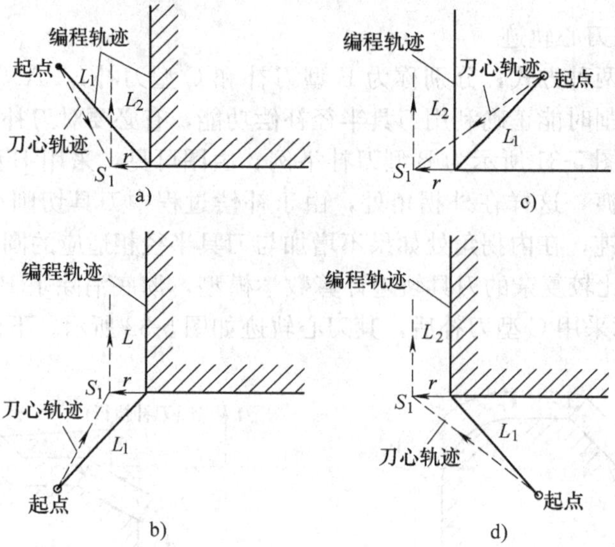

图 5-33　A 型刀具偏置启动方式

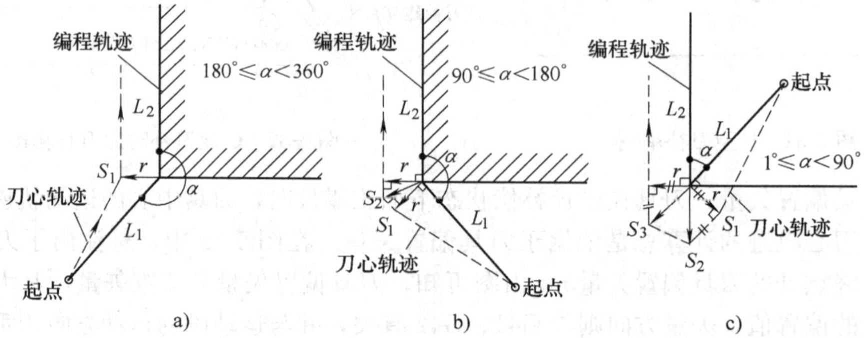

图 5-34　B 型刀具偏置启动方式

刀补取消时的刀心运动轨迹与刀补建立的刀心轨迹完全对应，在此不再赘述。

(3) 刀补执行时的刀心轨迹　C 型刀补将刀偏状态下的刀心轨迹计算分为缩短型、伸长型和插入型三种类型。三种类型的确定由两相邻直线的夹角 α 确定，若加工程序段为圆弧，则取圆弧在两线交点处切线的方向。图 5-35 给出了用 G42 编程时几种典型的刀心运动轨迹，图 a 所示为 $\alpha \geqslant 180^\circ$时由直线段到直线段在拐角处的转接情况，按缩短型计算，刀具沿轮廓内侧运动至 S 点后转到后一段加工，在拐角处不产生过切。图 b 所示为 $90^\circ \leqslant \alpha < 180^\circ$由直线段到圆弧段的转接情况，按伸长型计算。图 c 所示为 $\alpha < 90^\circ$时由圆弧段到直线段在拐角处的

转接情况，按插入型计算。由图不难看出 C 型刀补在拐角处一律采用直线转接的形式。通过缩短、伸长或增加直线段的方法实现转接，这就避免了 B 型刀补采用圆弧转接带来的不足。

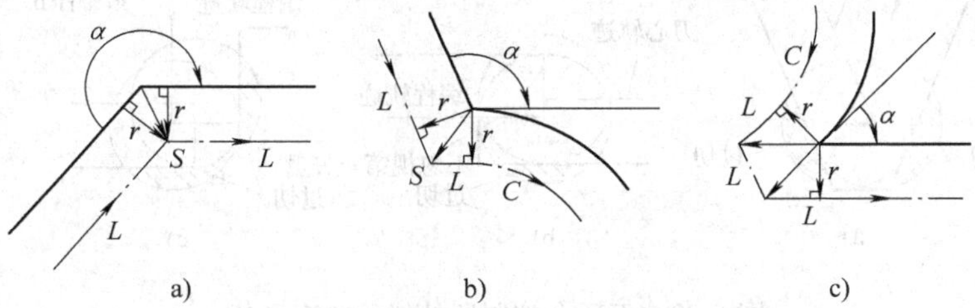

图 5-35　C 型刀补的三种转接类型

(4) 切入切出的处理　采用刀具半径补偿时，切入切出过程也是建立刀补或取消刀补的过程。为了便于坐标计算，可以按图 5-36 所示两种方式来建立刀补，图 5-36a 所示为切线进入方式，图 5-36b 所示为法线进入方式。同样取消刀补通常也采用这种切线或法线的方式。当加工的零件轮廓不便于沿切线切入切出时，可采用直线加圆弧的切入切出方法，如图 5-37 所示。

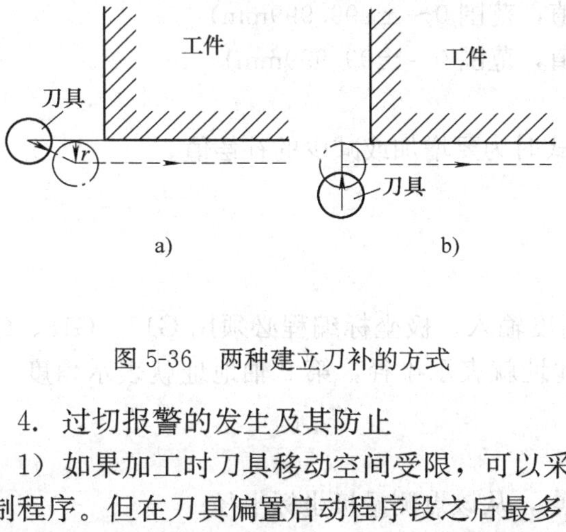

图 5-36　两种建立刀补的方式

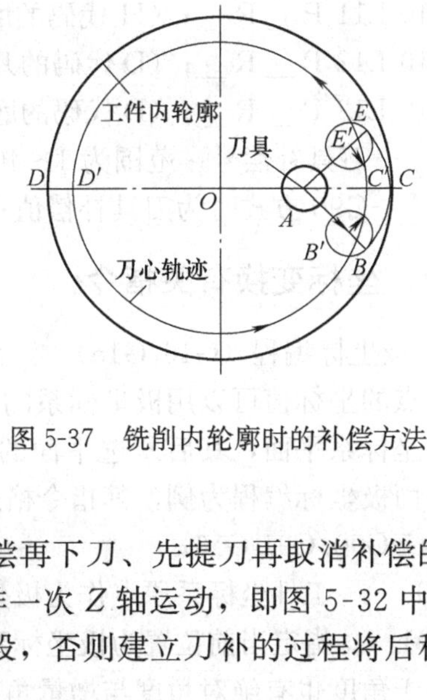

图 5-37　铣削内轮廓时的补偿方法

4. 过切报警的发生及其防止

1) 如果加工时刀具移动空间受限，可以采用先补偿再下刀、先提刀再取消补偿的方法编制程序。但在刀具偏置启动程序段之后最多只能安排一次 Z 轴运动，即图 5-32 中 L_1 与 L_2 之间不能插入两个或两个以上没有 XY 运动的程序段，否则建立刀补的过程将后移，造成工件过切。

2) 在刀补执行期间，也可以适当插入非插补平面内运动的指令或无运动指令，但不允许有两个或两个以上连续的没有插补平面运动的指令，否则刀具在前一程序段终点的垂直位置处停止，产生过切或欠切。

3) 当零件轮廓上出现与刀具半径不相适应的窄槽、小台阶、内侧圆弧等形状时，不宜采用刀具半径自动补偿功能。如图 5-38 所示，图 a 为加工小于刀具半径的窄槽时，由于刀具补偿使刀具中心轨迹与编程轨迹反向，导致过切。此时，在该程序段终点刀具停止并报警。图 b 为加工中遇到小于刀具半径的台阶时，可能出现欠切，也可能产生报警。图 c 为加工中有小于刀具半径的内侧圆弧，刀具的运动在程序段起点停止并发生报警，若单段运行则产生过切。

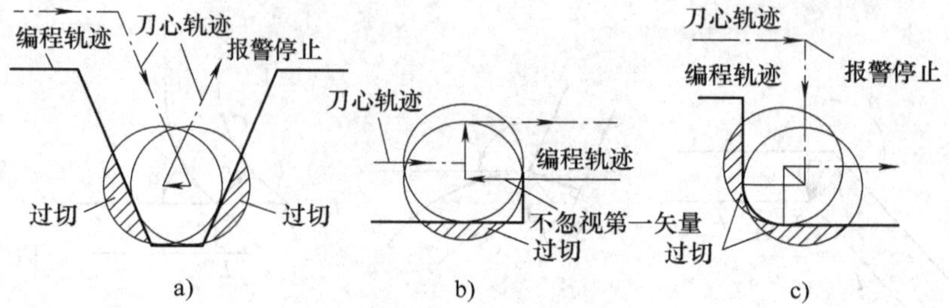

图 5-38　不适合控制器补偿的轮廓形状

5．变更刀具长度补偿值和半径补偿值指令（G10）

在程序中利用 G10 可以设置或变更由 H 代码或 D 代码指定的补偿值，这样做可以使程序的运行更加灵活。对于 C 型刀补，地址 D 和 H 后的数值范围均为 0～400，但 H0 和 D0 的值只能为 0 且不能设置。D0 用于取消刀具半径补偿，其用法与 G40 相同。

指令格式：

G10 L10 P __ R __；（H 代码的几何补偿值，范围 0～±999.999mm）

G10 L11 P __ R __；（H 代码的磨损补偿值，范围 0～±99.999mm）

G10 L12 P __ R __；（D 代码的几何补偿值，范围 0～±999.999mm）

G10 L13 P __ R __；（D 代码的磨损补偿值，范围 0～±99.999mm）

P——刀具补偿号。范围为 1～400。

R——G90 方式时为刀具补偿值；G91 方式时为要增加或减少的补偿值。

七、坐标变换有关指令

1．极坐标编程（G16/G15）

终点的坐标值可以用极坐标系的半径和角度输入。极坐标编程必须用 G17、G18、G19 设置极坐标系平面，其后所选平面的第 1 轴地址就表示半径，第 2 轴地址就表示角度。以 G17 平面极坐标编程为例，其指令格式为

G17 G90/G91 G16；

G90——工件坐标系原点作为极坐标系原点，从该点测量极坐标半径；

G91——指定当前位置为极坐标系原点，从该点测量极坐标半径。

由于角度也有绝对角度与增量角度之分，图 5-39a～图 5-39d 所示为 G90 或 G91 选择时的 4 种不同组合方式。当指定 G90 时，为图 a 或图 b 形式；当指定 G91 时，为图 c 或图 d 形式。当选择绝对角度时，极坐标系的极轴为 *X* 轴或与 *X* 轴平行；当选择增量角度时，极坐标系极轴的方向是变化的。而角度是以极轴正向为准，逆时针旋转为正值，顺时针旋转为负值。

在图 5-39 各图中，设刀具已定位到当前点，用 G16 指定极坐标方式，用 X __ Y __ 指定半径 1 和角度 1，刀具到达目标点；再用 X __ Y __ 指定半径 2 和角度 2，刀具到达新目标点。图 a 中极坐标原点和极轴都是固定不变的；图 b 中极坐标系原点不变，而极轴方向在变化；图 c 中极坐标原点位置在变化，但极轴方向不变；图 d 中极坐标原点和极轴方向都变

化。要结束极坐标编程方式用 G15，指令格式为 G15。

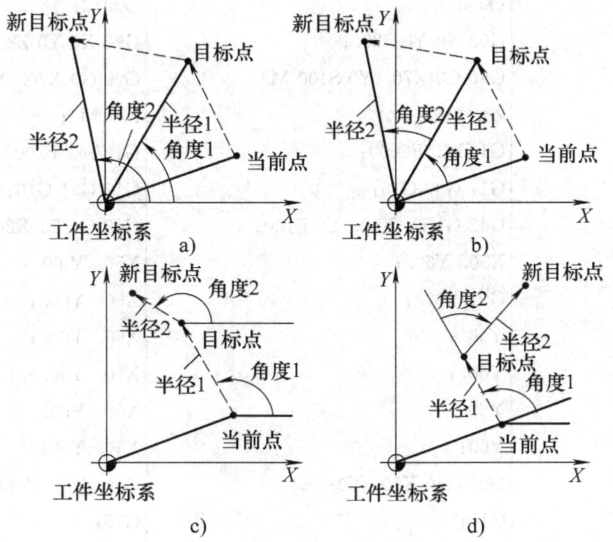

图 5-39　极坐标系下半径和角度的表示

a）G90 和绝对角度　b）G90 和增量角度　c）G91 和绝对角度　d）G91 和增量角度

极坐标编程相关事项说明如下：

1）运动指令如 G00、G01、G02、G03、孔加工循环中的 X、Y 定位均可按极坐标值处理，并且若有圆弧运动时，圆弧插补仅能用半径 R 编程。

2）极坐标方式期间，G04、G10、G22、G51、G52、G53、G68、G92 中指定的轴以及非极坐标系平面的轴不受极坐标指令的影响。

3）在 G91 方式下，即使半径没有变化，输入时也不能省略，否则运动可能出错。

极坐标编程适合加工以半径和角度表示的中心对称零件，如正多边形轮廓、沿圆周等分或不等分的孔等，可避免繁琐的三角函数运算。

例 3　图 5-40 所示零件上正六边形外轮廓的铣削，分别按图 5-39a、b、d 中所示的方法，采用极坐标编程并使用刀具半径补偿，其编程参考程序见表 5-4。

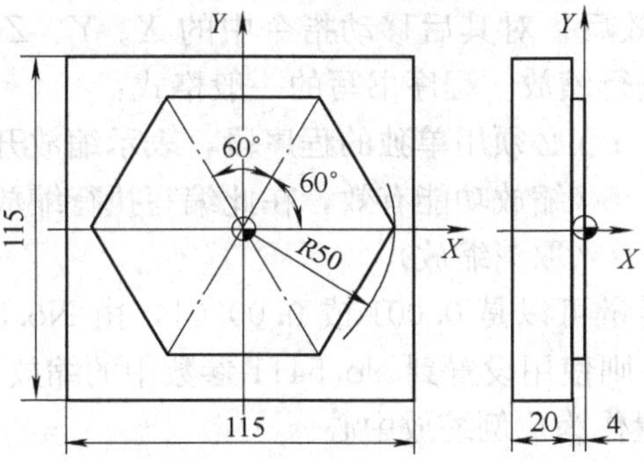

图 5-40　极坐标编程举例

表 5-4 极坐标编程参考程序

G90 和绝对角度编程	G90 和增量角度编程	G91 和增量角度编程
O0030；	O0031；	O0032；
G92 X0 Y0 Z20.；	G92 X0 Y0 Z20.；	G92 X0 Y0 Z20.；
G90 G0 X70. Y0 S400 M3；	G90 G0 X70. Y0 S400 M3；	G90 G0 X70. Y0 S400 M3；
Z3. M8；	Z3. M8；	Z3. M8；
G1 Z-4. F2000；	G1 Z-4. F2000；	G1 Z-4. F2000；
G42 G1 D1 X50. Y0 F100；	G17 G90 G16；	G17 G91 G16；
G17 G90 G16；	G42 G1 D1 X50. Y0 F100；	G42 G1 D1 X20. Y180. F100；
X50. Y60.；	X50. Y60.；	X50. Y-60.；
Y120.；	G91 Y60.；	X50. Y60.；
Y180.；	Y60.；	X50. Y60.；
Y240.；	Y60.；	X50. Y60.；
Y300.；	Y60.；	X50. Y60.；
Y0；	Y60；	X50. Y60；
G15；	G90 G40 X70. Y0；	G40 X20. Y-60.；
G40 X70. Y0；	G15；	G15；
G90 G0 Z20. M9；	G90 G0 Z20. M9；	G90 G0 Z20. M9；
X0 Y0 M5；	X0 Y0 M5；	X0 Y0 M5；
M30；	M30；	M30；

通过本例极坐标编程可知，要正确判断角度值，关键是确定极坐标原点和极轴方向。此外，极坐标指令对刀具半径补偿建立和取消的位置也没有严格限制，可根据便于坐标计算的原则灵活处置。

2. 比例缩放与镜像加工（G51/G50）

利用 G51 指令可实现加工图形的比例缩放与镜像加工。这样，对于那些需对零件尺寸进行放大或缩小后再编程或零件上存在对称图形时的编程就带来极大方便。利用缩放功能，编程时直接按零件图样尺寸编程，而通过缩放系数的修改，可随时调整缩放比例。利用镜像功能，只需编制一个几何图形程序，就能得到其余镜像图形的加工。由于这种图形处理技术在 CAD/CAM 软件中是最基本的功能，此处对 CNC 提供的功能仅作一些简单介绍。

（1）以相同的比例沿所有轴缩放 G51 X__ Y__ Z__ P__；指令中用 X__ Y__ Z__指定比例缩放中心，必须用绝对值指定。用 P 指定比例因子，P 的指定范围由 0.001～999.999。比例缩放功能有效后，对其后移动指令中的 X、Y、Z 坐标值，就以比例缩放中心为基点，按 P 的指定值进行缩放。程序书写的一般格式：

G51 X__ Y__ Z__ P__；（必须用单独的程序段，表示缩放开始）

……（缩放功能有效，在此编写执行缩放的程序段）

G50；（取消缩放）

比例缩放的最小输入增量可以是 0.001 或 0.00001，由 No.5400＃7（SCR）选择；如果未在 G51 程序段指定 P，则使用设置到 No.5411 参数中的缩放系数；若省略 X、Y、Z 则用指令 G51 时刀具所在位置作为比例缩放中心。

如图 5-41 所示，对几何图形按 1.1 倍放大（设置 P1.1），图 5-41a 选择 P1 点为缩放中心，图 5-41b 选择 P2 点为缩放中心，图形放大后虽然尺寸相同，但图形偏移的方向却不相同。可见，合理选择比例缩放中心非常重要。选择的位置应是便于对刀测量的位置，如 P1 点为零件的基角点，P2 点为零件顶面的对称中心。最好也将程序原点设在该位置，这样，当毛坯尺寸变化时，仍能快速找到该位置。

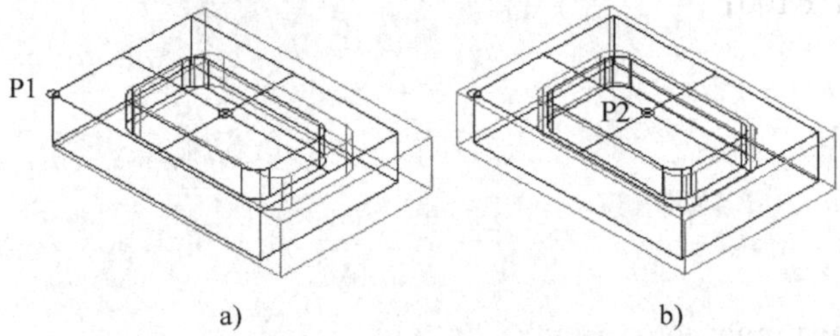

图 5-41　缩放中心与几何图形位置的变化

在编写程序时，刀具长度偏置、刀具半径补偿可在比例缩放期间照常使用，比例系数只对与运动有关的坐标尺寸施加影响，对设置的补偿值没有任何影响。

等比例缩放是对整个形体进行放大或缩小，这种情况在金属铸型、塑料模具加工中经常遇到，必须根据铸件金属或注射塑料的收缩率，将零件尺寸按收缩率放大后作为凸模或型腔的实际加工尺寸。要计算每个尺寸放大后的数值，其工作是相当繁琐的，并且由于收缩率受多种因素的影响，甚至需要通过试验确定。CNC 提供的这一功能就如同刀具半径补偿功能一样，可使编程工作大大简化。

(2) 各轴用不同的比例缩放或镜像　G51 X __ Y __ Z __ I __ J __ K ；指令中用 X __ Y __ Z __指定比例缩放中心，必须用绝对值指定。用 I __ J __ K __指定各轴不等比例缩放的比例因子，范围为±0.001～±9.999。比例系数 I、J、K 不得用小数点，如 I2000 表示相对于比例缩放中心，X 值 2 倍放大，I-1000 表示相对于比例缩放中心，产生 X 坐标值镜像。

该功能并非完全意义上的不等比例缩放。例如，在不等比例下若执行圆弧插补功能，不可能得到规定的椭圆形状，而是产生一个直径较大的圆弧或一条圆弧加一段直线。

例 4　如图 5-42 所示，用 ϕ16mm 键槽铣刀铣出 4 个凸台形状。由于图形具有镜像特征，编程时只需按第Ⅰ象限图形编程，其余象限图形可以通过镜像功能实现。程序如下：

O0004；
G92 X0 Y0 Z20.；
G90 G0 Z2. S500 M03；
G1 Z-4. F40；
M98 P0404；
G51 X0 Y0 I-1000 J1000；
M98 P0404；
G51 X0 Y0 I-1000 J-1000；
M98 P0404；
G51 X0 Y0 I1000 J-1000；
M98 P0404；
G50；

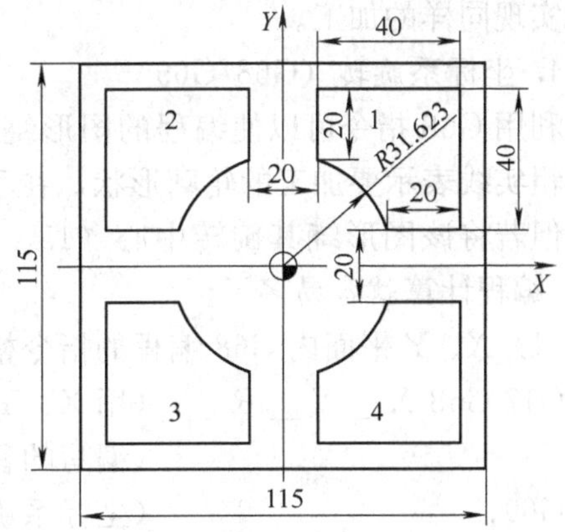

图 5-42　镜像编程举例

G0 Z20. M05；

M30；

O0404；

G41 G1 X20. D1 F100；

X10. Y30.；

Y50.；

X50.；

Y10.；

X30.；

G3 X10. Y30. R31.623；

G40 G1 X0 Y0；

M99；

本例在编程中运用了子程序，有关子程序的编程方法将在第四节介绍。本例利用 G51 的镜像功能来编写程序，镜像轴分别为 X 轴和 Y 轴。程序中当设置 I－1000 时，$X=0$ 的直线（Y 轴）为镜像轴；当设置 J－1000 时，$Y=0$ 的直线（X 轴）为镜像轴；当两项都设置为－1000 时，分别对两轴镜像，其结果相当于将图形绕比例缩放中心（本例为程序原点）旋转 180°。

镜像加工具有如下特点：当仅对 1 轴镜像时，圆弧插补 G02 与 G03 互换；G41 与 G42 互换。若镜像时有坐标系旋转指令，旋转的正负方向互换。此外，一次镜像还使顺铣加工与逆铣加工互换，使加工表面质量出现差异，这是其不足之处。

3. 可编程镜像（G51.1/G50.1）

利用可编程镜像指令 G51.1 使编写相对于镜像轴的镜像加工程序更为方便。

指令格式：

G51.1 X $\underline{\alpha}$；　　（以 X＝α 为镜像轴对编程的图形做镜像加工）

G51.1 Y $\underline{\beta}$；　　（以 Y＝β 为镜像轴对编程的图形做镜像加工）

G51.1 X $\underline{\alpha}$ Y $\underline{\beta}$；（先以 X＝α 为镜像轴，再以 Y＝β 为镜像轴对编程的图形做镜像加工）

G50.1；　　　　（取消可编程镜像功能）

图 5-42 所示镜像编程举例中，用 G51.1 的格式代替 G51 的格式，用 G50.1 代替 G50，就能实现同样的加工。

4. 坐标系旋转（G68/G69）

利用 G68 指令可以使编程的图形绕指定的旋转中心旋转指定的角度。如图 5-43 所示，图中粗实线表示要加工的轮廓形状，在手工编程条件下要直接计算圆弧间切点坐标是很困难的，但若将该图形绕其旋转中心（15，20）顺时针方向旋转 50°，成为水平放置（图中虚线），编程计算就容易多了。

（1）X、Y 平面内 G68 编程的指令格式

G17 G68 X＿ Y＿ R＿；（用 X、Y 指定旋转中心，用 R 指定旋转角度。旋转开始）

⋮　　　　　　　　（编写的程序按旋转后的图形执行）

G69；　　　　　　（坐标系旋转取消指令）

用 X＿ Y＿指定旋转中心时必须用绝对值，若未指定则取刀具当前位置为旋转中心。R

是指编程所取形状方位到实际形状方位之间的夹角，取逆时针方向为正，角度的有效数据范围为－360.000～360.000，最小输入增量为0.001°。通过参数No.5400＃0可指定回转角度以绝对值输入还是根据指定的G代码（G90或G91）确定。

G68程序段后第一个X、Y移动指令要用G90，若用G91则以当前位置为旋转中心。如图5-44所示，编写程序如下：

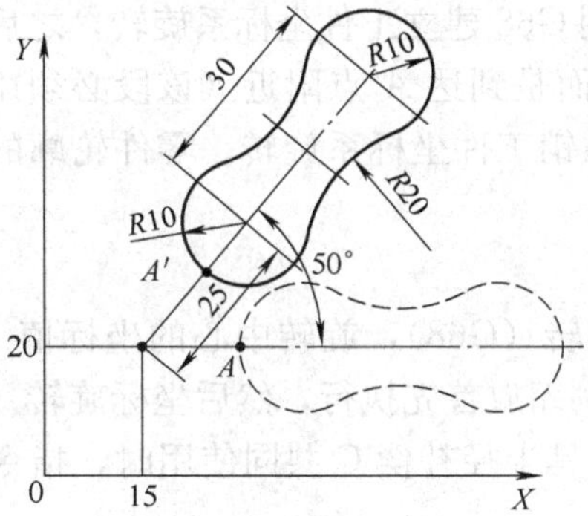

图5-43　坐标系旋转

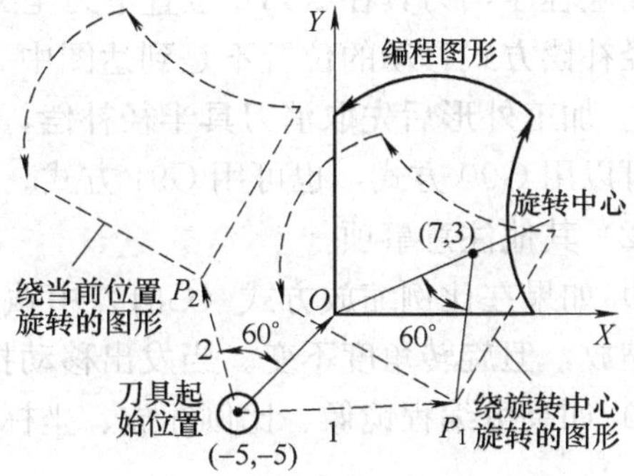

图5-44　坐标系旋转的两种结果

```
G92 X-5. Y-5. G69 G17；
G68 X7. Y3. R60.；
G90 G0 X0 Y0；
(G91 G0 X5. Y5.)
G1 G91 X10. F200；
G2 Y10. R10.；
G3 X-10. I-5. J-5.；
G1 Y-10.；
G69 G90 X-5. Y-5. M30；
```

上述程序在执行完G68程序段之后，应该按照绕旋转中心旋转的图形加工，刀具从起始位置出发，沿路径1到达 P_1 点，按右下方显示的虚线图形加工；若用括号内的G91程序段代替G90程序段，编程图形以刀具当前位置为中心旋转，刀具沿路径2到达 P_2 点，按左上方显示的虚线图形加工，与预期目标不一致。同时，当用G69取消旋转加工后，第一个控制移动也必须用绝对值。否则，加工位置不正确。

对于图5-43所示图形的加工，假定图中图形表示高出工件表面2mm的凸台，可以编写如下程序加工其外形：

```
……
G68 X15. Y20. R50.；
G90 G1 G41 D1 X30. Y15. F200；
Y20. F100；
G91 G2 X15. Y8.66 R10.；
G3 X20. R20.；
G2 Y-17.32 R-10.；
G3 X-20. R20.；
```

G2 X-15. Y8.66 R10.;

G90 G1 Y25.;

G40 X0 Y0 F200;

G69;

……

以上程序当刀具在 X0Y0 位置下刀至 Z-2.0 后，用 G68 建立工件坐标系旋转，之后刀具以半径补偿方式移动的位置不是到达图中 A 点附近，而是到达 A' 点附近（该段必须用 G90 编程）。加工外形后先取消刀具半径补偿，再用 G69 撤销工件坐标系旋转。零件轮廓的加工过程可以用 G90 方式，也可用 G91 方式。

（2）其他注意事项

1）如果在比例缩放方式（G51）中执行坐标系旋转（G68），旋转中心的坐标值 X、Y 也被缩放，但旋转角度不变。当发出移动指令时，比例缩放首先执行，然后坐标旋转。

2）如果可编程镜像、比例缩放、坐标系旋转、刀具半径补偿 C 共同使用时，指令顺序如下：

G51.1…;　　（可编程镜像方式有效）

G51…;　　（比例缩放方式有效）

G68…;　　（坐标系旋转有效）

⋮

G41（G42）…;　　（刀具半径补偿有效）

⋮

G40…;　　（刀具半径补偿取消）

G69;　　（坐标系旋转取消）

G50;　　（比例缩放方式取消）

G50.1;　　（可编程镜像方式取消）

以图 5-43 所示加工为例，如果加工图形关于 X 轴、Y 轴和原点镜像，还有三个图形，可以按上述顺序编程，实现所有图形的加工。

第三节　固定循环功能

孔加工主要包括钻孔、镗孔、攻螺纹等。利用固定循环功能，在一个程序段中就能编写出孔加工的全部动作，从而使编程工作得到简化。多孔加工时，如果某些数据没有变化，在下面的程序段中就可以省略不写，因而可以进一步简化程序。FANUC 0i-MC 的固定循环功能见表 5-5。

表 5-5　FANUC 0i-MC 的固定循环功能

G 代码	钻削（$-Z$ 方向）	孔底的动作	回退（$+Z$ 方向）	应　用
G73	间歇进给	—	快速移动	高速深孔往复钻循环
G74	切削进给	暂停→主轴正转	切削进给	攻左旋螺纹循环
G76	切削进给	主轴定向停止→刀具移位	快速移动	精镗孔循环

（续）

G代码	钻削（$-Z$方向）	孔底的动作	回退（$+Z$方向）	应　用
G80	—	—	—	取消固定循环
G81	切削进给	—	快速移动	钻孔、点窝循环
G82	切削进给	暂停	快速移动	锪孔、镗阶梯孔循环
G83	间歇进给	—	快速移动	深孔往复钻循环
G84	切削进给	暂停→主轴反转	切削进给	攻右旋螺纹循环
G85	切削进给	—	切削进给	精镗孔循环
G86	切削进给	主轴停止	快速移动	镗孔循环
G87	切削进给	主轴正转	快速移动	反镗孔循环
G88	切削进给	暂停→主轴停止	手动移动	镗孔循环
G89	切削进给	暂停	切削进给	精镗阶梯孔循环

一、固定循环的动作

如图5-45所示，孔加工固定循环由6个顺序动作组成。

动作1——孔中心定位　X轴和Y轴的定位，使刀具快速定位到孔加工位置。

动作2——快进到R点平面　$-Z$方向的运动，刀具自初始点快速定位到R点。

动作3——孔加工　以切削进给的方式执行孔加工动作。

动作4——孔底动作　包括暂停、主轴准停、刀具移位等动作。

动作5——返回到R点　孔加工后可以用快速、工进、手动等方式返回到R点。

动作6——返回到初始平面　从R点平面快速移动到初始平面。

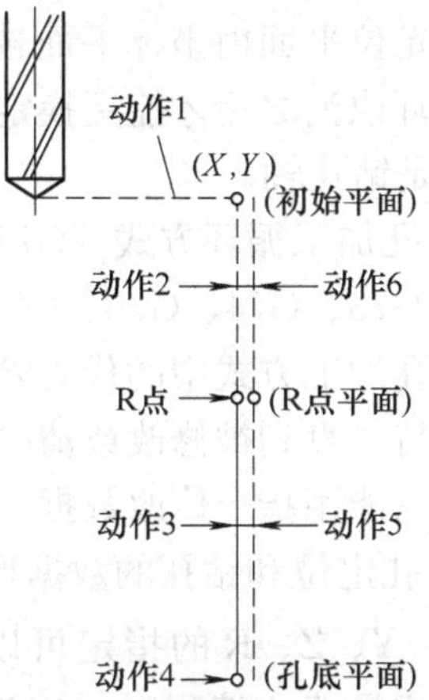

图5-45　固定循环的动作

图中用虚线表示快速进给，用细实线表示切削进给。孔加工时需正确设置三个高度平面，分别称为初始平面、R点平面、孔底平面。

1. 初始平面

初始平面是为安全下刀而规定的一个平面，在执行孔加工循环功能之前，就应使刀具定位到该平面。初始平面又称为安全平面或安全高度，可以在安全高度的范围内任意设定。

2. R点平面

R点平面又叫做R参考平面或进给平面，这个平面是刀具下刀时从快进转为工进的高度平面，也是刀具返回时可选择的一个高度平面，确定其到工件表面的距离主要考虑工件表面尺寸的变化，一般可取2～5mm。

3. 孔底平面

加工盲孔时孔底平面就是孔底的位置高度，加工通孔时一般刀具还要伸出工件底平面一段距离，以保证全部孔深都加工到尺寸，钻削加工时还应考虑钻头钻尖对孔深的影响。以普通麻花钻钻孔为例，钻尖处的锋角约为 116°～118°。如图 5-46 所示，加工通孔时的轴向超越距离可按 $0.3d+(1\sim2)\text{mm}$ 确定。

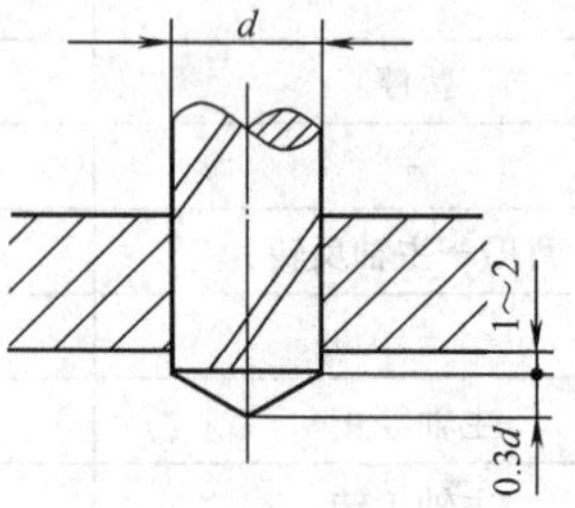

图 5-46　钻头超越距离

二、固定循环的代码组成

孔加工固定循环的一般格式如下：

$$\left\{\begin{matrix}G17\\G18\\G19\end{matrix}\right\}\left\{\begin{matrix}G73\\\vdots\\G89\end{matrix}\right\}\left\{\begin{matrix}G90\\G91\end{matrix}\right\}\left\{\begin{matrix}G98\\G99\end{matrix}\right\}\left\{\begin{matrix}X\_\ Y\_\\X\_\ Z\_\\Y\_\ Z\_\end{matrix}\right\}\left\{\begin{matrix}Z\_\\Y\_\\X\_\end{matrix}\right\}R\_[Q\_\ P\_]F\_[K\_];$$

1. 孔定位平面和钻孔轴的指定（G17/G18/G19）

孔定位平面由坐标平面选择指令 G17、G18、G19 指定，钻孔轴为选择平面的垂直轴。固定循环取消之后才能更换定位平面和钻孔轴。若将参数 No. 5101＃0（FXY）设置为 0 时，Z 轴总是钻孔轴。

2. 孔加工循环方式（G73～G89）

由 G73、G74、G76、G81～G89 选择孔加工循环方式。取消固定循环用 G80 或 01 组 G 代码。孔加工方式中的代码除 K 之外都是模态的，一旦在钻孔方式中钻孔数据被指定，数据被保持，直到被修改或清除。在循环开始时要指定全部所需的钻孔数据。在固定循环执行期间，只能用指令修改数据。

3. 孔定位和钻孔的数据形式（G90/G91）

X、Y、Z、R 的指定可以用绝对值，也可以用增量值。编程时一般选择绝对值，当沿线性分布有多个等距孔时，为简化编程可考虑采用增量值。图 5-47 表示了当选择 Z 轴为钻孔轴时，用绝对值或增量值时 Z 坐标与 R 坐标的计算方法。选择 G90 绝对值方式时是从 $Z=0$ 平面计算 R 坐标与 Z 坐标，选择 G91 增量值方式时是从初始平面到 R 点平面计算 R 坐标，从 R 点平面到孔底平面计算 Z 坐标。

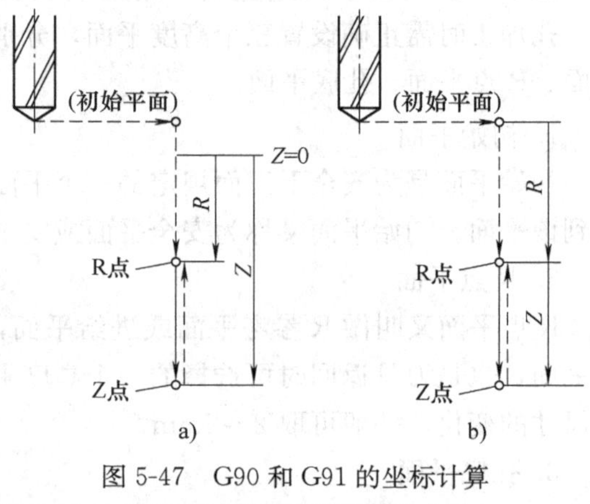

图 5-47　G90 和 G91 的坐标计算

a）G90 方式　b）G91 方式

4. 返回点平面（G98/G99）

由 G98 或 G99 决定刀具在返回时到达的

平面。如果指定了 G98 则从该程序段开始，刀具返回时就返回到初始平面，如果指定了 G99 则返回到 R 点平面。多孔重复加工时，一般用 G99 指定。只有孔间存在障碍需要跳跃或全部孔加工结束时才使用 G98 使刀具返回到初始平面。

5. 重复钻孔（K）

该指令为可选项，可以指定重复钻孔，最多可重复 9999 次。如图 5-48 所示，如果以增量方式（G91）指令了第 1 个孔，并由 K 指定孔加工重复次数，按照先定位再钻孔的动作顺序执行钻孔，可钻出沿线性分布的 k 个等距孔。注意在初始定位点无孔。

如果指定 K0，钻孔数据被存储，但不执行钻孔动作。这是 K 指令的另一个重要功能，可为子程序编程或宏程序编程事先准备数据，以后一旦出现孔加工定位程序段（X _ Y _;）就执行定位和钻孔动作。

如果无须重复钻孔，K 指令可以省略不写。如果在 G90 方式执行 K 指令，则在相同位置重复钻孔。K 指令为非模态代码，仅在被指定的程序段内有效。

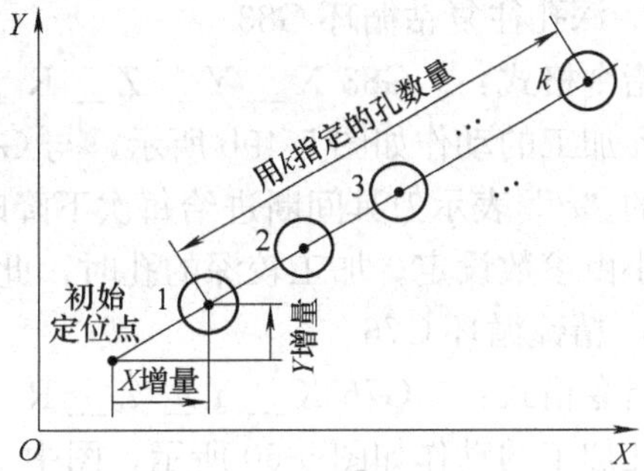

图 5-48　沿线性等间距分布的孔

6. 其余孔加工数据

（1）Q _　在 G73 或 G83 方式中用来指定每次钻孔深度；在 G76 或 G87 方式中指定位移量，移动方向由参数设置。Q 值使用无符号数且与 G90 或 G91 的选择无关。

（2）P _　用来指定刀具在孔底的暂停时间，与 G04 中指定 P 的时间单位一样，即以 ms 为单位，不使用小数点。

（3）F _　指定孔加工的切削进给速度 v_f，单位为 mm/min。若为攻螺纹方式，v_f 值应由主轴转速和螺距值经过计算确定。

三、固定循环中数据的保持与取消

以孔加工轴为 Z 轴，对孔加工数据的保持与取消举例如下：

N1 G91 G00 X _ M03；先主轴正转，再按增量方式沿 X 轴快速点定位。

N2 G81 X _ Y _ Z _ R _ F ；规定固定循环的原始数据，按 G81 执行钻孔动作。

N3 Y _；钻削方式与钻削数据与 N2 相同，按 Y _移动后执行 N2 的钻孔动作。

N4 G82 X _ P _ K _；先移动 X _再按 G82 执行钻孔动作，并重复执行 K 次。

N5 G80 X _ Y _；这时不执行钻孔动作，除 F 代码之外全部钻削数据被清除。

N6 G85 X _ Z _ R _ P ；必须再一次指定 Z 和 R，本段中不需要的 P 值也被存储。

N7 X _ Z _；移动 X 后按本段的 Z 值执行 G85 的钻孔动作，前段 R 值仍有效。

N8 G89 X _ Y _；执行 X、Y 移动后按 G89 方式钻孔，前段的 Z 与 N6 中的 R 值仍有效。

N9 G01 X _ Y _；这时孔加工方式及孔加工数据（F 值除外）全部被清除。

另外，在固定循环执行过程中，如果按下“复位”键，则孔加工方式、孔加工数据、孔位置数据、重复次数均被取消。

四、固定循环指令

以 Z 轴加工为例，对各种孔加工方式的指令格式作一简要说明。

1. 高速深孔往复钻循环 G73

指令格式： G73 X＿Y＿Z＿R＿Q＿F＿；

孔加工的动作如图 5-49a 所示，通过 Z 轴方向的间断进给实现断屑与排屑，Q 值为每次切深（增量值且用正值表示），退刀量“d”由参数设定。加工钢件时为便于断屑，钻浅孔也常采用此方式。

2. 深孔往复钻循环 G83

指令格式： G83 X＿Y＿Z＿R＿Q＿F＿；

孔加工的动作如图 5-49b 所示，与 G73 不同的是每次刀具间歇进给后回退至 R 点平面。此处的“d”表示刀具间断进给每次下降时由快进转为工进的那一点到前次切深的距离，距离大小由参数设定。加工较深的孔时，此功能可使切屑充分排出后再继续钻孔。

3. 精镗循环 G76

指令格式： G76 X＿Y＿Z＿R＿Q＿P＿F＿；

孔加工的动作如图 5-50 所示，图中 P 表示在孔底有暂停，OSS 表示主轴准停，Q 表示刀具移动量。刀具在孔底定向停止后，刀头按地址 Q 所规定的偏移量（规定总为正值，若使用了负值则负号被忽略）移动，然后提刀。偏移时刀头移动的方向预先由参数设定。采用这种方式镗孔可以保证提刀时不划伤内孔表面，实现高效率、高精度加工。

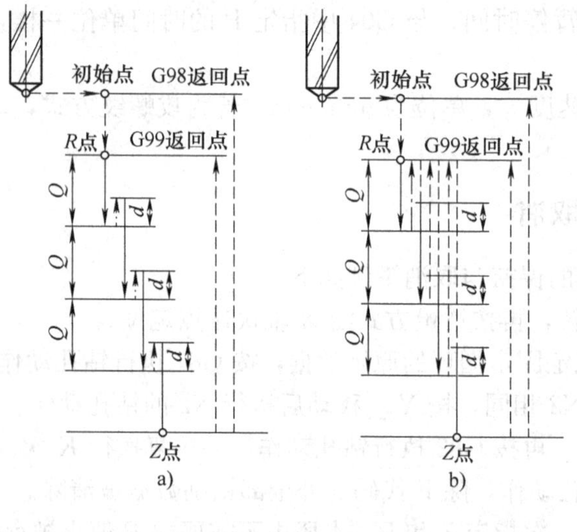

图 5-49　G73 循环与 G83 循环

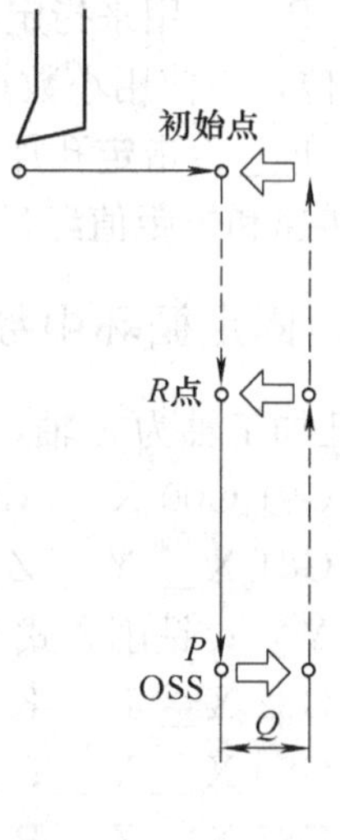

图 5-50　G76 循环

4. 钻孔循环 G81 与锪孔、镗阶梯孔循环 G82

G81 的指令格式： G81 X＿Y＿Z＿R＿F＿；

G82 的指令格式： G82 X＿Y＿Z＿R＿P＿F＿；

G81 是用于一般的钻孔或点窝（钻中心孔）。G82 与 G81 比较，唯一不同之处是在孔底增加了暂停（延时），因而适用于锪孔或镗阶梯孔，以便得到平整的孔底表面。暂停时间由

P 指定，单位为 ms，不使用小数点。

5. 精镗孔循环 G85 与精镗阶梯孔循环 G89

G85 的指令格式：　G85 X __ Y __ Z __ R __ F __；

G89 的指令格式：　G89 X __ Y __ Z __ R __ P __ F __；

这两种孔加工方式，刀具是以切削进给速度加工到孔底，然后再以切削进给速度返回到 R 点平面，因此适用于精镗孔等情况，G89 在孔底时有延时。

6. 攻右旋螺纹循环 G84 与攻左旋螺纹循环 G74

(1) 普通攻螺纹循环（使用专用攻螺纹夹头）

指令格式：　G84（或 G74）X __ Y __ Z __ R __（P __）F __；

G84 指令为主轴在孔底反转，返回到 R 点平面后主轴恢复为正转；G74 指令为主轴在孔底正转，返回到 R 点平面后主轴恢复反转。如果在程序段中用 P __ 指定了暂停（在使用专用的攻螺纹装置时这是非常必要的），则在刀具到达孔底和返回 R 点时先执行暂停的动作，动作顺序见表 5-5。在攻螺纹期间进给倍率不起作用，也不要变换主轴倍率。如果按下“进给保持”按钮，加工也不立即停止，直至完成该固定循环。在攻螺纹循环指令中设置 v_f 值时，不能任意设定，必须按主轴转速与螺纹螺距间的关系计算 v_f 值，即 $v_f = n \times P$。例如，攻 M10 的粗牙普通螺纹时，其螺距 $P = 1.5$mm，若加工时选择主轴转速为 $n = 200$r/min，程序中用 S200 指定主轴转速且必须用 F300 指定切削进给速度。若修改主轴转速，F 值必须同时修改。

(2) 刚性攻螺纹循环（主轴配编码器）　使用指令 M29 S __；设定为刚性攻螺纹方式，在下一个程序段中指定攻左旋螺纹（用 G74）或右旋螺纹（用 G84）。执行 G80 或 01 组 G 代码以及复位等操作后刚性攻螺纹方式被关闭，注意此时主轴也停止转动，若要继续加工，必须再用 M03 S __；使主轴旋转。当使用 G94 时，*F* 值计算同上；当使用 G95 时，F 可直接指定螺纹导程值。使用刚性攻螺纹功能，必须配备主轴编码器，刚性攻螺纹方式仅能用于 *Z* 轴孔加工。

7. 镗孔循环 G86

指令格式：　G86 X __ Y __ Z __ R __ F __；

使用 G86 编程与 G81 不同的是，刀具到达孔底后主轴停止，快速返回到 R 点平面（G99 时）或初始平面（用 G98 时）后，主轴再重新启动。采用这种方式加工，如果连续加工的孔间距很小，可能出现刀具已经定位到下一个孔加工的位置而主轴尚未到达规定的转速，显然不允许出现这种情况，为此可以在各孔动作之间加入暂停 G04，以使主轴获得规定的转速。

8. 镗孔循环 G88

指令格式：　G88 X __ Y __ Z __ R __ P __ F __；

刀具到达孔底后延时，主轴停止且系统进入进给保持状态，在手动方式下可以执行手动操作，将刀具从孔中退出。为了再启动加工，手动操作后应再转换到自动方式，按“循环启动”按钮，此时刀具快速移动到 R 点（G99）或初始点（G98），然后主轴正转。为避免退刀时，刀尖划伤内孔表面，在孔底处通过手动操作，使刀尖略作反方向移动后再沿 *Z* 轴退刀。

9. 反镗孔循环 G87

指令格式：　G87 X＿ Y＿ Z＿ R＿Q＿ F＿；

反镗孔的动作如图 5-51 所示，X 轴和 Y 轴定位后，主轴定向停止，刀具以与刀尖相反的方向按 Q 值给定的偏移量偏移并快速定位到孔底（R 点），在这里刀具按原偏移量（Q 值）返回，然后主轴正转，沿 Z 轴正方向加工到 Z 点，在这个位置主轴再次定向停止后，刀具再次按原偏移量反向移动，然后主轴向孔的正方向快速移动到达初始平面，并按原偏移量返回后主轴正转，继续执行下一个程序段。采用这种循环方式时，只能让刀具返回到初始平面而不能返回到 R 点平面，因为 R 点平面低于 Z 点平面。本指令的参数设定与 G76 通用。

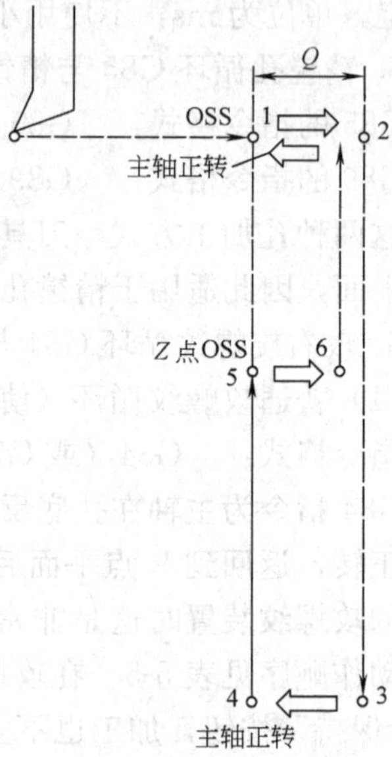

图 5-51　G87 循环

五、孔加工编程举例

例 5　试采用固定循环方式加工图 5-52 所示各孔。工件材料为 HT300，使用刀具 T01 为镗孔刀，长度补偿号为 H01；T02 为 ϕ13mm 钻头，长度补偿号为 H02；T03 为锪钻，长度补偿号为 H03。工件坐标系用 G54，工件坐标系原点选在工件顶平面对称中心处。

程序如下：

```
O0005；
T01；
M06；
G54 G90 G00 X0 Y0 T02；
G43 H01 Z20. M03 S500；
G98 G85 X0 Y0 R3. Z-45. F40；
G80 G91 G28 Z0 M06；
G54 G90 G00 X-60. Y0 T03；
G43 H02 Z10. M03 S600；
G98 G83 X-60. Y0 R-15. Z-48. Q6. F40；
X60.；
G80 G91 G28 Z0 M06；
G54 G90 G00 X-60. Y0；
G43 H03 Z10. M03 S350；
G98 G82 X-60. Y0 R-15. Z-30. P100 F25；
X60.；
G80 G91 G28 Z0 M05；
G91 G28 X0 Y0 M30；
```

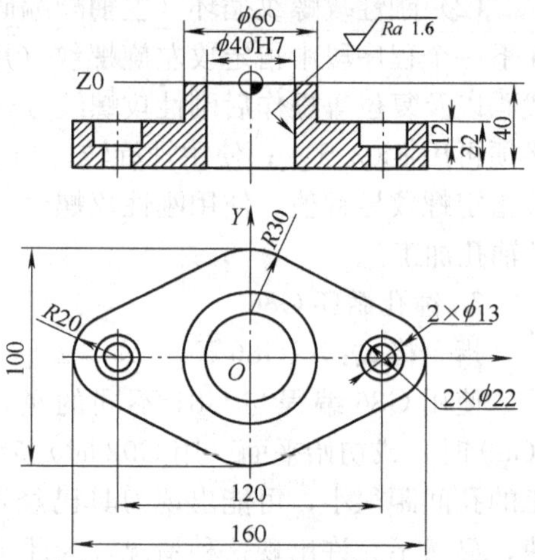

图 5-52　固定循环加工例

例 6　试采用重复固定循环方式加工图 5-53 所示各孔。工件材料为 45 钢，工件坐标系选在工件顶面中心。

程序如下：

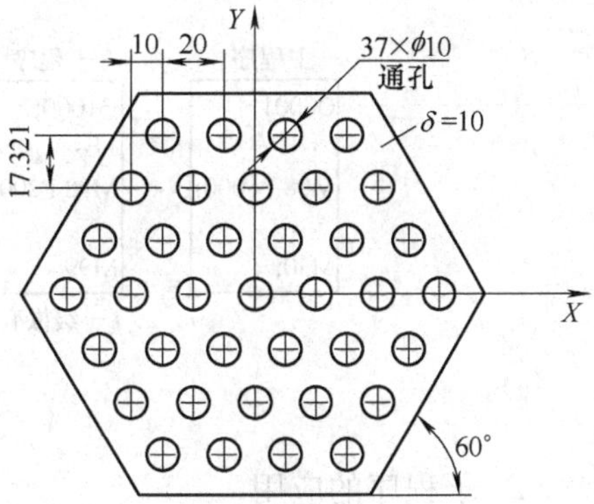

图 5-53　重复固定循环加工例

```
O0006;
N01 G90 G80 G92 X0 Y0 Z100.;
N02 G00 X-50. Y51.963 M03 S800;
N03 Z20. M08;
N04 G91 G73 G99 X20. Z-18. R-17. Q4. F40 K4;
N05 X10. Y-17.321;
N06 X-20. K4;
N07 X-10. Y-17.321;
N08 X20. K5;
N09 X10. Y-17.321;
N10 X-20. K6;
N11 X10. Y-17.321;
N12 X20. K5;
N13 X-10. Y-17.321;
N14 X-20. K4;
N15 X10. Y-17.321;
N16 X20. K3;
N17 G80 M09;
N18 G90 G00 Z100.;
N19 X0 Y0 M05;
N20 M30;
```

当要加工很多相同的孔时，应认真研究孔分布的规律，尽量简化程序。本例中各孔按等间距线性分布，可以使用重复固定循环加工，即用地址 K 指定重复次数。采用这种方法编程在进入固定循环之前，刀具不能定位在第一个孔的位置，而要向前移动一个孔位。因为在执行固定循环时，刀具要先定位然后才执行钻孔的动作。

第四节　子　程　序

一、子程序的概念

在一个加工程序的若干位置上，如果包含有一连串完全相同或相似的内容，为了简化程序可以把这些重复的程序段单独抽出，并按一定的格式编成子程序，然后像主程序一样将它们存储到程序存储区中。主程序在执行过程中如果需要某一子程序，可以通过一定格式的子程序调用指令来调用该子程序，子程序执行完了又可以返回到主程序，继续执行后面的程序段。

1. 子程序的嵌套

当主程序调用子程序时，被认为是子程序的一级嵌套。而调用的子程序还可以调用其下一级子程序，子程序调用最多可嵌套 4 级，如图 5-54 所示。

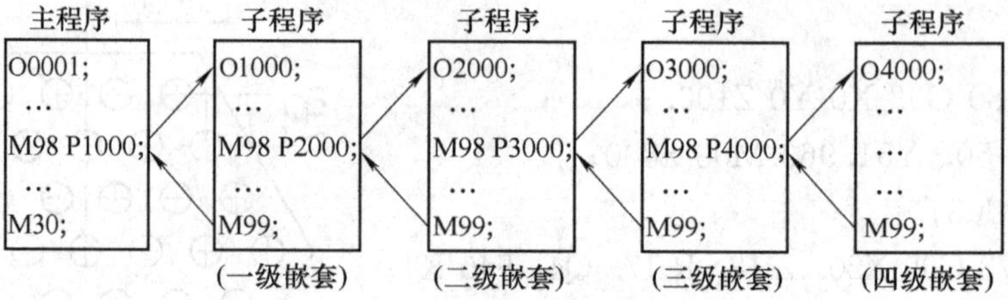

图 5-54　子程序的嵌套

2. 子程序的应用

1）零件上有若干处具有相同的轮廓形状（包括镜像或旋转的图形）。在这种情况下，只编写一个轮廓形状的子程序，然后利用子程序功能来调用该子程序。

2）加工中反复出现具有相同轨迹的进给路线。被加工的零件从外形上看并无相同的轮廓，但需要刀具在某一区域分层或分行反复走刀，走刀轨迹总是出现某一特定的形状，采用子程序就比较方便，此时通常要以增量方式编程。

3）程序中的内容具有相对独立性。加工中心编写的程序往往包含许多独立的工步，有时工步之间的调整也是允许的，为了优化加工顺序，把每一个独立的工步编成一个子程序，主程序中只有换刀和调用子程序等指令，是加工中心编程的一个特点。

4）满足某种特殊的需要。

二、子程序的调用与执行

1. 子程序的构成

O××××；

⋮

M99；

子程序号开头的写法与主程序完全相同，也是用“O”（EIA）或“:”（ISO）之后加 4 位数字（1～9999，前 0 可以省略）组成。但子程序结束要用 M99；。在编写程序时，M99 不必单独占用一个程序段，如 G00 X __ Y __ M99；也是允许的。

2. 子程序的调用

指令格式：

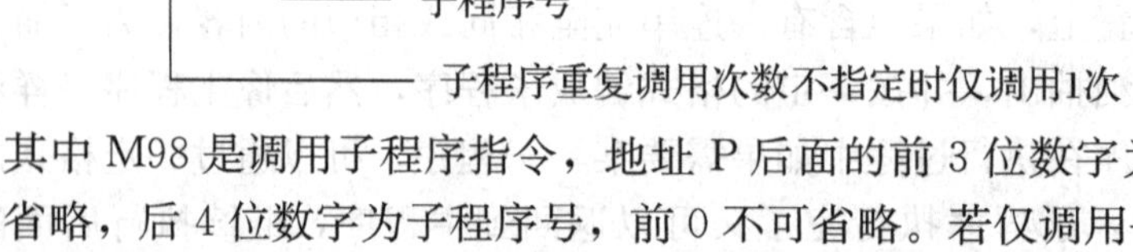

其中 M98 是调用子程序指令，地址 P 后面的前 3 位数字为子程序重复调用次数，前 0 可以省略，后 4 位数字为子程序号，前 0 不可省略。若仅调用一次，前面 3 位可以省略。系统允许重复调用的次数为 999 次。如要调用子程序 O1234 两次，子程序调用指令可以写成 M98P21234；。

3. 子程序的执行

主程序调用子程序的执行顺序说明如下：

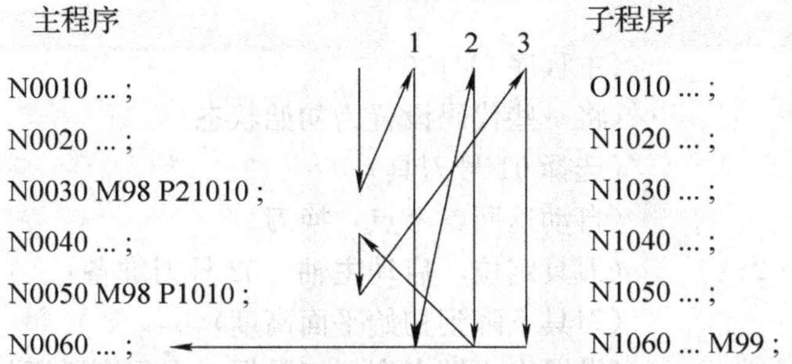

主程序执行到 N0030 时转去执行 O1010 子程序，重复执行两次后继续执行 N0040 程序段，在执行 N0050 时又转去执行 O1010 子程序一次，返回时又继续执行 N0060 及其后面的程序。当用一个子程序调用另一个子程序时，其执行过程与上述完全相同。

三、子程序的特殊使用方法

1. 子程序返回到指定顺序号的程序段

当子程序结束时，如果用 P 指定一个顺序号（格式变成 M99 Pn；n 为主程序中的某顺序号），则程序执行将不返回到调用程序段之后的程序段，而是返回到由 P 指定顺序号的程序段。这种编程方法只能用于存储器工作方式而不能用于纸带方式。

2. 自动返回到程序头

如果在主程序中执行 M99，则程序将返回到程序开头的位置并继续执行程序。为了让程序能够停止或继续执行后面的程序，通常可写成/M99；通过跳段开关跳过这个程序段。也可以在主程序中插入/M99 Pn;，其执行过程犹如前述。

四、编程举例

例 7 如图 5-55 所示，试编程完成图中 6×M10 螺孔加工。加工时先用 ϕ3mm 中心钻点窝，深 4mm，刀具号 T01，长度补偿 H01；再用 ϕ8.5mm 普通麻花钻钻孔，深 20mm，刀具号 T02，长度补偿 H02；然后用 90°锪钻对孔口倒角，刀具号 T03，长度补偿 H03；最后用 M10 丝锥攻螺纹，深 15mm，刀具号 T04，长度补偿 H04。

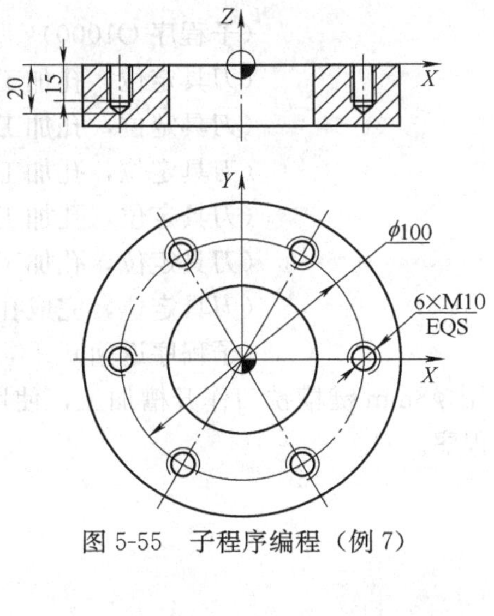

图 5-55 子程序编程（例 7）

主程序：

```
O0100;                                  (主程序 O0100)
G90 G17 G40 G49 G80 G54;                (将一些代码设置为初始状态)
T01;                                    (选择 01 号刀具)
N10 G91 G28 Z0 M06;                     (自动返回参考点，换刀)
G90 G00 X0 Y0 S2000 M03 T02;            (刀具定位，启动主轴，02 号刀准备)
G43 Z60.0 H01;                          (刀具下降到初始平面高度)
G99 G81 Z-4.0 R2.0 F20 K0;              (设置中心钻点窝加工数据，本程序段不加工)
M98 P1000;                              (调用子程序 O1000，中心钻点窝)
N20 G91 G80 G28 Z0 M06;                 (自动返回参考点，换 02 号刀)
S1000 M03 T03;                          (启动主轴，03 号刀准备)
G90 G43 Z60.0 H02;                      (刀具下降到初始平面高度)
G99 G83 Z-20.0 R2.0 Q5.0 F40 K0;        (设置钻孔加工数据)
M98 P1000;                              (调用子程序 O1000，钻各孔到 Z-20.0)
N30 G91 G80 G28 Z0 M06;                 (自动返回参考点，换 03 号刀)
S1200 M03 T04;                          (启动主轴，04 号刀准备)
G90 G43 Z60.0 H03;                      (刀具下降到初始平面高度)
G99 G82 Z-2.0 R2.0 P200 F60 K0;         (设置孔口倒角加工数据)
M98 P1000;                              (调用子程序 O1000，孔口倒角)
N40 G91 G80 G28 Z0 M06;                 (自动返回参考点，换 04 号刀)
S200 M03;                               (启动主轴)
G90 G43 Z60.0 H04;                      (刀具下降到初始平面高度)
G99 G84 Z-15.0 R5.0 F300 K0;            (设置攻螺纹加工数据)
M98 P1000;                              (调用子程序 O1000，攻螺纹到 Z-15.0)
G91 G80 G28 Z0 M05;                     (Z 轴返回参考点，主轴停止)
N90 G28 X0 Y0 M30;                      (X、Y 轴返回参考点，程序结束)
```

子程序：

```
O1000;                                  (子程序 O1000)
X50.0 Y0;                               (刀具定位，孔加工)
X25.0 Y43.301;                          (刀具定位，孔加工)
X-25.0;                                 (刀具定位，孔加工)
X-50.0 Y0;                              (刀具定位，孔加工)
X-25.0 Y-43.301;                        (刀具定位，孔加工)
G98 X25.0;                              (刀具定位，完成孔加工后返回初始平面)
M99;                                    (子程序返回)
```

例 8 如图 5-56 所示，用 ϕ8mm 键槽铣刀作开槽加工，使用半径补偿，每次 Z 轴下刀 2.5mm，试利用子程序编写程序。

程序如下：

```
O0200;
```

```
G92 X0 Y0 Z20.;
M03 S800;
G90 G00 X-4.5 Y-10. M08;
Z0;
M98 P40210;
G90 G00 Z20. M05;
X0 Y0 M09;
M30;
O0210;
G91 G00 Z-2.5;
M98 P40220;
G00 X-76. M99;
O0220;
G91 G00 X19.;
G41 D21 X4.5;
G01 Y75. F100;
X-9.;
Y-75.;
G40 G00 X4.5 M99;
```

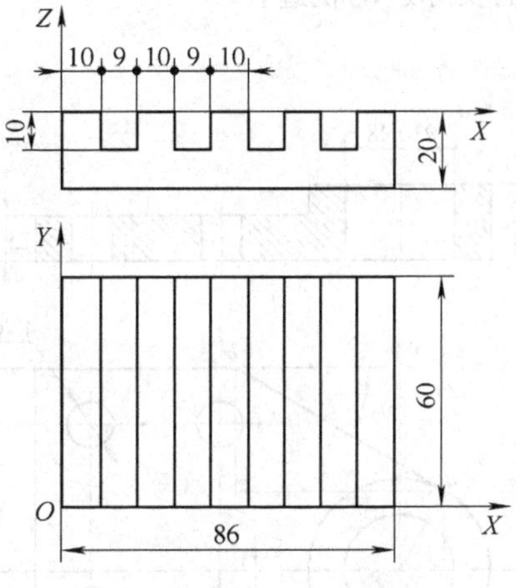

图 5-56 子程序编程（例 8）

例 9 图 5-57 所示零件，ϕ30H8 孔及 4×ϕ12mm 孔均已加工完毕，要求在数控铣床上完成外形轮廓的粗铣、精铣加工，设零件材料为 45 钢，加工余量为单边 5mm，试编写 NC 加工程序。

(1) 零件的装夹、刀具选择及切削用量 在编写 NC 程序之前，首先应对零件的类型特点进行分析，本例零件为盖板类零件，适合于在立式数控铣床上完成加工，加工时可选择零件底面 A 为主要定位基准面，选择 ϕ30H8 孔及 4×ϕ12mm 孔中距 ϕ30H8 孔较远的一个孔作为定位孔，按一面两孔方式实现零件的定位与夹紧，以便于刀具对零件的周边轮廓进行切削加工。加工时，可选择 ϕ12mm 立铣刀，刀具材料为普通高速钢。按两次粗铣一次精铣完成轮廓加工，粗铣时取切削速度 v_c=20m/min 可计算出主轴转速 n=530r/min；精铣时取切削速度 v_c=30m/min 可计算出主轴转速 n=795r/min。ϕ12mm 立铣刀的齿数为 z=3，粗铣时取每齿进给量 f_z=0.05mm/齿；精铣时取每齿进给量 f_z=0.12mm/齿，则由进给速度 $v_f=f_z nz$ 可计算出粗铣时的进给速度 v_f=80mm/min；精铣时的进给速度 v_f=286mm/min。

(2) 程序原点、刀具起始点及进给路线 如图 5-58 所示，根据零件的装夹特点以及便于编程中的数值计算，程序原点应选在零件底平面与 ϕ30H8 孔轴心线的交点处。刀具起始点可选在工件坐标系中 X0Y0Z100.0 的位置，这样比较便于对刀。另外，还要选择适当的下刀点，刀具在下刀时应考虑工件的加工余量、安全下刀间隙以及刀具半径。因此，下刀时刀具到零件边界的距离至少应等于上述三项尺寸之和。加工零件轮廓时的进给路线主要考虑的是顺铣加工还是逆铣加工，同时要尽量减少刀具空走刀的辅助时间，以提高生产率。本例加工时，刀具从右下角下刀，采用顺铣加工时，刀具应按顺时针方向走轮廓。加工轮廓时可使用刀具半径自动补偿功能，因此零件轮廓形状即为编程轨迹。图中用双点画线表示补偿后刀心的实际运动轨迹。

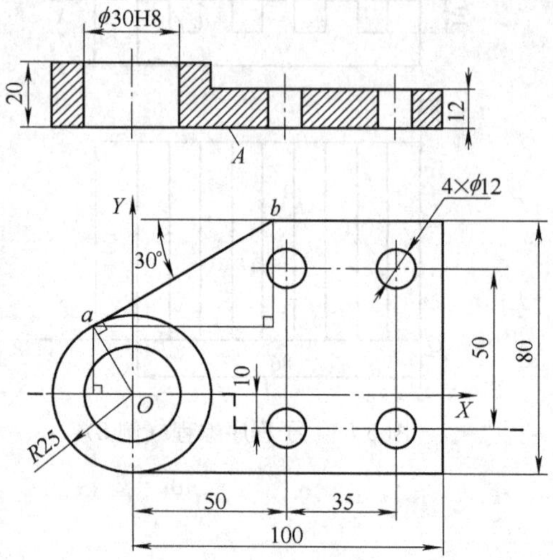

图 5-57 子程序编程（例 9）

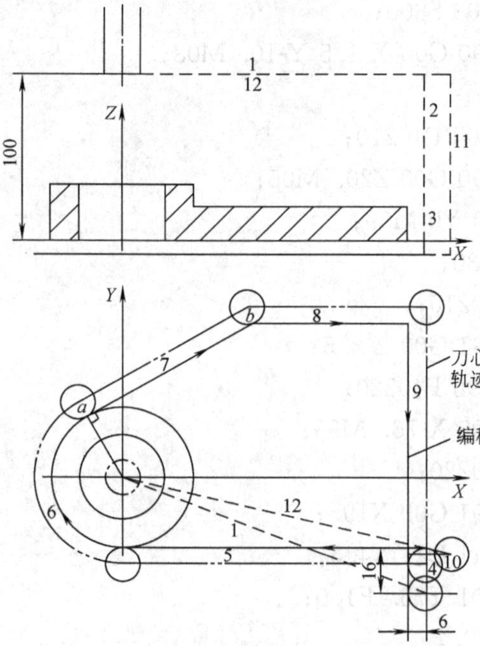

图 5-58 例 9 件铣削进给路线图

(3) 基点坐标的计算　工件坐标系建立后，应精确计算出零件轮廓上各基点在工件坐标系中的坐标值。由图 5-57 知，本例需计算图中 a、b 两点的坐标，其余位置基点的坐标可由图中尺寸直接确定。

计算 a 点坐标：

$$X_a = -25\sin30° = -12.5$$

$$Y_a = 25\cos30° = 21.651$$

计算 b 点坐标：

$$X_b = \frac{80-25-21.651}{\tan30°} - 12.5 = 45.262$$

$$Y_b = 80-25 = 55$$

(4) 编写 NC 加工程序　本例若采用绝对坐标编程，则程序如下：

```
O0300;
G92 X0 Y0 Z100.0;
G90 G00 X106.0 Y-41.0 S530 M03;
Z20.0 M08;
G01 Z-5.0 F2000;
G10 L12 P1 R8.75;
F80 M98 P3000;
G10 L12 P1 R6.5;
F80 M98 P3000;
G10 L12 P1 R6.0;
S795 M03 F286 M98 P3000;
Z100.0 M09;
```

X0 Y0 M05；

M30；

O3000；

G41 G01 Y-25.0 D01；

X0；

G02 X-12.5 Y21.651 R25.0；

G01 X45.262 Y55.0；

X100.0；

Y-27.0；

G40 G00 X115.0；

X106. Y-41.0 M99；

程序说明：本程序利用 G10 指令输入刀具半径补偿值，可根据两次粗铣和一次精铣的要求，分别设置刀具半径补偿值为 R8.75、R6.5、R6.0，将精铣轮廓编成子程序。利用 G10 指令和子程序编程功能，不仅可以连续完成粗、精铣过程，还避免了利用 MDI 面板输入刀具半径补偿值的过程，简化了编程。

例 10 如图 5-59 所示，在 150mm×120mm×20mm 的矩形坯料上铣 4 个深为 8mm 的腰形槽，材料为合金铝。加工时选用 ϕ8mm 键槽铣刀，试编写 NC 加工程序。

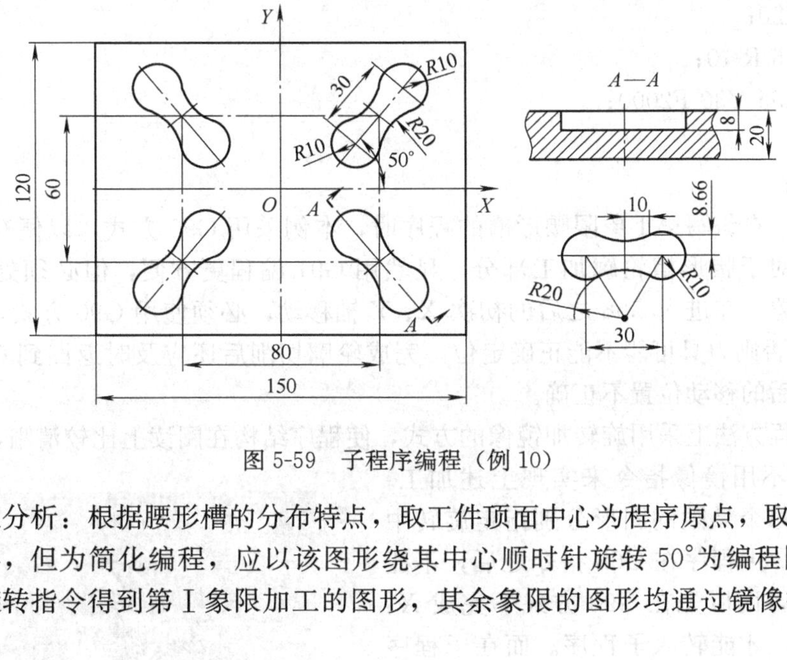

图 5-59 子程序编程（例 10）

零件加工分析：根据腰形槽的分布特点，取工件顶面中心为程序原点，取第Ⅰ象限的图形为编程图形，但为简化编程，应以该图形绕其中心顺时针旋转 50°为编程图形的几何位置，再通过旋转指令得到第Ⅰ象限加工的图形，其余象限的图形均通过镜像指令得到加工结果。

NC 程序如下：

O0400；

G69 G54 G90 G0 X0 Y0 T1 M6；

G43 H1 Z100 S2000 M3；

M98 P4000；

```
G51.1 X0;
M98 P4000;
G51.1 X0 Y0;
M98 P4000;
G51.1 Y0;
M98 P4000;
G50.1;
G90 G0 Z100 M5;
M30;
O4000;
G68 X40 Y30 R50;
G90 G0 X25 Y30;
Z2;
G1 Z-8 F40;
X55 F80;
G41 D1 X50 Y38.66 F60;
G2 X30 R20 F100;
G3 Y21.34 R-10;
G2 X50 R20;
G3 Y38.66 R-10;
G40 G1 X55 Y30 F2000;
G0 Z2;
G69 M99;
```

程序说明：在编写第Ⅰ象限腰形槽的程序时，本例采用 G90 方式，以便对 G68 指令有更多的了解。对于腰形槽轮廓加工部分，显然用 G91 编程更方便，但必须处理好 G90 与 G91 的切换位置。在进入 G68 之后的初次 X、Y 轴移动，必须使用 G90 方式，之后再变换为 G91 方式，否则刀具可能不能正确定位。完成轮廓切削后还应及时返回到 G90 方式，以避免取消旋转后的移动位置不正确。

本例在编程方法上采用旋转加镜像的方式，使程序结构在阅读上比较清晰，但也可以只用旋转指令而不用镜像指令来实现上述加工。此时，可以是每个象限的图形分别指定旋转中心和旋转角度，主程序在 G68 指令之后，不能立即转子程序，而应先在 G90 方式下完成 X、Y 轴的定位后，才能转入子程序。而在子程序中的腰形形状加工，只能采用 G91 方式编程。这种编程方法的好处是所有槽的加工全部由顺铣加工实现。

为验证实际的加工情况，本程序在斯沃仿真软件下编写，仿真加工结果如图 5-60 所示。

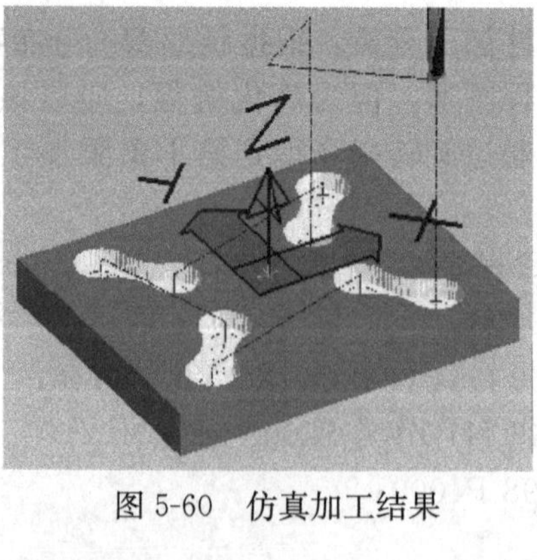

图 5-60　仿真加工结果

习题与思考题

5-1　数控镗铣加工的编程有哪些特点？

5-2　FANUC 0i-MC 系统关于 G 代码的应用有哪些说明？

5-3　解释一般立式加工中心常用 M 代码的功能含义。

5-4　说明 FANUC 0i-MC 系统基本地址的指令值范围及其含义。

5-5　如何根据立式或卧式数控镗铣类机床，确定机床 X、Y、Z 坐标轴及其正方向？

5-6　数控镗铣加工在确定程序原点的位置时应注意哪几点？

5-7　在加工中心上加工零件，自动换刀时要用到哪些指令？如何编写自动换刀指令？

5-8　G61、G62、G63、G64 是哪组模态 G 代码，如何在编程中正确使用它们？

5-9　FANUC 系统有哪几种设置工件坐标系的方法？编程格式与机床调整有何不同？

5-10　与参考点有关的指令有哪些？各有何作用？编程时有哪些要点应注意？

5-11　刀具长度偏置的目的是什么？举例说明正向偏置与负向偏置时的不同结果。

5-12　刀具半径补偿的目的是什么？通过轮廓铣削的实例说明编程时的指令格式。

5-13　如何避免因刀具半径补偿功能使用不当而造成工件报废或出现过切报警？

5-14　G10 指令的功能是什么？本章介绍了哪些应用？格式如何？

5-15　加工如图 5-61 所示零件上的内槽及内轮廓表面，选用 ϕ10mm 键槽铣刀，安排刀具在中心位置螺旋线下刀后按环切方式粗开槽，粗开时 Z 轴分层，每层下刀 2.5mm，槽内轮廓表面留精铣余量 0.4mm，再用刀具半径补偿功能精铣槽内轮廓表面。试完成相关计算并分别编写粗铣程序与精铣程序。

5-16　如图 5-62 所示零件，毛坯为 140mm×120mm×25mm 的矩形坯料，材料为 45 钢，外形已加工到尺寸。请选择刀具完成深 10mm 槽及深 15mm 外形轮廓的粗精加工。要求如下：

1）合理选择粗铣及精铣刀具。

2）合理确定进给路线。

3）建立工件坐标系并完成各基点坐标的计算。

4）计算精铣槽轮廓表面时的刀具补偿值。

5）编写各加工部位的粗精加工程序。

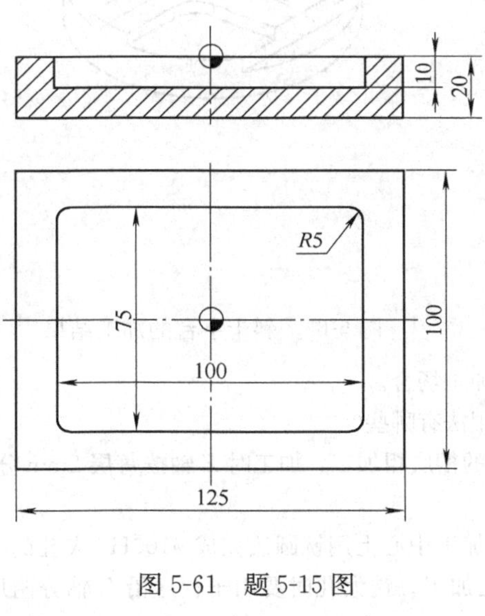

图 5-61　题 5-15 图

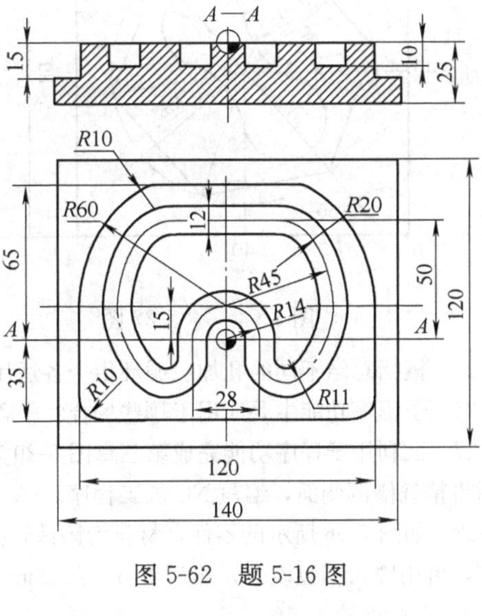

图 5-62　题 5-16 图

5-17　设第二章图 2-3 所示片状凸轮已完成所有普通机床加工，外圆已车至 ϕ80mm，现要在数控铣床上铣削凸轮外表面曲线，试制定铣削工艺方案，计算基点坐标和编写 NC 加工程序。加工后零件的显示结果应如图 5-63 所示。

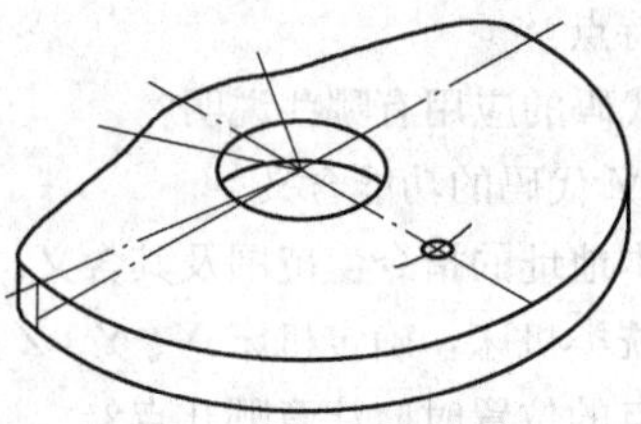

图 5-63　片状凸轮加工结果

5-18　如何用 G16/G15 功能实现极坐标编程？

5-19　如何用 G51/G50 功能实现等比例缩放？

5-20　如何用 G51.1/G50.1 功能实现可编程镜像？

5-21　如何用 G68/G69 功能实现坐标系旋转？

5-22　如图 5-64 所示，要在 80mm×80mm×15mm 的精料上铣出正六方凸台和腰形槽，试选择刀具和编写 NC 加工程序，假设工件材料为铝合金。

5-23　假定图 5-64 所示的零件还有一件与其左右镜像对称，编写 NC 程序完成该件的加工。

5-24　设毛坯为 ϕ144mm×30mm 圆柱形精料，材料为 45 钢，试在第三章习题 3-3 基点坐标计算的基础上，完成零件上 120mm 扁台（深 15mm）和斜十字台（深 7mm）的铣削加工。编写 NC 加工程序，加工后的结果应如图 5-65 所示。

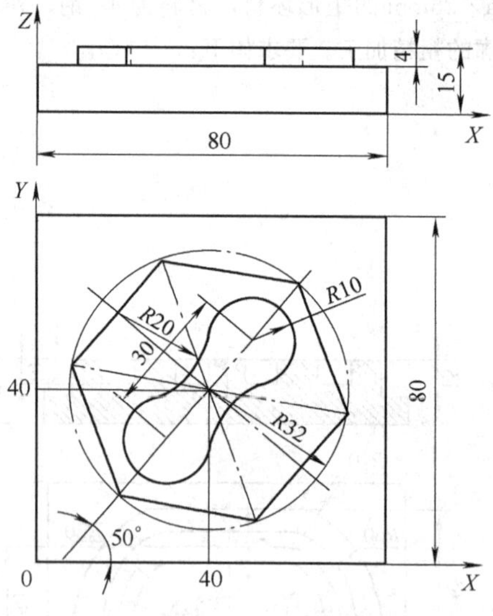

图 5-64　题 5-22 图

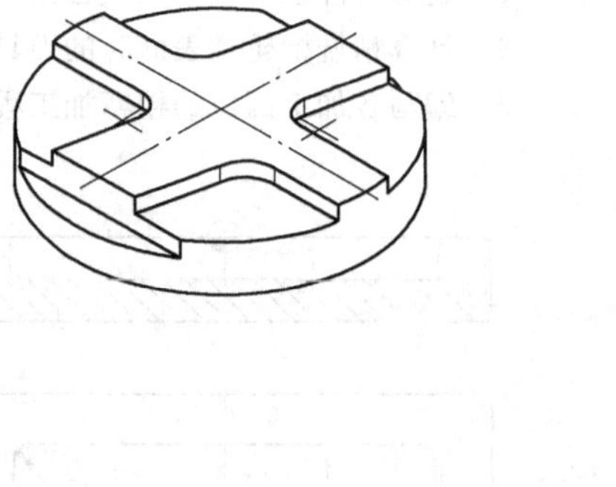

图 5-65　斜十字台的加工结果

5-25　概括总结不同的孔加工循环指令各适用于怎样的加工场合。

5-26　子程序功能主要应用于哪些场合？子程序的特殊用法有哪些？

5-27　试利用子程序功能完成第三章图 3-29 双边开口槽的槽底粗加工，加工时 Z 轴按每层 2mm 分层，加工后再精铣槽两侧面，编写 NC 加工程序。

5-28　如图 5-66 所示的零件，材料为铸铁，要求在立式加工中心上用铣圆法完成 ϕ100H7 大孔的半精铣加工，再用镗刀精镗该孔，然后对 6×ϕ12mm 孔进行钻孔加工。铣大孔时要用子程序沿 Z 轴分两层完成，钻 6×ϕ12mm 孔时，也要使用 K __指令孔加工重复次数，以简化程序。试编写上述工序加工的数控程序。

5-29　如图 5-67 所示零件，材料为 45 钢，要求在立式加工中心上完成两条槽及各孔加工，试选择刀具并确定切削用量，制定加工工艺及编写加工程序。

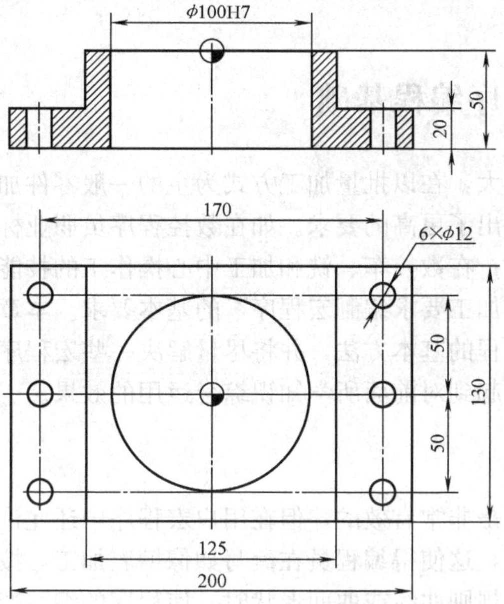

图 5-66　题 5-28 图

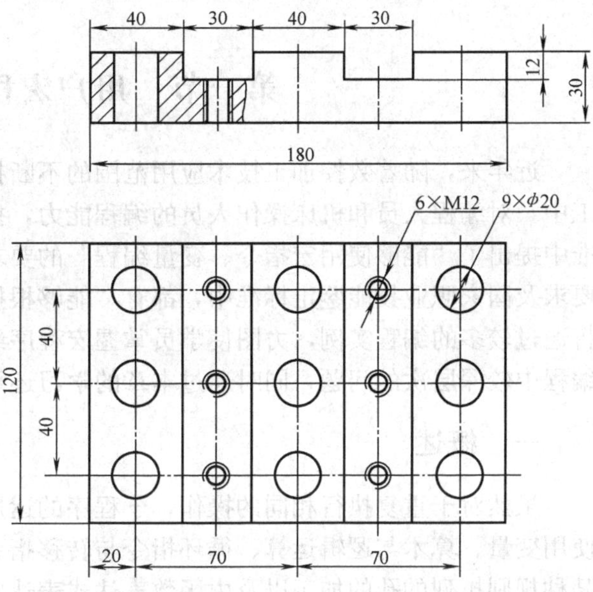

图 5-67　题 5-29 图

5-30　试根据第三章图 3-5 所示加工中心加工试件所标注的尺寸和基点计算的结果，编写 NC 加工程序，得到图 5-68 所示阴阳两件的加工结果。毛坯为 144mm×144mm 方料，加工图 a 件总高 18mm，周边去除材料深 8mm，加工图 b 件总高 10mm，中心部位铣透。两个 ϕ12H7 孔位于 112mm×112mm 对角上，也要安排到加工程序中。

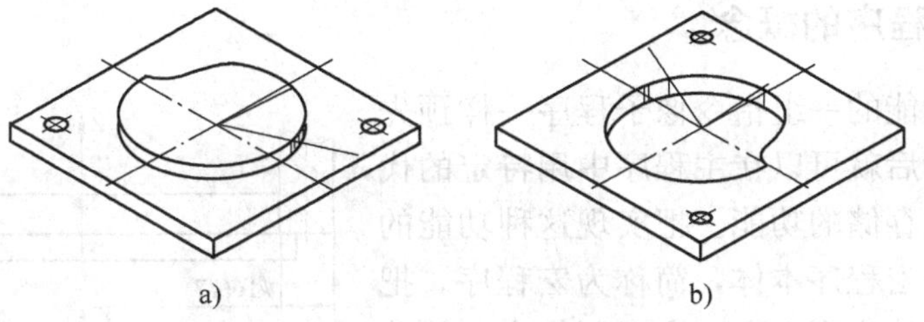

图 5-68　加工中心加工试件的加工结果

第六章 用户宏程序编程

第一节 用户宏程序编程基础

近年来，随着数控加工技术应用范围的不断扩大，在以批量加工方式为主的一般零件加工中，对编程人员和机床操作人员的编程能力，提出了更高的要求。如在数控程序员职业标准中提出了“能够使用宏指令、变量编程”的要求；在数控车、铣和加工中心操作工的技能要求及国家职业技能鉴定标准中，都有“能够根据加工要求编制宏程序”的基本要求。本章将通过较多的编程实例，力图使学员掌握宏程序编程的基本方法，并将尽量解决一些宏程序编程中较深层次的问题，同时通过本章的学习还可起到对前面所学知识综合运用的效果。

一、概述

虽然对于重复执行相同的操作，子程序的运用是非常有效的，但在用户宏程序中还允许使用变量、算术与逻辑运算、循环指令与转移指令，这使得编程员在编写如像槽腔加工，按某种规则排列的孔的加工以及由函数表达式表达的规则曲线或曲面形状时，使程序的编写变得十分容易。

利用数控系统的运算和逻辑判断功能所编制的程序，与 CAD/CAM 软件编程相比，不仅程序的长度大大缩短，而且使零件加工程序完全建立在严格的数学关系上，使零件加工的精度更高，加工时间更短，加工过程中的参数调整与程序优化也更为方便。这为专业编程人员进一步提高编程水平，开辟了一个可以充分利用的舞台空间。

二、用户宏程序的概念

把实现某种功能的一组指令像子程序一样预先存入存储器中，然后就可以在主程序中用特定的代码来调用这一预先存储的功能。把实现这种功能的一组指令称为用户宏程序本体，简称为宏程序。把调用宏程序的指令称为用户宏程序调用指令，简称为宏指令。

在 FANUC 较早的系统中，如 FANUC 0 系列，一般提供 A、B 两类用户宏功能。其中，A 类宏功能虽然是 FANUC 系统的标准配置功能，但由于编制的程序可读性极差，目前已较少使用。以下将结合 FANUC 0i-MC 对 B 类宏程序的编程方法进行讨论。

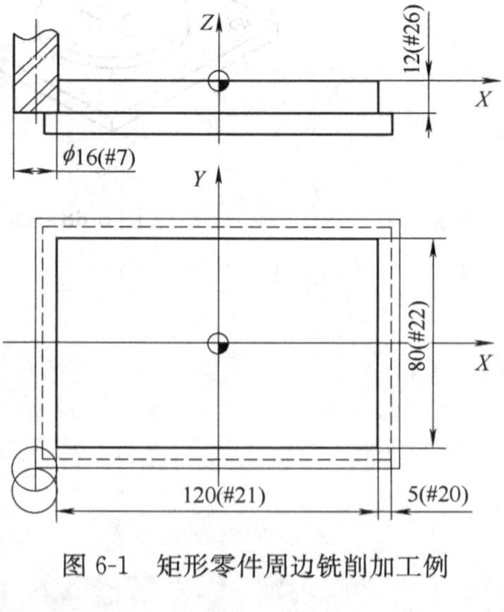

图 6-1 矩形零件周边铣削加工例

例 1 首先通过一个示意性例子来说明宏程序编程的概念。如图 6-1 所示，矩形零件周边轮廓的铣削加工，假定零件的长度以 U（120mm）表示；宽度以 V（80mm）表示；单边加工余量以 T（5mm）表示；平底立铣刀的刀具直径以 D（16mm）表示；加工的深度以 Z（－12mm）表示；取工件顶面中心为 G54 工件坐标系零点。这样一个零件的主程序就可以写为

```
O0001;                                  （主程序）
G90 G54 G00 X0 Y0 Z20. S600 M03;        （选择第 1 工件坐标系，刀具定位，主轴正转）
G65 P6001 D16. U120. V80. T5. Z-12.;    （宏程序非模态调用，自变量赋值）
G0 Z100. M05;                           （刀具返回，主轴停止）
M30;                                    （程序结束）
```

当零件程序执行到宏程序非模态调用指令 G65 时，将转去执行宏程序 O6001，称为用户宏程序调用，但这种调用不同于 M98 的子程序调用，而是将刀具的直径值 16mm、工件长度 120mm、工件宽度 80mm、加工余量 5mm 以及 Z 轴深度－12mm 分别传递到宏程序对应的变量＃7、＃21、＃22、＃20 和＃26 中。

然后，利用这些变量，再通过计算编写一个用户宏程序，零件的加工就可以进行了。

宏程序按如下编写：

```
O6001;                                  （宏程序）
#1=[#21+#7]/2;                          （工件长度加刀具直径后除以 2）
#2=[#22+#7]/2;                          （工件宽度加刀直径后除以 2）
G90 G0 X-#1 Y-[#2+#20+3.];              （刀具 X、Y 轴方向快速定位）
G01 Z#26 F5000;                         （刀具以较快进给速度沿 Z 轴下刀）
Y#2 F200;                               （Y 轴正向切削）
X#1;                                    （X 轴正向切削）
Y-#2;                                   （Y 轴负向切削）
X-#1;                                   （X 轴负向切削）
G0 Z5.;                                 （刀具沿 Z 轴返回）
M99;                                    （返回主程序）
```

由于零件加工将工件长度、宽度、加工深度、加工余量和刀具直径都设置为变量，零件加工程序就具备了一定的通用性，例如当上述任何尺寸变化时，只需在 G65 程序段中对相应参数进行修改，不同尺寸的矩形形状都可以加工，也包括刀具直径值的修改。还能实现零件的粗、精加工以及尺寸的精确控制等。

通过该例还可知，对于具有某种规则的特定轮廓形状，如正多边形、椭圆、抛物线以及三角函数曲线等，可以通过修改变量的赋值而加工出大小不同而具有相同特征的零件。

三、变量

在普通程序中直接用数值指定 G 代码和移动距离，如 G00 X100.；而在用户宏程序中，数值可以直接指定，也可以由一个变量指定，如 G00 X＃1;，而＃1 所代表的数值则可由程序或由 MDI 面板预先指定。

1. 变量的表示方法

在宏程序中变量需用一个变量符号（＃）与后续的变量序号组成，即变量可用＃i（i=1,

2，3，…）表示。如：＃1、＃100、＃4003都表示一个变量。

变量序号也可以用一个表达式来表示，但在这种情况下，必须用中括号将该表达式括起来，如：＃[＃1＋＃2－12]。如果变量序号只是一个变量，也要用中括号括起来，如：＃[＃4] 是正确写法，而＃＃4是错误的写法。假设＃4＝1，＃[＃4] 就成为＃1。又如：＃[＃7/2] 表示＃7的值被2除后作为该变量的变量序号。

2. 变量的类型

变量根据变量号的不同，被定义为空变量、局部变量、公用变量和系统变量共4种类型，见表6-1。

表6-1 变量的类型

变　量	变量类型	功　　能
＃0	空变量	以〈空〉表示，且总为空变量，没有值能赋给该变量，但可读且可参与各类运算
＃1～＃33	局部变量	是一种在宏程序中局部使用的变量，使用时必须对其赋值，未赋值的局部变量，它的初始状态为〈空〉；已赋值的局部变量，在系统断电之后，将初始化为空变量，与＃0等效
＃100～＃149 ＃500～＃531	公用变量	又称为全局变量，在多重调用中，其值始终保持不变。当断电时变量＃100～＃149的值被初始化为〈空〉，而变量＃500～＃531的值将保存而不会丢失。作为选项，＃100～＃149可以扩充至＃199，＃500～＃531可以扩充至＃999
＃1000～	系统变量	系统变量用于读和写CNC内部数据，例如：刀具当前坐标位置和刀具补偿值

3. 变量值的范围

局部变量和公用变量可以具有0值或以下范围的值：$-10^{47}\sim-10^{-29}$ 或 $10^{-29}\sim10^{47}$。如果计算的结果超出其范围，将触发P/S报警No. 111。

4. 省略小数点

当在程序中定义变量值时，整数值的末尾可以不用小数点。例：

当定义＃1＝123；，变量＃1的实际值为123.000。

5. 变量的引用

在地址后指定变量即可引用其变量值。当用表达式指定变量时，要把表达式放在中括号内，例如：G01 X[＃1＋＃2] F＃3。

被引用变量的值根据地址的最小设定单位自动地舍入。例如：当G00 X＃1在以0.001mm为单位的CNC上执行时，＃1又以12.3456被赋值，实际指令值为G0 X12.346。

要改变引用变量值的符号，要把负号“－”放在＃的前面，如：G00 X－＃1。

变量在引用前应赋值，当一个未定义的变量被引用时，变量及其地址都被忽略。例如：当变量＃1的值是0，并且变量＃2的值是〈空〉时，G00 X＃1 Y＃2的执行结果为G00 X0；。

6. 未定义变量的性质

如果一个变量的值未被定义，这个变量就被视为空变量，在操作时与＃0等效。

（1）运算　除非在进行变量间的置换时，〈空〉不改变其性质，其余运算中〈空〉一律按0处理。例如：＃1＝〈空〉，若＃2＝＃1，则＃2＝〈空〉；若＃2＝＃1＊5或＃2＝＃1＋＃1，运算时〈空〉按0处理，运算结果都是＃2＝0。

（2）条件表达式　在条件表达式中，只有EQ（＝）和NE（≠）两种比较条件中，〈空〉仍按〈空〉处理，其余情况，则〈空〉一律按0处理。例如：若＃1＝〈空〉，＃1 EQ ＃0和＃1 NE ＃0的比较，＃1仍按〈空〉处理，前者成立，后者不成立；若＃1 GE ＃0，由于GE（≥）属其余情况，此时若仍按〈空〉处理，将无法比较，因此规定＃1与＃0都按0处理，因0与0比较时，符合“≥”的范围，条件也是成立的；若＃1 GT ＃0，尽管GT（>）也属其余情况，＃1与＃0也按0处理，但0与0比较时，不符合“>”的范围，因此在条件表达式中属不成立。

7. 变量值的显示

可以在MDI方式下显示变量的值，无数据显示的变量为空变量，若显示为＊＊＊＊＊＊＊＊，则是由于指定的值过大而向上溢出或过小而向下溢出。取值的绝对值范围应在0.0000001～99999999。

8. 限制

不能在程序号、顺序号和选择跳段号中使用变量，即在地址“O”、“N”、“/”之后，不能指定变量，如O＃1；N＃2 X100.；/＃3Y200.；等。

四、算术和逻辑运算

所有变量的算术和逻辑运算列于表6-2中。位于“＝”号（赋值符号）右边的表达式可包含常量和/或由函数或运算符组成的变量，变量＃j和＃k也可以用常数代替。

表6-2　算术和逻辑运算一览表

功　能	格　式	备　注
定义、置换	＃i ＝ ＃j	
加法 减法 乘法 除法	＃i ＝ ＃j ＋ ＃k ＃i ＝ ＃j－＃k ＃i ＝ ＃j ＊ ＃k ＃i ＝ ＃j / ＃k	
正弦 反正弦 余弦 反余弦 正切 反正切	＃i ＝ SIN［＃j］ ＃i ＝ ASIN［＃j］ ＃i ＝ COS［＃j］ ＃i ＝ ACOS［＃j］ ＃i ＝ TAN［＃j］ ＃i ＝ ATAN［＃j］/［＃k］	角度在用于正弦、反正弦；余弦、反余弦；正切、反正切的所有运算中以〔°〕为单位 例如：80°30′表示为80.5°
平方根 绝对值 舍入 下取整 上取整 自然对数 指数函数	＃i ＝ SQRT［＃j］ ＃i ＝ ABS［＃j］ ＃i ＝ ROUND［＃j］ ＃i ＝ FIX［＃j］ ＃i ＝ FUP［＃j］ ＃i ＝ LN［＃j］ ＃i ＝ EXP［＃j］	
或 异或 与	＃i ＝ ＃j OR ＃k ＃i ＝ ＃j XOR ＃k ＃i ＝ ＃j AND ＃k	逻辑运算一位一位地按二进制数执行 或运算：0＋0＝0；0＋1＝1；1＋0＝1；1＋1＝1 异或运算：0⊕0＝0；0⊕1＝1；1⊕0＝1；1⊕1＝0 与运算：0·0＝0；0·1＝0；1·0＝0；1·1＝1
从BCD转换为BIN 从BIN转换为BCD	＃i ＝ BIN［＃j］ ＃i ＝ BCD［＃j］	用于与PMC(可编程机床控制器)的信号交换 (BIN：二进制；BCD：十进制)

赋值符号“=”在计算机的运算中，不能将“=”号理解为一般数学意义上的关系符号，而应理解为是将“=”号右边表达式的值赋值给“=”号左边的变量，因此称为赋值符号。在关系表达式中，等号两边的常量或变量可以移动，而不影响等式关系，这里则不行。这就是赋值语句与关系表达式的不同之处。例如：#1=#1+1；几乎在任何宏程序中都离不开这种赋值运算，在关系表达式中却无法运算。

部分算术和逻辑运算的说明：

1. 反三角函数的取值范围

(1) #i = ASIN [#j]　#j 的值应在-1～1，#i 的取值范围可由参数 No.6004#0 (NAT) 进行设置，设置为“0”时为 90°～270°；设置为“1”时为−90°～90°。

(2) #i = ACOS [#j]　#j 的值应在 1～−1，随着#j 值的减小，#i 的值从0°～180°变化，即取函数曲线下降区段。

(3) #i = ATAN [#j]/[#k]　反正切是用两个数值（可为负值）之比来表示的，而#i 是一个角度值，取值的范围可通过参数 No.6004#0 (NAT) 进行设置，设置为“0”时，0°～360°；设置为“1”时，−180°～180°。

例：若#1= ATAN [−1] / [−1]，求#1 的值，若 NAT 位为“0”，#1=225°；若 NAT 位为“1”，#1=−135°。

2. 舍入运算 #i = ROUND [#j]

1) 如果 ROUND 函数是包含在一个算术或逻辑运算中，或 IF 或 WHILE 语句中，则四舍五入的舍入位置在小数点后第 1 位。例：当#1=ROUND[#2]；若#2=12.3456，则变量#1 的值为 12.0。

2) 如果 ROUND 函数是用于 NC 尺寸字的地址之后，则四舍五入的舍入位置由该轴移动的最小设定单位决定。这对某轴的一次移动，若#2=12.3456，无论写成 G00 X #2；还是写成 G00 X [ROUND[#2]]，结果都一样。但在增量方式下的连续移动，若返回时不对每次移动量先执行 ROUND 运算，有可能使轴的移动出现误差。

3. 上取整 #i = FUP[#j] 和下取整 #i = FIX[#j]

取整运算就是将数值的小数部分舍去，并视情况对整数部分做适当的修正。上取整运算若原数为正数则整数部分需加 1；若原数为负数，则整数部分需减 1。下取整则无须对整数部分进行任何处理，保留原值即可。

如执行#3=FUP[#1];，若#1=1.02，结果为 2.0；若#1=−1.02，结果为−2.0。如执行#3=FIX[#1];，若#1=1.02，结果为 1.0；若#1=−1.02，结果为−1.0。

4. 混合运算与括号的使用

在混合运算中，运算次序首先取决于运算的优先级，同级的运算则按顺序进行，而括号的使用，又可以改变运算的次序，最内层的括号先运算，按括号的层由内而外，逐步完成。

1) 按优先级确定运算次序时，优先级顺序从高到低依次为：函数运算→乘除运算（*、/、AND）→加减运算（+、−、OR、XOR）。如：#1=#2+#3*SIN[#4]；先完成函数运算，求出 SIN[#4] 值，再用该值与#3 相乘，最后用相乘的结果与#2 相加求出#1 的值。

2) 如果要改变运算的次序，则可以使用方括号（[ ]），方括号必须成对使用，并符合嵌套要求，包括函数运算中用到的方括号，括号的使用最多可达 5 层。例：

＃1＝SIN[＃7＋＃6＊[＃5＋＃4＊[＃2＋＃3]]]；(3 重嵌套)

此例中，虽然 SIN 属函数运算，在前一种运算中优先级别最高，但括号的使用，将改变运算的顺序，也就是说从一般的混合运算中来看，运算的优先顺序可以如下表示：

方括号 [ ] → 正负号 → 函数运算 → 乘除运算 → 加减运算

说明：圆括号在程序中只能用于注释。

5. 命令的缩写

程序在编辑输入时，所有函数的字母表达部分可以只用前两个字母。如：

SIN→SI；ASIN→AS；COS→CO；ACOS→AC；TAN→TA；ATAN→AT；SQRT→SQ；ABS→AB；ROUND→RO；FIX→FI；FUP→FU；EXP→EX；……

6. 运算的误差

用户宏程序在执行运算时，由于数据存储位数的限制，不可避免地存在误差。编程员在编程时，若能预估不同运算可能产生误差的大小以及误差对编程的影响，就能通过合理的编程手段减少或消除误差的影响。

宏程序运算中的误差见表 6-3，表中根据运算种类分别给出了平均误差和最大误差，可按误差类型确定误差的计算方法。

表 6-3　宏程序运算中的误差

运　算	平均误差	最大误差	误差类型
a ＝ b ＊ c	1.55×10^{-10}	4.66×10^{-10}	相对误差 $\left\|\frac{\varepsilon}{a}\right\|$
a＝ b/c	4.66×10^{-10}	1.88×10^{-9}	
a＝$\sqrt{b}$	1.24×10^{-9}	3.73×10^{-9}	
a ＝ b ＋ c a ＝ b－ c	2.33×10^{-10}	5.32×10^{-10}	取两者较小的 $\left\|\frac{\varepsilon}{b}\right\|$，$\left\|\frac{\varepsilon}{c}\right\|$
a ＝ SIN[b] a ＝ COS[b]	5.0×10^{-9}	1.0×10^{-8}	绝对误差 $\|\varepsilon\|$（°）
a ＝ ATAN[b] /[c]	1.8×10^{-6}	3.6×10^{-6}	

表 6-3 的使用说明：

1）乘（＊）、除（/）和开方（$\sqrt{\ }$）运算，可依据运算结果确定其相对误差。

2）加（＋）、减（－）运算，选择误差类型栏内两个相对误差中的较小者。

3）正弦（SIN）、余弦（COS）和反正切（ATAN）运算，绝对误差的大小为一常数，与运算结果无关，单位为（°）。

4）正切 TAN 函数按 SIN/COS 执行。

5）如果由于运算精度而导致 SIN、COS、TAN 函数的运算结果小于 1.0×10^{-8} 而又不为 0 时，可以将参数 No. 6004 ＃1（MFZ）设置为 1，这样可使运算结果归零。

（1）非常大的数值执行加减运算　由于存储变量的精度仅能保证到大约 8 位的十进制数，当在加或减运算中处理非常大的数时有可能得不到预期的运算结果。例：当按＃1＝9876543210123.456和＃2＝9876543277777.777 试图对＃1 和＃2 赋值时，其赋值的结果实际为＃1＝9876543200000.000 和＃2＝9876543300000.000。在这种情况下，若执行

＃3＝＃2－＃1的运算，不是得到预期值的 67654.321，而是＃3＝100000.000，产生这种误差的原因是由于系统是以二进制来执行运算，且受到数据存储位数的限制。

（2）逻辑运算中两数的比较　在使用条件表达式时，若比较的方法不合理，也可能因误差而得不到正确的比较结果。例：IF［＃1 EQ ＃2］有可能因＃1 和＃2 的误差而导致＃1 与＃2 相等的条件不能成立，此时可改用 IF[ABS[＃1－＃2] LT 0.001] 来建立关系式，其中 0.001 是两个变量差值的最大允许极限值，若两变量的差值在此值范围内，就认为两个变量值是相等的。

（3）使用下取整指令时要小心　例：执行＃2＝＃1＊1000；当＃1＝0.002 时，系统以二进制运算，由于二进制位数的限制，运算的结果是 1.99999997，当执行＃3＝FIX[＃2] 时，变量＃3 的结果是 1.0 而不是 2.0。在这种情况下，可先增大变量的值，再执行下取整操作，如改写为＃3＝FIX[＃2＋0.001]，或改用四舍五入的圆整方式，写成＃3＝ROUND[＃2]。

说明：用户宏程序处理数据的浮点格式为 $M\times2^{E}$，式中 M 为尾数，表示二进制数的有效数字部分，由 1 位符号位加 31 位二进制数组成；E 是指数部分，由 1 位符号位加 7 位二进制数组成。这种表示方法，类似于十进制数的科学计数法表示数的方法，在数值计算中普遍应用，其特点是表示数值的范围大，运算精度高，运算中不易产生溢出。

五、分支和循环

分支和循环是宏程序编程中重要的概念，利用分支结构可以改变程序的流向，利用循环结构可以重复执行某些相同的操作，能够实现这一类功能的指令统称为控制指令。

FANUC 提供的控制指令比较简单，从格式上讲，有 5 种。这就是：①无条件转移GOTO 语句；②条件转移 IF…GOTO 语句；③IF…THEN 语句；④循环指令 WHILE…DO 语句；⑤无限循环指令 DO 语句。5 种语句中，前三种属分支语句，后两种属循环语句。

1. 无条件转移（GOTO 语句）

指令格式：

GOTO n；

执行该指令，CNC 搜索顺序号 N n …；并无条件转移到顺序号为 n（1～99999）的程序段。顺序号在此处也可以用变量或表达式来代替，如 GOTO ＃10；。由于向下搜索顺序号的时间总是小于向上搜索的时间，从程序结构上尽量避免向上搜索。

2. 条件转移（IF…GOTO 语句）

指令格式：

IF［〈条件表达式〉］GOTO n；

执行该指令，若〈条件表达式〉成立，则转移到顺序号为 n 的程序段，若〈条件表达式〉不成立，则继续执行下面的程序段。

• 条件表达式　一般所说的表达式，多指算术表达式或逻辑表达式，而条件表达式是对两个数值的大小进行比较，以判断条件是否满足。在写程序时，条件表达式一定要用“[ ]”括起来。条件表达式还必须包括运算符，运算符两边的数值可以是常量、变量或表达式。

• 运算符　在条件表达式中，运算符由两个字母组成，它们与不等式中的运算符相对应，见表 6-4。在条件表达式中，运算符只能使用规定的字母，不能用不等式符号。

表 6-4 运算符

运算符	对应不等式符号	含 义	英文解释
EQ	＝	等于	Equal to
NE	≠	不等于	Not equal to
GT	＞	大于	Greater then
GE	⩾	大于或等于	Greater then or equal to
LT	＜	小于	Less then
LE	⩽	小于或等于	Less then or equal to

例 2 求 1～100 整数累加的和。

```
O2000;                         (程序号)
#1=0;                          (#1 存储整数累加的和，首先设初值为 0)
#2=1;                          (#2 存储加数，首先设初值为 1)
N5 IF [#2 GT 100] GOTO 10;     (当加数#2 大于 100 时转移到 N10)
#1=#1+#2;                      (求和)
#2=#2+1;                       (求下一个加数)
GOTO 5;                        (无条件转移到 N5)
N10 M30;                       (程序结束)
```

3. IF…THEN 语句

指令格式：

IF [〈条件表达式〉] THEN 〈宏语句〉

执行该指令，若〈条件表达式〉成立，则执行 THEN 后面的〈宏语句〉，然后程序继续执行；若〈条件表达式〉不成立，则直接执行下面的程序段。〈宏语句〉在此处只能写一行，一般为一个简单的赋值语句。

例 3 设#2 表示一个角度增量，用于三角函数运算，在程序运行过程中，该值一旦大于或等于 360°，即令该值减 360°后重新赋值给#2。

```
……
#2=#2+1.2;                          (#2 的原数值增大 1.2 后再赋值给#2)
IF [#2 GE 360] THEN #2=#2-360;      (若#2 的值大于 360°时，重新赋值)
……
```

4. 循环指令（WHILE…DO 语句）

指令格式：

WHILE [〈条件表达式〉] DO m；(m=1、2、3)

……

END m；

若满足〈条件表达式〉的条件时，则重复执行从 DO m 到 END m 之间的程序段，直到条件不满足时跳出循环，继续执行 END m 之后的程序段。DO m 与 END m 应成对使用，最多为三重嵌套。即在程序中先出现 DO 1、DO 2、DO 3，再出现 END 3、END 2、END 1。在 DO m 与 END m 之间可以调用用户宏程序或子程序。如果要在循环执行过程中跳出循环，可以在 DO m 与 END m 之间插入 GOTO 语句或 IF…GOTO 语句，但不允许用分支语句转到循环体内。如果按顺序使用多个循环，标号（1～3）可多次使用。例如：

```
WHILE [〈条件表达式〉] DO 1;
  ⋮
END 1;
  ⋮
WHILE [〈条件表达式〉] DO 1;
  ⋮
END 1;
```

• 嵌套　在一个循环体内又完整地包含另一个循环体，称为循环的嵌套，是编制复杂程序的重要手段。例如，要编制圆盘上以圆盘中心为原点，沿圆周等角度分布孔数为 H 的孔的钻孔加工，用一个循环即可实现，但如果这种圆周孔还要沿半径方向多圈辐射时，选择二重嵌套则成为最有效的方法。

在使用循环嵌套时，一要注意循环体标号的顺序，二要注意内外循环不能交叉。

例 4　循环的二重嵌套举例。

```
#100 = 1;                      (变量#100 赋初值为 1)
WHILE [#100 LE 10] DO 1;       (DO 1—END 1 执行 10 次)
G65 …;                         (宏程序非模态调用)
#12 = 0;                       (变量#12 赋初值为 0)
WHILE [#12 LT 13] DO 2;        (DO 2—END 2 执行 13×10 次)
G66 …;                         (宏程序模态调用方式建立)
……                             (执行宏程序模态调用)
G67;                           (宏程序模态调用取消)
#12 = #12 + 1;                 (变量#12 加 1 后再赋值给#12)
END 2;                         (DO 2 循环结束)
#100 = #100 + 1;               (变量#100 加 1 后再赋值给#100)
END 1;                         (DO 1 循环结束)
```

5. 无限循环指令（DO 语句）

指令格式：

```
DO m;(m=1、2、3)
……
END m;
```

这种循环由于没有使用〈条件表达式〉，除非在循环体内插入 GOTO 语句或 IF…GOTO 语句，否则将成为无限循环指令。

六、用户宏程序的调用

1. 宏程序的调用方法

在 FANUC 系统的 B 类宏（子）程序调用中，包括以下 6 种调用方式：①非模态调用（G65）；②模态调用（G66、G67）；③宏调用使用 G 代码；④宏调用使用 M 代码；⑤子程序调用使用 M 代码；⑥子程序调用使用 T 代码。

编程员在编程时，主要应掌握 G65 和 G66 调用宏程序的方法，其他方法通常在扩展数控系统功能时才会用到。

2. 宏程序的结构

在讨论具体的调用方法之前，首先对用户宏程序的结构作简要说明。用户宏程序是由宏程序号、宏程序本体和宏程序结束三部分组成。宏程序结束与子程序结束的格式一样，也是用 M99 返回主程序。宏程序格式如下：

O××××；　　　　　（宏程序号）

……

〔变量〕

〔运算指令〕

〔控制指令〕

……

M99；　　　　　　（宏程序结束）

在宏程序本体中，除可使用常量的 NC 指令外，还可以使用带有变量的 NC 指令。另外，宏程序的功能之所以非常强大，还在于宏程序可以通过运算指令和控制指令完成复杂的算术、逻辑运算和控制程序的流向。要实现更为复杂的加工控制，还可以利用宏程序的多重调用功能，使程序的结构成为多重嵌套结构，最多可达四重嵌套。

不同的宏程序调用方法，无论如何都必须通过指令指向一个确定的宏程序号。在下面所述的宏程序调用方法中，G65 和 G66 都是通过在指令中用 P 来指定一个宏程序号，而其余宏程序调用方法，宏程序号的指定都是通过参数设置确定，因而其指令与宏程序号都是固定的。

3. 非模态调用（G65）

非模态调用是指宏程序的调用仅在执行包含 G65 的程序段中有效，下一段要继续调用该宏程序则必须重写。非模态调用的指令格式：

G65 P____ L____〈自变量赋值〉；

指令格式中，G65 为宏程序调用指令，必须写在〈自变量赋值〉之前；用 P 后面的数字指定要调用的宏程序号；用 L 后面的数字指定宏程序的重复调用次数，默认值为 1，可省略，最多可调用 9999 次。当需要使用自变量时，通过自变量的指定可将数据传递到宏程序中对应的局部变量。自变量以字母表示，与宏程序中的变量地址相对应，宏程序在执行时，可将自变量后面的数值赋给宏程序中对应的变量，自变量赋值有两种类型。

（1）自变量赋值Ⅰ　在 26 个英文字母中，除 G、L、N、O 和 P 之外，其余所有字母都可以作为地址给自变量赋值。其中，I、J、K 在使用时，必须按顺序指定，不赋值的地址可以省略不写。其余字母则无顺序要求。字母地址与变量的对应关系见表 6-5。

表 6-5　字母地址与变量的对应关系

字母地址	宏程序中的变量	字母地址	宏程序中的变量	字母地址	宏程序中的变量
A	#1	E	#8	T	#20
B	#2	F	#9	U	#21
C	#3	H	#11	V	#22
I	#4	M	#13	W	#23
J	#5	Q	#17	X	#24
K	#6	R	#18	Y	#25
D	#7	S	#19	Z	#26

（2）自变量赋值Ⅱ　用地址 A、B、C 分别对应变量＃1、＃2、＃3，然后就用 10 组 I、J、K 依顺序表示＃4、＃5、＃6，＃7、＃8、＃9，…，＃31、＃32、＃33。同组的 I、J、K 要按顺序书写，不赋值的地址可以省略不写。

比较自变量的两种赋值方法，前者只有 21 个字母可用于自变量赋值，但由于与英文字母表排序有一定的对应关系，故是常用的赋值方法；后者虽然 33 个局部变量都可赋值，但只有当传递诸如 X、Y、Z 三维坐标值时，使用才比较方便。自变量赋值有以下注意事项：

1）自变量赋值Ⅰ和Ⅱ可以混用。当出现不同地址给同一变量赋值时，后者赋值有效。

例如：G65 P__ A1.0 B2.0 I-3.0 I4.0 D5.0；

执行宏程序时，变量按＃1＝1.0，＃2＝2.0，＃4＝－3.0，＃7＝5.0 赋值。由于 I4.0 和 D5.0 都对变量＃7 赋值，而 D5.0 在后，所以 D5.0 有效。

2）自变量赋值Ⅱ在使用时要注意顺序。如 I4.0 J5.0 的赋值结果为＃4＝4.0，＃5＝5.0，若写为 J5.0 I4.0 时，则表示第一个地址 I 被省略，赋值结果为＃5＝5.0，＃7＝4.0。

3）自变量赋值中整数位后最好写小数点。若整数位后未使用小数点，赋值的结果会根据实际机床的系统配置而变化，可能按最小输入增量处理，也可能按设置的单位处理，使程序的兼容性变差。

4．模态调用（G66）

模态调用 G66 指令，可以建立宏程序调用方式，并对自变量进行赋值。在其后的程序段中，每执行一次坐标轴移动指令，宏程序就被调用一次。

指令格式：

G66 P___ L___ 〈自变量赋值〉；	（执行此程序段时，机床不运动）
M03 S___；	（执行此程序段时，因无坐标移动指令，不调用宏程序）
X___ Y___；	（执行 X、Y 轴移动后，调用宏程序）
X___ Y___；	（执行 X、Y 轴移动后，再次调用宏程序）
……	
G67；	（取消宏程序调用方式）

G66 程序段中 P、L 和〈自变量赋值〉的含义与 G65 完全相同，并且 G66 也必须写在〈自变量赋值〉前面。G66 指令使用相关注意事项：

1）执行 G66 程序段，只是将自变量指定的数据传递到宏程序，并不调用宏程序。

2）若程序段中只有诸如辅助功能之类的代码，而无轴移动指令，也不能调用宏程序。

3）局部变量（自变量）只能在 G66 程序段中指定。注意，每次执行模态调用时，不再设定局部变量。

4）指定 G67 代码后，不再执行宏程序模态调用，因此 G66 与 G67 应成对使用。

G66 指令的执行与孔加工固定循环功能有些相似，所不同的是由于自变量的引用，可以实现更为复杂的动作。

5．调用的嵌套与局部变量的级

（1）调用的嵌套　包括非模态调用 G65 和模态调用 G66，宏程序的调用可以形成嵌套结构，嵌套的深度最多可达 4 级。如果有子程序 M98 被调用，不在嵌套之列。

（2）局部变量的级　与宏程序嵌套的级相对应，包括主程序中局部变量的使用，局部变量为 0～4 共设为 5 级，如图 6-2 所示。主程序的局部变量为 0 级，嵌套深度每增加一级，局部变量的级就自动加1。当用G65调用宏程序（1级）时，主程序的局部变量（0级）被保存，宏程序（1级）的局部变量被准备，可进行自变量赋值，依次类推。当用M99从各级宏程序中返回时，所保存的局部变量（0、1、2、3级）以保存时的状态被恢复。局部变量的使用，不仅使各级之间程序的调试工作互不干扰，还大大增加了变量的数量。

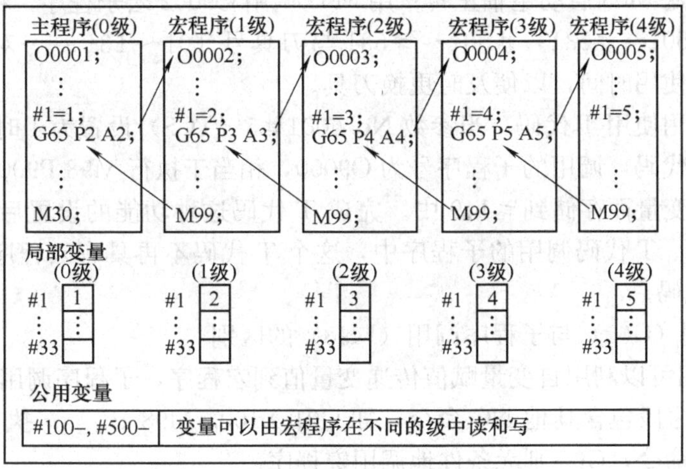

图6-2　宏程序调用与局部变量的级

需要说明的是，公用变量的使用不受宏程序级的任何影响，可以在宏程序的任何一级中进行读和写，且在各级中其值都不会改变。

6．使用G、M、T代码的调用

（1）宏程序调用使用G代码　使用G代码的宏程序调用，应在参数No. 6050～No. 6059中设定调用宏程序的G代码号码，这些设定的G代码即可使用与G65完全相同的方法调用宏程序，被调用的宏程序号依次为O9010～O9019。如在No. 6050中写入12，则程序中G12即相当于执行G65 P9010。

可以用L指定宏程序重复调用的次数，也可以进行自变量赋值。如果参数设置指定的G代码号码与系统中给定的G代码一致（如G02），则G02成为宏调用代码，而在调用的宏程序中出现的G02又被处理成普通G代码。

可以利用G代码的宏调用功能，自设一些G代码，完成特定的加工，如螺旋线下刀铣圆或铣矩形槽等。

（2）宏程序调用使用M代码　使用M代码的宏程序调用，应在参数No. 6080～No. 6089中设定调用宏程序的M代码号码，这些设定的M代码即可使用与G65完全相同的方法调用宏程序，被调用的宏程序号依次为O9020～O9029。

可以用L指定宏程序重复调用的次数，也可以进行自变量赋值。调用宏程序的M代码必须在程序段的开头指定；在用G代码调用的宏程序或用M、T代码调用的子程序中，这个M代码不再具有宏程序调用功能，而被处理为普通的M代码。

（3）子程序调用使用M代码　使用M代码的宏子程序调用，用参数No. 6071～No. 6079设置M代码的号码，对应的子程序号为O9001～O9009。这些被调用的宏子程序也可以用M98以同样的方法调用。

可以用L设置重复调用次数，但不能进行自变量赋值。在宏子程序中，被设置为调用功能的M代码被处理为普通代码；在用G代码调用的宏程序或用M、T代码调用的子程序中，这个M代码不再具有宏程序调用功能，而被处理为普通的M代码。

使用M代码的子程序调用，典型应用的例子是用M03调用O9001宏程序，将时钟清零后，在宏子程序再用M03启动主轴正转；用M05调用O9002宏子程序，将刀具累积使用时间送至公用变量#501～#531。#501～#531与刀具号T01～T31一一对应，借此可以查询每把刀具的累积使用时间，以便及时更换刀具。

（4）子程序调用使用T代码　当参数No.6001#5（TCS）设置为1时，程序中的T代码成为子程序调用代码，调用的子程序号为O9000，相当于执行M98 P9000；同时程序中的T代码也作为公用变量而存储到#149中。完成T代码这种功能的设置后，在用G代码调用的宏程序或用M、T代码调用的子程序中，这个T代码不再具有宏程序调用功能，而被处理为普通的T代码。

7. 宏程序调用（G65）与子程序调用（M98）的区别

1）宏程序调用可以利用自变量赋值传递变量值到宏程序，子程序调用则不能。

2）当M98程序段包含其他NC命令，如G01 X100. M98 P___；执行完其他命令后，才执行子程序调用命令；G65则无条件地调用宏程序。

3）当M98程序段包含其他NC指令时，单段方式下，运动可停止，G65则不停止。

4）宏程序调用可改变局部变量的级，M98调用则不改变局部变量的级。

七、宏语句处理有关问题

1. 宏语句和NC语句

宏程序中以下三种语句称为宏语句：①执行算术运算或逻辑运算的程序段；②包含控制语句的程序段；③包含宏调用命令的程序段。其余程序段均为NC语句。

宏语句与NC语句的主要区别是：①宏语句不执行单段运行方式，除非将参数No.6000#5（SBM）设置为1；②在刀具半径补偿C方式中，宏语句不被视为非运动程序段，不会对刀补执行期间的刀具运动产生影响。

以下两种语句与宏语句具有相同属性：①NC语句中包含有子程序调用的程序段，且这些程序段中只使用了O、N、P、L地址而未使用其他地址；②程序段中仅使用了O、N、P、L地址，而未使用其他地址。

2. 宏语句与NC语句的执行时间

为了平滑加工，CNC会预读下一个将要执行的NC语句，这种操作就称为缓冲。例如，在刀具半径补偿方式（G41、G42），CNC为求交点会提前预读2～3个NC语句到缓冲寄存器中。此时，若有用于算术运算和条件转移的宏语句位于NC语句之间，一旦读入缓冲寄存器，就将立即执行。由此造成宏语句与NC语句在执行时间上的不同步。

3. 利用禁止缓冲M代码或G代码控制宏语句执行的时间

如果当前的NC语句还在执行期间，后面的宏语句就已读入缓冲寄存器，而这段宏语句又是用来读取本段NC语句执行结束时的刀具位置，显然宏语句提前执行将得不到预期的坐标值。为此可以在宏语句之前插入一个可以让缓冲操作停止的程序段，待该程序段执行结束后，后面的宏语句再开始读入。

在 FANUC 系统中，有三种类型的程序段可禁止下面的程序段被预读：

1）包含 M00、M01、M02、M30 的程序段。

2）包含由参数 No. 3411～No. 3432 设置的禁止缓冲的 M 代码的程序段。

3）包含禁止缓冲的 G 代码（如 G53、G31）的程序段。

当需要通过宏指令读取或改写系统变量、当前坐标值以及偏置值等项操作时，为避免读/写数据出现偏差，可在宏语句之前的程序段插入上述三种类型的程序段。

例：N1 G31 X100. ；　　　　（G31 是禁止缓冲代码）

　　N2 ＃100＝1；　　　　（宏语句）

　　……

只有等待 G31 程序段运动结束后，才开始读入 N2 程序段，执行状态如图 6-3 所示。

4. 图解宏语句与 NC 语句的执行

通过图解，有利于进一步了解宏语句执行、刀具半径补偿与缓冲寄存器预读 NC 语句之间的关系。

1）如果未在刀具半径补偿方式，缓冲寄存器中只需预读一段 NC 语句，如图 6-4 所示。当 N1 正在执行时，下一个 NC 语句（N4）已读入缓冲寄存器，位于 N1 与 N4 之间的宏语句（N2、N3）在 N1 执行期间被处理。

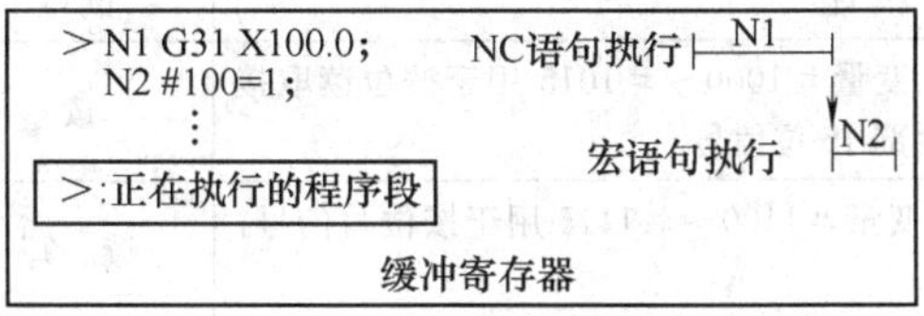

图 6-3　G31 执行与 N2 程序段开始时间

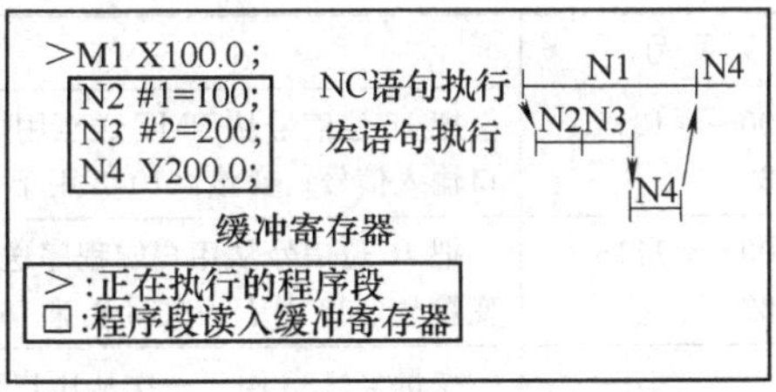

图 6-4　刀补执行期间的缓存与执行

2）如果在刀具半径补偿方式（G41、G42），下面的 NC 语句又连续是刀补平面内的刀具运动，为了计算交点，缓冲寄存器需要预读两段 NC 语句，如图 6-5 所示。当 N1 正在执行时，下面的两段 NC 语句（N3、N5）被读入缓冲寄存器，位于 N1 与 N5 之间的宏语句（N2、N4）在 N1 执行期间被处理。

3）如果在刀具半径补偿 C 方式（G41、G42），如图 6-6 所示。当 N1 正在执行时，下面的两段 NC 语句（N3、N5）被读入缓冲寄存器，由于读入的 N5 是一个不包含运动的程序段，不能计算交点，在这种情况下，需再读入一个 NC 语句（N7）。这时，位于 N1～N7 的宏语句（N2、N4、N6）在 N1 执行期间被处理。

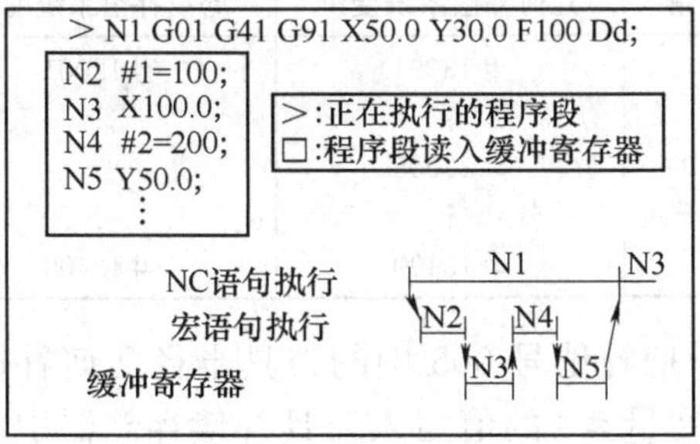

图 6-5　刀补方式下的两段缓存与执行

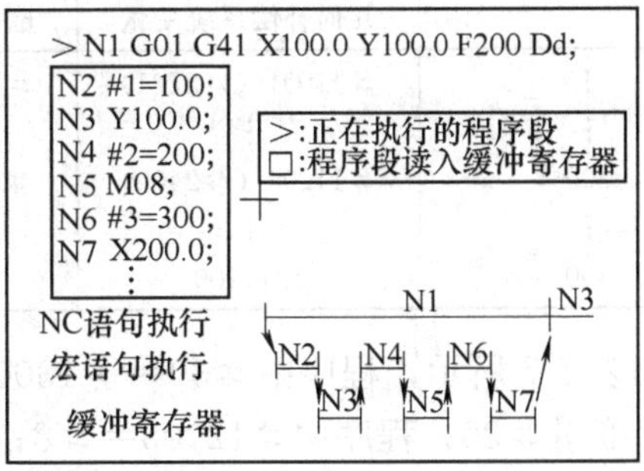

图 6-6　刀补方式下的三段缓存与执行

八、系统变量简介

变量序号在1000及其以上的变量为系统变量，通过读和写CNC运行时系统内部的各种数据，可以实现更为复杂的系统控制和完成一般目的程序的开发任务。在处理系统变量时，一是要注意所有变量地址与变量的功能都是固定的，记忆时只需对号入座即可；二是要区分哪些系统变量是只读系统变量，哪些系统变量是可读可写系统变量。

例如：＃3＝＃4003；

这是一个读取系统变量值的指令，作用是读取03组G代码目前存储的信息。查G功能代码一栏表可知，3组用于存储G90、G91代码信息。读取的目的通常不在于知道存储的数据是90还是91，而是将该数据暂时保存在变量＃3中。待宏程序执行完成后，若要恢复＃4003原值，却不能用指令＃4003＝＃3，而要用G＃3来恢复，原因是模态信息不能写，只能读。

1. 接口信号

如果在FANUC系统中使用了可编程机床控制器（PMC），则可以在用户宏程序和可编程机床控制器之间进行信号交换，见表6-6。

表6-6　接口信号的系统变量表

变量号	功　能	读写
＃1000～＃1015 ＃1032	把16位信号从PMC送至用户宏程序，变量＃1000～＃1015用于按位读取接口输入信号；变量＃1032用于一次读取全部16位信号	读
＃1100～＃1115 ＃1132	把16位信号从用户宏程序送至PMC，变量＃1100～＃1115用于按位写信号；变量＃1032用于一次写全部16位信号	读、写
＃1133	变量＃1133用于一次从用户宏程序写全部32位信号到PMC 注意：＃1133的数值范围为-99999999～＋99999999	读、写

2. 刀具补偿值

利用系统变量可以读和写刀具补偿值。使用的变量号取决于补偿存储器的类型。无论是以几何补偿和磨损补偿加以区分，还是以长度补偿和半径补偿加以区分，当补偿存储器中补偿的配对数不超过200时，变量＃2001～＃2400就可以使用。现将刀具补偿存储器C型的系统变量范围列于表6-7中。

表6-7　刀具补偿存储器C型系统变量表

刀具补偿号	刀具长度补偿（H）		刀具半径补偿（D）	
	几何补偿系统变量	磨损补偿系统变量	几何补偿系统变量	磨损补偿系统变量
1	＃11001（＃2201）	＃10001（＃2001）	＃13001	＃12001
⋮	⋮	⋮	⋮	⋮
200	＃11200（＃2400）	＃10200（＃2200）	＃13005	
⋮	⋮	⋮	⋮	⋮
400	＃11400	＃10400	＃13400	＃12400

如表6-7所示，程序中＃30＝＃13005；相当于把补偿号005中的刀具半径几何补偿值赋值给变量＃30；程序中＃12005＝＃8；相当于把变量＃8的值写入刀具补偿存储器中补偿号005对应的半径磨损补偿地址中。

利用刀具半径补偿值的变化，可以改变刀具切削工件轮廓时的位置，因而可以实现某些截面形状的扫描曲面加工。编程时可以用几何补偿存储实际刀具半径值，用磨损补偿存储刀具半径补偿位置的变化。

3. 宏程序报警

可以将 0～200 的任何一个数值写入系统变量＃3000，然后再在括号内写一段不超过 26 个字符的简要注释（报警信息），则程序在执行到该行时，CRT 显示器将显示一个报警号和注释内容。报警号＝3000＋＃3000 的值。例如：

＃3000＝1（TOOL NOT FOUND）；

报警时显示为“3001 TOOL NOT FOUND”（刀具未找到）。

在通用宏程序的编写中，显示报警提示可使操作者及时发现程序运行产生问题的原因。

4. 时间信息

＃3001 和＃3002 都可以作为计时器使用，可读可写。＃3001 以 ms 为计时单位，在电源接通时复位到 0，并开始计时；＃3002 以 h 为计时单位，通电时累积时间与断电时相同，当循环启动灯亮时，累积计时开始，灭时计时停止，因而在进给保持和单段停止期间也不计时。

例 5 成批生产中使用 T01～T05 刀具加工零件，计算每把刀具的累积使用时间。

为实现累积计时功能，将 M03 与 M05 设置为子程序调用代码。在子程序中，M03 调用设置计时开始，M05 调用设置计时结束并计算累积时间。为此在参数 No. 6071 输入 3，在参数 No. 6072 输入 5，分别调用子程序号 O9001 与 O9002。

选择公用变量＃501～＃505 分别存储 T01～T05 刀具的累积使用时间，加工前公用变量＃501～＃505 需事先设置为 0。

主程序：

```
O0001;
T01 M06;                         (系统变量#4120存储刀号1)
M03;                             (T01累积计时开始)
⋮
M05;                             (计算累积时间，改变#501的值)
T02 M06;                         (系统变量#4120存储刀号2)
……
T05 M06;                         (系统变量#4120存储刀号5)
M03;                             (T05累积计时开始)
……
M05;                             (计算累积时间，改变#505的值)
M30;                             (程序结束)
```

宏程序：

```
O9001 (M03);                     (宏程序启动累积计时开始)
M01;                             (选择停止)
IF [#4120 EQ 0] GOTO 100;        (未指定刀具)
IF [#4120 GT 5] GOTO 100;        (超出刀号范围)
```

```
#3002=0                                  (计时器设初值为 0)
N100 M03;                                (主轴正转)
M99;                                     (返回主程序)
O9002 (M05);                             (宏程序停止计时)
M01;                                     (选择停止)
IF [#4120 EQ 0] GOTO 100;                (未指定刀具)
IF [#4120 GT 5] GOTO 100;                (超出刀号范围)
#[500+#4120]=#[500+#4120]+#3002;         (计算累积时间)
N100 M05;                                (主轴停止)
M99;                                     (返回主程序)
```

＃3011 和＃3012 可分别用于读取当前日期和当前时间。读取日期数值为 20100928 时，表示当前日期为 2010 年 9 月 28 日；读取时间数值为 153456 时，表示当前时间为下午 3 时 34 分 56 秒。

5. 停止和信息显示

将“＃3006＝1（信息内容）；”写到宏程序中，信息内容不超过 26 个字符并写到圆括号内，程序在执行完前一个程序段后停止，并在 CRT 显示器显示信息内容。

6. 自动运行控制

1）利用系统变量＃3003 可以改变单段停止和辅助功能运行的控制状态，见表 6-8。

表 6-8　系统变量＃3003 用于自动运行控制

＃3003	单段停止	辅助功能完成信号	＃3003	单段停止	辅助功能完成信号
0	停止	等待	2	停止	不等待
1	不停止	等待	3	不停止	不等待

① 电源接通时该变量的值为 0；②执行单段停止期间，若设置为不停止，可使单段停止功能失效；③辅助功能（M、S、T 功能）完成信号设置为不等待时，在辅助功能完成之前，程序即进入到执行下一程序段。同时，分配完成信号 DEN 也不送出。注意：设置为不等待辅助功能完成信号后，不要指定下一个辅助功能。

例如，编制钻孔加工的宏程序，先设置＃3003＝1，再开始钻孔，钻孔结束返回后，再设置＃3003＝0，这样，在单段方式下运行时，刀具在到达孔底后立即返回而不停止。

2）利用系统变量＃3004 可以改变进给保持、进给倍率修调、精确停校验功能运行的控制状态，见表 6-9。

表 6-9　系统变量＃3004 用于自动运行控制

＃3004	进给保持	进给倍率修调	精确停校验
0	能	能	能
1	不能	能	能
2	能	不能	能
3	不能	不能	能
4	能	能	不能
5	不能	能	不能
6	能	不能	不能
7	不能	不能	不能

①电源接通时该变量的值为0；②当进给保持选择“不能”时，如果按下“进给保持”按钮而不松开，加工以单段停止方式运行，然而，若通过＃3003设置单段方式不停止，单段停止操作也不执行；如果按下“进给保持”按钮后立即释放，进给保持灯亮，但加工却不停止，程序继续执行并在进给保持设置为“能”的第一个程序段停止；③当进给倍率修调选择“不能”时，进给倍率保持100％而不受倍率开关修调的影响；④当精确停校验选择“不能”时，即使在没有切削的程序段，也不执行精确停校验功能。

7. 读和写设定数据

通过＃3005设定数据（SETTING值）可以被读或写，二进制的值被转换为十进制。

＃3005二进制位：①＃0（TVC）：是否进行TV检查；②＃1（ISO）：EIA或ISO作为输出代码；③＃2（INI）：米制输入或英制输入；④（SEQ）：是否自动插入顺序号；⑤＃9（FCV）：是否使用FS10/11纸带格式转换功能。

8. 镜像

通过读取＃3007，可以利用镜像检查输出信号，获取通过面板开关或MDI方式设置的镜像状态，二进制的值被转换为十进制。例：若＃3007的值是3，表示镜像功能是对第1轴（*X*坐标值）和第2轴（*Y*坐标值）进行镜像。注意：＃3007是写保护系统变量。

9. 已加工的零件数

系统变量＃3901可以读写已加工零件数（完成数）；系统变量＃3902可以读写需要加工零件数（目标数）。程序在运行时，每执行一次M02或M30，零件计数加1。

10. 模态信息

当前正在处理的程序段之前的模态信息可以通过系统变量读出，见表6-10。

表6-10 模态信息的系统变量

变量号	功能	备注	变量号	功能	备注
＃4001	G00、G01、G02、G03、G33	01组	＃4015	G61～G64	15组
＃4002	G17、G18、G19	02组	＃4016	G68、G69	16组
＃4003	G90、G91	03组	⋮	⋮	⋮
＃4004		04组	＃4022		22组
＃4005	G94、G95	05组	＃4102	B代码	
＃4006	G20、G21	06组	＃4107	D代码	
＃4007	G40、G41、G42	07组	＃4109	F代码	
＃4008	G43、G44、G49	08组	＃4111	H代码	
＃4009	G73、G74、G76、G89～G89	09组	＃4113	M代码	
＃4010	G98、G99	10组	＃4114	顺序号	
＃4011	G50、G51	11组	＃4115	程序号	
＃4012	G65、G66、G67	12组	＃4119	S代码	
＃4013	G96、G97	13组	＃4120	T代码	
＃4014	G54～G59	14组	＃4130	P代码（当前所选附加工件坐标系号码）	

例如：当执行＃1＝＃4002；时，＃1的值可能是17、18或19。

11. 当前位置

当前位置信息的系统变量如表 6-11 所示，这些值可读而不可写。

表 6-11　当前位置信息的系统变量

变量号	轴　号	位置信息	坐标系	刀具补偿值	移动期间的读操作
＃5001～＃5003	第 1 轴～第 3 轴	程序段终点	工件坐标系	不包含	能
＃5021～＃5023	第 1 轴～第 3 轴	当前位置	机床坐标系	包含	不能
＃5041～＃5043	第 1 轴～第 3 轴	当前位置	工件坐标系	包含	不能
＃5061～＃5063	第 1 轴～第 3 轴	跳转信号位置	工件坐标系	包含	能
＃5081～＃5083	第 1 轴～第 3 轴	刀具长度偏置值			不能
＃5101～＃5103	第 1 轴～第 3 轴	伺服位置偏差			不能

① 存储在＃5081～＃5083 中的刀具长度偏置值是当前程序段正在执行的偏置值，而不是后面程序段的处理值；②执行 G31（跳转功能）程序段，若跳转信号接通，则变量＃5061～＃5063 中存储的是跳转信号接通时的刀具位置；若未接到触发信号，则存储指定程序段的终点值；③移动期间"不能"读是由于缓冲（预读）功能的原因，不能读取移动时的坐标值。

12. 工件零点偏置值

工件零点偏置值是可读可写的系统变量。对于外部工件坐标系和 G54～G59 的第 1 轴～第 4 轴工件零点偏置值的读和写，FANUC 0i 使用的变量号为＃5201～＃5324，为能与早期使用的系统兼容，变量号＃2500～＃2806 也可使用，见表 6-12。

如果选择了附加工件坐标系 G54.1 P1～G54.1 P48，增加的变量号在＃7001～＃7944。＃7001～＃7004 与 G54.1 P1 的第 1 轴～第 4 轴对应；＃7021～＃7024 与 G54.1 P2 的第 1 轴～第 4 轴对应，以此类推。

表 6-12　工件零点偏置值的系统变量

变量号（两者皆可）		功　能	轴
＃2500 ＃2501 ⋮ ＃2506	＃5201 ＃5221 ⋮ ＃5321	外部工件零点偏置 G54 工件零点偏置 ⋮ G59 工件零点偏置	第 1 轴
＃2600 ＃2601 ⋮ ＃2606	＃5202 ＃5222 ⋮ ＃5322	外部工件零点偏置 G54 工件零点偏置 ⋮ G59 工件零点偏置	第 2 轴
＃2700 ＃2701 ⋮ ＃2706	＃5203 ＃5223 ⋮ ＃5323	外部工件零点偏置 G54 工件零点偏置 ⋮ G59 工件零点偏置	第 3 轴
＃2800 ＃2801 ⋮ ＃2806	＃5204 ＃5224 ⋮ ＃5324	外部工件零点偏置 G54 工件零点偏置 ⋮ G59 工件零点偏置	第 4 轴

第二节 数控镗铣加工应用实例

在数控镗铣加工的编程中，用户宏程序被用于规则分布的孔系加工；圆形、矩形或多边形形状的槽及轮廓加工；非圆曲线轮廓、带有拔模或圆角的扫描曲面加工；以及可由函数表达的空间曲线或曲面的加工。由于涉及的加工方面十分繁多，本节只能通过若干实例对宏程序编程的基本思路和处理方法做一些简要的探讨，并将更多的数学方法运用到宏程序编程中。

一、矩形封闭槽的粗铣加工

本书第三章图 3-30 是一个关于矩形封闭槽粗加工刀位轨迹计算的例子，若能事先编写一个槽粗加工的通用宏程序，每次加工时主程序的编写就变得十分容易了。

1. 方案构思

观察图 3-30，若能将图中所示槽的长、宽、深，刀具直径、行距、精铣余量以及 Z 轴每层切深作为变量，则所编程序不仅可完成特定尺寸槽的加工，也可以通过变量的修改完成所有此类矩形槽的加工。

（1）确定嵌套方案　当加工过程需要分步实施时，程序中使用嵌套结构不仅可以大大简化程序，也使加工过程的思路更为清晰。本例加工时，刀具在 Z 轴方向需分层加工，而在 X、Y 方向也要由内而外按行距移动刀具。也就是每次完成 Z 轴移动后，都要通过 X、Y 方向移动做环绕式加工。这表示至少需要两个加工层面，在实际编程时利用二重嵌套，可以实现加工。

另一个需要解决的问题是，程序中是否使用宏指令 G65 以及要用几次，若不用 G65，可以通过赋值语句直接在主程序中进行变量赋值，所有运算也在主程序中完成。此时所用的局部变量就是位于 0 级的局部变量。本例为减少同级中局部变量的数量，同时考虑宏程序的应用更加灵活，两次通过 G65 自变量赋值的方法编写宏程序，需注意的是在不同级中出现的 G65，相同的变量如 A、B、C 所代表的变量含义并不相同。当然，在思路清晰的情况下，也可去掉后面的 G65，而将自变量赋值直接放到第一个 G65 之后。

（2）确定自变量

1）Z 轴方向分层加工，用 A0 B-10. C2. 分别表示工件上表面 Z0、槽底深度 Z-10. 和每层切深 2mm，这些自变量出现在第 1 个 G65 之后；

2）X、Y 平面的开槽加工，用 A120. B95. C20. I0.2 分别表示槽长（X 向）、槽宽（Y 向）、立铣刀直径和精铣所留的余量，这些变量出现在第 2 个 G65 之后。初定行距取刀具直径的 0.75 倍，直接在调用的宏程序中用＃7 表示。

（3）图中的尺寸改用变量表达　图 6-7 所示为在图 3-30 的基础上以变量来表示各常量。

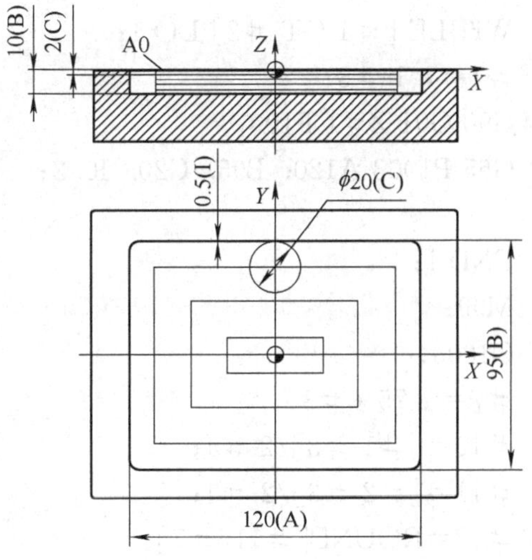

图 6-7　粗加工矩形槽变量设置

2. 关键运算步骤用宏语句表达

在确定自变量之后，编制宏程序的一个难点就是如何写出宏语句，而这一点正是初学者如何快速入门的关键。为此，本例结合 X、Y 平面实际计算步骤，引导性地给出相应的宏语句。而在实际的宏程序编写过程中，还要考虑变量各种情况对程序结构的影响。

实际计算步骤与宏语句编写如下：

(120-20)/2－0.2＝49.8 → ＃10＝[＃1-＃3]/2-＃4（计算 X 方向刀具中心边界位置）

(95-20)/2-0.2＝37.3 → ＃11＝[＃2-＃3]/2-＃4（计算 Y 方向刀具中心边界位置）

37.3/15＝2.487(取 2.)→ ＃12＝ROUND[＃11/＃7](按初定行距确定走刀次数)

37.3/(2＋0.5)＝14.92 → ＃8＝＃11/[＃12＋0.5](计算实际加工时的行距)

37.3-2×14.92＝7.46 → WHILE [＃12 GE 0] DO 1（用循环语句完成 Y 方向坐标计算）

37.3-1×14.92＝22.38 → ＃13＝＃10-＃12＊＃8（计算 Y 坐标分别为 7.46，22.38，37.3）

37.3-0×14.92＝37.3 →

49.8-2×14.92＝19.96 → ＃14＝＃11-＃12＊＃7（计算 X 坐标分别为 19.96、34.88、49.8）

49.8-1×14.92＝34.88 → ＃12＝＃12-1（循环一次，＃12 计数减 1）

49.8-0×14.92＝49.8 → END 1（循环结束）

从上述过程可以看出，宏程序编程实质上就是将实际运算过程通过宏语句完成，而宏语句中的循环指令可使程序长度大大缩短。

3. 参考程序

```
O1001;                              (主程序)
G90 G54 G00 X0 Y0;                  (选择工件坐标系，X、Y 轴定位)
G43 Z20. H01 S500 M03;              (Z 轴快速下降，主轴正转)
G01 Z2. F2000;                      (Z 轴下降到进给平面)
G65 P1002 A0 B-10. C2.;             (转 O1002，＃1＝0，＃2＝－10.，＃3＝2.)
G00 Z100. M05;                      (快速提刀，主轴停止)
M30;                                (程序结束)
O1002;                              (执行一级宏程序)
WHILE [＃1 GT ＃2] DO 1;            (循环指令，控制 Z 轴移动)
＃1＝＃1-＃3;                        (Z 轴每次下降 2.0mm)
G90 G01 Z＃1 F100;                  (切削进给到 Z 轴深度)
G65 P1003 A120. B95. C20. I0.2;     (转 O1003，＃1＝120.，＃2＝95.，＃3＝20.，
                                     ＃4＝0.2)
END 1;                              (循环结束)
M99;                                (宏程序 O1002 结束返回)
O1003;                              (执行 2 级宏程序)
＃7＝0.75＊＃3                       (初定行距为刀具直径的 0.75 倍)
＃10＝[＃1-＃3]/2-＃4;               (计算 X 方向刀具中心边界位置)
＃11＝[＃2-＃3]/2-＃4;               (计算 Y 方向刀具中心边界位置)
＃12＝ROUND[＃11/＃7];               (按初定行距确定走刀次数)
＃8＝＃11/[＃12＋0.5];               (按 Y 向行距相等计算实际行距)
```

```
IF [#1 GE #2] GOTO 10;          (若矩形X轴方向尺寸较大，接受以上运算结果)
#12=ROUND[#10/#7];              (改用X轴方向计算走刀次数)
#8=#10/[#12+0.5];               (按X向行距相等计算实际行距)
N10 WHILE [#12 GE 0] DO 1;      (循环指令，控制Y方向移动)
#13=#10-#12*#8;                 (计算X向刀具位置)
#14=#11-#12*#8;                 (计算Y向刀具位置)
G01 X0 Y#14 F200;               (Y轴正向移动)
X-#13;                          (X轴负向移动)
Y-#14;                          (Y轴负向移动)
X#13;                           (X轴正向移动)
Y#14;                           (Y轴正向移动)
X0;                             (X轴到X0位置)
#12=#12-1;                      (循环一次，#12计数减1)
END 1;                          (循环结束)
G91 Z1. F2000;                  (Z向提刀)
G90 X0 Y0;                      (X、Y向定位)
M99;                            (宏程序结束)
```

4. 程序说明

1）Z轴每层切深（C2.）的设置应能被槽深（B-10.）整除，否则加工深度不正确。

2）矩形先按X轴方向尺寸≥Y轴方向尺寸计算环绕走刀次数，若X轴方向尺寸小时，程序可自动判断，按X轴方向尺寸计算环绕走刀次数。但当矩形长宽尺寸相差较大时，若Y轴尺寸大于X轴尺寸，则由于刀具下刀后的第1刀仍沿Y轴移动，则走刀路径较长，使加工效率降低。为避免这种情况，可以用G68将工件坐标系旋转90°后，再运用此宏程序。

3）程序可由初定行距算出实际行距，以便每次下刀后，刀具沿Y轴刚好可移动半个行距，避免首行加工行距因矩形尺寸不同而忽大忽小，保证侧吃刀量安排更均匀合理。

4）刀具在中心点垂直下刀，必要时应预加工出与刀具直径相近的下刀孔。

5）若加工的矩形槽不在坐标系中心，可用G52移动坐标系；矩形槽方位不平行于X、Y轴时，可用G68进行坐标系旋转。

6）此程序可在斯沃数控仿真软件中进行仿真验证，仿真结果如图6-8所示。

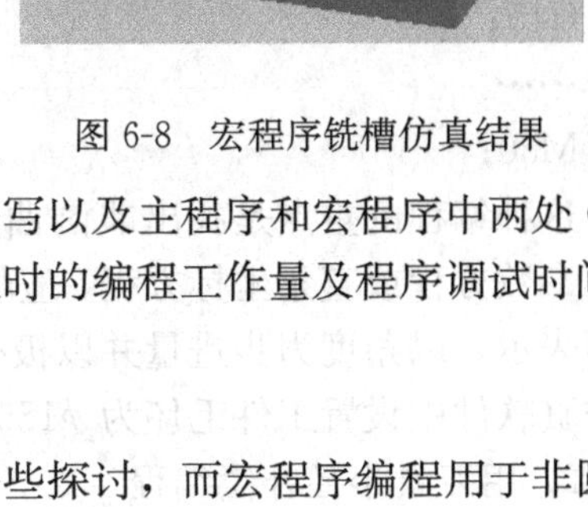

图6-8 宏程序铣槽仿真结果

对于机床操作工而言，程序的维护主要是主程序的编写以及主程序和宏程序中两处G65自变量赋值参数的修改，从而大大缩短了一般矩形槽加工时的编程工作量及程序调试时间。

二、非圆曲线轮廓铣削加工

本书第三章已就非圆曲线加工的数值计算方法做过一些探讨，而宏程序编程用于非圆曲线加工可使整个计算过程在数控系统内完成，使编写的程序简短而实用。同时，用户也无须担心计算对加工速度产生的影响，因为在绝大多数情况下，计算与加工是同步进行的。

1. 用刀具中心轨迹编程

假如非圆曲线描述的就是刀具中心轨迹，则编程时无须考虑刀具半径补偿问题，直接按非圆曲线描述的轨迹编程即可。假如非圆曲线描述的是零件轮廓，则刀心轨迹是该非圆曲线的等距线。由非圆曲线确定其等距线方程，其方程式往往过于复杂，因此，大多利用刀具半径补偿功能来编程。

现以第三章中图 3-25 所示凸轮槽曲线为例，该曲线以分段的极坐标方程表示，曲线方程已如前述，假定加工时可由刀具尺寸保证槽的宽度要求，加工时刀具从 *R*38 圆弧 0°位置下刀，逆时针方向转出两段极坐标曲线后继续加工 *R*38 圆弧，转到 0°位置提刀，则曲线部分的加工程序可参考如下编写：

```
O1020；                                      （主程序）
……
G90 G00 X38. Y0；                            （刀具定位到R38 圆弧起点）
Z2.；                                        （刀具快速下降）
G17 G90 G16；                                （极坐标方式有效）
#1=0；                                       （定义变量初始值，角度从0°开始）
G01 Z-5. F40；                               （Z 轴下刀）
WHILE [#1 LE 130] DO 1；                     （当0°≤#1≤130°时执行此循环）
#2=38+21.25*[1-COS[180/130*#1]]；            （按第一段极坐标方程式计算变量）
G01 X#2 Y#1 F100；                           （直线插补方式执行加工）
#1=#1+0.1；                                  （角度按0.1°递增）
END 1；                                      （结束本次循环）
#1=130；                                     （定义变量初始值，角度从130°开始）
WHILE [#1 LE 200] DO 1；                     （当130°≤#1≤200°时执行此循环）
#2=80.5-21.25*[1-COS[180/70*[#1-130]]]；     （按第二段极坐标方程式计算变量）
G01 X#2 Y#1；                                （直线插补方式执行加工）
#1=#1+0.1；                                  （角度按0.1°递增）
END 1；                                      （结束本次循环）
G03 X38. Y0 R38.；                           （逆时针圆弧插补加工R38 圆弧）
G01 Z5. F2000；                              （提刀）
G15；                                        （取消极坐标方式）
……
M30；                                        （程序结束）
```

这种编程的重点是找出非圆曲线在相应工件坐标系下的函数表达式，可以是极坐标方程、参数方程或直角坐标方程，应尽量选择简单的表达形式。由于平面凸轮曲线多以极坐标方程表示，以角度为步进量并以极坐标方式控制刀具运动可减少编程计算工作量。在斯沃数控仿真软件中设置工件毛坯为 ϕ185mm×40mm 圆柱体后，其仿真结果如图 6-9 所示。

2. 用刀具半径补偿编程

当零件图样上给出的是零件的外轮廓或内轮廓曲线，则在加工时为简化计算，通常考虑利用数控系统提供的刀具半径补偿功能。若不利用刀具半径自动补偿功能，一般是根据曲线方程的一阶导数，确定曲线在某点的斜率，再计算该点法线方向上刀具中心点的坐标。这样，就能按刀心轨迹控制刀具运动，其处理方法可参照后续加工例。

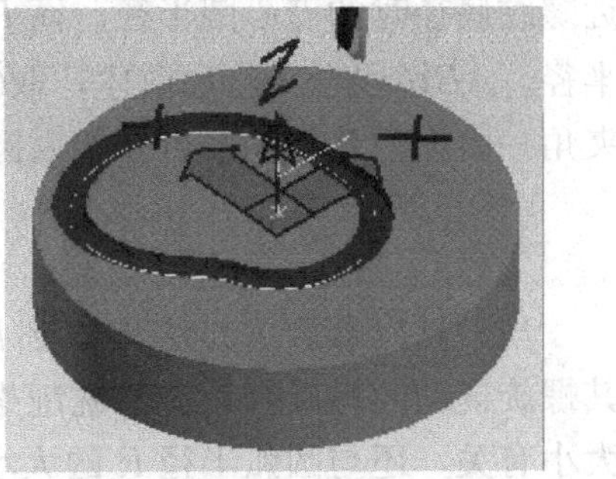

图 6-9　凸轮曲线槽铣削仿真结果

三、圆柱内螺纹铣削加工

1. 概述

关于圆柱内螺纹铣削的刀具选择与加工工艺，由于涉及内容较多，读者可参考相关资料。其加工的核心问题是使刀具定位到一个合理的进刀起点，并以螺旋进刀方式到达螺纹切削起点，完成螺纹铣削后再以螺旋退刀方式退刀，最后回到螺纹中心并沿 Z 轴提刀退出刀具。

如图 6-10 所示，图中所描述的是刀具中心在铣削内螺纹时的运动轨迹在 XY 平面的投影，1→2→3→4→5 即刀具运动的顺序。图 a、b 分别表示两种不同的进退刀方式，图中 2 与 4 分别表示螺旋进刀段和螺旋退刀段，其圆弧半径 R 和 Z 轴位移量必须事先计算确定。两种方法的差别就在于 A 点和 A' 点位置的选取方法，图 6-10a 是目前一般资料所述的进退刀方式，A 点和 A' 点取在 Y 轴上；图 6-10b 是本书作者所提供的数学处理方式，A 点和 A' 点取在过 B 点并与 R_2 圆相切的切线上。而半径 R_1 和 R_2 分别指铣螺纹时的刀心圆半径和刀具安全接近螺纹底径时的刀心圆半径。对图 a、b 两种进退刀方式进行比较，当加工的螺纹直径与刀具直径接近时，半径 R_2 远小于 R_1，两者进退刀圆弧路径长度相当（如图中所示），加工效率差别不大，但当螺纹直径远大于刀具直径时，后一种方法因直线段可以快速移动，而圆弧扫掠角（圆心角）可以变小，从而可缩短进退刀时间，提高生产效率，这对于批量方式下的多螺纹加工具有重要意义。

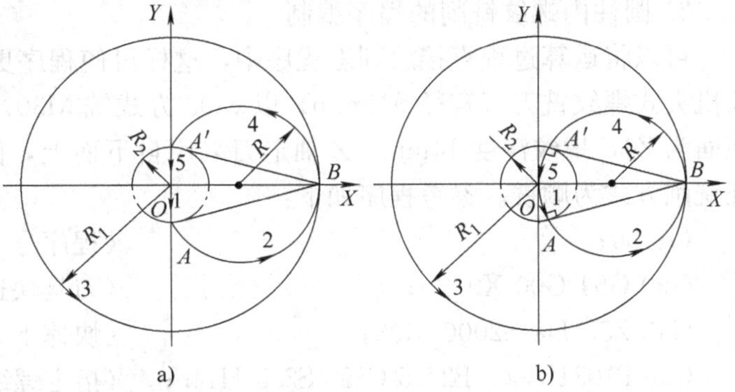

图 6-10　两种螺纹铣削进退刀方式的比较

本书为区分两者，将图 a 的方法称为 Y 轴移动法，其数据计算方法可查阅相关资料；将图 b 的方法称为切线法，其数据处理方法如下面所述。

2. 切线法切入圆弧的计算

如图 6-11 所示，图中已注明各圆的

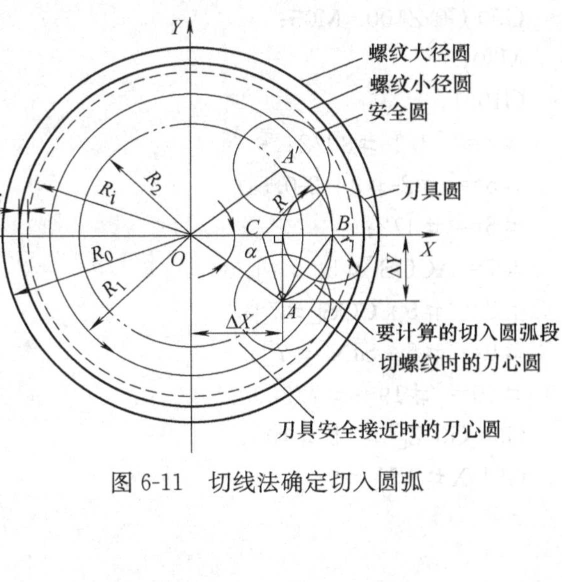

图 6-11　切线法确定切入圆弧

含义及半径表示。$R_1=R_0-r$ 表示切螺纹时的刀心圆半径；$R_2=R_i-r$ 表示螺纹铣刀安全接近螺纹底径时的刀心圆半径；而 R_i 是螺纹小径的半径值减安全间隙 δ 的安全圆（避免碰撞）半径。$\overline{AB}$切线含义已如前述，取$\overline{OB}$线的中点 C 为切入切出圆弧的圆心位置，α 为$\angle AOB$ 的夹角。由图中几何关系可知切入圆弧的半径 $R=R_1/2$；而 $\alpha=\arccos(R_2/R_1)$，由此可计算

$$\Delta X = R_2\cos\alpha$$

$$\Delta Y = R_2\sin\alpha$$

当刀具以螺旋进刀从 A 点到 B 点走圆弧 R 时，为避免干涉，刀具应沿 Z 轴做 ΔZ 移动，其螺旋运动的螺旋升角应与铣削螺纹时的螺旋升角相等。其值不仅与圆弧扫掠角$\angle ACB$ 的大小有关，还与圆弧半径 R 的大小有关，经分析可导出

$$\Delta Z = P\alpha/360$$

式中 P 为内螺纹的螺距；α 以角度制计算。上述给出的计算方法不仅计算公式简单，而且可以适应相同尺寸刀具加工不同尺寸内螺纹的计算，甚至用于宏程序编程中精铣内圆的编程计算。在任何情况下都能以较高的效率完成刀具的切入、切出运动。

3. 圆柱内螺纹铣削的程序编制

可以将运算过程直接放到宏程序中，这样可使程序更具有通用性。本例为采用单刀片多齿机夹式螺纹铣刀（直径 ϕ19mm）以 M03 方式铣 M30×2.5 右旋螺纹的参考程序，设螺纹顶面为 Z0，螺纹深度 14mm，Z 轴走刀采用自下而上，因此要用 G03 螺旋线插补，并可保证铣削方式为顺铣。参考程序如下：

```
O1030;                                   (程序号)
G90 G54 G00 X0 Y0;                       (刀具快速定位到工件坐标系原点)
G43 Z5. H1 S2000 M03;                    (快速下刀到安全平面，主轴正转)
G66 P1031 A30. B27.5 C19. S2.5 H14.;     (指定螺纹大径 A，螺纹小径 B，刀具直径 C，
                                          螺距 S 和螺纹深度 H)
X___ Y___;                               (执行 X、Y 轴移动后调用宏程序，铣螺纹)
X___ Y___;                               (执行 X、Y 轴移动后调用宏程序，铣螺纹)
⋮
G67;                                     (取消宏程序调用方式)
G90 G0 Z100. M05;                        (快速提刀，主轴停止)
M30;                                     (程序结束)
O1031;                                   (铣螺纹宏程序)
#4=[#1-#3]/2;                            (计算切螺纹时的刀心圆半径 R1)
#5=[#2-#3]/2-0.5;                        (计算刀具安全接近时的刀心圆半径 R2)
#6= #4/2;                                (计算切入切出圆弧半径 R)
#7=ACOS[#5/#4];                          (计算 α 角)
#8= #5*COS[#7];                          (计算 ΔX)
#9= #5*SIN[#7];                          (计算 ΔY)
#10= #19*#7/360.                         (计算 ΔZ)
G90 G0 Z[-#11-#10];                      (快速降到孔底，需多降 ΔZ)
G91 X#8 Y-#9;                            (快速定位到进刀起点)
```

```
G03 X[#4-#8] Y#9 Z#10 R#6 F200;   (G03 螺旋线插补进刀由 A 点到 B 点)
I-#4 Z#19;                        (G03 螺旋线插补铣螺纹一圈)
X[#8-#4] Y#9 Z#10 R#6;            (G03 螺旋线插补退刀由 B 点到 A′点)
G00 X-#8 Y-#9;                    (快速退刀到螺纹中心)
G90 G0 Z5.;                       (快速提刀)
M99;                              (宏程序返回)
```

该程序中螺纹小径 B 一般为螺纹大径 A 减螺距 S，但考虑到螺纹需多次铣削，螺纹大径可以作为参数调整而螺纹小径尺寸应固定不动，因此分开设置，使计算的 R_2 尺寸保持恒定。为便于任何位置的螺纹孔加工，切螺纹部分的进给路线采用增量编程。程序中安全间隙取为 0.5mm，必要时可以在程序中直接调整。

铣圆柱内螺纹的进给速度可由 $v_f = f_z z n(1-d/D)$ 计算确定，式中 d 表示螺纹铣刀直径；D 表示所铣螺纹大径。为方便宏程序的使用，可以将进给速度 F 值的计算直接编写到宏程序中。这样可由螺纹铣刀的齿（刃）数 z、主轴转速 n，由铣螺纹每齿进给量直接算出 F 值。由于铣直径较小的内螺纹时，螺纹铣刀直径 d 与螺纹大径尺寸 D 相差不大，而螺旋线插补控制的是刀心的进给速度，由于刀心运动的圆半径很小，为保证螺纹表面铣削的进给速度，该计算是十分必要的。

四、内球面三维螺旋精铣加工

这是本书作者加工编程时的一个实际例子。将 2.5 维的球面铣削方法改为三维螺旋铣削，可避免铣削时进给方向的陡然变化对加工精度的影响，使进给速度大幅提高，从而提高了生产效率。如图 6-12 所示，图中给出了柱塞泵轴上需要加工的 $R14.5$ 内球面的剖视图。球面加工包括中心位置的内球面和 $R38.5$ 圆周上均布的 7 个内球面。

1. 球面加工原理

采用球刀（本例选 $R8$ 球刀）加工球面时，理论上球刀球心点应位于一个球面上（见图 6-13），该球面半径应由加工球面半径减球刀球头半径计算得到，本例为 (14.5－8)mm＝6.5mm。为便于分析，图 6-13 中给出了该球面上任意一点 A 以及与加工相关的变量。图中各变量间的关系为

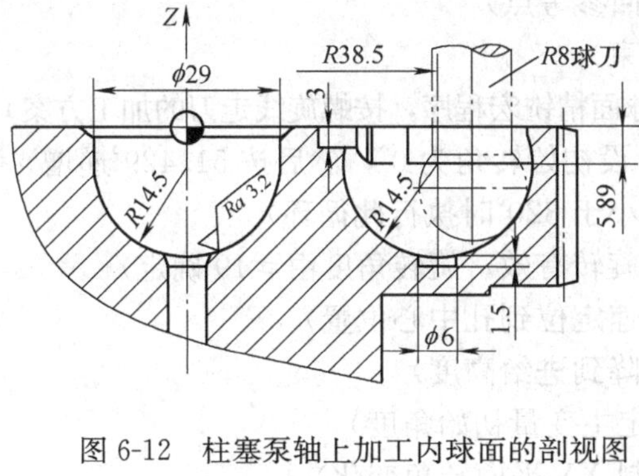

图 6-12　柱塞泵轴上加工内球面的剖视图

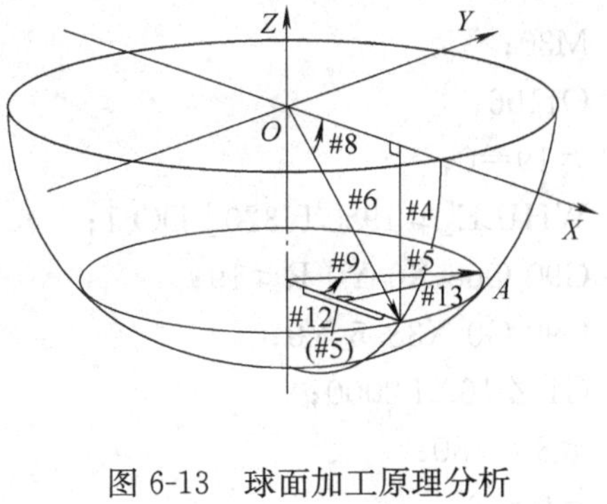

图 6-13　球面加工原理分析

#6——球刀球心点所在的球面半径；

#8——控制加工主变量，从－80°开始，每循环一次增加 0.016°，到 25°结束；

＃9——控制 XY 平面转角变化，加工时从 0°开始，每循环一次增加 2.4°；

＃12、＃13、＃4——分别表示加工时球刀球心点某一瞬间 A 点的 X、Y、Z 相对坐标；

＃5——过 A 点圆的半径，该圆上所有点位于球面上，且该圆与 XY 平面平行。

采用 2.5 维方法加工时，＃8 的角度每递增一次，只需计算＃4 和＃5，根据＃4 值沿 Z 轴提刀，根据＃5 值确定铣圆半径，刀具移到该半径后做整圆运动，直到整个球面加工完毕。

采用三维螺旋走刀方式时，当＃8 角度递增时，＃9 的角度也要递增。需对＃12、＃13、＃4 进行计算，以确定刀具以三轴联动直线插补方式到达的新位置。各变量间几何关系为

＃4＝＃6＊SIN[＃8]——计算球刀球心点的 Z 轴相对坐标；

＃5＝＃6＊COS[＃8]——计算过 A 点圆的半径；

＃12＝＃5＊COS[＃9]——计算球刀球心点的 X 相对坐标；

＃13＝＃5＊SIN[＃9]——计算球刀球心点的 Y 相对坐标。

2. 编写程序

为确保本例中程序执行可靠，直接从此件加工程序中截取用 $R8$ 球刀对 7 孔进行加工的程序。该程序可在配备 FANUC 18i 的立式加工中心上进行加工，参考程序如下：

```
O1000；                              （主程序）
……                                   （前工步所有加工）
M01；                                （选择停止）
G91 G28 Z0 M6 T9；                   （换 9 号刀，换刀程序段格式符合本机床要求）
G90 G54 G0 X0 Y0 S1200 M3；          （选择加工坐标系，XY 平面定位，主轴正转）
G43 H9 Z20. M8；                     （刀具长度偏置下刀，切削液开）
G0 Z3.；                             （刀具再次下刀）
G65 P1105 K6.56 W2.4 Z0.016；        （R8 球刀对中间孔扫描精加工，残高误差 0.0026mm）
G65 P1106 K6.56 W2.4 Z0.016；        （R8 球刀对 7 孔扫描精加工，残高误差 0.0026mm）
G0 Z100. M9；                        （快速提刀，切削液关）
M01；                                （选择停止，可检查本次加工状况）
……                                   （后工步所有加工）
G91 G28 Z0 M5；                      （Z 轴返回参考点）
M30；                                （程序结束）
O1106；                              （7 孔内球面精铣宏程序，按螺旋线走刀的加工方案）
＃19＝0；                            （用＃19 设初始转角为 0°，然后按 51.429°递增）
WHILE[＃19 LT 320] DO 1；            （当角度小于 320°时执行此循环）
G90 G68 X0 Y0 R＃19；                （坐标系旋转有效，旋转角度由＃19 确定）
G90 G0 X38.5 Y0；                    （刀具快速定位到孔中心位置）
G1 Z-16. F2000；                     （刀具下降到进给高度）
＃8＝ -80；                          （＃8 指定主变量初始角度）
＃9＝ 0；                            （＃9 控制 XY 平面转角变化）
＃4＝ ＃6＊SIN[＃8]；                 （＃4 计算球刀球心点的 Z 轴相对坐标）
＃5＝ ＃6＊COS[＃8]；                 （＃5 计算过 A 点圆的半径）
```

```
#3= -13.89+#4;                    (#3 计算球刀刀底的 Z 轴绝对坐标)
#17= #5+38.5;                     (#17 计算执行循环前的 X 轴绝对坐标值)
G01 X38.5 Y0 Z#3 F60;             (刀具从孔中心位置下刀到铣圆深度)
X#17;                             (刀具移动到铣圆起点)
G03 I-#5;                         (循环前在 φ6mm 盲孔孔口位置铣圆)
WHILE[#8 LT 25] DO2;              (当主变量#8<25°时执行此循环)
#4= #6*SIN[#8];                   (#4 计算球刀球心点的 Z 轴相对坐标)
#5= #6*COS[#8];                   (#5 计算过 A 点圆的半径)
#11= 38.5+#5*COS[#9];             (#11 计算球刀球心点的 X 轴绝对坐标)
#13= #5*SIN[#9];                  (#13 计算球刀球心点的 Y 坐标)
#3= -13.89+#4;                    (#3 计算球刀刀底的 Z 轴绝对坐标)
G01 X#11 Y#13 Z#3 F600;           (三轴联动作直线插补运动到下一节点)
#9= #9+#23;                       (XY 平面转角每循环一次增加的度数由 W 赋值)
IF[#9 LT 360] GOTO 90;            (若转角小于 360°,转到 N90 程序段)
#9= 0;                            (否则将转角重新赋值为 0°)
N90 #8= #8+#26;                   (#8 主变量每循环一次增加的度数由 Z 赋值)
END 2;                            (控制螺旋铣削的循环结束)
G01 X38.5 Y0 F2000;               (刀具移动到孔中心处)
G0 Z3.;                           (快速提刀)
G69;                              (取消坐标系旋转)
#19= #19+51.429;                  (转角增加 51.429°)
END 1;                            (控制加工孔数的循环结束)
M99;                              (宏程序返回)
```

程序说明:9 号刀精铣前已完成各内球面的预钻孔、粗铣以及半精铣,留精铣余量约为 0.2mm。R8 球刀的精铣可使用三个变量进行参数控制,K(#6)控制球刀球心所在的球面半径,由此可控制内球面半径 R14.5 的大小;W(#23)控制#9 的角度递增量;Z(#26)控制#8 的角度递增量。W 和 Z 两个角度增量值不能任意设置,如本例 W 取 2.4°,刀具螺旋线走刀转一周需步进 150 次,而 Z 取 0.016°,若乘以 150 次则为 2.4°,该值应由第三章第六节依据允许的残高误差 δ 计算出的步进角 θ 所决定。

可以在斯沃数控仿真软件中进行切削验证。图 6-14 给出了两种刀具路径的比较,图 a 采用 2.5 维行切法加工球面,图 b 采用三维螺旋走刀加工球面。为实现高速铣削,曲面加工的螺旋线走刀方式已被广泛应用于 CAD/CAM 软件编程中。本例由于球面形状的特殊性(孔口半径小于球面半径),且有很高的形状精度和尺寸精度要求,故改用宏程序编程。

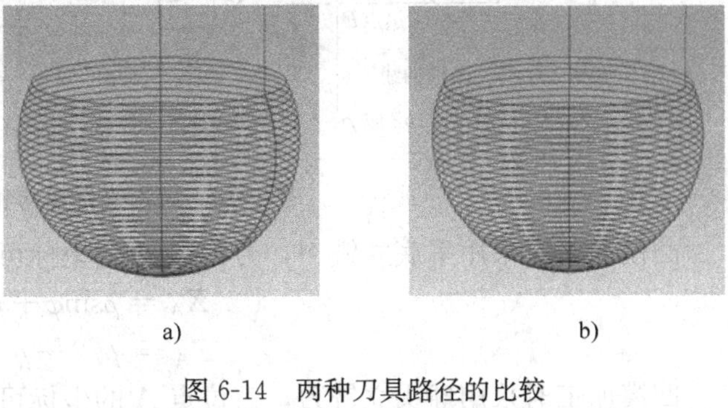

a)　　　　　　b)

图 6-14　两种刀具路径的比较

五、抛物线回转曲面等残高控制加工

抛物线回转曲面是重要的加工曲面，特别在车灯一类的模具加工中经常用到。在车灯模具中，凸模注出的为车灯的发光面，因此，凸模的形状应由抛物线回转曲面直接定义，而凹模的形状应根据等壁厚条件建立。在宏程序编程中，为简化计算，通常是在凸模曲面的基础上，用球刀半径减壁厚作为编程时的球刀半径 r，而加工时用的球刀半径比编程时刚好大出壁厚，使凹模的加工符合图样要求。

为便于讨论，现假定要加工的抛物线回转体凸、凹模如图 6-15 所示。凸模用 $r8$ 键槽刀以放射状刀具路径加工，凹模用 $r10$ 球刀以等高加工方式做 2.5 维环切加工。设本次加工前已完成必要的余量清除，以免出现顶刀或加工余量过大。

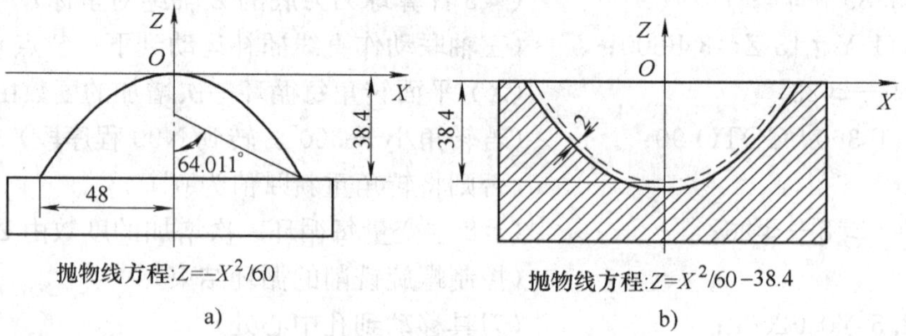

图 6-15 抛物线回转体凸、凹模

a）凸模 b）凹模

1. 抛物线方程与刀具刀位点坐标的计算

如图 6-16 所示，从加工实际出发，在 X、Z 平面绘制出表示凸模加工与凹模加工的抛物线曲线。两条抛物线曲线的顶点都选择在 $X0Z0$ 位置，p 表示焦点到准线间的距离，是抛物线表达中的重要参数。曲线可用直角坐标方程表示，也可用极坐标方程表示。

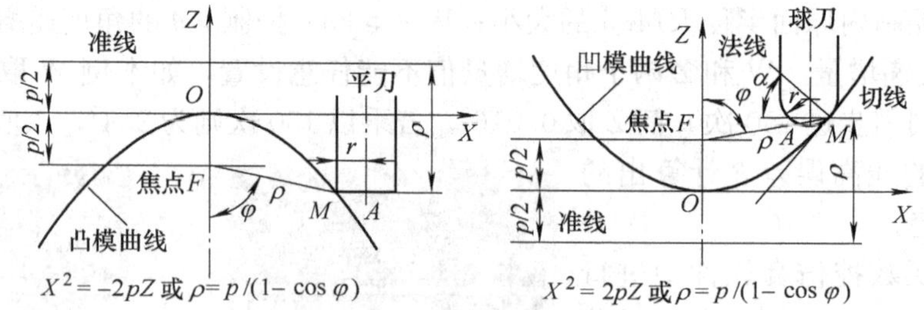

图 6-16 抛物线方程与相关计算

凸模加工时采用平底立铣刀，刀位点 A 的坐标可由下式计算：

$$X_A = \rho\sin\varphi + r$$

$$Z_A = p/2 - \rho$$

凹模加工时采用球头立铣刀，刀位点 A 的坐标可由下式计算：

$$X_A = \rho\sin\varphi - r\cos\alpha$$

$$Z_A = \rho - p/2 + r(\sin\alpha - 1)$$

可以证明 $\alpha=\varphi/2$ 且 $\rho=p/(1-\cos\varphi)$，因此，选择极角 φ 为主变量，即可方便地求解出刀具刀位点的 X、Z 坐标。

2．凸模加工的程序编制

如图 6-15a 所示，当主变量 φ 由 180°递减到 64.011°时，可求得刀位点一系列 X、Z 坐标值，利用坐标系旋转指令可进一步形成放射状刀具路径。参考程序如下：

```
O1040；                                (程序号)
G90 G54 G00 X0 Y0；                    (选择工件坐标系，X、Y 轴定位)
G43 H01 Z20. S800 M03；                (Z 轴快速下降，主轴正转)
#2=8；                                 (指定刀具半径 r)
G01 X#2 Z2. F2000；                    (刀具接近加工位置)
#7=30；                                (参数 p=30)
#4=0；                                 (转角设初值)
WHILE [#4 LT 360] DO 1；               (当转角小于 360°时执行循环)
G90 G68 X0 Y0 R#4；                    (坐标系旋转有效)
G01 X#2 Y0 Z0F60；                     (调整到加工抛物线超始点)
#1=180；                               (主变量设初值)
WHILE [#1 GE 64.011]DO 2；             (当极角≥64.011°时执行循环)
#10= #7/[1-COS[#1]]；                  (计算极径 ρ 的值)
#11= #10*SIN[#1]+#2；                  (计算刀位点 X_A 坐标)
#12= #7/2-#10；                        (计算刀位点 Z_A 坐标)
G01 X#11 Z#12 F200；                   (直线插补到下一点)
#1= #1-0.9999；                        (极角每次递减 0.9999°)
END 2；                                (极角控制循环返回)
G0 Z0.5；                              (快速提刀)
X#2；                                  (定位到下一次进给位置)
G69；                                  (取消坐标系旋转)
#4= #4+1；                             (转角每次增加 1°)
END 1；                                (转角控制循环返回)
G0 Z100. M5；                          (快速提刀，主轴停止)
M30；                                  (程序结束)
```

#1 角度递减量（0.9999°）应保证抛物曲面深度 38.4mm 切到位；而#4 转角递增量应根据允许的残高误差计算确定。本例设 $\delta_{允}=0.01$mm 时，可算出角度为 0.96°，故程序中取 1°。综合参照第三章图 3-37 和图 3-40 的计算公式，该值可以精确计算。具体方法是算出曲线在 $X48$ 处的倾角 θ，用 $\delta=\delta_{允}/\sin\theta$ 求出 δ 后再代入图 3-40 下面的公式。上述程序在斯沃数控仿真软件中（适当降低精度后）进行切削验证，显示如图 6-17 所示的刀具路径。

3．凹模加工的程序编制

（1）等残高误差控制　当主变量以等角度递减时，计算的步进位移相差较大，使球刀加工后整个加工表面的残高误差相差也较大，如图 6-18 所示。只有采用等残高误差控制，才能彻底改变这种状况，从而大幅度提高生产效率。

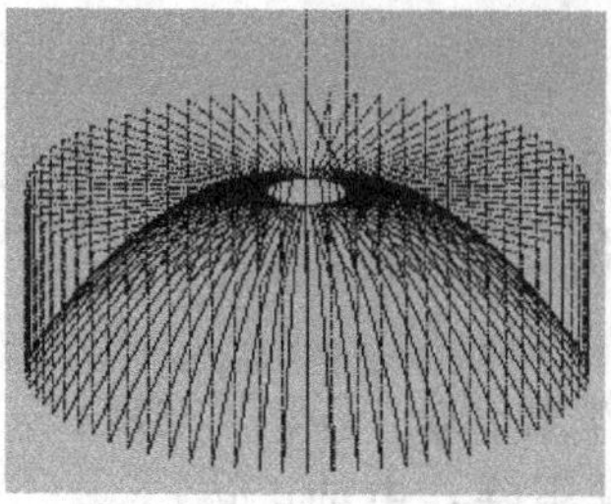

图 6-17　凸模加工的刀具路径显示

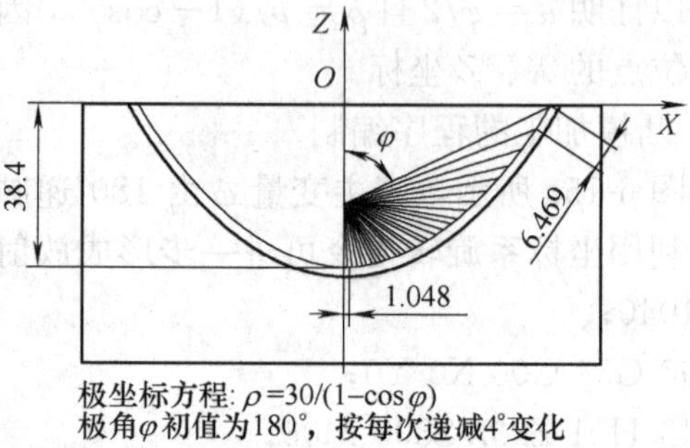

图 6-18　主变量按等角度变化

等残高误差控制原理如图 6-19 所示，球刀加工凹曲面采用 2.5 维行切法，M 点是本次加工切触点位置，求过 M 点曲线的曲率半径和曲率中心，用该曲率圆弧代替该点附近的抛物线曲线，根据 $\delta_{允}$ 求转角 θ，再根据 θ 求曲线上 M_1 点的坐标，由于曲线在 M 点附近曲率半径变化不大，故此方法简易可行。进一步说明步骤如下：

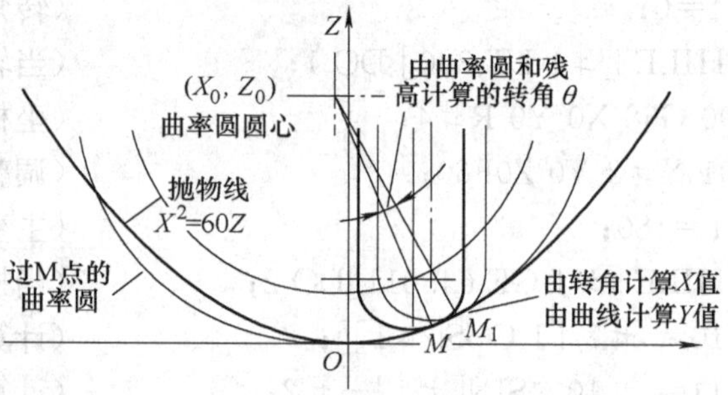

图 6-19　等残高误差控制原理

1）求曲线在 M 点处的曲率半径。

2）根据曲率半径和曲线在 M 点法线的方向，确定曲率圆的圆心坐标。

3）由给定的残高误差，按曲率圆半径和刀具半径进行行距计算。

4）根据计算的行距，求刀具沿曲率圆转动的转角。

5）根据转角求出刀具沿曲率圆运动到下一点的 X 轴坐标。

6）将求出的 X 轴坐标代入到抛物线方程，求 Z 轴坐标，则求出的点在抛物线上。

（2）计算示例　以图 6-15b 所示凹模回转曲面加工为例。参照图 6-19，抛物线方程为 $X^2=60Z$（为简化计算，将 X 轴移到顶点），则 $p=30$，用 $r8$ 球刀采用行切法加工。图中 M 点是球刀与抛物线的切点（称为切触点），此点加工时的极角 $\varphi=135°$，设刀具已在此 Z 轴高度完成圆周进给，给定残高允差为 0.2mm，求刀具位移的下一个切触点 M_1 的坐标。

1）根据抛物线曲线的曲率半径 $R=p/\sin^3\alpha$（证明从略），以及 $\alpha=\varphi/2$，可由 $p=30$ 以及 $\varphi=135°$ 求出曲线在 M 点的曲率半径 $R_M=38.04304$。

2）M 点坐标在前一行加工已完成计算，用现有公式计算则为

$$\rho=\frac{p}{1-\cos\varphi_M}=17.57359$$

$$X_M=\rho\sin\varphi_M=12.4264$$

$$Z_M=\rho-\frac{p}{2}=2.57359$$

曲率圆圆心点坐标用下式计算：

$$X_0=X_M-R_M\cos\alpha=-2.132$$

$$Z_0 = Z_M + R_M \sin\alpha = 37.721$$

3）直接利用第三章第六节给出的球刀加工凹球面时的残高误差计算公式，代入球刀半径 r=8mm，曲率圆半径 R_M=38.04304mm，残高允差 δ=0.2mm，计算行距 S：

$$S = 2\sqrt{r^2 - \left[\frac{R(r-\delta)}{R-\delta}\right]^2} = 3.17189\text{mm}$$

4）用图 3-40 中步进角计算公式计算转角 θ：

$$\theta = 2\arcsin\frac{S}{2(R-r)} = 6.052°$$

5）根据转角求出刀具沿曲率圆运动到下一点的 X 轴坐标：

$$X_{M1} = X_0 + R_M\cos(\alpha - \theta) = 16.051$$

6）由抛物线方程求 Z 轴坐标

$$Z_{M1} = X_{M1}^2/60 = 4.294$$

计算出的 X_{M1}、Z_{M1} 点在抛物线上，根据 $\alpha=\arctan\dfrac{p}{X}$计算：

$$\alpha_{M1} = \arctan\frac{p}{X_{M1}} = \arctan\frac{30}{16.051} = 61.85173°$$

$$\varphi_{M1} = 2\alpha_{M1} = 123.70346°$$

据此，可求出刀具上刀位点的坐标，并为下一次计算做好了准备。在宏程序编程中，利用循环语句，可使上述运算连续进行，从而加工出整个抛物线回转曲面。该运算结果在 Mastercam 软件中进行绘图验证，依据计算的 φ 角变化，实际残高误差为 0.204mm。

（3）凹模加工宏程序　由于注塑件的壁厚为 2mm，编程球刀半径应比实际使用的球刀半径小 2mm。对刀时刀底与工件顶面接触后应再降 2mm，设置工件零点偏置。本例加工时用 r10 球头刀，编程的球刀半径应为 r8。抛物线方程 $Z=X^2/60-38.4$ 为图 6-15b 中虚线所示，加工时允许的残高允差可由参数设置，参考程序如下：

```
O1050;                                    (程序号)
G90 G54 G0 X0 Y0 S1200 M3;                (选择工件坐标系，X、Y 轴定位，主轴正转)
G43 H1 Z22. M8;                           (Z 轴快速下刀，切削液开)
＃1=30;                                   (p=30，确定抛物线的形状)
＃2=180;                                  (设置极角 φ 的初始值)
＃3=8;                                    (设置球刀半径 r)
＃4=0.05;                                 (设置残高允差 δ允)
＃5=0;                                    (初始 X 点坐标)
＃6=-38.4;                                (初始 Z 点坐标)
G1 Z[＃6+5.] F2000;                       (刀具下刀到进给平面)
Z＃6 F60;                                 (刀具下刀到加工起点)
＃7=＃2/2;                                (初始 α 角，恒为极角 φ 的一半)
WHILE [＃6 LE 3.] DO1;                    (当刀底位置≤4 时执行此循环)
＃8=＃1/SIN[＃7]/SIN[＃7]/SIN[＃7];        (依据 p 和 α 求曲线在该点曲率半径 R)
```

```
#9=#5-#8*COS[#7];                          (求曲率圆圆心点的 X 坐标)
#10=#6+#8*SIN[#7];                         (求曲率圆圆心点的 Z 坐标)
#11=2*SQRT[#3*#3-#8*
[#3-#4]/[#8-#4]* #8*
[#3-#4]/[#8-#4]];                          (求行距 S)
#12=2*ASIN[#11/[#8-#3]/2];                 (求转角 θ)
#5=#9+#8*COS[#7-#12];                      (求曲线上下一点的 X 坐标)
#6=0.5*#5*#5/#1-38.4;                      (求曲线上下一点的 Z 坐标)
#7=ATAN[#1/#5];                            (按下一点的 X 坐标计算 α)
#13=#5-#3*COS[#7];                         (求刀位点 X 轴的坐标 X_A)
#14=#6+#3*SIN[#7]-#3;                      (求刀位点 Z 轴的坐标 Z_A)
G1 X#13 Z#14 F100;                         (直线插补到下一点)
G3 I-#13 F200;                             (圆弧插补，完成圆周进给加工)
END 1;                                     (循环结束)
G0 Z100. M9;                               (刀具返回，切削液关)
M30;                                       (程序结束)
```

在斯沃数控仿真软件中进行切削验证，其刀具路径及仿真结果如图 6-20 所示。与图 6-18比较，改进效果非常显著，而不过就是增加几条宏语句而已。

程序中用刀底沿 Z 轴移动的位置（#6）控制循环的结束，本例用刀底位置≤4 确定循环执行的条件，该值应保证切削过程完全结束，因此不宜过小。

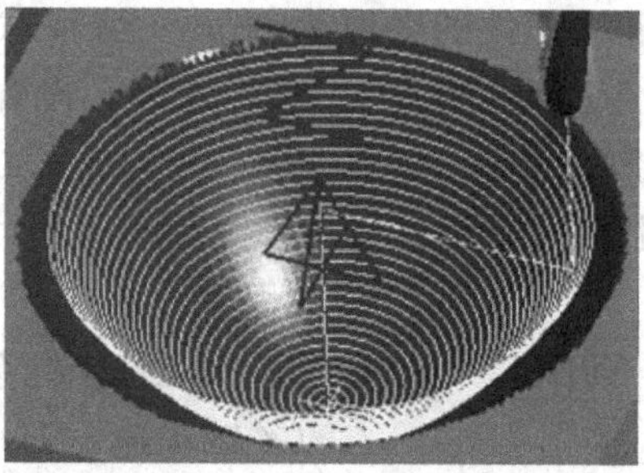

图 6-20　凹模加工的刀具路径及仿真效果

六、曲率圆法椭圆曲线轮廓加工

1. 弦高误差分析

如图 6-21 所示，利用曲率圆代替曲线，可以近似求解直线插补引起的弦高误差。以图中椭圆曲线为例，其最小曲率半径出现在长半轴 a 点。其最小曲率半径可用下式求出：

$$R_{\min} = b^2/a$$

椭圆的宏程序编程通常使用其参数方程：

$$X = a\cos\varphi$$

$$Y = b\sin\varphi$$

当 φ 角以等角度增量 φ_0 递增时，可求出椭圆上一系列点的坐标，相邻点间若采用直线插补，就会产生弦高误差 δ，如图中所示。

δ 的计算可分两步进行，首先求出

$$\theta = \arcsin \frac{b\sin\varphi_0}{R_{\min}}$$

再用下式求弦高误差 δ：

$$\delta = R_{\min}\left(1-\cos\frac{\theta}{2}\right)$$

计算结果可作为设置角度递增量时参考。如当 $a=50$mm、$b=30$mm，若取 $\varphi_0=1°$，可计算出 $\delta=0.0019$mm。

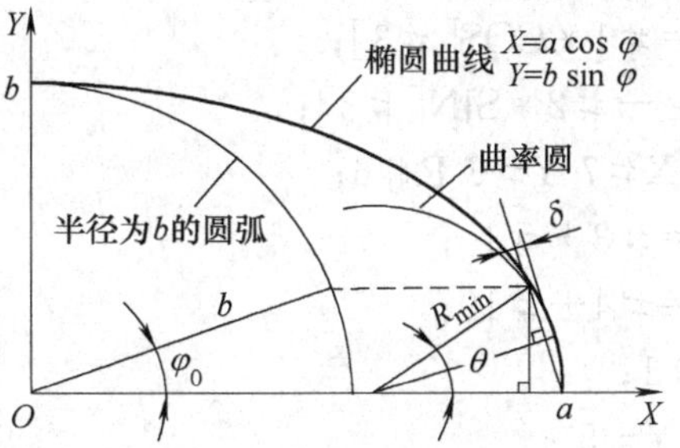

图 6-21　弦高误差与角度递增量的关系

2. 曲率圆法圆弧段逼近

对于标准参数方程表示的椭圆形状，利用 $y'=-b/(a\tan\varphi)$ 及 $y''=b/(a^2\sin^3\varphi)$ 并根据求解函数曲线曲率半径的公式，可导出椭圆曲线曲率半径的计算公式如下：

$$R = \frac{(a^2\sin^2\varphi + b^2\cos^2\varphi)^{3/2}}{ab}$$

在宏程序编程中，当以 φ_0 为角度递增量，求出下一节点后，再取 $\varphi_0/2$ 递增角度计算的节点作为曲率半径的计算点，就能在曲线上当前点与下一节点之间用圆弧段代替直线段，从而进一步减小弦高误差。这样，在相同的弦高误差条件下，只需使用较少的圆弧段，就可大大减少节点的数目，且加工的轮廓表面也更光滑。将这种用曲率圆圆弧代替直线段走刀控制曲线加工的方法称为曲率圆法圆弧段逼近。

3. 曲率圆法加工椭圆轮廓的参考程序

在 120mm×80mm×20mm 的坯料上，用 $r=8$mm 的立铣刀铣 $a=50$mm、$b=30$mm 的椭圆轮廓，工件顶面中心为工件原点，取初始角度 $\varphi=\varphi_0=10°$，Z 轴铣深设为 10mm。

```
O1060;                                   (主程序)
G90 G54 G00 X75. Y5.;                    (选择工件坐标系，X、Y 轴定位)
G43 H01 Z20. S600 M03;                   (Z 轴快速下降，主轴正转)
G01 Z-10. F2000;                         (Z 轴下降到铣深 Z-10. 处)
G65 P1061 A50. B30. C10. R8.;            (调用宏程序，自变量赋值 a，b，ϕ，r)
G0 Z100. M05;                            (Z 轴快速提刀，主轴停止)
M30;                                     (程序结束)
O1061;                                   (被调用的宏程序)
G10 L12 P1 R#18;                         (由程序指定刀具半径几何补偿值为 8mm)
G41 G01 D1 X#1 F100;                     (刀具半径左补偿，刀具接近加工位置)
Y0;                                      (直线插补到椭圆加工切削起点)
#10=#3;                                  (将初值角度 φ 赋值给角度递增量 φ0)
#4=0.5*#10;                              (计算 φ0/2)
WHILE [#3 LE 360] DO1;                   (循环语句，当#3≤360°时，执行循环)
#5=#1*#1*SIN[#4]*SIN[#4]+
```

```
#2*#2*COS[#4]*COS[#4];                  （中间变量）
#6=#5*SQRT[#5]/#1/#2;                   （求曲率圆的圆弧半径值）
#7=#1*COS[#3];                          （求 X 向圆弧终点坐标）
#8=-#2*SIN[#3];                         （求 Y 向圆弧终点坐标）
G02 X#7 Y#8 R#6;                        （顺时针圆弧插补，进给到下一点）
#3=#3+#10;                              （更新主变量 φ 角）
#4=#4+#10;                              （更新求曲率半径的 φ 角）
END 1;                                  （循环结束）
G01 Y-5.                                （直线插补，切线方向退出刀具）
G40 X75. F200;                          （取消刀具半径补偿，退出刀具）
M99;                                    （宏程序返回）
```

程序中取初始 φ 角及角度递增量为 10°，整个椭圆加工需使用 36 段圆弧。经高级语言编程验证，最大误差出现在 20°～30°区段，误差值为 0.003mm。若以 6°编程（C6.），则误差值仅为 0.0006mm。用此方法编程时，主变量 φ 的初值不能任意设置，而应能被 90°整除，以保证加工曲线的对称性。

4. 切削验证

该程序可在斯沃数控仿真软件中进行切削验证，但因仿真软件中 G10 不被正确执行和执行连除运算时结果不正确，应按图 6-22 左边所示修改宏程序。刀具半径补偿值在此应按直径值输入。仿真结果如图 6-22 所示。

```
O1061
G41G1D1X#1F100
Y0
#10=#3
#4=0.5*#10
WHILE[#3LE360]DO1
#5=#1*#1*SIN[#4]*SIN[#4]
#5=#5+#2*#2*COS[#4]*COS[#4]
#6=#5/#1*SQRT[#5]/#2
#7=#1*COS[#3]
#8=-#2*SIN[#3]
G2X#7Y#8R#6
#3=#3+#10
#4=#4+#10
END1
G1Y-5
G40X75F2000
M99
```

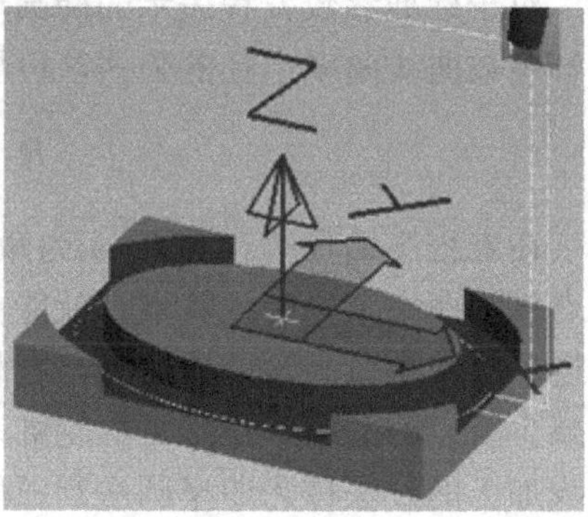

图 6-22　曲率圆法加工椭圆的仿真结果

七、双圆弧法椭圆曲线轮廓加工

曲线轮廓加工的较高水平应为相切圆弧法且保证所有位置弦高误差相等，以使程序段数目最少。本书在 1997 年第 1 版中即曾用双圆弧法，采用高级语言编程计算节点坐标及各圆弧半径。采用宏程序编程后，所有计算问题可交由数控系统处理，编程的形状还可由参数任意调整其大小，使程序的使用更具通用性。

1. 双圆弧法加工椭圆轮廓的参考程序

在 FANUC 系统的宏程序中要用到反正切函数#i=ATAN［#j］/［#k］，该值的取值范围是在 0°～360°区间（详述见前面）。在编写实际应用程序时，必须对此问题有所了解。由于程序中用到的所有计算方法已在本书第三章中有过详细讨论，此处不再重复。但程序处理的困难之一是处理好过象限问题，学员可通过程序反推出处理过程和运算步骤，并与第三章中给出的计算公式比较，巩固前面所学知识，提高宏程序编程能力。参考程序如下：

```
O1070;                                  （程序号）
G90 G54 G00 X75. Y5.;                   （选择工件坐标系，X、Y 轴定位）
```

```
G43 H01 Z20. S500 M03；                    （Z 轴快速下降，主轴正转）
G01 Z-10. F2000；                          （Z 轴下降到切深）
G65 P1071 A10. B90. C50. I30. ；           （调用宏程序，自变量赋值）
G0 Z100. M05；                             （快速提刀，主轴停止）
M30；                                      （程序结束）
O1071；                                    （被调用的宏程序）
G41 D1 X#3 F100；                          （刀具半径左补偿，刀具接近加工位置）
Y0；                                       （直线插补到椭圆加工切削起点）
#30= #1；                                  （设置角度递增量等于初始角度）
#5= #3；                                   （前一圆弧起点的 X 轴坐标值）
#6=0；                                     （前一圆弧起点的 Y 轴坐标值）
WHILE [#1 LE 360] DO1；                    （循环语句，当#1≤360°时，执行循环）
#7= #3*COS[#1]；                           （后一圆弧终点的 X 轴坐标值）
#8= #4*SIN[#1]；                           （后一圆弧终点的 Y 轴坐标值）
IF[ABS[#8] LT 0.01] GOTO 10；              （避免反正切运算时零作除数）
#9= #4*COS[#1]；                           （求导数 dy/dφ = bcosφ）
#10=-#3*SIN[#1]；                          （求导数 dx/dφ =- asinφ）
N5 #11=ATAN[[#9]/[#10]]+180；              （求曲线切线对 X 轴的夹角）
GOTO 20；                                  （转到 N20 语句）
N10 #11=270；                              （直接设置 AE 角度为 270°）
N20 IF[#11 GT #2]GOTO 30；                 （若角度 AE>AC，直接转到执行 N30 语句）
N25 #11= #11+180；                         （否则 AE 增大 180°后再执行 N30 语句）
N30 #12=ATAN[[#8-#6]/
[#7-#5]]+180；                             （计算角度 AM）
IF[#12 GT #2]GOTO 40；                     （若角度 AM>AC，直接转到执行 N40 语句）
N35 #12= #12+180；                         （否则 AM 增大 180°后再执行 N40 语句）
N40 #13=[#11-#12]/2；                      （计算角度 C1）
#14=[#12-#2]/2；                           （计算角度 C2）
#15=SQRT[[#7-#5]*[#7-#5]+
[#8-#6]*[#8-#6]]；                         （计算PQ两点间距离 L）
#16= #15/SIN[#13+#14]；                    （中间变量）
#17= #16*SIN[#14]；                        （计算长度PT）
#18= #16*SIN[#13]；                        （计算长度QT）
#19=[#18/SIN[#14]]/2；                     （计算前一段圆弧半径值 R1）
#20=[#17/SIN[#13]]/2；                     （计算后一段圆弧半径值 R2）
#21= #5+#18*COS[#2+#14]；                  （计算 T 点的 X 坐标值 XT）
#22= #6+#18*SIN[#2+#14]；                  （计算 T 点的 Y 坐标值 YT）
G02X#21Y-#22 R#19；                        （顺时针走半径为 R1 的圆弧）
X#7Y-#8 R#20；                             （顺时针走半径为 R2 的圆弧）
```

```
#5= #7;              (XS 值置换为 XE 值，为下一循环做准备)
#6= #8;              (YS 值置换为 YE 值，为下一循环做准备)
#2= #11;             (角度 AC 置换为 AE，为下一循环做准备)
#1= #1+#30;          (主变量 φ 增加一个角度递增量)
END1;                (循环结束)
G01Y-5.;             (切线方向退出刀具)
G40 X75. F500;       (取消刀具半径补偿)
M99;                 (宏程序结束)
```

2. 程序说明

(1) 变量的指定　#1 (A)：设置主变量 φ 的初始角度为 10°（注意该值应能被 90°整除)；#2 (B)：设置初始切线角度 AC 为 90°；#3 (C)：设置椭圆长半轴为 50mm；#4 (I)：设置椭圆短半轴为 30mm。其余变量可参照注释并可根据图 6-23 确定其含义。为说明变量在不同象限的变化情况，图中给出了第Ⅰ与第Ⅱ象限的说明。

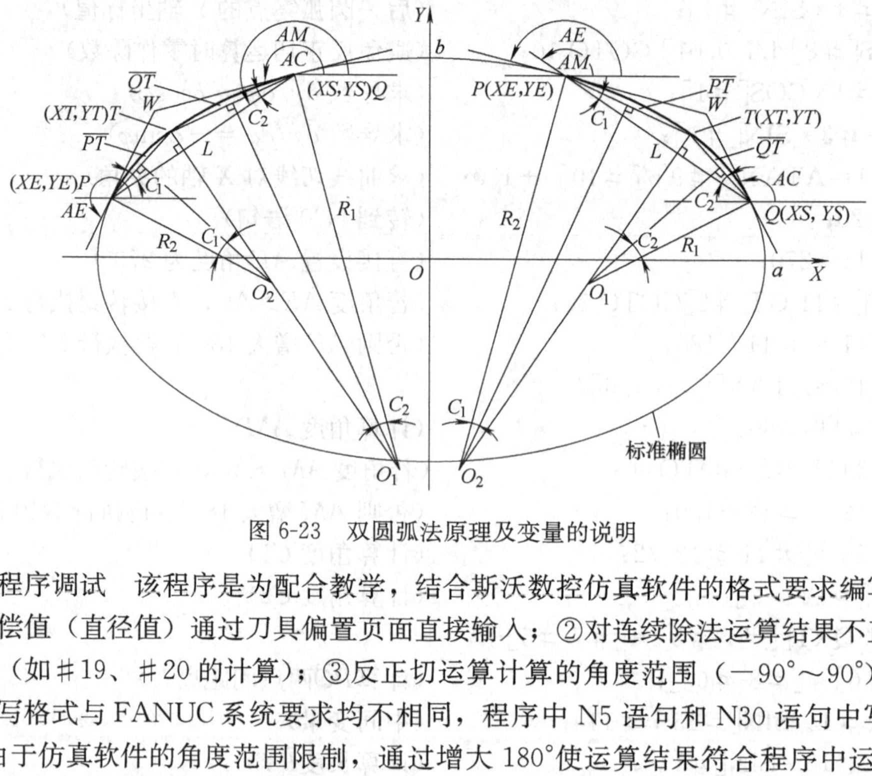

图 6-23　双圆弧法原理及变量的说明

(2) 程序调试　该程序是为配合教学，结合斯沃数控仿真软件的格式要求编写的，①刀具半径补偿值（直径值）通过刀具偏置页面直接输入；②对连续除法运算结果不正确的语句做了修改（如#19、#20 的计算)；③反正切运算计算的角度范围（－90°～90°）和反正切函数的书写格式与 FANUC 系统要求均不相同，程序中 N5 语句和 N30 语句中写入的“＋180”是由于仿真软件的角度范围限制，通过增大 180°使运算结果符合程序中运算的要求。如要在 FANUC 系统中运行，应去掉“＋180”并按正确语法修改程序。此外，N25 语句和 N35 语句中的“＋180”是根据仿真软件中反正切角度是以 180°为周期变化（这个变化使大于 90°的角度值在表达时又回退到以负值表示，好像是角度值又减小了 180°），而 FANUC 系统中反正切角度变化周期为 360°，因此在 FANUC 系统中使用该程序时，还需将这两句中的“＋180”改为“＋360”。进行上述修改后，程序即可在 FANUC 系统中正确运行。

(3) 切削验证　在斯沃数控仿真软件中直接按参考程序输入，然后输入刀具半径补偿值（直径值 16mm)，使用与上例相同的毛坯和刀具，切削验证的结果如图 6-22 中右边所示。

第三节　数控车削加工应用实例

数控车削加工的宏程序编程在原理上与数控镗铣加工完全相同，只是在处理 X 轴坐标尺寸时，应注意直径尺寸与半径尺寸的差别。下面通过两例简要说明编程方法。

一、椭圆回转面零件的车削加工

1. 一般尺寸与参考程序

椭圆回转面零件的一般尺寸标注如图 6-24 所示，在小端直径 ϕD 与大端直径 ϕE 之间，由椭圆回转曲面构成轴肩，椭圆曲线长半轴尺寸 A，短半轴尺寸 B，椭圆中心相对于工件零点的偏移分别为 I、K。假定 ϕE 已车削到尺寸，试编程实现右边小端直径及椭圆回转曲面的粗车及精车加工。由图可见，当 $\phi D=0$；$\phi E=2B$；$I=0$；$K=-A$ 时，工件右端将成为半椭球面，因此，编制的程序具有一定的通用性。参考程序如下：

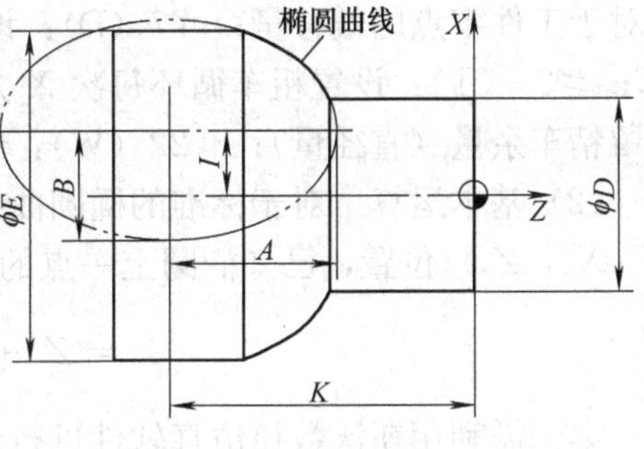

图 6-24　椭圆回转面零件的一般尺寸标注

```
O3010;                                         (主程序)
G97S1000M3T0101;                               (主轴正转，选用 1 号刀)
G65P3011A50B15I0K-50D0.1E30T2U0.5W0.2;        (宏程序调用，自变量赋值)
G0X60Z20M5;                                    (刀具返回，主轴停止)
M30;                                           (程序结束)
O3011;                                         (被调用的宏程序)
#10=#8-#20;                                    (第一刀车削的 X 轴直径值)
WHILE[#10GE#7]DO1;                             (当尺寸小于 ϕD 时停止粗车)
G0X[#10+#20+#21]Z2.;                           (刀具快速定位到切削起始位置)
#24=SQRT[#2*#2-[#10/2-#4]*
[#10/2-#4]];                                   (中间计算)
#25=ATAN[[#10/2-#4]/#24];                      (中间计算)
#26=#6+#1*COS[#25];                            (计算 G90 循环的 Z 轴终点坐标)
G99G90X[#10+#21]Z[#26+#23]F0.2;                (G90 循环作粗车加工)
#10=#10-#20;                                   (计算下一刀车削的 X 轴尺寸)
END1;                                          (粗车循环结束)
G0X#7Z2;                                       (刀具快速定位到精车起点)
WHILE[#7LE#8]DO1;                              (当 X 轴尺寸直径值大于 ϕE 时结束精车)
#24=SQRT[#2*#2-[#7/2-#4]*
[#7/2-#4]];                                    (中间计算)
#25=ATAN[[#7/2-#4]/#24];                       (中间计算)
#26=#6+#1*COS[#25];                            (计算精车时的 Z 轴终点坐标值)
```

G1X＃7Z＃26F0.1；　　　　（直线插补，精车椭圆曲面）
＃7＝＃7＋0.2；　　　　（X 轴尺寸按 0.5mm 步距增大）
END1；　　　　（精车循环结束）
G1U＃20；　　　　（X 轴退刀）
M99；　　　　（宏程序返回）

2. 程序说明

（1）变量的指定　＃1（A）：设置椭圆长半轴尺寸 a；＃2（B）：设置椭圆短半轴尺寸 b；＃4（I）：设置椭圆中心相对于工件轴线的偏移量（半径值）；＃6（K）：设置椭圆中心相对于工件零点的偏移量；＃7（D）：设置工件小端直径 ϕD；＃8（E）：设置工件大端直径 ϕE；＃20（T）：设置粗车循环每次 X 方向进给量（两倍背吃刀量）；＃21（U）：粗车 X 方向留精车余量（直径量）；＃22（W）：粗车 Z 方向留精车余量。

（2）基本运算　对于标准的椭圆曲线可用参数方程表达，设椭圆中心在工件坐标系中位于（X_0，Z_0）位置，已知椭圆上一点的 X 坐标（直径值），则该点 Z 坐标为

$$Z = Z_0 + a\cos\left(\arcsin\frac{X - X_0}{2b}\right)$$

本例需利用斯沃数控仿真软件进行切削验证，由于反正弦函数在该软件不被接受，故改由反正切函数计算，使运算变得复杂化。

3. 切削验证

本例设置毛坯尺寸为 ϕ30mm×80mm，按程序中的设置进行仿真加工，仿真结果如图 6-25 所示。程序中 D 的设置应＞2I，E 的设置应≤2（I＋B）。本例 I＝0，而取 D＝0.1 是由于 D 也为 0 将导致无法运算。为保证粗车最后一刀的有效车削，设置的粗车进给量 T 最好能被 E - D 整除。作为一个完善的宏程序，这些问题都可以由程序给出报警提示或通过程序优化处理。

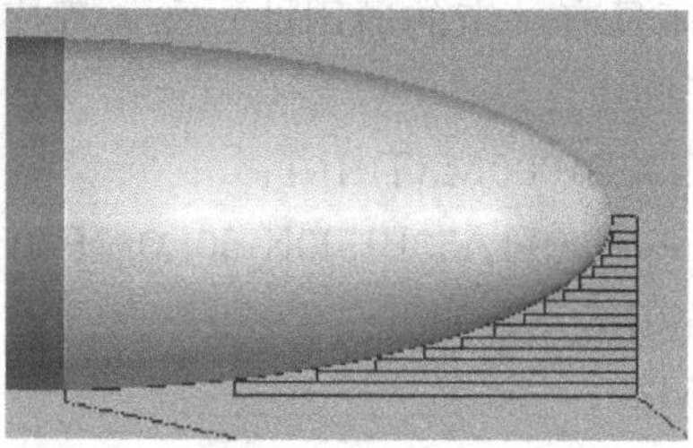

图 6-25　椭球面车削仿真结果

二、普通螺纹与梯形螺纹的车削加工

1. 螺纹车削的进刀方式

为改善螺纹的切削条件，螺纹车削的进刀方式也是不可忽视的问题。如图 6-26 所示，图 a 为径向进刀方式，螺纹车刀的两侧刃都参与车削，导致排屑困难，使切削热增加，刀尖磨损较严重，当进给量过大时还可能产生扎刀现象；图 b 为沿齿侧进刀方式，螺纹车刀始终只有一个侧刃参与切削，使排屑比较顺利，刀尖的受力和受热情况有所改善，因而可适当增大切削深度，减少总进给次数；图 c 为改进的沿齿侧进刀方式，进刀角小于螺纹牙型

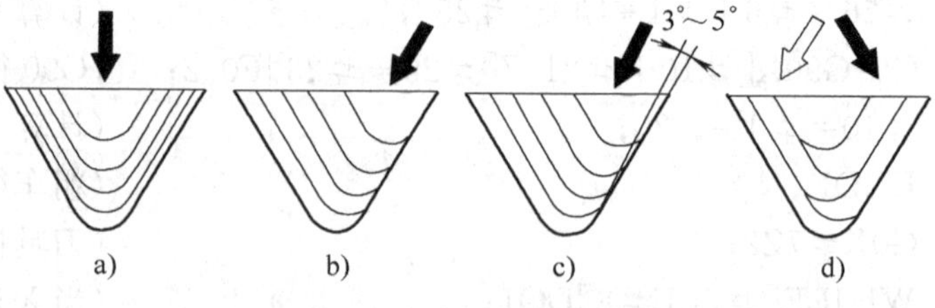

图 6-26　螺纹车削的进刀方式
a）径向进刀　b）沿齿侧进刀
c）改进的沿齿侧进刀　d）交替进刀

半角 3°～5°，其作用是让两侧切削刃都参与切削，以避免不工作的切削刃与工件发生摩擦，造成切削热增加，螺纹表面质量变差；图 d 为交替进刀方式，可使刀具两切削刃获得平衡的切削机会，以提高刀具寿命，主要用于较大螺距螺纹的车削。

2．三角形普通螺纹车削举例

当采用 G92 车削螺纹时，每次进给前不仅要计算出 X 轴的切削终点尺寸，还应同时计算出 Z 轴方向相对于螺纹起点的偏移量，以实现径向进刀方式之外的较复杂的进刀方式。当螺纹牙型的粗切深度 H、切削进给次数 N、螺纹车刀的刀尖半径 R 确定后，就可根据第四章的讨论，计算出每刀的切削深度，计算结果符合等切削面积条件。每次切削深度计算公式：

$$h_i = \sqrt{(H+R)^2 i/N + 1.186R^2(1-i/N)} - R \quad (i=1, 2, \cdots, N)$$

当取 $H+R=0.75777P$ 时，所求 H 为标准螺纹牙深，计算公式与第四章第三节中所给计算 h_i 的公式一致。此处用 H 便于进一步留出精车余量。若以 α 表示进刀角，则 Z 轴偏移量为

$$\Delta Z = h_i \tan\alpha$$

仍以图 4-49 所示 M30×2－6g 螺纹车削为例，采用图 6-26c 的形式进刀，程序如下：

```
O3020;                                  (程序号)
G97S500M03T0303;                        (主轴正转，选择 3 号螺纹车刀)
G0 X35. Z4.;                            (快速定位到螺纹车削循环起点)
#1= 2;                                  (指定螺距 P=2)
#2=0.25;                                (指定刀尖半径 R=0.25)
#3=0.75777*#1;                          (按标准螺纹牙深计算 H+R 的值)
#4=1;                                   (设置切削次数初值 i=1)
#5=5;                                   (指定总的切削进给次数 N=5)
WHILE[#4LE#5]DO1;                       (当切削次数≤5 时，执行循环)
#6=SQRT[#3*#3*#4/#5+
1.186*#2*#2*[1-#4/#5]]-#2;              (计算切削深度 hi)
#7=#6*TAN[27];                          (按进刀角为 27°计算 Z 轴偏移量ΔZ)
G00 Z[4-#7];                            (调整 Z 轴方向螺纹车削循环起点的位置)
G92 X[30-2*#6] Z-27. F2.;               (每循环一次，执行 1 次螺纹车削循环)
#4=#4+1;                                (车削次数加 1)
END1;                                   (循环结束)
G92X27.346Z-27.F2;                      (精车螺纹循环，背吃刀量(直径值)0.122mm)
G0X100.Z100.M05;                        (刀具快速返回，主轴停止)
M30;                                    (程序结束)
```

该程序在斯沃数控仿真软件中进行切削验证的刀具路径显示图如图 6-27 所示。$H+R$ 表示尖形螺纹车刀的切深，可由＃3 直接指定，此时由＃1 指定的螺距 P 不起作用。

3．梯形螺纹车削举例

梯形螺纹的特点是螺距大、牙槽深，车削时的让刀现象比三角形螺纹更为严重。如图 6-28 所示，梯形螺纹的基本参数是螺距 P，牙型角为 30°，牙深 $H=0.5P+C$，式中 C 为牙

底间隙，其大小与螺距 P 有关。当 $P=2\sim4$，$C=0.25$；当 $P=5\sim12$，$C=0.5$；当 $P=16\sim18$，$C=1$（C 的单位：mm）。中径处的牙槽宽等于牙宽，由此可计算出梯形螺纹的各部分尺寸。梯形螺纹在车削时可以选择刀尖横刃宽比螺纹槽底略窄的梯形螺纹车刀，粗车后通过横向偏移刀具精车到尺寸。为此，给出了按等切削面积条件的每次螺纹切削深度计算公式：

$$h_i=\sqrt{k^2+(2kH+H^2)i/N}-k \quad (i=1, 2, \cdots, N)$$

式中 $k=W/(2\tan15°)$，W 为梯形螺纹刀的刀尖横刃宽；H 为牙深；N 为螺纹切削次数。并应满足刀尖横刃宽 $W\leqslant0.366P-0.536C$ 的条件，相等时横刃宽与牙底槽宽相等。

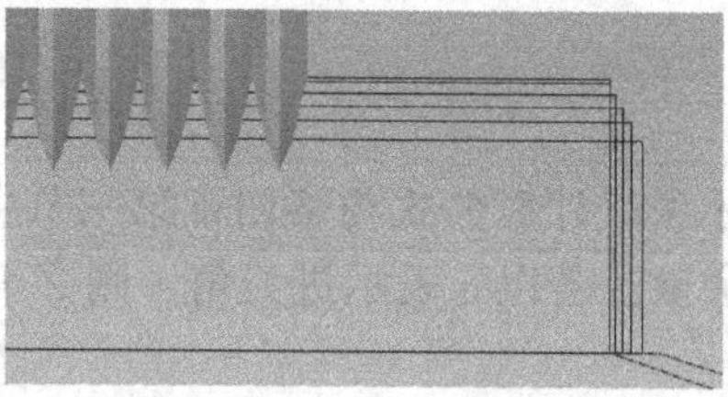

图 6-27　螺纹车削的刀具路径显示图

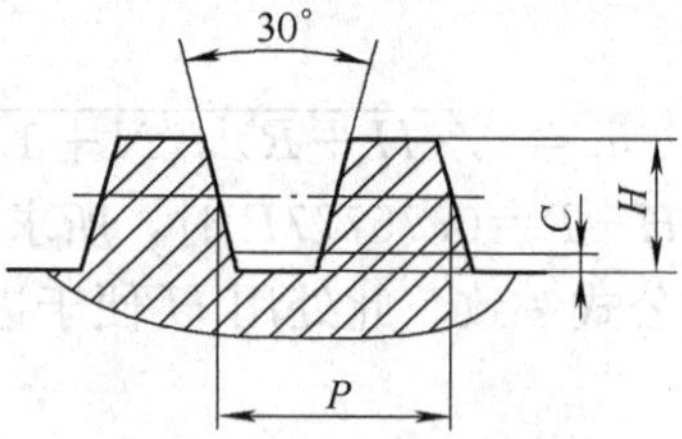

图 6-28　梯形螺纹基本牙型

梯形螺纹轴举例如图 6-29 所示，采用图 6-26d 所示的交替进刀方式车削，以改善切削条件。参考程序如下：

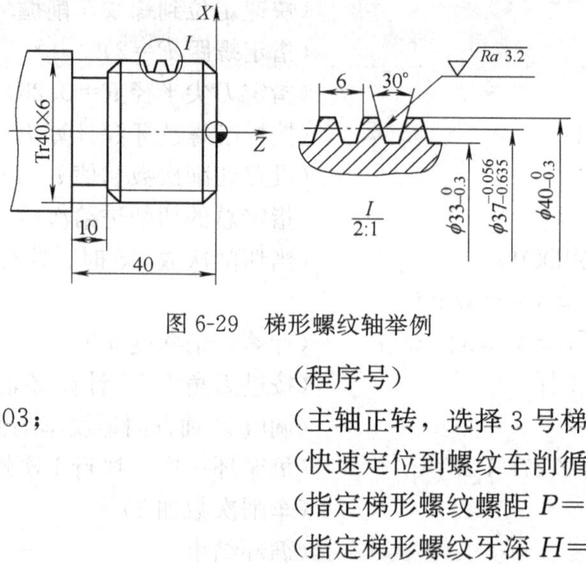

图 6-29　梯形螺纹轴举例

```
O3030;                                  (程序号)
G97S400M03T0303;                        (主轴正转，选择 3 号梯形螺纹车刀)
G0X50. Z10.;                            (快速定位到螺纹车削循环起点)
#1=6;                                   (指定梯形螺纹螺距 P=6mm)
#2=3.5;                                 (指定梯形螺纹牙深 H=3.5mm)
#3=0.5;                                 (指定牙底间隙 C)
#23=0.366*#1-0.536*#3;                  (按标准牙底槽宽计算的刀尖横刃宽 W)
#6=#23/[2*TAN[15]];                     (根据刀尖横刃宽 W 计算 k)
#7=15;                                  (指定总切削进给次数 N=15)
#4=1;                                   (设置切削次数初值 i=1)
#5=0;                                   (设置 Z 轴方向刀尖初始偏移量为 0)
WHILE[#4LE#7]DO1;                       (当切削次数≤15 时，执行循环)
#8=SQRT[#6*#6+[2*#6*#2+
```

```
#2*#2]*#4/#7]-#6;                    (计算切削深度hi)
#9=#8*TAN[15];                        (根据切深计算的Z轴偏移量ΔZ)
IF[FUP[#4/2]NE[#4/2]]THEN#9=
-#9;                                  (若切削次数为奇数，偏移量ΔZ取负值)
#5=#5+#9;                             (计算的偏移量加到已存储的偏移量中)
G0Z[10+#5];                           (按当前存储的Z轴偏移量调整刀具Z轴位置)
G92X[40-2*#8]Z-35F6;                  (每循环一次，执行1次螺纹车削循环)
#5=#5+#9;                             (计算的偏移量为下一刀反向偏移时的基准位置)
#4=#4+1;                              (车削次数加1)
END1;                                 (循环结束)
G0X100Z100M5;                         (刀具快速返回，主轴停止)
M30;                                  (程序结束)
```

交替进刀方式的 Z 轴偏移计算原理如图 6-30 所示。第 1 刀切深为 h_1，Z 轴偏移为负值，(1-2 连线投影)；第 2 刀切深为 h_2，Z 轴偏移为正值（3-4 连线投影)；第 3 刀切深为 h_3，Z 轴偏移为负值，(5-6 连线投影)。程序中通过对切削次数的奇偶判断，以控制偏移量的正负；通过两次＃5＝＃5＋＃9 的运算，分别求出进刀点和下一刀计算偏移量的起始点。该程序可直接在斯沃数控仿真软件中进行切削验证，此处从略。

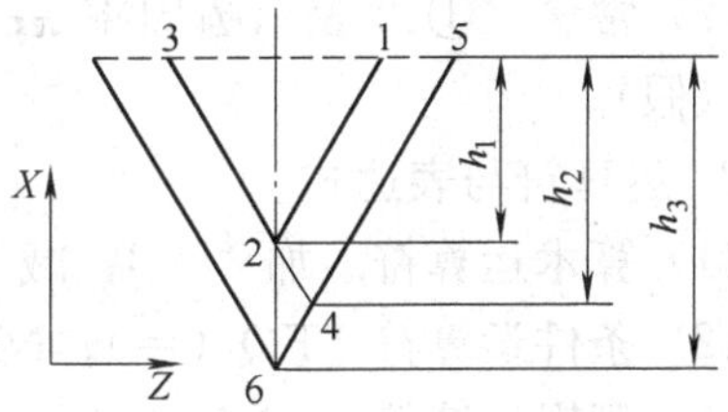

图 6-30　Z 轴偏移计算原理

为使程序具有通用性，程序中未直接指定刀尖横刃宽，若实际使用的刀尖横刃宽比牙槽窄，该差值可在变量＃23 中减去或直接由＃23 指定横刃宽，此时＃1 和＃3 不起作用。

第四节　华中系统用户宏程序编程

华中数控系统，无论是 HNC—22M（加工中心）还是 HNC—21/22T（数控车床），都能结合以下的介绍，获得宏程序编程中有关变量及运算、程序控制指令方面的基础知识，其变量名和变量类型的规定也都是一致的。由于目前许多教学机构的实训中心都配备了该类数控系统，为便于教学，特增加本节内容。

一、宏指令编程基础知识

华中系统配备了强有力的类似于高级语言的宏程序功能，可以使用变量进行算术运算、逻辑运算和函数的混合运算。此外，宏程序还提供了循环语句、分支语句和子程序调用语句，以利于编制各种复杂的零件加工程序，减少乃至免除手工编程时烦琐的数值计算，以及精简程序量。

1. 宏变量及常量

(1) 宏变量　宏变量用＃及其后的数字表示，变量名与变量类型的对应关系见表 6-13。当前局部变量表示在主程序或任何级嵌套的当前级中使用的变量，如果嵌套级变化，则变量失效；全局变量表示在主程序和任何嵌套级中都可以使用的变量；0～7 层局部变量表示在1～8级嵌套中对应使用的变量。刀具长度寄存器表示设置相应刀具号的长度补偿值；刀具半径寄存器表示设置相应刀具号的半径补偿值；刀具寿命寄存器表示设置相应刀具号的磨损补偿值；机床参数表示设置机床的有关参数。

表 6-13　变量名与变量类型的对应关系

变量名	变量类型	变量名	变量类型	变量名	变量类型
＃0～＃49	当前局部变量	＃350～＃399	3 层局部变量	＃600～＃699	刀具长度寄存器 H0H99
＃50～＃100	全局变量	＃400～＃449	4 层局部变量	＃700～＃799	刀具半径寄存器 D0D99
＃200～＃249	0 层局部变量	＃450～＃499	5 层局部变量	＃800～＃899	刀具寿命寄存器
＃250～＃299	1 层局部变量	＃500～＃549	6 层局部变量	＃1000～	机床参数
＃300～＃349	2 层局部变量	＃550～＃599	7 层局部变量		

（2）常量　①PI 表示圆周率 π；②TRUE 表示条件成立（真）；③FALSE 表示条件不成立（假）。

2. 运算符与表达式

（1）算术运算符　加“＋”；减“－”；乘“＊”；除“/”。

（2）条件运算符　EQ（＝）；NE（≠）；GT（＞）；GE（≥）；LT（＜）；LE（≤）。

（3）逻辑运算符　AND（与）；OR（或）；NOT（非）。

（4）函数　SIN（正弦）；COS（余弦）；TAN（正切）；ATAN（反正切）；ABS（绝对值）；INT（取整）；SIGN（取符号）；SQRT（开方）；EXP（指数）。

（5）表达式　用运算符连接起来的常数、宏变量构成表达式。

例如：175/SQRT[＃2]＊COS[55＊PI/180]；表达式中，由于华中系统的三角函数必须以弧度表示角度的大小，因此首先将 55°转换为弧度，再进行余弦函数的计算。

3. 赋值语句

格式：宏变量＝常数或表达式。

把常数或表达式的值送给一个宏变量称为赋值。

例如：＃4＝100；或 ＃3＝175/SQRT[＃2]＊COS[55＊PI/180]；

4. 条件判别语句 IF、ELSE、ENDIF

```
程序格式 1：IF 条件表达式  ；设置条件
              ⋮           ；如果满足条件执行这些程序，然后跳到 ENDIF
            ELSE          ；如果不满足条件跳过上面的程序，进入下面的程序
              ⋮           ；执行不满足条件时的程序
            ENDIF         ；结束条件语句
程序格式 2：IF 条件表达式  ；设置条件
              ⋮           ；如果满足条件执行这些程序
            ENDIF         ；结束条件语句
```

5. 循环语句 WHILE、ENDW

程序格式 1：WHILE 条件表达式　　　；设置循环条件
　　　　　　⋮　　　　　　　　　　；如果满足循环条件，执行这些程序
　　　　ENDW　　　　　　　　　　；返回循环体头部
程序格式 2：WHILE 条件表达式 DO1　；设置循环条件 1
　　　　　　⋮　　　　　　　　　　；如果满足循环条件 1，执行这些程序
　　　　WHILE 条件表达式 DO2　　　；设置循环条件 2
　　　　　　⋮　　　　　　　　　　；如果满足循环条件 2，执行这些程序
　　　　END 2　　　　　　　　　　；返回循环体 2 头部
　　　　　　⋮　　　　　　　　　　；执行程序
　　　　END 1　　　　　　　　　　；返回循环体 1 头部

程序格式 2 的循环嵌套最多为三层。

二、宏指令编程实例

为能在华中数控车床上通过程序控制刀架移动实现钻孔的需要，在 95mm×35mm×28mm 的方铁上焊上一个外锥为莫氏 4 号的锥柄过渡套，现将莫氏锥柄套与方铁间的尺寸关系标注在图样中，如图 6-31 所示。试编写程序在华中系统立式加工中心上作开槽加工。

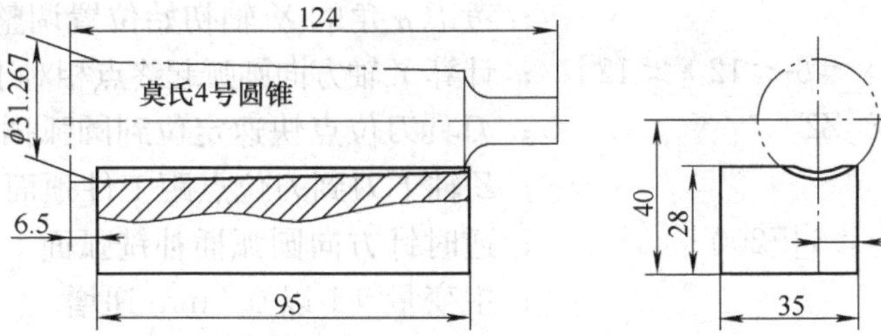

图 6-31　莫氏锥柄套与方铁间的尺寸关系

1. 确定加工方案

方铁外形铣好后，可用平口钳夹紧。工件坐标系设在工件左端面与顶面交线上距侧面 10mm 的圆锥槽处。采用半径为 $r6$ 的球头铣刀在 G19 平面作圆弧插补，单向走刀铣弧面，取 X 轴方向为步进方向从左向右完成整个锥面的铣削。

1）查工具圆锥标准得到莫氏 4 号锥的圆锥角 $2\alpha=2°58'31''$（斜角 α 为其一半）。

2）如图 6-32 所示，根据圆弧插补起终点（刀底）应高出工件顶面 0.2mm 确定＃12。

3）由球刀半径 r（＃2）、莫氏 4 号圆锥基本尺寸（ϕ31.267mm），下刀的 X 轴起点位置（＃1）以及斜角 α 的影响确定铣圆弧半径＃6。

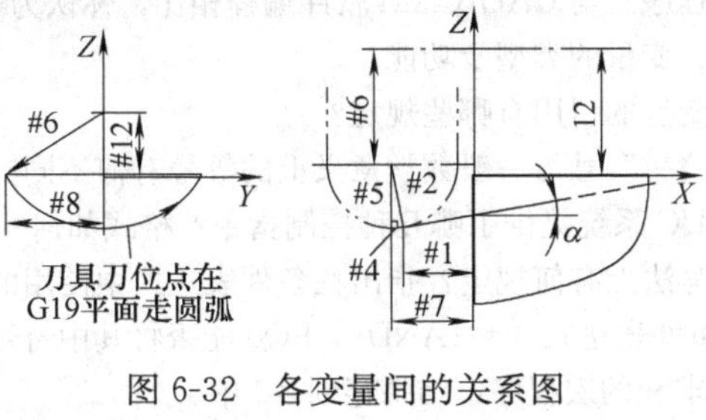

图 6-32　各变量间的关系图

4）由勾股定理计算圆弧插补起终点 Y 轴坐标＃8。

2. 参考程序

```
%0100                                   ；程序号
G0G17G40G49G80G90                       ；初始化
M6T1                                    ；换1号刀
G0G90G54X-10Y0S2000M3                   ；选择G54工件坐标系，刀具定位，主轴正转
G43H1Z20                                ；刀具长度偏置下刀
M8                                      ；切削液开
#1=-6.5                                 ；指定刀具X轴初始位置
#2=6                                    ；指定球刀半径为r6
#12=11.8-#2                             ；计算圆弧插补起终点相对于圆弧中心的垂直距离
#3=TAN[1.4876*PI/180]                   ；计算莫氏圆锥斜角α的正切值
#4=#2*SIN[1.4876*PI/180]                ；计算因斜角α引起的刀心X轴方向的偏移
#5=#2*COS[1.4876*PI/180]                ；计算因斜角α引起的刀心Z轴方向的偏移
WHILE#1LT100                            ；X轴坐标值<100时，循环继续
#6=15.634-#1*#3-#5                      ；计算每一刀走圆弧半径
#7=#1-#4                                ；考虑α角的X轴初始位置调整
#8=SQRT[#6*#6-#12*#12]                  ；计算Y轴方向圆弧起终点相对于圆弧中心的偏移量
G0X[#7]Y[-#8]Z2                         ；刀具刀位点快速定位到圆弧插补起点
G1Z0.2F500                              ；Z轴下刀到刀位点距工件顶面0.2mm处
G19G3Y[#8]R[#6]F200                     ；逆时针方向圆弧插补铣弧面
#1=#1+0.5                               ；主变量#1以0.5mm递增
ENDW                                    ；循环结束
G17G0Z20M5                              ；恢复G17平面指定，快速提刀，主轴停止
M9                                      ；切削液关
M30                                     ；程序结束
```

通过本例可以看出，华中数控系统在用户宏程序的编写格式上与 FANUC 数控系统相对照，确有一些差别，但由于基本指令一般差别不大，若在实习或实训中选择了华中系统，只要注意正确的书写格式，前面介绍的所有宏程序都能在华中系统中进行编程训练。

习题与思考题

6-1 为什么要使用用户宏程序？与 CAD/CAM 软件编程相比，你认为有哪些优势和不足之处？

6-2 指出变量的表示方法、变量的类型及功能。

6-3 什么是变量的引用？变量的引用有哪些规定？

6-4 算术和逻辑运算中的“＝”号与一般数学意义上的等号有何不同？

6-5 何谓控制指令？FANUC 系统提供了哪几种控制指令？格式如何？

6-6 何谓条件表达式？在写法上有何规定？指出在条件表达式中使用的运算符及其含义。

6-7 若＃1 为正整数，用条件表达式［＃1AND1］EQ0 能否将其中奇数与偶数区分开来？为什么？编写一个 1～100 整数中偶数相加求和的宏程序，结果存到＃2 中。

6-8　宏程序的调用方法有哪些？编程员主要应掌握哪种调用方法？

6-9　在变量的直接赋值中＃1＝100与＃1＝100. 是否有区别？为什么？在自变量赋值中，A100与A100. 是否有区别？为什么？

6-10　调用的嵌套与局部变量的级之间有何关系？用＃1＝100和A100. 两种赋值方法赋值有何区别？

6-11　哪些语句称为宏语句？宏语句与NC语句的主要区别是什么？哪些NC语句与宏语句具有相同的属性？

6-12　何谓缓冲？宏语句与NC语句在执行时间上有何差别？如何防止宏语句被提前执行？

6-13　试编写一个对圆形槽进行粗铣加工的宏程序，可以采用直线下刀，实现Z轴分层和XY平面由内而外作环形加工。

6-14　若图3-25所示凸轮曲线为凸轮的外轮廓曲线，该凸轮片的厚度δ＝10mm，试编写一个宏程序，采用刀具半径补偿功能加工该凸轮。

6-15　试结合图6-11所示的切线法切入和切出圆弧的方法，编写一个精铣内圆轮廓的宏程序，根据内圆的大小和余量大小，并可通过变量对孔径和余量进行设置。

6-16　试结合第五章习题5-15所述内槽加工，编写可以实现螺旋线下刀控制和粗铣以及精铣槽的宏程序，并利用该宏程序完成图5-61所示槽的加工。

6-17　试根据内球面三维螺旋加工原理，编写一个采用平底立铣刀进行三维螺旋走刀粗铣内球面的宏程序，假设粗铣前基本孔已钻出。

6-18　如图6-33所示，在R22.5的内球面加工中，已用ϕ20mm钻头完成钻孔加工（区域1），当进一步用ϕ16mm平底立铣刀粗铣内球面时（区域2），试编写一个宏程序可以进行分段控制，初始下刀时采用等层深控制，当等层深将引起残高误差增大时，改用等残高控制。最后，刀底中心到达孔轴线处提刀结束孔的加工。

提示：本例取初始下刀深度为3mm，刀具到达每个层深上做铣圆加工，指定δ_1＝0.5mm，δ_2＝1mm，加工至11刀时刀具到达孔中心。编制的程序在斯沃数控仿真软件进行切削验证，其验证结果如图6-34所示。在编程时进行如下设置或计算：计算粗铣最大允许球面半径；计算粗铣最小允许球面半径；根据最大允许球面半径和初定下刀深度计算切刃回转半径；计算根据该切刃回转半径下切削引起的最大残高点的球面半径；用该球面半径与粗铣最小允许球面半径进行比较，据此可由等Z下刀变换到等残高下刀，在等残高下刀阶段需判断指定下刀深度的切刃回转半径是否小于等于刀具半径，以结束等残高下刀，并令刀具到达孔轴线计算的Z深，之后可让刀具快速提刀。

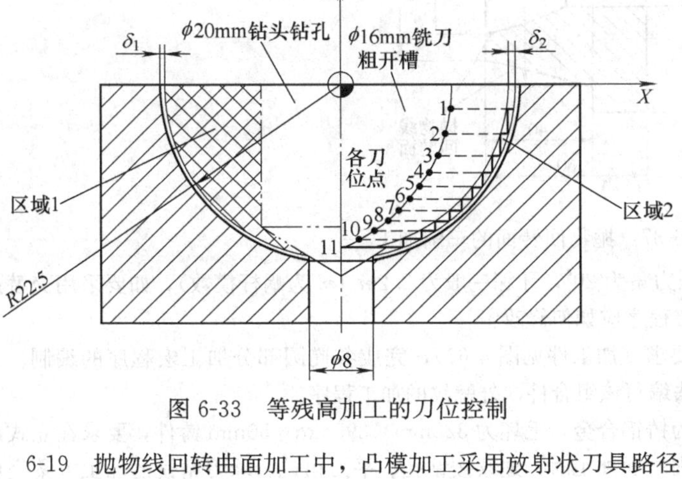

图6-33　等残高加工的刀位控制

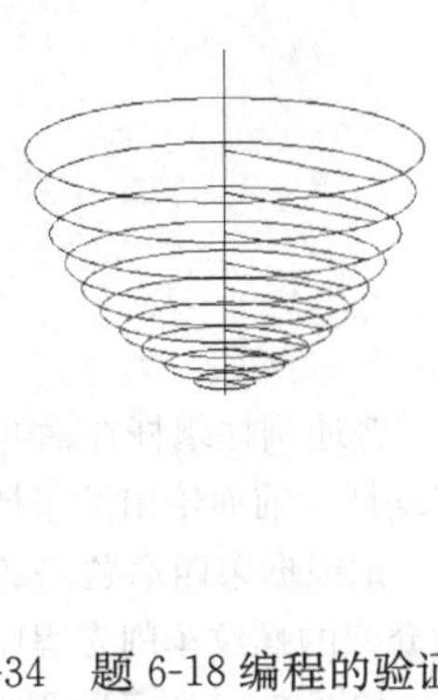
图6-34　题6-18编程的验证结果

6-19　抛物线回转曲面加工中，凸模加工采用放射状刀具路径有何优点？凹模加工采用等残高误差控制有何优点？

6-20　如图 6-35 所示，当椭圆以参数方程表示时，若 $a=50\text{mm}$，$b=30\text{mm}$，从 $\varphi=0°$ 开始铣椭圆曲线，当刀具加工到 $\beta=135°$ 时，φ 角应为多少？

6-21　如图 6-36 所示，找出椭圆曲线的切线和法线对 X 轴的夹角 α 及 α' 与参变量 φ 的函数关系，编写由刀具中心控制的椭圆外轮廓加工和内轮廓加工的宏程序。

提示：由于 $\varphi=0°$ 和 $\varphi=180°$ 时的曲线切线与 X 轴垂直，其正切值为无穷大，计算时应避开这两点位置。

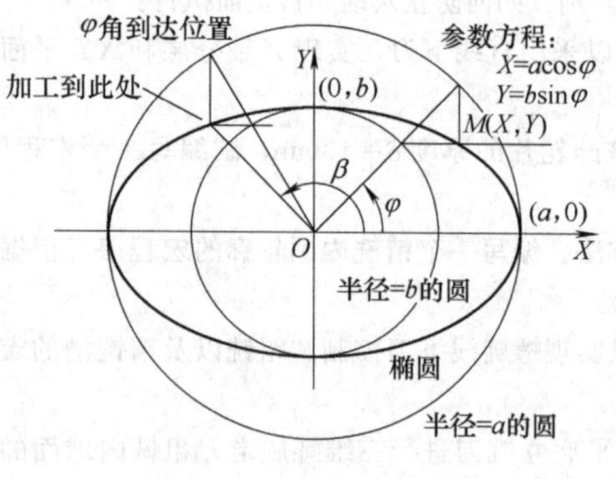

图 6-35　椭圆以参数方程表示

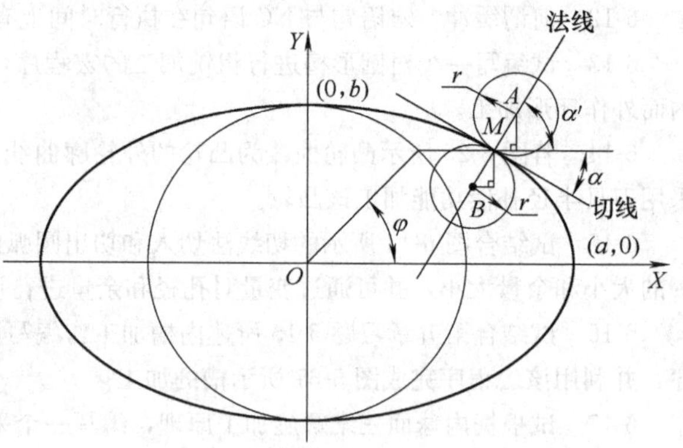

图 6-36　刀具中心坐标的计算

6-22　设图 6-24 中 $\phi D=\phi 35\text{mm}$，$\phi E=\phi 60\text{mm}$，$A=30\text{mm}$，$B=20\text{mm}$，$I=12\text{mm}$，$K=55\text{mm}$，编写宏程序实现 $\phi 35\text{mm}$ 圆柱面和椭圆回转面的加工，在加工中用圆弧段逼近代替直线段逼近加工椭圆面。

提示：允许用计算点的曲率半径近似表示运动段的椭圆曲线。

6-23　如图 6-37 所示零件的毛坯为 $\phi 100\text{mm}\times 60\text{mm}$ 棒料，$\phi 20\text{mm}$ 内孔已车好。试编程完成内外抛物线回转曲面的车削加工。

提示：内轮廓抛物线 $Z=(X^2-400)/10$；外轮廓抛物线 $Z=(900-X^2)/17.5$。

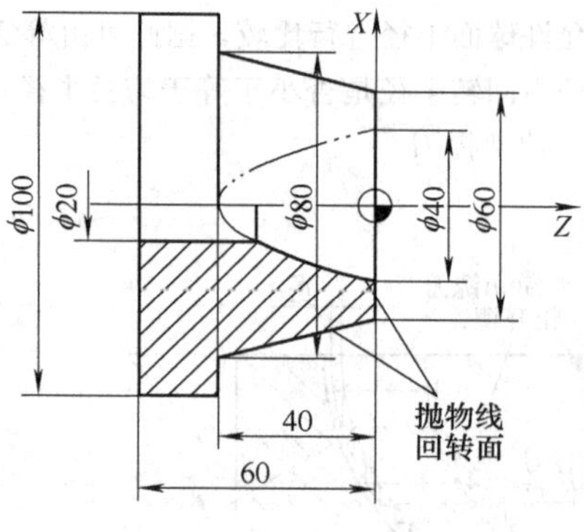

图 6-37　抛物回转面的车削加工

6-24　普通圆柱蜗杆在轴剖面内的压力角为 20°，牙深一般为 $2.2m$（m 为蜗杆模数），如要采用交替进刀方式车蜗杆，前面给出的车梯形螺纹宏程序应如何修改？

6-25　试根据第四章题 4-29 的编程要求（加工件见图 4-60），完成各椭圆部分加工宏程序的编制。并依照本章介绍的螺纹车削宏程序编程方法编写该组合件内外螺纹的加工程序。

6-26　如图 6-38 所示的零件，材料为铸铝合金，毛坯为 320mm×295mm×50mm 铸件，要求在立式加工中心上完成全部加工内容。对 $R22.5$ 内球面加工时，建议按钻孔、平刀粗铣、球刀精铣的加工方案完成加工。试根据加工要求制定加工工艺方案，选择刀具并确定切削用量，编写数控加工程序。

提示：对六边形内、外轮廓的加工及 $R22.5$ 内球面的加工，应充分运用本章宏程序编程的基本编程方法。

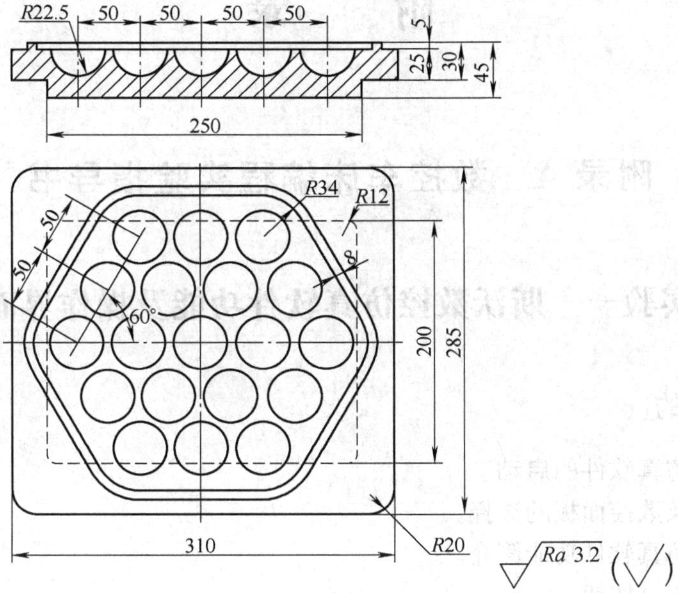

图 6-38　题 6-26 图

附　　录

附录 A　数控车床编程实验指导书

实验一　斯沃数控仿真软件功能及操作界面

一、实验目的

1）斯沃数控仿真软件的启动。
2）数控系统及数控面板的选择。
3）斯沃数控仿真软件功能简介。
4）熟悉常用工具按钮。
5）熟悉菜单命令。

二、操作指导

1. 斯沃数控仿真软件的启动

单击“开始”按钮，指向“所有程序”，再指向“斯沃数控仿真软件 6.2”文件夹，单击“斯沃数控仿真软件 6.2 版”，屏幕上将弹出“斯沃数控”对话框，如图 A-1 所示。选择 FANUC 0iT 数控系统之后单击“运行”按钮，进入 FANUC 0iT 系统工作界面。

图 A-1 “斯沃数控”对话框

2. 选择控制面板

如图 A-2 所示，单击工作窗口右下角的下拉箭头，从生产厂商中选择“大连机床厂 FANUC 0i MATE-TC”。单击“系统启动”按钮，再单击“急停”按钮，单击左侧工具栏中的“参数设置”命令，完成若干机床参数的设置后，即完成了机床初始化的所有工作。

3. 斯沃数控仿真软件功能简介

斯沃数控仿真软件是南京斯沃软件技术有限公司开发的包括 14 大类，51 个系统和 90 个控制面板的多功能仿真操作软件。有关详细内容，可从“帮助”下拉菜单中选择“帮助文档”，将获得有关“斯沃数控仿真软件”及不同数控系统及控制面板的详细介绍。

4. 菜单命令与常用工具按钮

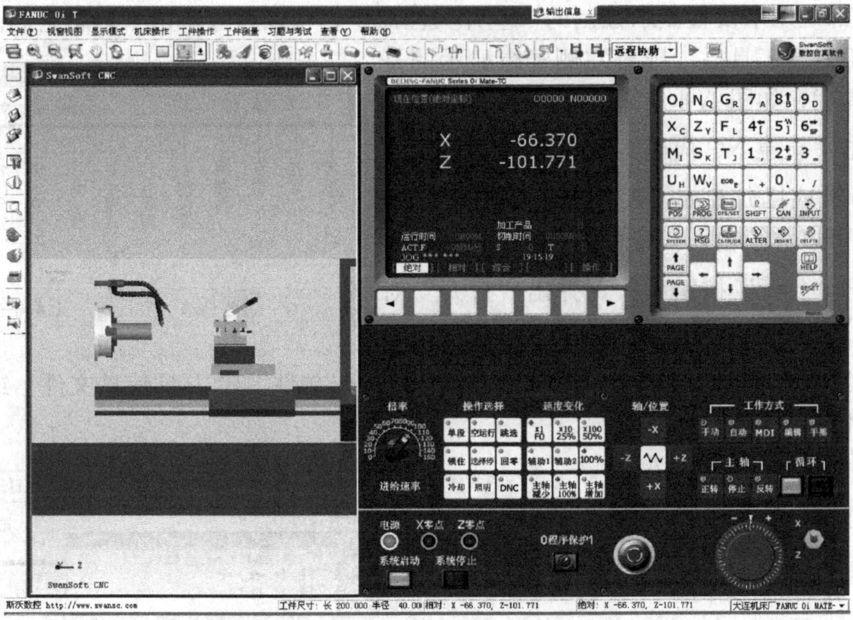

图 A-2 “大连机床厂 FANUC 0i MATE-TC”工作窗口界面

主菜单包括“文件”、“视窗视图”、“显示模式”、“机床操作”、“工件操作”、“工件测量”等，光标箭头指向菜单命令后单击，即弹出主菜单的下拉菜单。所有菜单命令都提供了工具图标按钮，因此命令操作也可以通过单击图标按钮完成。

（1）“标准”工具栏　菜单栏下面一行显示的是“标准”工具栏，如图 A-3 所示；

图 A-3 “标准”工具栏

1）“窗口切换”按钮，可以使工作窗口以 3 种不同的显示方式依次切换；

2）“整体放大”按钮，使机床显示按一定比例放大；“整体缩小”按钮，使机床显示按一定比例缩小；单击“缩放”按钮后，该按钮被按下，鼠标箭头移到机床显示的任意位置再按下鼠标左键不放，向上移动则机床显示放大，向下移动则缩小；单击“平移”按钮，可对机床显示进行平移；单击“旋转”按钮，可对机床显示进行动态旋转。

3）“切换视图”按钮通过其右部的下拉箭头，选择以固定的 Y-Z 平面、X-Z 平面或 Y-X 平面显示机床与工件。

4）其余按钮中除“加工测量”按钮与“考试与帮助”按钮将会进一步弹出下

拉菜单外，都是用来设置显示控制的一些开关性命令，可以通过单击来熟悉它们。

（2）“工具”工具栏　屏幕左侧竖行显示的是“工具”工具栏，如图 A-4 所示。

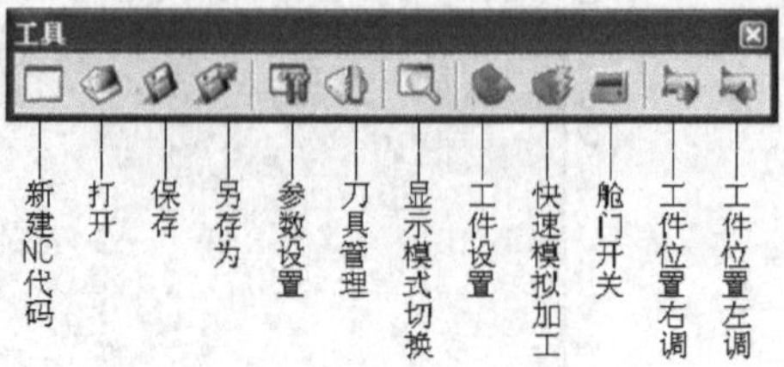

图 A-4　“工具”工具栏

1）单击“新建 NC 代码”按钮  ，显示屏内正在被编辑或已加载的 NC 代码立即被存储，清除屏幕后可以继续输入新程序。

2）单击“打开”按钮  ，弹出“打开”对话框，默认的文件类型为工程文件（.pj），也可通过“文件类型”下拉列表选择“工程文件”、“NC 代码文件”、“刀具信息文件”或“工件信息文件”，如图 A-5 所示。

NC 代码文件的文件类型可以是 .cnc 文件、.nc 文件或 .txt 文件。因此，可以用 Windows 的记事本功能或用 Word 文档事先编辑好文件并保存为 .txt 格式，然后在数控系统工作界面的编辑方式下输入文件名（注意与要传输的文件名相同，如“O0100”且该文件名在数控系统的存储器中不存在），之后即可从“打开”对话框中选择该程序，单击“打开”按钮，程序即可被读入。当然对 Mastercam 软件生成的 .nc 文件，也可直接读入。

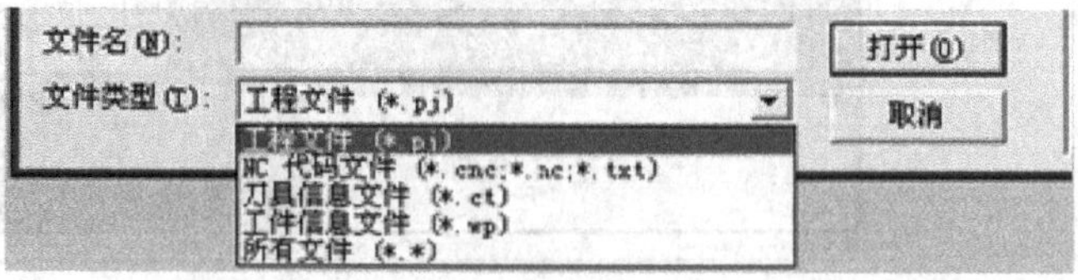

图 A-5　文件类型的下拉列表

3）单击“保存”按钮  ，弹出的下拉菜单中包括“保存工程”、“保存视窗”和“生成报告文件”三个子菜单。选择“保存工程”命令，可以选择保存“刀具信息文件”和（或）“工件信息文件”；选择“保存视窗”命令，弹出“另存为”对话框，保存类型为 .jpg 文件；选择“生成报告文件”命令，弹出“另存为”对话框，保存类型为报告文件（.htm 文件）。

4）单击“另存为”按钮  ，弹出“保存文件选择”对话框，包括“刀具信息文件”（.ct 文件）、“工件信息文件”（.wp 文件）、“NC 代码文件”（.cnc 文件或 .nc 文件）和“工程文件”（.pj 文件）。

5）单击“参数设置”按钮  ，包括“机床参数”和“显示颜色”两个子命令。

“机床参数”对话框如图 A-6 所示，它包括“机床操作”、“编程”、“环境变量”和“速度控制”4 个选项标签。数控编程前有必要打开前两个选项卡设置一下。

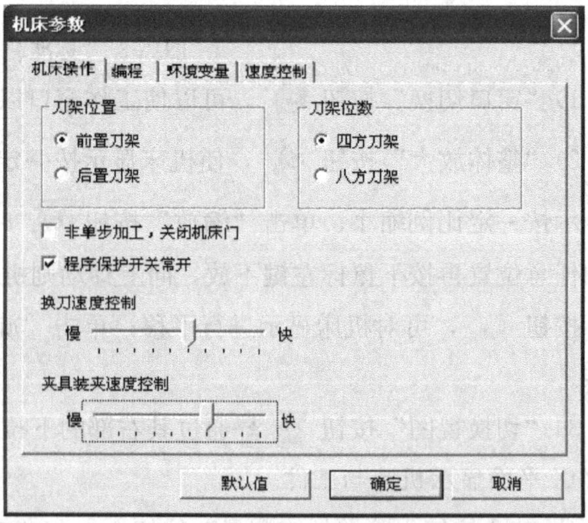

图 A-6　“机床参数”对话框

如利用“机床操作”选项卡设置“刀架位置”为“前置刀架”，“刀架位数”为“四方刀架”或者是“刀架位置”为“后置刀架”，“刀架位数”为“八方刀架”将更符合实际机床的配置情况；取消“非单步加工，关闭机床门”复选框的选中状态，可避免仿真加工时看不清工件；选中“程序保护开关常开”复选框，可避免程序不能编辑的情况出现。

在“编程”选项卡中，为便于教学，建议按图 A-7 所示，对“脉冲混合编程”一栏进行设置，即不选中“脉冲混合编程”复选框。

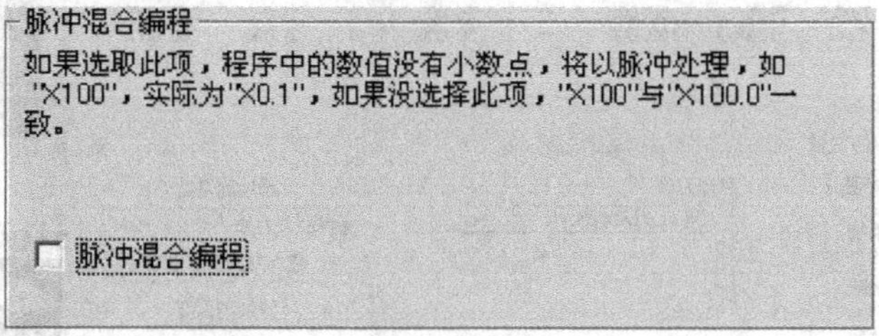

图 A-7 “编程”选项卡的设置

“显示颜色”对话框如图 A-8 所示。利用此对话框可以设置不同刀具的刀具轨迹颜色和不同刀具加工后的表面显示颜色。选中“刀具加工轨迹 G00 快速移动虚线显示”复选框，刀具快速移动的轨迹以虚线显示。

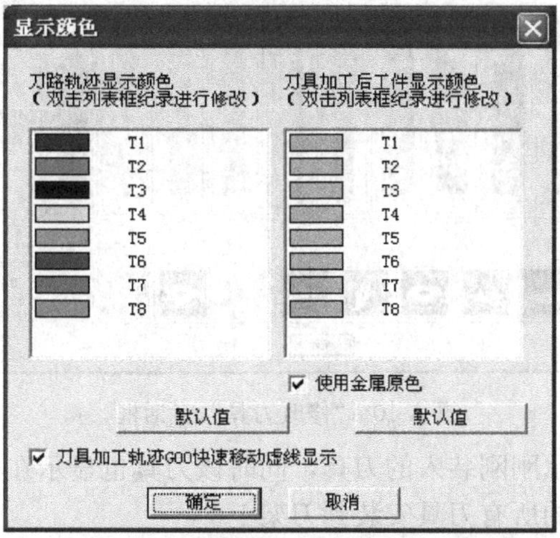

图 A-8 “显示颜色”对话框

6）单击“刀具管理”按钮，弹出的“刀具库管理”对话框如图 A-9 所示。利用此对话框，可对刀具库进行管理，包括“添加”、“删除”、“修改”和“保存”等刀具库管理按钮。还可将刀具库刀具添加到刀架。利用“选择放入刀架”选项栏，可将选中刀号的刀具转到加工位，还可将已装到刀架上的刀具从刀架上移除。

选择刀具时，一般可先从“刀具数据库”窗口中选中一把刀具（选中的刀具该行成为蓝色显示），对话框右侧将显示该刀具的外形以及该刀具使用的刀片类型，单击“刀具库管理”对话框中的“修改”按钮，弹出“修改刀具”对话框，如图 A-10 所示。利用该对话框可以重新设置“刀片类型”及修改“刀片参数”，修改“刀体参数”如“刀杆长度”及“刀杆宽度”等，完成后单击“确定”按钮，返回到“刀具库管理”对话框。

单击“添加到刀盘”按钮，在弹出的下拉列表中选择该刀具应装入的刀位号，此时即可

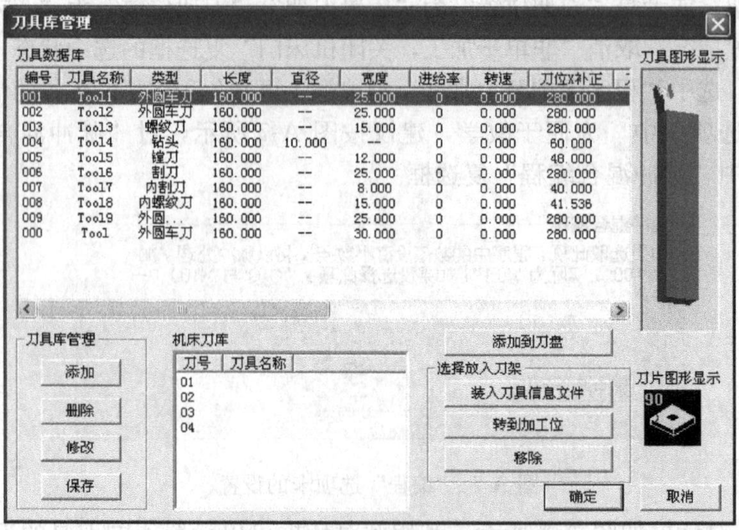

图 A-9 “刀具库管理”对话框

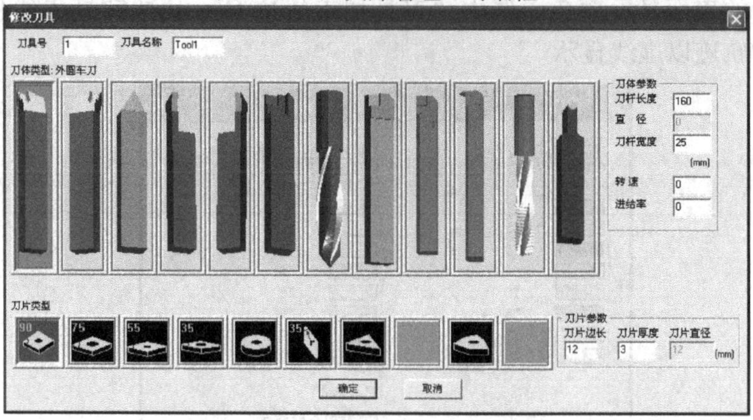

图 A-10 “修改刀具”对话框

在“机床刀库”选项中显示刚刚装入的刀具，同时该刀具也显示在机床刀架上。重复以上操作，即可将零件加工所需的所有刀具安装到刀架上。

此外，若单击“保存”按钮，则编辑后的刀具库被保存，下次打开时按新的刀具列表显示；在“选择放入刀架”选项中，单击“装入刀具信息文件”，可通过弹出的“打开”对话框，打开已存在的刀具信息文件（.ct 文件）；单击“转到加工位”按钮，可将选中的刀具（先在“机床刀库”下拉列表中选中一把刀具）转到加工位（一般用于对刀操作）；单击“移除”按钮，可将选中的刀具从“机床刀库”列表中和刀架上移除。

7）“显示模式切换”按钮 是一个开关命令，可以切换为只显示工件与刀具轨迹。

8）单击“工件设置”按钮 ，显示“设置毛坯”、“工件掉头”、“冷却液调整”和“快速定位”4 个子命令。

• 单击“设置毛坯”命令，弹出如图 A-11 所示的“设置毛坯”对话框。可以选择工件毛坯的类型为棒料或管料；定义工件直径与工件长度；选择工件的材料与夹具的类型。若选中“尾架”复选框，则加工时可以使用尾架，此时还需设置尾架半径；若选中“更换工件”

复选框，则单击“确定”按钮后，卡盘上夹紧的工件被更换。

• 单击“工件掉头”命令，卡盘自动松开，工件掉头后再自动夹紧。

• 单击“冷却液调整”命令，弹出“冷却液软管调整”对话框，可以通过按钮调整软管的轴向或径向位置。

• 单击“快速定位”命令，弹出如图 A-12 所示的“快速定位”对话框。当刀架上安装完刀具后，利用此命令，可以将刀具的刀尖快速定位到工件右端面中心或直径边沿，由单击单选按钮决定，从而可以实现快速对刀。

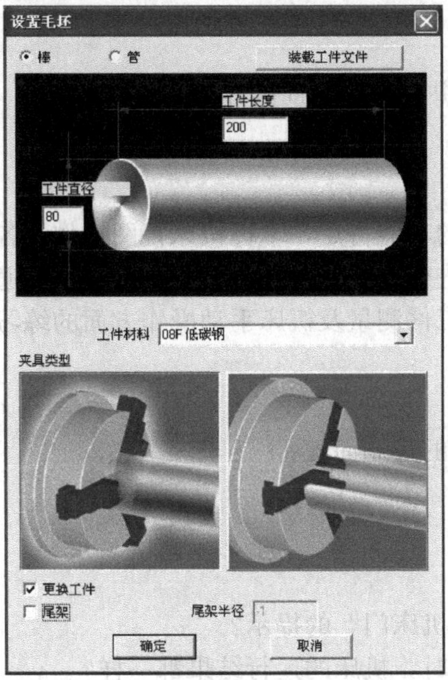

图 A-11 “设置毛坯”对话框

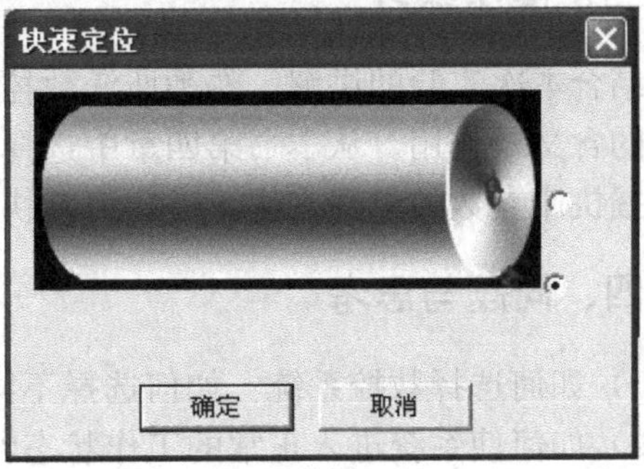

图 A-12 “快速定位”对话框

9）在自动方式下，单击“快速模拟加工”按钮 ，可直接得到加工结果。

10）单击“舱门开关”按钮 ，舱门关闭或打开。

11）单击“工件位置右调”按钮  或“工件位置左调”按钮 ，可对安装在主轴上的工件进行轴向位置的步进式调整，每单击一次命令，移动一个步进量。

（3）“测量”工具栏　单击“工件测量”命令，从弹出的下拉菜单中选择“特征点”、“特征线”、“距离测量”或“粗糙度分布”命令，或者在“标准”工具栏中单击“加工测量”按钮 ，从弹出的下拉菜单中选择“工件测量”命令，都将使工作窗口的显示发生变化，“标准”工具栏自动切换为“测量”工具栏，“测量”工具栏及图标按钮的含义如图 A-13 所示。

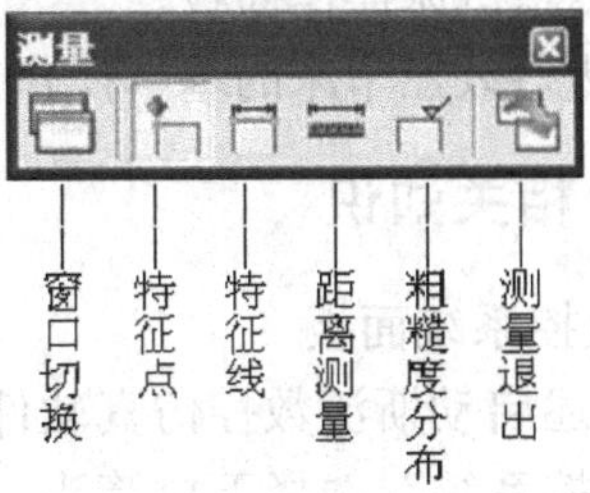

图 A-13 “测量”工具栏及图标按钮的含义

• 单击“窗口切换”按钮 ，可以全屏显示工件测量界面。

• 单击“特征点”按钮，用鼠标光标捕捉一个特征点，立即显示该点的 Z 值与 D 值。

• 单击“特征线”按钮，并选中“测量定位”对话框中的“显示所有尺寸”复选框，自动显示零件测量的所有尺寸。

• 单击“测量距离”按钮，在工件上分别捕捉两个特征点，可显示两个特征点之间的距离。

• 单击“粗糙度分布”按钮，系统以颜色的变化来显示基于刀具参数的表示粗糙度数值。

• 单击“测量退出”按钮，退出测量操作并恢复到之前的界面。

三、操作练习

结合本次实验的讲解，熟悉斯沃数控仿真软件的功能特点，掌握机床视图操作及各功能按钮的含义及作用。从本书第四章中选择零件图，进行工件安装、刀具安装的练习。通过实例掌握机床参数的设置方法，进行刀具快速定位、工件测量及机床手动操作方面的练习。

四、问题与思考

1）如何选择数控系统？如何选择不同生产厂商的控制面板？
2）如何使系统进入正常的工作状态？
3）如何选择刀架位置和刀架位数？
4）如何使程序保护开关处于常开的状态？
5）如何避免在启动程序加工时，出现“请关上机床门”的提示？
6）如何使整数尺寸的输入有小数点和无小数点时，机床的运行结果都一样？
7）单击“显示坐标”、“显示冷却液”等图标按钮后，机床界面的显示有何变化？
8）如何进行车削零件的几何尺寸及表面粗糙度的测量？

实验二　数控车床的基本操作

一、实验目的

1）熟悉数控系统面板。
2）熟悉机床操作面板。
3）熟悉数控车床的基本操作。

二、相关知识

1. 数控系统面板

按前述启动斯沃数控仿真软件时，首先弹出如图 A-1 所示的“斯沃数控”启动对话框。单击“数控系统”选择下拉箭头，软件可提供多达 53 个数控系统供用户选择。一般在车削系统的末尾标有“T”字母，铣削系统的末尾标有“M”字母。本书以 FANUC 0i 数控系统为例安排实验，所有数控车床编程均选择 FANUC 0iT 数控系统，所有数控铣床与加工中心编程均选择 FANUC 0iM 数控系统。

从图 A-2 所显示的工作窗口界面可知，工作窗口左侧显示的是虚拟机床部分；右上部显示的是数控系统面板部分；右下部显示的是机床操作面板部分。三个部分合在一起就构成了一台数控机床。在数控仿真软件中进行操作，就如同操作一台真实的数控机床一样，操作信号可以在各个窗口之间传递，最大程度地模拟了实际工作过程。以 FANUC 0iT 数控系统为例，其数控系统面板如图 A-14 所示，左边是数控系统显示屏和软键键盘；右边是 MDI 键盘。

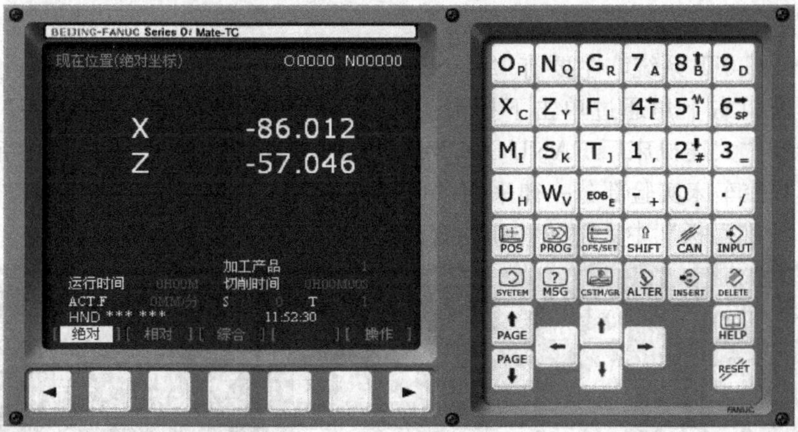

图 A-14　FANUC 0iT 数控系统面板

显示屏主要用于显示加工程序、机床坐标值、主轴转速、进给速度、刀具偏置和刀尖半径补偿以及工件坐标系偏置等数据。

MDI 键盘由数字键和功能键组成，其含义见表 A-1。

表 A-1　MDI 键盘各键的含义

键		名　称	功 能 说 明
		地址和数字键	用于输入字母、数字和其他字符
SHIFT		上档键	用于切换“数字/字母”键输入的字符
POS	功能键	位置键	与软键盘中的［绝对］、［相对］和［综合］键配合使用，以显示绝对坐标、相对坐标或综合坐标以及剩余移动量
PROG	功能键	程序键	在编辑方式，编辑和显示系统中的程序；在 MDI 方式，输入和显示 MDI 数据
OFS/SET	功能键	偏置/设置键	刀具偏置、工件坐标系偏置数据设置以及“SETING”页面的设置
SYSTEM	功能键	系统参数键	显示系统参数设置页面的信息
MSG	功能键	信息键	显示系统错误信息
CSTM/GR	功能键	辅助图形	图形显示功能，用于显示加工轨迹
EOB	编辑键	回车换行键	结束一行程序的输入并换行，键上的 EOB 字符表示程序段结束
CAN	编辑键	取消键	以字符为单位，删除输入域内的最后一个字符
ALTER	编辑键	替换键	用输入域内的数据代替光标所在位置的数据
INSTER	编辑键	插入键	将输入域内的数据插入到当前光标之后的位置
DELETE	编辑键	删除键	删除光标所在位置的数据，或删除一个或全部数控程序

（续）

键	名　称	功 能 说 明
INPUT	输入键	将输入域内的数据输入参数页面，如偏置参数输入
PAGE	翻页键	使显示的页面向上翻页或向下翻页
CURSOR	光标移动键	使当前光标向上、向下、向左、向右移动
HELP	帮助键	获得帮助信息
RESET	复位键	可在中途退出操作，使 CNC 复位至初始状态或解除报警等

2. 机床操作面板

对于 FANUC 0iT 系统，主要有“FANUC 0iT 标准面板”和各厂商自行设计的操作面板。可在工作窗口右下角通过单击下拉箭头选择。“FANUC 0iT 标准面板”的显示如图 A-15所示。选择“大连机床厂 FANUC 0i MATE-TC”面板的显示如图 A-16 所示。为便于学习，本书在数控车床实验部分一律采用“大连机床厂 FANUC 0i MATE-TC”面板，而对“FANUC 0iT 标准面板”中大部分按钮的含义将在后面作简要介绍。

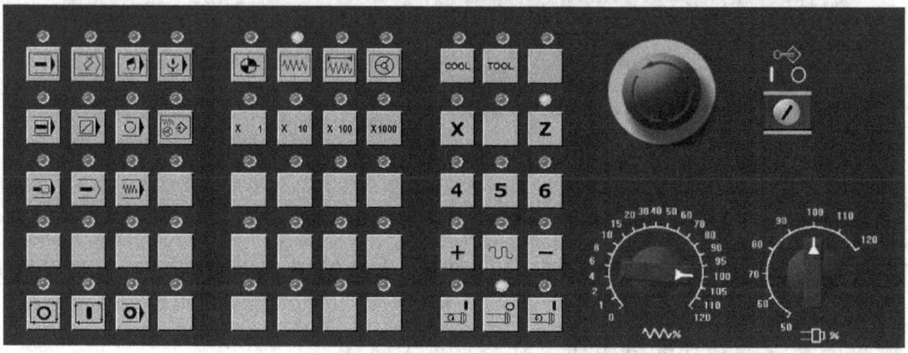

图 A-15　选择“FANUC 0iT 标准面板”的显示

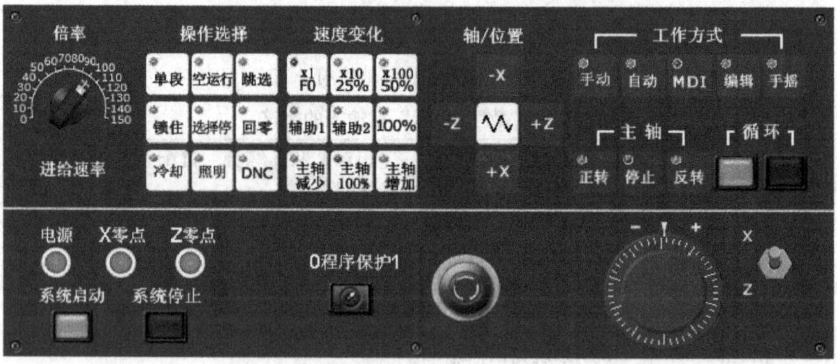

图 A-16　选择“大连机床厂 FANUC 0i MATE-TC”面板

（1）系统的启动与停止　如图 A-16 所示，单击“系统启动”按钮启动系统，其作用是打开 NC 电源，此时，电源指示灯亮，显示屏显示初始画面；单击“系统停止”按钮关闭系统，电源指示灯灭。

（2）工作方式选择开关　系统提供了“手动”、“自动”、“MDI”、“编辑”和“手摇”5

种工作方式。在软件中单击某按钮，则该按钮指示灯亮（红色），表示该按钮“开”。

- 单击“手动”按钮 ，在此方式下，可执行手动操作，如移动刀架；
- 单击“自动”按钮 ，可执行程序自动加工；
- 单击“MDI”按钮 ，可输入指令并立即执行；
- 单击“编辑”按钮 ，可读入程序或编辑程序；
- 单击“手摇”按钮 ，可以执行手摇轮操作。

（3）操作选择　共有 9 个开关性质的按钮，指示灯亮时表示该功能有效，执行该按钮所指示的功能；指示灯灭时表示该功能无效，即不执行该项功能。

1）“单段”按钮 指示灯亮，每按一次“循环启动”按钮 ，机床只执行一个程序段的内容。

2）“空运行”按钮 指示灯亮，运行程序中的 F 代码无效，机床按参数设置的进给量执行，一般用于调试程序，不能用于切削加工。

3）“跳选”按钮 指示灯亮，程序中带有“/”字符的程序段不执行，自动跳到下面无“/”字符的程序段继续执行。

4）“锁住”按钮 指示灯亮，程序在执行时刀架不能移动，但显示和其他动作照常进行。

5）“选择停”按钮 指示灯亮，程序执行在遇到 M01 指令时停止，就如同执行 M00 指令一样，可以按“循环启动”按钮 再启动，程序继续执行。

6）“回零”按钮 指示灯亮，在“手动”方式下，分别按 +X 、+Z 按钮，执行 $+X$ 方向或 $+Z$ 方向机床回零，完成回零后应再次单击“回零”按钮，及时退出回零状态。

7）“冷却”按钮 用于手动打开或关闭冷却液（切削液）。

8）“照明”按钮 用于打开或关闭照明。

9）“DNC”按钮 用于 DNC 程序传输。

（4）速度变化

1）利用按钮 x1 F0、x10 25%、x100 50% 可选择手摇轮每格进给量或快速移动（G00）的百分比倍率。

2）按钮 100% 指示灯亮，表示按 100%的比率执行快速移动。

3）按钮 主轴100% 指示灯亮，表示执行程序中由 S 指令所指定的主轴转速。

4）每按一次 （主轴减少）或 （主轴增加）按钮，主轴转速按 10%的比率减少或增加。

（5）轴/位置　按住轴移动按钮执行手动连续进给，又称为点动功能。即首先将工作方式设置为“手动”方式，然后，按住 -X 按钮不放，刀架沿－X 方向移动；按住 +X 按钮不放，刀架沿＋X 方向移动；按住 -Z 按钮不放，刀架沿－Z 方向移动；按住 +Z 按钮不放，刀架沿＋Z 方向移动；若同时按住按钮（单击该按钮显示为后），选择的轴将执行快速移动。

（6）主轴　在“手动”方式或“手摇”方式下，按 正转（正转）按钮，主轴正转；按 停止（停止）按钮，主轴停止；按 反转（反转）按钮，主轴反转。

（7）循环　在“自动”或“MDI”方式下，按“循环启动”按钮，程序开始执行；在程序执行期间，可以按“进给保持”按钮，使进给停止，但此时主轴照常转动。在进给停止的状态下，可以转换为“手动”方式并执行手动操作，也可以再按“循环启动”按钮，使程序继续执行。

（8）倍率/进给速率　在机床操作面板上，用一个波段开关，可以完成倍率或进给速率的修调。如图 A-16 所示，倍率是用来调整程序中 F 所规定的进给速度，可在 0%～150%的区间内按 10%的比率变化；进给速率是用于调整手动进给时的进给速度。

（9）程序保护　为了保护程序不被任意修改，机床操作面板上都设有一个钥匙开关。如图中所示，转至位置“0”时，程序被保护；转至位置“1”时，可对存储的程序进行编辑。

（10）“急停”按钮　在机床的操作面板上，都有一个红色蘑菇形的按钮，以便在紧急状态下按下此按钮，使机床的运动立即停止。由于操作上的习惯，一般在机床关机之前，要先检查“急停”按钮是否压下，在“急停”按钮压下的条件下再关闭电源。因此，在仿真软件中也设计成每次系统启动（单击“系统启动”按钮）后，再单击“急停”按钮（实际操作为逆时针旋转松开），解除急停状态，否则便不能进行任何操作。

（11）手摇脉冲发生器与轴选择　在“手摇”方式下，用轴选择开关选择 X 轴或 Z 轴，将鼠标指针移至手摇轮处，鼠标指针变成一只手的形状，按下鼠标左键并拖动旋转，手摇轮转动，刀架移动。每摇一格可使刀架移动 0.001mm、0.01mm 或 0.1mm，取决于 x1 F0、x10 25%、x100 50% 按钮哪一个被按下（指示灯亮）。由于数控车床在 X 轴方向以直径值变化表示位移量，因此，显示值是实际位移量的两倍。

3. 数控车床的基本操作

无论数控车床采用何种数控系统，其基本操作过程都是大同小异的。对于机床操作人员而言，应当熟练掌握的基本操作主要包括：

（1）零件加工之前的准备工作　如接通机床电源；启动系统；检查“急停”按钮的状态；检查刀架位置，必要时要退离机床参考点适当的位置；机床回零；编辑或输入程序；安装工件；安装刀具；利用对刀操作确定工件原点位置并进行工件坐标系偏置值的输入；确定每把刀具的刀具偏置值、刀尖半径及刀尖方位并进行刀具补偿值的输入。

（2）程序调试与零件试加工　此时，可以利用机床操作面板上一些操作选择按钮，如“锁住”按钮

、“空运行”按钮

、“单段”按钮

。在仿真软件中，可以利用“显示坐标”功能，确认工件坐标系的设置是否正确；利用“显示刀轨”功能，确认所编辑程序的刀具运动轨迹是否合理；在零件加工过程中，还可以自动侦测切削是否超出刀具有效切刃范围以及刀具与夹具是否存在干涉等。在完成零件的加工后，仿真软件所提供的“加工测量”以及“刀路测量（调试）”功能，还可以帮助操作者快速完成零件的测量与程序的调试工作。由于软件中提供了“显示刀轨”以及“刀路测量（调试）”功能，使得程序中的刀具运动指令与刀具轨迹（进给路线）可以一一对应，直观地显示在加工区域，使初学者对运动指令的执行结果有更为深刻的理解，大大提升了学习数控编程的实际效果。在这部分主要应当掌握的内容包括：如何启动程序；如何正确调试程序；当加工过程出现异常时如何进行正确处置；一个中断的程序如何退出自动加工状态以及如何继续加工等。

（3）加工结束后的工作　在实际的机床加工完毕后，必须清除切屑和切削液，用棉纱擦干净床面并加上机油，调整刀架至适当的位置后，按下“急停”按钮并关闭 NC 电源及总电源。在仿真软件中，则可以通过“文件”/“保存”命令，来选择“保存工程”、“保存视窗”或“保存报告文件”。当选择“保存报告文件”时，可以将报告文件以 . htm 格式存储，并利用打开的数控报告，立即得到“工件信息”、“数控 NC 代码”、以图片显示的“加工视窗”、机床操作的“输出信息”以及本次操作的成绩评定结果。由于在数控报告中，详细记录了学员的每一个操作细节，并指出在哪些步骤上有操作错误，学员可利用这个环节及时发现学习中尚存在的不足之处。

三、操作指导

以下结合“大连机床厂 FANUC 0i MATE-TC”控制面板，对数控车床的基本操作内容给出详细的操作步骤指导，学员可按此进行操作训练。

1. 机床回零

1）单击

（手动）→单击

（回零）→单击

（+X）→确认

（X 零点）指示灯亮→单击

（+Z）→确认

（Z 零点）指示灯亮。

说明：只有通过机床回零（返回参考点）操作，才能在机床上建立一个基本坐标系，也叫机床坐标系，此后刀具的运动就以机床坐标系为基准。机床回零操作完成后，应观察一下显示屏内当前坐标的显示，其 X、Z 轴方向均应为“0. 000”。另外，应通过“显示坐标”命令，使坐标系显示在机床工作区，观察一下坐标轴的方向及坐标原点目前位于何处。此时的刀架基准点（刀架上的一个固定点）应与机床坐标系原点重合。此外，机床回零前应检查一下刀架到机床参考点的距离。距离过小时，应先手动反向移动一段距离后，再执行机床回零的操作，这段距离是机床在回零时执行减速动作并停止所必须的。

2）再次单击

（回零），使回零按钮灯灭，取消机床回零操作状态。

说明：多数机床操作面板的设计是将“回零”作为一种工作方式，回零操作完成后，选择任何其他的工作方式，都将自动取消机床回零状态。

2. 移动刀架

1）用手动连续进给方式移动。单击 手动（手动）→调整手动进给速率→按住将要移动的轴按钮 +X、+Z、-X、-Z，刀架按指定的方向连续移动→松开后运动停止。

2）用手摇脉冲发生器方式移动。单击 手摇（手摇）→用 选择 X 轴或 Z 轴→用 x1 F0、x10 25%、x100 50% 设置每格移动量→转动手摇轮，顺时针方向坐标值增加，逆时针方向坐标值减小。

说明：转动手轮时，要一边转一边观察坐标值的变化。先按每格 0.001mm 调整千分位，再调整百分位，最后调整十分位和整数位。一般应与手动连续进给方式配合使用，用于距离较短时坐标位置的精确调整。在实际的机床上，手轮转动不可过快。

3. 开、关主轴

在“手动”或“手摇”工作方式下，直接单击 正转（主轴正转）、反转（主轴反转）或 停止（主轴停止）按钮即可。

4. 手动刀架转位

参考实验一关于“刀具管理”命令的讨论，以使用四方刀架为例（可由参数设置）→以“俯视”图显示机床→放大显示刀架→按下“显示刀位号”按钮 →单击“刀具管理”按钮 将弹出“刀具库管理”对话框，参照图 A-9→在“机床刀库”中选择一个刀号（如 04）→单击“转到加工位”按钮，刀架立即转位→单击 确定 按钮，关闭对话框。

说明：也可以在 MDI 方式下，输入刀具指令并立即运行，见后述内容。此外，在“FANUC 0iT 标准面板”上，有一个手动刀架转位按钮 TOOL 可用于手动刀架转位。

5. 选择一个数控程序

（1）从目录中查找　单击 编辑（编辑）→单击 PROG（PROG 键）→单击［DIR］软键→观察显示屏显示的程序号，用数字/字母键输入一个已存在的程序号（如 O1）→单击 （向下移动光标键）→显示屏显示“O0001”程序。

（2）直接输入已存储的程序号　单击 编辑（编辑）或 自动（自动）→单击 PROG（PROG 键）→用数字/字母键输入程序号（如 O2）→单击 （向下移动光标键）→显示屏显示“O0002”程序。

（3）用［O 检索］软键查找　单击 编辑（编辑）或 自动（自动）→单击 PROG（PROG 键）→用数字/字母键输入一个程序号（如 O3）→单击［操作］软键→单击［O 检索］软键→显示屏显示“O0003”程序。若程序不存在，将给出提示，单击“确定”后可继续检索。

6. 删除一个数控程序

单击 编辑（编辑）→单击 PROG（PROG 键）→单击［DIR］软键→观察显示屏显示的程

序号，用数字/字母键输入一个程序号（如 O4）→单击 （DELETE 键）→程序“O0004”被删除。

7. 输入一个新程序

单击 （编辑）→单击 （PROG 键）→用数字/字母键输入一个新程序号（如 O1200）→单击 （EOB 键）→单击 （INSERT 键）→显示屏第 1 行显示“O1200;”，第 2 行显示“N010;”，第 3 行显示“%”→单击 （向下移动光标键）→光标移到“N010”处→开始一个程序段的输入（如输入 G50X100Z100）→单击 （EOB 键）→单击 （INSERT 键）→该程序段插入到顺序号“N010”之后→光标自动移到新产生的顺序号“N020”处→继续输入下一程序段→重复以上操作，完成所有程序的输入。

8. 取消自动产生顺序号

单击 （OFS/SET 键）→单击［数据］软键→显示屏显示“SETING（设置）”页面→连续单击 （向下移动光标键）→光标移到“顺序号＝1（0：OFF 1：ON）”显示行→输入“0”→单击 （INPUT 键）→显示行的“1”被“0”替换。

说明：取消自动产生顺序号后，输入一个新程序时，在输入新程序号后不要单击 （EOB 键），直接单击“插入”键 ，其他操作同上。如果某程序段需要顺序号时，可以用数字/字母键手动输入。

9. 编辑一个数控程序

可以对一个正在输入的程序或已存储的程序进行编辑操作，插入、删除或替换一个或若干个功能字或程序段。要搜索某一功能字，可以用翻页键直接查找，也可以在输入域内输入该字（如 T0202），然后单击  向下搜索或单击  向上搜索。

说明：在编辑过程中，光标的移动总是以功能字为单位，即光标总是覆盖到某一字上。因此，删除与替换的操作也是以字为单位，而插入操作，总是将输入域内的内容插入到光标之后的位置。在输入域内输入数据时，可以只输入一个字或输入一个程序段后用插入键插入，也可以同时输入几个程序段（中间用“;”分开）后再用插入键插入，程序在工作区显示的结果都一样。

10. 利用键盘输入或编辑程序

为了熟悉不同数控系统操作面板上各键的位置排列，初学时最好用鼠标单击系统操作键盘上各按键的方法进行程序输入或程序编辑，但也可以直接利用计算机键盘进行操作。键盘上的数字键和字母键与系统键盘上的数字/字母键是一一对应的；键盘上的“Enter”键与 （EOB 键）对应；键盘上的“Insert”键与 （INSERT 键）对应；键盘上的“Delete”键与 （DELETE 键）对应；键盘上的光标移动键“←”、“↑”、“↓”、“→”与 、、、 一一对应；键盘上的“Page Up”、“Page Down”键与 、 一一

对应。宏程序编程时，按键盘上的“End”键将显示“#”字符。

11. 从外部输入一个程序

事先用 Word 文档或 Windows 自带的记事本功能编辑好一个程序，并将其存储为 .txt 格式，也可以用自动编程软件（如 Mastercam）创建零件加工程序，则其扩展名为 .nc。然后，即可在仿真软件中选择工作方式为“编辑”，输入一个程序号，通过“文件”/“打开”命令将该程序输入。其操作步骤如下：

单击（编辑）→单击（PROG 键）→用数字/字母键输入一个新程序号（如 O0107）→单击（INSERT 键）→显示屏第 1 行显示“O0107;”→单击“工具”工具栏上的（打开）图标→在弹出的对话框中选择文件类型为“NC 代码文件”→通过“查找范围”下拉列表查找文件所在的文件夹→选中要输入的文件（如 O0107）→“打开”对话框显示如图 A-17 所示→单击 打开(O) 按钮，程序显示在显示屏内，如图 A-18 所示。

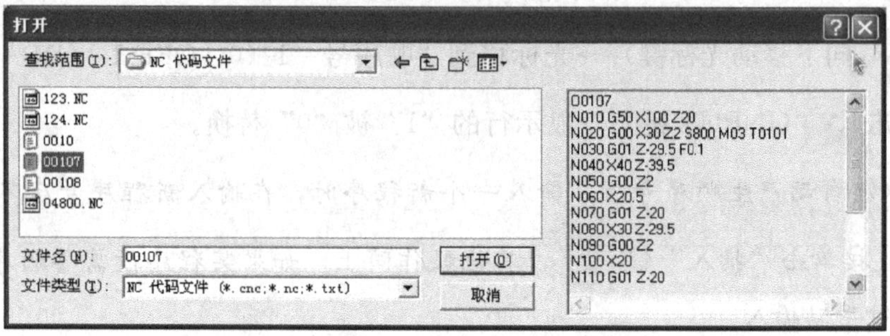

图 A-17　在“打开”对话框内显示的外部程序

在图 A-17 所示的文本文件（.txt 文件）中换行符是不显示的，也就是在编辑文本文件时，不要人为在每行末加上字符“;”。而在显示屏内显示的程序，每个程序段末尾有“;”仅是作为回车换行符来显示，并非实质意义上的字符。另外，在编辑文本文件时，每个程序段前不要有空格，如果上述操作不正确，程序有可能不能被读入或读入后在显示屏内的显示结果不正确。

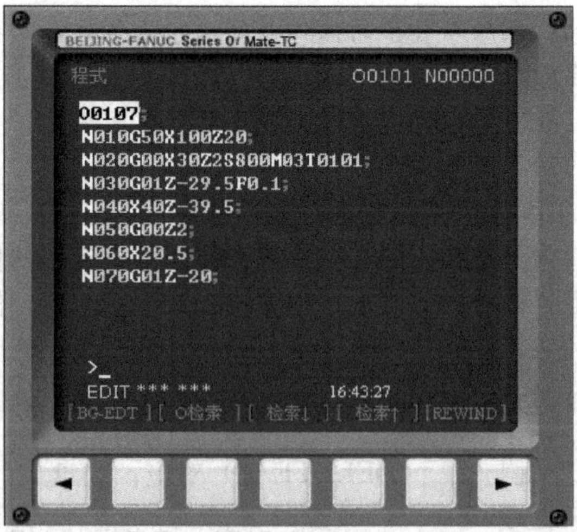

图 A-18　在显示屏内显示的输入程序

说明：此项操作仅是仿真软件所提供的外部程序输入功能，目的是快速输入由其他软件创建的 NC 程序，并非实际数控机床的程序传输功能。但在斯沃数控仿真软件中，可以显示数控系统准备好接收外部程序的过程，不妨可以试一试。即在“编辑”方式下，功能键选择（PROG 键）→单击［操作］软键→单击 ▶ 软键→单击［READ］软键→单击［EXEC］软键，此时，即表示数控系统已做好接收程序的准备，而在计算机部分则要有适当的程序传输软件，在计算机侧操作并通过连接在计算机与数控机床之间的 232 电缆线完成程序的传输。

12. 工件坐标系数据设定

单击 （OFS/SET 键）→单击［坐标系］软键→显示如图 A-19 所示的“工件坐标系设定”页面→用 、、、 将光标移到要修改数据的位置（如图中“01 X－260.000”处）→输入要修改的数据（如“0”）→单击 （INPUT 键）→显示行的“－260.000”被“0.000”替换。

说明：在输入数据时，软键的作用会发生变化，这时单击［输入］软键与单击 作用相同；还可以用［＋输入］软键以增量方式输入，输入正（负）值时数据增大（减小）；采用对刀的方法设定坐标系时，为免于计算，也可以直接输入测量的结果，其输入格式为 X＊＊＊或 Z＊＊＊。例如，测量直径为 ϕ38.125mm，可以先在输入域输入“X38.125”，然后单击［测量］软键，系统即可自动计算偏置值并替换当前显示值。另外，工件坐标系数据设定包括两个页面，可以用翻页键 或 进行切换，番号 00 为外部工件坐标系(EXT)，番号 01～06 分别对应 G54～G59 工件坐标系。

13. 刀具补正数据设定

单击 （OFS/SET 键）→单击［补正］软键→单击［磨耗］或［形状］软键→用 、、、 将光标移到要修改数据的位置→输入要修改的数据→单击 （INPUT 键）→显示行的数据被替换。

说明：在输入数据时，软键的作用会发生变化，如图 A-20 所示。其［输入］软键、［＋输入］软键与［测量］软键的用法与工件坐标系数据设定时完全相同。

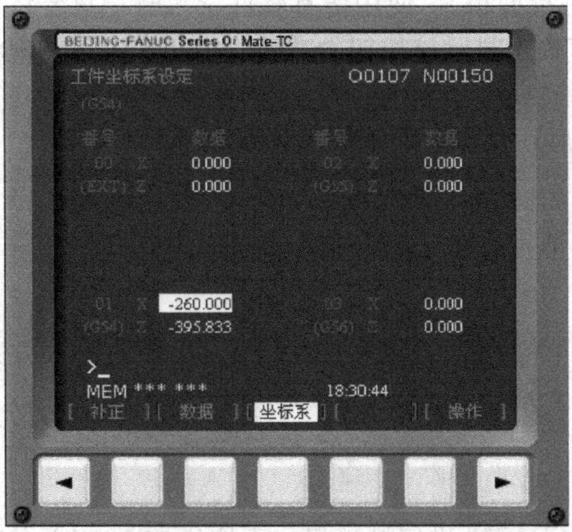

图 A-19 “工件坐标系设定”页面

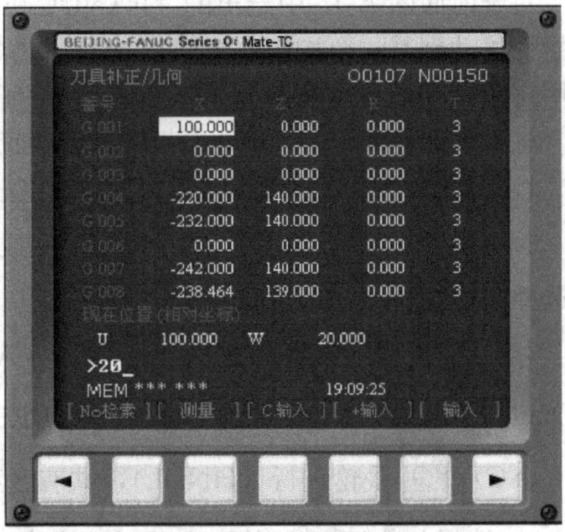

图 A-20 “刀具补正/几何”页面

14. 运行程序

单击（自动）→单击（PROG 键）→用数字/字母键输入要运行程序的程序号（如 O0107）→单击（向下移动光标键）→显示屏显示“O0107”程序→单击（循环启动），程序开始运行。

可以在运行前或运行中单击“单段”按钮，以单程序段方式运行。也可以在程序运行期间，用功能键改变显示画面，检查当前坐标位置或检查参数设置。

15. 运行中断时的处理

在程序运行过程中，由于 X、Z 轴超程或发生碰撞，程序不能继续运行，可以单击（循环停止）→单击（手动）→用、、、按钮手动移出刀架→单击（主轴停止）→找出问题并加以解决→重新对刀并继续加工。

16. 在 MDI 方式下输入指令并立即运行

单击（MDI）→单击（PROG 键）→单击［MDI］软键→用数字/字母键输入要运行的程序段内容（如 M03S500）→单击（EOB 键）→单击（INSERT 键）→单击（循环启动），主轴开始旋转→单击（手动）→单击（主轴停止），主轴停止转动。

说明：也可以在 MDI 方式下输入其他指令（如 T0202）并运行，看刀架是否可以自动转位。

本实验主要结合“大连机床厂 FANUC 0i MATE-TC”控制面板，对数控系统面板及机床操作面板上各按键及旋钮的功能作了介绍，并对数控车床的基本操作给出了详细的操作步骤。对于同一生产厂家的数控系统，一般只要掌握其中一种，往往就能举一反三，基本上能看懂其他相同数控系统的操作面板。

对于前面图 A-15 中给出的“FANUC 0iT 标准面板”，使用仿真软件学习时，只要将鼠标指针移动到某一个按钮位置停留片刻，就会有提示显示该按钮的功能。为便于学习，现将常用按钮的功能给出文字说明，如图 A-21 所示。

进入“FANUC 0iT 标准面板”操作界面之后，操作上的不同点说明如下：

1）进入该界面后首先单击“急停”按钮。

2）分别单击、、按钮，完成 X 轴、Z 轴、C 轴手动返回机床零点，之后才能选择其他工作方式，进行相对应的操作。

3）工作方式的选择依次为自动（AUTO）；编辑（EDIT）；手动输入方式 MDI；文件传输（DNC）；回零（REF）；手动进给方式（JOG）；手动增量方式（INC）；手轮进行（HNDL），共有 8 种。

4）选择（手动进给）方式后，应先用、进行轴选择，再按住（正方向进给）或（负方向进给）按钮，实现 X 轴或 Z 轴的手动连续进给。手动进给的速度可由

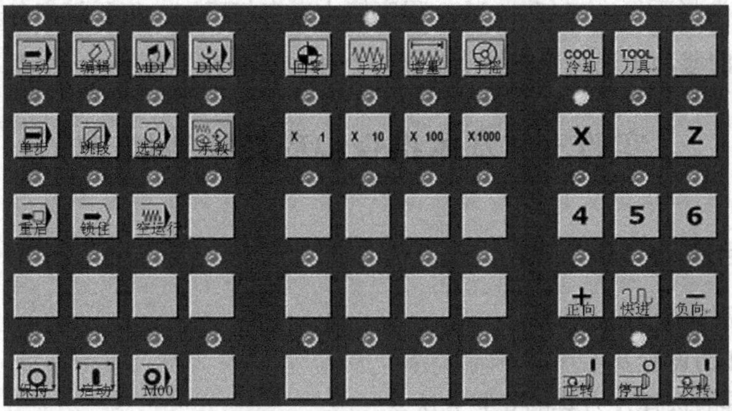

图 A-21 “FANUC 0iT 标准面板”按钮说明

“进给倍率”旋钮调整。

5）选择 （手动增量）方式后，应先用 X 1、X 10、X 100、X1000 按钮设置点动移动增量，再用 X 、Z 进行轴选择，然后每按一下 + 或 − 按钮，刀架移动一个增量值。

图 A-22 手轮面板的显示

6）选择 （手摇进给）方式后，单击 （位于机床显示窗口左上角）可以展开手轮面板的显示，轴及每格进给量的选择都在手轮面板上，如图 A-22 所示。不使用时可以单击 >> 将其隐藏，也可以拖到工作窗口的不重要位置。

7）程序中由 S 指令的主轴转速可以由主轴倍率旋钮（见图 A-15）进行修调，调整范围在 50%～120%之间按 10%变化。

学员可利用本次实验所介绍的 FANUC 0iT 系统面板和两种典型的机床操作面板，进行数控车床的基本操作训练。

四、问题与思考

1）“手动”、“手摇”、“编辑”、“自动”、“MDI” 方式分别用于何种场合？

2）机床操作面板上的进给倍率开关有何作用？如何与其他操作配合使用？

3）要使主轴旋转或使旋转的主轴停止，可以采用哪些方法？

4）要使刀架转位，可以采用哪些方法？在仿真软件中如何显示刀位号？

5）在进行机床回零操作时，本实验介绍的两种面板在操作上有何异同？

6）在哪些场合下需执行机床手动回零操作，回零操作时应注意哪些问题？

7）安装刀具并手动移动刀架到适当位置后，在 MDI 方式下做车削加工练习。

8）按第一章图 1-7 所示车削示例，编写程序并进行程序输入练习。

9）指出“FACUC 0iT 标准面板”上“进给保持”和“循环启动”按钮的图形符号。

提示：“进给保持” ；“循环启动” 。

10）（可选择暂停）与（M00 程序停止）有何区别？指示灯亮各表示什么意思？

11）若刀架的移动出现超程或发生碰撞时，在仿真软件中有何提示？如何避免？

实验三　基本指令编程及模拟加工

一、实验目的

1）掌握程序的编辑输入方法。

2）掌握毛坯的设置及毛坯的安装方法。

3）掌握刀具的选择及刀具的安装方法。

4）掌握使用 G50 时的对刀操作。

5）执行程序，实现零件模拟加工及完成加工后的检测。

6）学习其他对刀方法。

二、实验内容

以本书第一章图 1-7 所示零件加工为例，设毛坯尺寸为ϕ40mm×100mm，外圆尺寸分别按ϕ30mm 和ϕ20.5mm 完成粗车后，再按零件最终尺寸精车。试完成程序的编辑输入、设置工件毛坯、设置及安装刀具、对刀操作及完成零件的加工。

1. 编写零件加工程序

图 1-7 车削示例及结合 FANUC 0iT 系统编写的参考程序如表 A-2 所示。要求学员在上机前已开始学习本书第四章第一节内容，具有数控车削基本指令编程的能力。

表 A-2　车削示例及参考程序

参考程序	车削示例
O0107； N010 G50 X100 Z20； N020 G00 X30 Z2 S800 M03 T0101； N030 G99 G01 Z-29.5 F0.1； N040 X40 Z-39.5； N050 G00 Z2； N060 X20.5； N070 G01 Z-20； N080 X30 Z-29.5； N090 G00 Z2； N100 X20； N110 G01 Z-20； N120 X40 Z-40； N130 G00 X100 Z20 T0100； N140 M05； N150 M30；	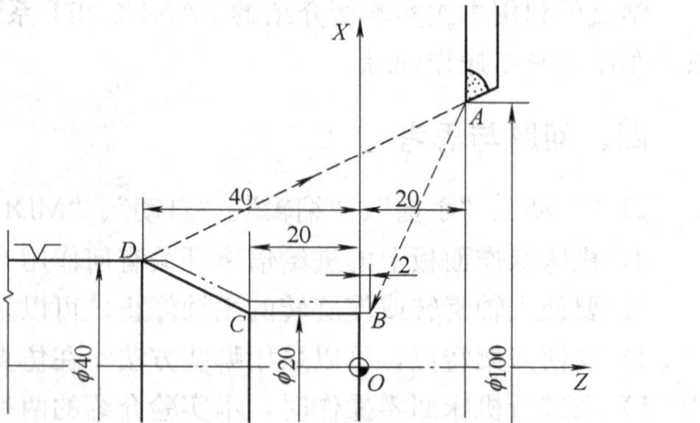

注：在图 1-7 车削示例的程序中只安排了精车进给路线，在仿真软件中由于采用棒料毛坯，程序中需增加粗车加工进给路线。

2. 启动仿真软件并完成加工前的准备工作

启动后选择 FANUC 0iT 数控系统及“大连机床厂 FANUC 0i MATE-TC”控制面板。首先需进行参数设置，然后再执行机床回零、输入程序、设置毛坯、安装刀具及完成对刀操作等项内容。

3. 检查程序并进行零件加工

在启动自动加工之前，可以先按下单段按钮。在程序页面，确认光标已位于程序中的起始位置。然后功能键选择 POS，软键选择［绝对］，每按 1 次循环启动按钮，注意绝对坐标的坐标值变化。当执行到坐标系设定指令 G50 X100 Z20 时，绝对坐标的显示应如图 A-23 所示，而刀架并未移动。

继续执行下一程序段，绝对坐标的显示如图 A-24 所示。主轴正转，刀具的刀尖运动至工件坐标系下 X30 Z2 的位置。可以用功能键 PROG 和 POS 在程序页面与位置页面之间切换，分析每一个程序段执行的结果。通过逐段分析，对于掌握编程要领是十分重要的。

图 A-23 执行 G50 X100 Z20 时的绝对坐标显示

图 A-24 执行下一程序段时的绝对坐标显示

4. 零件检验与刀路测量

零件加工之后需对各部尺寸进行检验，以便发现问题并加以改进。刀路测量则是仿真软件所提供的特有功能，可对刀具路径逐段进行分析。

5. 更换工件

如果不使用 G50，系统还提供了工件坐标系选择指令 G54～G59，甚至不使用上述任何指令，也可以直接利用刀具几何偏置来建立工件坐标系。更换工件后，重新编辑程序，由于工件坐标系建立的方式不同，对刀方法也不完全相同。结合本书第四章第一节关于工件零点偏置和刀具偏置的讨论，再通过实际的对刀练习，有助于加深对基础理论知识的理解。

三、操作指导

要熟练掌握数控车床的基本操作流程及熟悉数控仿真软件的操作界面，还必须结合加工实例一步步进行操作训练才行。假定斯沃数控仿真软件启动后已选择图 A-2 所示的机床控制面板，按以下步骤继续进行操作：

1. 系统开机

1）单击“系统启动”按钮，电源灯亮。

2）单击“急停”按钮，该按钮抬起，解除急停状态。

2. 参数设置

1）选择“机床操作”/“参数设置”/“机床参数”命令，弹出“机床参数”对话框。

2）参考图 A-6 进行“机床操作”选项卡的设置。即设置“刀架位置”为“前置刀架”；“刀架位数”为“四方刀架”；取消“非单步加工，关闭机床门”复选框的选中状态；选中“程序保护开关常开”复选框。

3）参考图 A-7 进行“编程”选项卡的设置。即取消“脉冲混合编程”复选框的选中状态。

3. 变换机床视图并进行机床大小及位置的调整

1）选择“视窗视图”/“俯视”命令，切换到俯视图平面，以便于观察切削过程。

2）用“缩放”命令 或转动鼠标滚轮调整机床显示的大小；用“平移”命令 调整机床显示的位置。

3）单击“显示冷却液”按钮 ，切换为不显示冷却液。

4. 机床回零

单击 回零 →单击 +X →X 零点指示灯亮→单击 +Z →Z 零点指示灯亮→再次单击 回零 →回零按钮上的红灯灭，即取消回零状态。显示屏上显示的绝对坐标 X 轴及 Z 轴均为“0.000”。

5. 输入程序

工作方式选择 编辑 ，功能键选择 PROG ，参考前一个实验的操作指导中有关输入一个新程序的内容，完成表 A-2 所示参考程序的输入。

6. 设置工件毛坯

选择“工件操作”/“设置毛坯”命令，弹出“设置毛坯”对话框，将工件直径改为“40”，长度改为“100”，材料选择“40 碳素结构钢（中碳）”，如图 A-25 所示。单击“确定”按钮，退出“设置毛坯”对话框。此时，应能看到车床卡盘上工件更换的动态过程。如果工件未更换，是由于“设置毛坯”对话框中的“更换工件”复选框未选中。

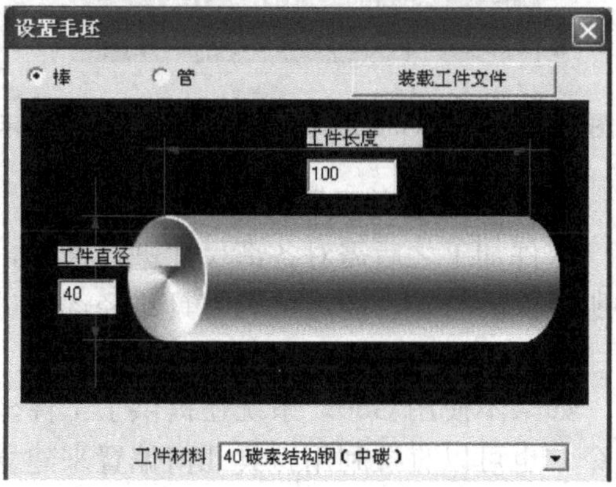

图 A-25　设置工件毛坯

7. 设置及安装刀具

选择“机床操作”/“刀具管理”命令，弹出“刀具库管理”对话框，参考图 A-9。选中编号 001 刀具后，单击 修改 ，弹出“修改刀具”对话框。在“刀体参数”框内设置刀杆长度为“120”，刀杆宽度为“25”，如图 A-26 所示；修改刀片为 75°菱形刀片 ；单击 确定 返回到“刀具库管理”对话框。再单击“添加到刀盘”按钮，将该刀具装入 1 号刀位。单击 确定 按钮，关闭“刀具库管理”对话框。此时 01 号刀具已安装到刀架上，选择“显示模式”/“显示刀具号”命令，该刀具位于刀架上 1 号刀位。

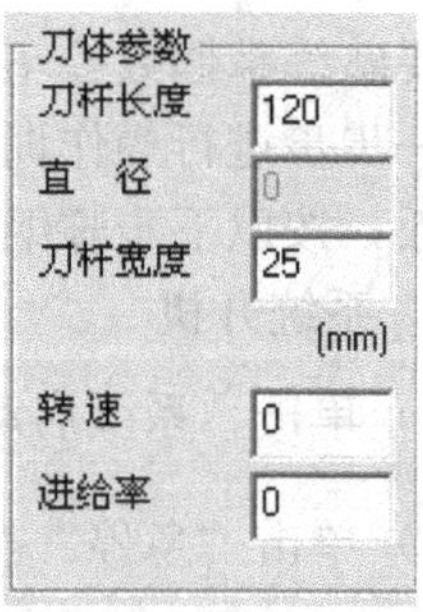

图 A-26　设置刀体参数

8. 对刀操作

所谓对刀，就是确定刀具与工件坐标系之间的相对位置关系。而对刀操作的方法则因实际情况而异，多种多样。本例在程序中是用 G50 来设定工件坐标系，程序中的 G50 X100 Z20 就表示必须在加工之前，将刀具的刀位点准确调整到距工件零点（又称程序原点）为 X100 Z20 的位置，即距工件右端面中心 X 方向 100mm（直径值），Z 方向 20mm 的位置。以下采用试切法完成该项工作。

1）工作方式选择 ，功能键选择 ，用轴移动 、 或 、 按钮与 （增加快速）按钮配合，移动刀具到工件右端面切削起始点（不要碰到工件），启动主轴正转。

2）工作方式选择 ，Z 轴负方向移动刀具，切削工件外圆约 10mm 后沿 Z 轴正向返回，并不得有 X 轴方向的移动，然后关闭主轴。

说明：实际的对刀与上述可能有所不同，为了控制大致的切深，一般在启动主轴后，刀具是沿 X 轴负向接近工件外圆表面，待刀尖与工件外圆表面刚刚接触时沿 Z 轴正向退出，然后再沿 X 负向调整一定的深度。之后，再沿 Z 轴负方向移动刀具切削外圆，并沿 Z 轴正向退出。

3）选择“工件测量”/“特征线”命令，显示测量画面。工件轮廓上有一白色特征线指示测量的位置。将鼠标光标的十字线定位到刚车出的工件外圆处并单击（也可反复按 Esc 键切换特征线位置），将会显示出车削后的直径值。也可以移动游标卡尺的活动卡脚使之位于车削后的外圆处，“测量定位”对话框将显示该段的直径值，如图 A-27所示。记住该数值后，单击“测量退出”按钮 ，退出测量画面。

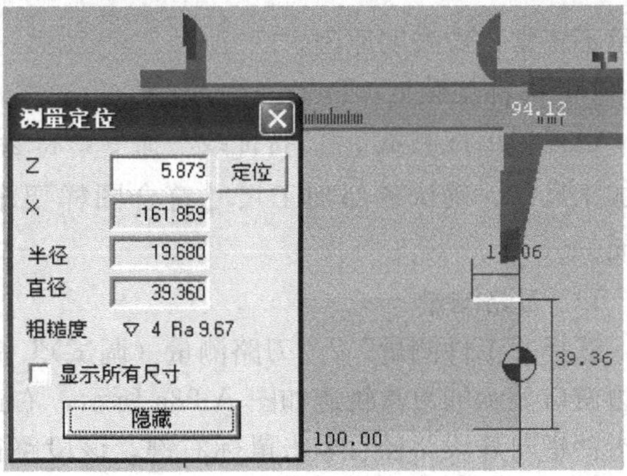

图 A-27 测量车削后的外圆直径

4）单击［相对］软键，显示屏切换为“相对坐标”显示，单击字母键 ，再单击［相对］软键（注：单击字母键 后，软键的含义应自动切换为［PRESET］［ORIGIN］…，但在本软件中仍为［绝对］［相对］…，且［PRESET］软键不起作用），相对坐标显示被清零，即显示为“0.000”。

5）再用与上述相同的方法，启动主轴后，令刀具沿 Z 轴负方向缓慢靠近工件，当刀具与工件接触时，将听到切削声（激活“加工声效”）并看到有切屑飞出（激活“铁屑显示”）。此时应单击轴选择开关 ，切换为 X 轴移动，手摇轮顺时针转动使刀具退出并关闭主轴。

6）无需测量而直接将 W 坐标值清零，也就是 W 的显示值也为“0.000”。

说明：若工件端面不平，还应调整刀尖位置，车出一段平面后再沿 X 轴正向退刀。

7）计算刀具刀尖在 G50 所规定的起刀点 X、Z 的相对坐标值。由于前面已测出车削后的外圆直径为 39.36mm，因此 X 方向相对值应为（100－39.36)mm＝60.64mm；Z 轴方向若毛坯上还有加工余量 δ，则相对值应为 20mm－δ，本例中选 20 即可。

说明：实际的数控车床加工时，也可以在“相对坐标”页面下，用直接输入测量值的方法来改变相对坐标显示。例如：本例可以直接输入“U39.36”，然后按［PRESET］软键，则相对坐标显示随之变化，与输入的值完全一致。这就相当于刀尖当前点在相对坐标中的位置为 U39.36，间接确定了相对坐标的原点与工件坐标系原点一致，位于工件轴线上。因此，这一步的计算可以省略，下一步移动刀架到起刀点的位置就应是 U100，W20。

8）移动刀架，当相对坐标显示的值为 U 60.640，W 20.000 时，完成对刀操作。

说明：为便于记住刀具的起始位置，可再次将 U 及 W 清除为零。这样，无论刀具如何运动，总可以以相对坐标的显示值为依据，调整刀具到达该位置。另外，由于程序中是用 T0101 来指定刀具，在加工之前还应检查一下 01 号刀具的各项刀补值，其 X、Z 方向补偿值均应为“0.000”，否则加工就不正确了。

9. 零件加工

1）工作方式选择 自动，功能键选择 PROG，显示屏显示刚刚输入的程序，确认光标位于程序开头的位置。

2）观察机床显示窗口，在工件与车刀刀尖之间应有刀具轨迹（红色）显示，否则应单击“显示刀轨”按钮，激活刀轨显示。

3）若刀轨显示正常，即可单击“循环启动”按钮，执行零件的自动加工。若刀轨显示不正常，应查明原因。

10. 零件检验

选择“工件测量”/“特征线”命令，将会显示工件测量画面，反复按 Esc 键，显示各部加工尺寸。确认各部加工尺寸符合图样要求，单击“测量退出”按钮，退出测量画面。

11. 刀路测量

选择“工件测量”/“刀路测量（调试）”命令，这时屏幕上将显示左右两个工作窗口，左边窗口显示的刀具轨迹如图 A-28a 所示，右边窗口显示的 G 代码如图 A-28b 所示。当鼠标指针指向某段路径后单击鼠标右键，该段路径加粗显示，同时在 G 代码列表中，与该段路径对应的程序段前面的行号将高亮显示。也可以在 G 代码列表中单击某一行号，相应程序段的刀具路径也会加粗显示。这就使程序段与刀具位移建立了一一对应的关系，便于分析和发现编程中存在的错误。单击“返回”按钮，即可退出刀路测量窗口。

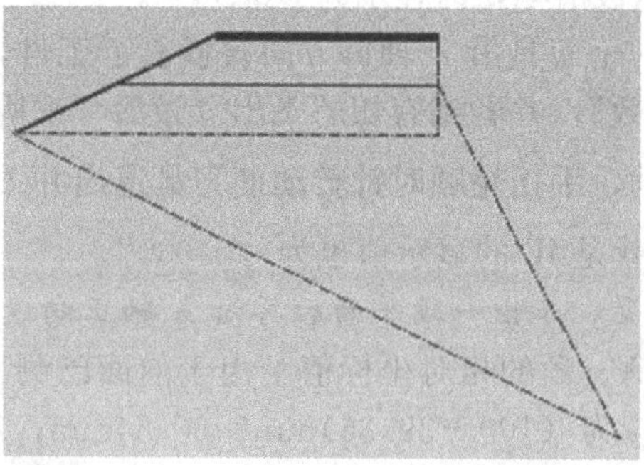

a)

```
000001
000002 N010G50X100Z20
000003 N020G00X30Z2S800M03T0101
000004 N030G99G01Z-29.5F0.1
000005 N040X40Z-39.5
000006 N050G00Z2
000007 N060X20.5
000008 N070G01Z-20
000009 N080X30Z-29.5
000010 N090G00Z2
000011 N100X20
000012 N110G01Z-20
000013 N120X40Z-40
000014 N130G00X100Z20
000015 N140M05
000016 N150M30
000017 %
```

b)

图 A-28　刀路测量的显示

12. 生成报告文件

在仿真软件中，可以利用报告文件记录操作的每一个细节以及扣分情况，并有图片能够对“加工视窗”进行显示。此外，教师还可以利用此环节检查学员的得分情况。系统按百分制计分，某一操作出现错误，按设置的分值扣分。选择“文件”/“保存”/“保存报告文件”命令，将会弹出“另存为”对话框，输入文件名后单击 保存(S) ，又弹出对话框，单击 是(Y) ，打开 Windows Internet Explorer，生成的图片显示如图 A-29 所示，成绩评定如图 A-30 所示。在生成报告文件之前，最好单击“显示车床”图标，使机床区域只显示卡盘、工件、刀架及刀具。

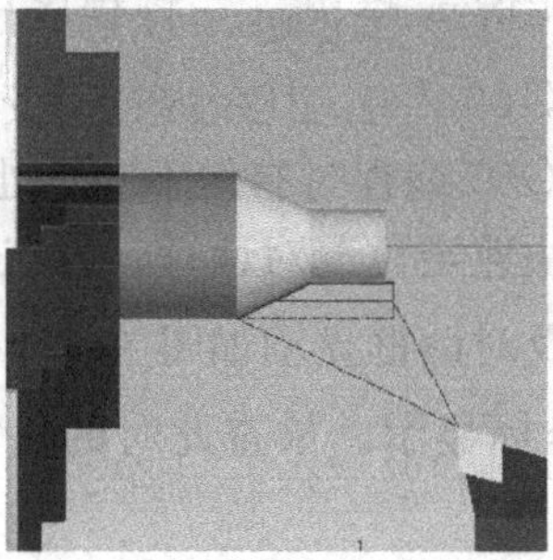

图 A-29 “加工视窗”的图片显示

评分模式
2009-10-06 10:22 进入 SSCNC: FANUC 0iT
2009-10-06 10:22 Z回到参考点
2009-10-06 10:22 X回到参考点
2009-10-06 10:31 切换模式为 FANUC 0iT: HNDL
2009-10-06 10:34 切换模式为 FANUC 0iT:EDIT
2009-10-06 10:35 打开程式00107!
2009-10-06 10:40 切换模式为 FANUC 0iT:ATUO
2009-10-06 10:42 NC启动
2009-10-06 10:42 NC启动
2009-10-06 10:42 NC启动
2009-10-06 10:47 NC启动
当前得分:100/100

图 A-30 成绩评定

13. 更换工件

更换工件后，就可以参照本次的实验内容要求，选择在“单段”方式下，用功能键 POS 与 PROG 切换页面。在程序显示页面中，光标指示的行就是将要运行的程序段，按“循环启动”按钮，执行该程序段，看一下加工的结果，再看一下坐标显示。

(1) 快速对刀　在仿真软件的数控车削加工部分，系统提供了快速对刀命令，可以代替试切法对刀，以缩短对刀时间。再次更换工件后，假如需要沿 Z 轴微调工件夹紧的位置，可以连续单击“工件夹紧位置微调”按钮或，向右或向左调整工件夹紧位置。工件调整后，选择“机床操作”/“快速定位”命令，弹出“快速定位”对话框，利用单选按钮，有两种定位方式可供选择。如图 A-31 所示，图 a 是将刀尖定位到工件右端面外沿，图 b 是将刀尖定位到工件右端面中心。

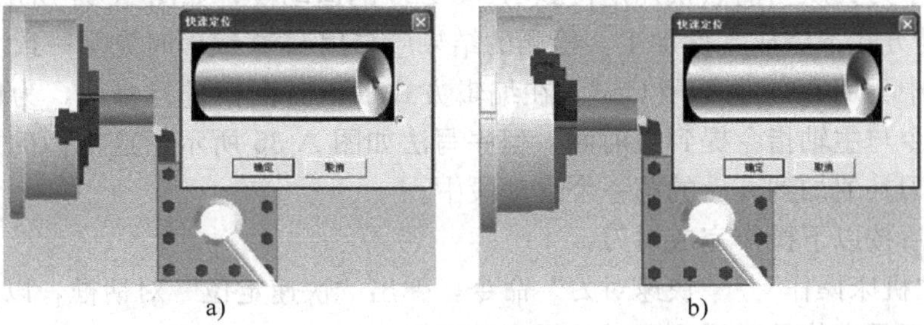

a)　　b)

图 A-31　刀具的“快速定位”设置及结果

本例快速对刀还可以参考以下步骤进行操作：

1) 选择“机床操作”/“快速定位”命令，按图 A-31b 所示完成刀尖的快速定位。

2）功能键选择 →软键选择［相对］→对 U、W 坐标清零。

3）工作方式选择 →功能键选择 →软键选择［MDI］→输入 G0U100W20→单击 →页面显示 O000G0U100W20 →单击“循环启动”按钮，刀架快速定位→单击 ，检查相对坐标显示，车刀刀尖已定位到 U100 W20 处。

快速对刀完成后，可以再次调出 O0107 程序，运行程序完成自动加工。

（2）程序中用 G54 取代 G50　在编辑方式下，功能键选择 ，将程序中的 G50 用 G54 G00 替换，即程序中第 2 行改写为 N010 G54 G00 X100 Z20，其余内容不变。更换毛坯后按以下步骤进行操作，特别注意对刀的方法，找出与 G50 编程时有何不同之处。

1）选择“机床操作”/“快速对刀”命令，弹出“快速定位”对话框，以工件右端面中心为定位点，单击单选钮后单击［确定］；刀具定位及对话框显示如图 A-31b 所示。

2）刀具的位置不要移动，在位置页面下选择综合坐标显示。检查此时的机械坐标显示值如图 A-32 所示。

3）功能键选择 ，软键选择［坐标系］，将机械坐标的显示值输入到 G54 一栏的 X、Z 坐标显示处，如图 A-33 所示。

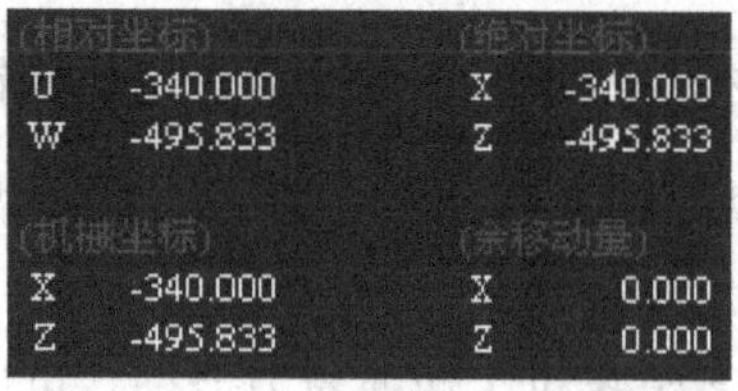

图 A-32　检查机械坐标的显示值

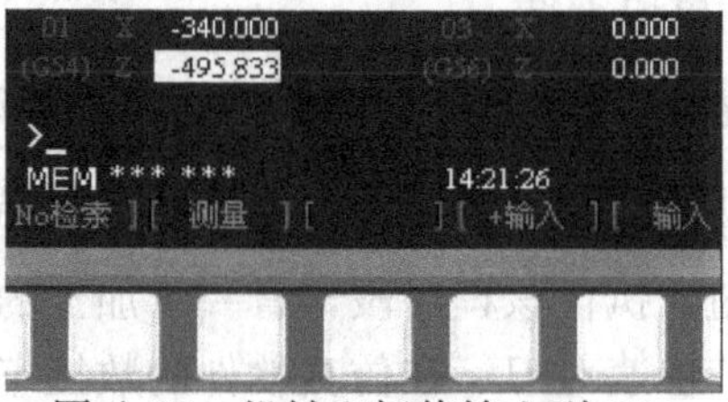

图 A-33　机械坐标值输入到 G54

说明：可以先将步骤 2）中操作记录的 X、Z 坐标值分别输入到输入域（只写数值），然后按［输入］软键，也可以分别输入 X0、Z0 后按［测量］软键。两种方法的结果都一样，但后者不容易出错。

4）手动方式下刀具退离工件到任意位置，在自动方式下再调出程序显示页面。显示的刀具轨迹增加了刀具从当前点快速定位到 X100 Z20 的运动段，如图 A-34 所示。

5）在自动方式下完成零件加工，检测的结果应与用 G50 编程时完全一致。

（3）程序中不用 G50 也不用 G54　在编辑方式下，对程序进行修改，为使程序更加规范，将刀具指令与主轴指令提到最前面，程序写法如图 A-35 所示。这样做的好处是，无论如何总可以将刀补值加到其后的第一个运动段中。

更换毛坯后按以下操作完成对刀：

1）选择“机床操作”/“快速对刀”命令，弹出“快速定位”对话框，以工件右端面外沿为定位点，刀具定位及对话框显示见图 A-31a。

2）刀具的位置不要移动，功能键选择 ，软键选择［补正］，再选择［形状］，确认光标位于番号 G001 的行上，输入 X40，然后按［测量］软键，其操作可参考图 A-36。

3）再输入 Z0，再按［测量］软键。此时，第一把刀具的刀补值显示如图 A-37 所示。

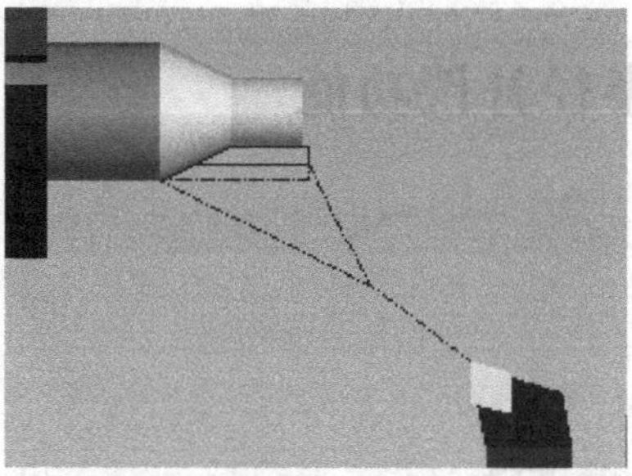

图 A-34　使用 G54 时的刀具路径

图 A-35　程序开头的写法

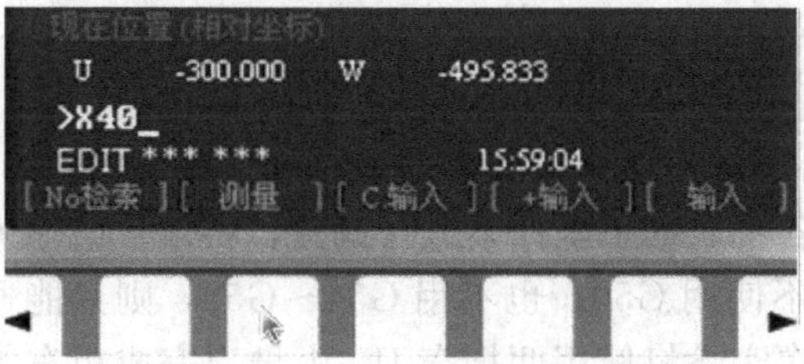

图 A-36　输入 X40 后按［测量］软键

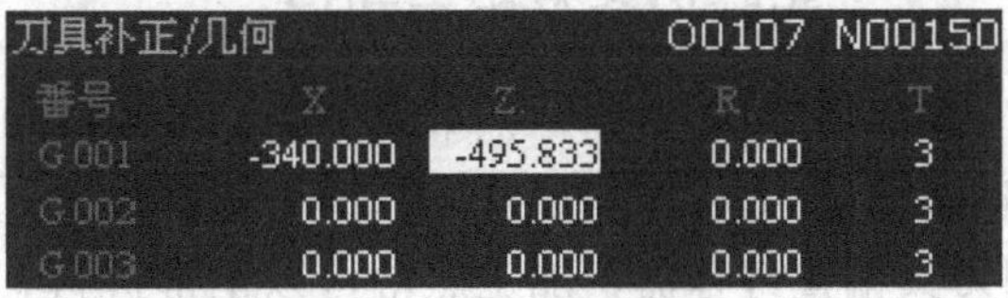

图 A-37　刀补值的显示

4）手动方式下刀具退离工件到任意位置，在自动方式下再调出程序显示页面。显示的刀具轨迹与使用 G54 类似，参考图 A-34。

5）在自动方式下完成零件加工，检测的结果应与用 G50 编程时完全一致。

四、问题与思考

本次实验通过基本编程指令，完成了棒料上部分加工表面的粗车与精车。目的就是要通过一个完整的加工过程，使学员熟悉仿真软件中零件加工的基本操作流程。特别是对于不同编程格式下的对刀操作，给出了详细的操作指导，要求学员务必熟练掌握。

1）当功能键选择 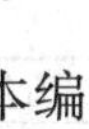 时，有几个显示坐标的页面？要使相对坐标清零，需选择哪个页面？

2）零件加工时，机械坐标、绝对坐标与相对坐标的坐标值是否同时变化？区别是什么？

3）在综合坐标显示中，还有“剩余移动量”一项，含义是什么？有何用途？

4）G50 是运动指令吗？系统执行 G50 后，机械坐标与相对坐标的坐标值会变化吗？

5）用 G54 编程时，能否用［补正］参数代替［坐标系］参数，完成同样的加工？

6）编程时不用 G54，也不用 G50，［坐标系］参数的设置会对刀尖位置产生影响吗？

7）简述在斯沃仿真软件中，完成一个零件加工的大致工作流程。

8）对刀的目的是什么？假如刀架上安装了多把刀，转到加工位后的位置完全一致吗？

9）请在本次实验程序的基础上，通过编辑程序，将粗车层数由 2 层改为 4 层。

10）用 G50 指令编程时，假定测出工件外圆直径为 ϕ39.36mm，在 MDI 方式下输入 G50 X39.36 并立即执行。同理，当 Z 轴方向刀尖调整至 Z0 后，在 MDI 方式下输入 G50 Z0 并立即执行。此后移动刀架时，就不用相对坐标了，这种办法行得通吗？为什么？

11）哪种编程方法当刀具在任何位置启动程序（或在任何位置结束程序）都能正常加工，哪种编程方法则不能？

实验四　刀具偏置与刀尖半径补偿功能

一、实验目的

1）理解数控车削加工中刀具补偿的作用。

2）掌握设置刀具长度补偿的常用方法。

3）理解刀尖圆弧对零件加工的影响。

4）熟悉刀具补偿画面及正确设置刀补参数。

二、实验内容及相关知识

前面的实验只用一把车刀，用 G50 编程时只需对刀而无需设置任何补偿参数；用 G54 编程时通过工件零点偏置操作即可正常加工，但若不对加工坐标系进行偏置，将偏置值输入到刀具偏置寄存器，加工照常可以正常进行；当不使用 G50，也不用 G54～G59，则只能通过设置刀具偏置参数，才能使加工正常进行。本次实验将使用两把车刀，1 号刀完成粗车加工，2 号刀完成精车加工。讨论不同的工件坐标系设置方法，程序应如何编写以及如何正确完成对刀操作。此时，应认真阅读一下第四章第一节中关于工件坐标系设定指令 G50、工件零点偏置、刀具偏置与刀尖半径补偿的相关内容。

1. 选择刀具及刀片

选择的刀具类型、刀片类型及相关参数可以参考表 A-3 进行设置。

表 A-3　刀具类型及参数　　（单位：mm）

刀具号	刀具名称	刀体类型	刀杆长度	刀杆宽度	刀片类型	刀片边长	刀尖圆弧半径
001	Tool1	外圆车刀	120	25	75°菱形刀片	10	
002	Tool2	外圆车刀	115	25	35°菱形刀片		0.4

2. 编写零件加工程序

表 A-4 给出了零件图及用 G54 编写的参考程序。输入程序时，先不要输入括号内的指令，待测量零件后按操作指导编辑程序，更换工件后再次加工。

表 A-4　零件图及参考程序

参考程序	零件图
O0405； N010 G54 T0101 S600 M03； N020 G00 X62 Z2； N030 G99 G90 X50 Z-40.75 F0.1； N040 X40 Z-20； N050 X31； N060 G00 X41 Z-18； N070 G01 Z-34； N080 X61 Z-49； N090 G00 X100 Z100； N100 T0202； N110 (G42) X30 Z2； N120 G01 Z-20 F0.06； N130 X40； N140 Z-35；(Z-35.279) N150 X62 Z-51.5；(Z-51.779) N160 (G40) G00 X100 Z100； N170 M05； N180 M30；	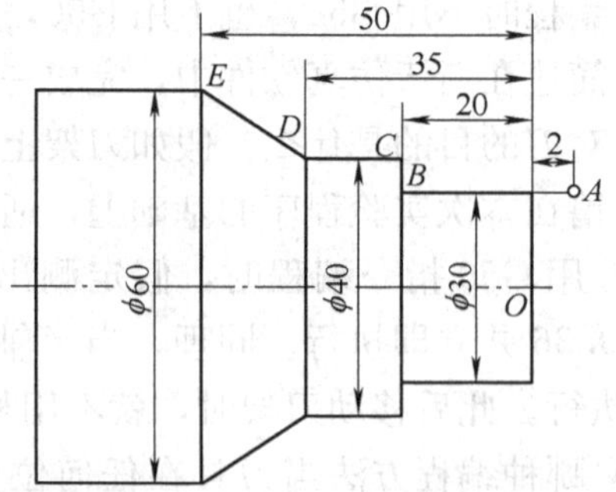

3. 启动仿真软件并完成加工前的准备工作

启动后选择 FANUC 0iT 数控系统及“大连机床厂 FANUC 0i MATE-TC”控制面板。首先需进行参数设置，注意要选择为后置八方刀架。然后再执行机床回零、输入程序、设置毛坯、安装刀具等项工作，完成后需进行相关参数的设置后才能启动加工。

4. 确定刀具长度补偿的方法

（1）采用机外对刀仪对刀时的参数设置　采用机外对刀仪对刀，由于刀具几何偏置值已事先测出，设置参数时，需对工件原点偏置值及刀具长度偏置值分别进行设置。参考图 4-18，工件原点偏置值输入的是工件原点相对于机床原点的偏移值，其 X、Z 偏置值的合成矢量应为图中矢量 1；刀具长度补偿值输入的是刀架参考点相对于刀具刀位点的偏移值，其 X、Z 刀具几何偏置值的合成矢量应为图中矢量 2。由于使用两把车刀，每把刀按刀具偏置号输入相应地址即可。

（2）采用试切法对刀时的参数设置　这种方法需在工件及刀具安装完成后，通过试切的方法确定每把刀具的刀尖位置。设置参数时，无需进行工件原点偏置，刀具补偿值采用试切后测量输入。输入后系统显示的刀补值实际上是刀架位于参考点时，工件原点相对于刀具刀位点的偏移值，其 X、Z 偏置值的合成矢量相当于图 4-18 中的矢量 3。

5. 确定刀尖半径补偿的方法

对于零件轮廓的精加工，必须考虑刀尖圆弧对加工精度的影响。在进行参数设置时，除设置刀具长度补偿数据外，还必须对刀尖圆弧半径及假想刀尖的方位编号一并进行设置。但与刀具长度补偿不同的是，长度补偿只需由 T 代码指定，而半径补偿是由 T 代码和相应的补偿代码 G41（或 G42）与 G40 共同起作用完成的。

当零件仅在局部有锥面，其余都是正交加工面时，也可以不用半径补偿代码，而仅对局部锥面进行补偿处理。用公式计算补偿量，修改相应的 X、Z 移动值即可。如表 A-4 中的参考程序，在实际加工中，无论是增加括号内的 G 代码（G42 与 G40）还是修改 Z 轴尺寸（原 Z 值改为括号内的 Z 值），都可以使该零件的加工得到精确的结果。

6. 使用 G50 时确定刀具长度补偿的方法

上述讨论是用 G54 编程，当用 G50 编程时，工件零点偏置的设置不起作用。此时，第一把刀可作为基准刀，不进行刀具偏移（偏置值 X、Z 都为 0），加工开始前，调整第一把刀刀尖，使其位于对刀点。刀架转位后，第二把刀刀尖相对于第一把刀刀尖有偏移，则第二把刀补偿的是以上两刀尖之间的差值（对刀操作比较繁琐），其矢量方向可参考图 4-19。前曾提及，当调用一把车刀时，该刀的刀补值就会加到工件坐标系的显示值上，以便正确显示刀尖的当前位置，而取消刀补时此值若不能从工件坐标系中及时减掉，下次加工就不正常了（这与 G50 编程时，刀具必须从起刀点起刀有关）。在斯沃仿真软件中编程，可以将取消刀补代码（如 T0100）单独设为一个程序段，并在返回对刀点换刀的 G00 程序段之前写入，连续加工即可正常进行。

三、操作指导

1. 系统开机

1）单击“系统启动”按钮 ，电源灯亮。

2）单击“急停”按钮，该按钮抬起，解除急停状态。

2. 参数设置

1）选择“机床操作”/“参数设置”/“机床参数”命令，弹出“机床参数”对话框。

2）对“机床操作”选项卡进行设置，“刀架位置”选择“后置刀架”；“刀架位数”选择“八方刀架”；取消“非单步加工，关闭机床门”复选框的选中状态。

3）对“编程”选项卡进行设置，取消“脉冲混合编程”复选框的选中状态。

3. 机床回零

完成 X、Z 轴方向机床回零后，必须再次单击“回零”按钮，以便取消回零状态。

4. 输入程序

在编辑方式下，按表 A-4 中的参考程序输入，但不包括括号内的内容。

5. 设置工件毛坯

工件直径按“60”设置，长度按“100”设置。

6. 变换机床视图并进行机床大小及位置的调整

单击“显示车床”图标，使之成为抬起状态，此时在机床区域只显示卡盘、工件与刀盘，便于观察图形；选择“视窗视图”命令，切换到俯视图平面；单击“显示坐标”按钮，使之成为按下状态，可以看到有 X-Z 坐标系显示（红色）。调整机床视窗的位置及大小，观察刀盘与坐标系之间的关系。由于已完成“机床回零”的操作，在俯视图观察刀盘前端面已移到坐标系 Z0 处，单击“旋转”按钮（按下状态），光标箭头移到大约坐标系原点位置，按下鼠标左键并向上拖动，此时刀盘动态旋转，直到坐标系原点显示在刀盘左下角处，抬起鼠标左键。显示的结果如图 A-38 所示。

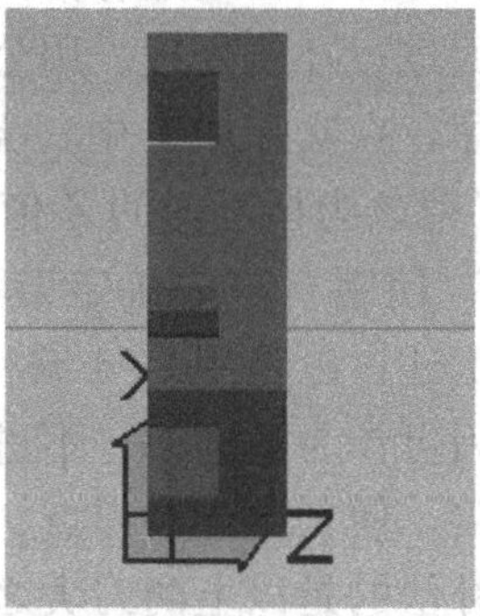

图 A-38　坐标系在刀盘左下角

由图 A-38 可知，在斯沃数控仿真软件中，是将刀具的定位基准点设置为刀架参考点，而未选择刀架前端面中心为刀架参考点。由于使用的是标准八方刀架，无论刀架怎样转位，刀架参考点的位置都不会变化。

7. 确定工件零点偏置值并输入

如图 A-38 所示，图中所显示的坐标系应指加工坐标系。在未执行 G54 指令之前，加工坐标系的原点与机床原点是重合的。刀架返回参考点后，刀架参考点到达机床原点，此时的刀架参考点与加工坐标系原点重合。完成“机床回零”操作后，看一下显示屏上显示的坐标值，单击［综合］软键，显示的“相对坐标”、“绝对坐标”、“机械坐标”，X、Z 值均为“0.000”。

1）在“手动”方式下沿 X、Z 负向移动刀架，当刀架与工件接近时停止移动。

2）在“手摇”方式下，根据机床坐标显示值继续移动刀架，当 X 向显示为 $X-540.000$、Z 向显示为 Z-500.000 时停止移动。

3）观察此时的刀架参考点与工件零点的位置关系，如图 A-39 所示。由图可知，刀架参考点已移到工件原点处。图中同时给出了此时的机械坐标显示值。

说明：当选择工件右端面中心为工件零点时，毛坯长度设置的变化会使工件零点左移或右移，此时应按实际位置调整刀架，目的是使刀架参考点与工件零点重合。特别需要说明的是，此处的操作只是在仿真软件中的一种演示性操作，实际上是不能这样测量的。

4）当刀架参考点与工件原点重合后，单击［相对］软键，*U*、*W* 坐标全部清零，如图 A-40 所示。此设置将用于稍后的刀具长度补偿值的测量输入，设置后将刀架正向移出。

图 A-39　刀盘移至工件原点

图 A-40　相对坐标全部清零

5）功能键选择 ，再单击［坐标系］软键，显示“工件坐标系”设定页面。

6）移动光标到 G54 一栏，根据刀架参考点位于工件原点时的机械坐标显示值进行设置，即 X-540.000；Z-500.000，如图 A-41 所示。

完成以上工件零点偏置值的设置之后，只要执行到 G54 指令，加工坐标系就会立即发生偏移，使加工坐标系与工件坐标系重合一致。为验证此结果，可以在 MDI 方式下，输入 G54 指令并立即执行。方法是先选择工作方式为 ，再单击［MDI］软键，之后输入 G54，单击“循环启动”按钮，加工坐标系原点立即移到毛坯右端面中心处，与工件坐标系的工件原点重合，如图 A-42 所示。

图 A-41　G54 一栏的设置

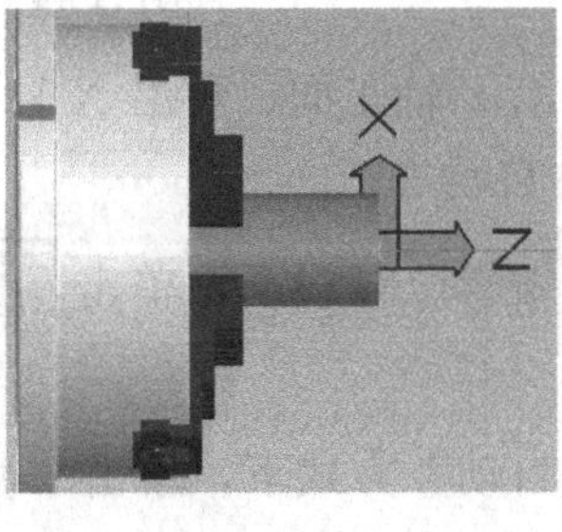

图 A-42　执行 G54 之后

8. 安装刀具到刀盘

确认刀架已退离工件足够远的位置，按表 A-3 所提供的刀具类型及参数选择刀具并修改刀具参数，将修改后的编号 001、002 刀具分别安装到 1 号刀位与 2 号刀位。

说明：在斯沃数控仿真软件 6.2 版中，只有 35°菱形刀片 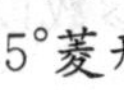 可以设置刀尖圆弧半径。本例为说明刀尖半径补偿，只能将 2 号刀的刀片类型设置为 35°菱形刀片。

9. 确定刀具长度补偿值并输入

1）单击“显示刀位号”按钮，使之成为按下状态，刀盘前端面显示刀位号。

2）确认01号车刀位于加工位置，选择“机床操作”/“快速定位”命令，弹出“快速定位”对话框，选择“中心”定位后单击

，1号刀的刀尖快速定位到工件零点处。

3）切换到“刀具补正”页面，单击［补正］软键，再单击［形状］软键，按页面内显示的相对坐标值修改1号刀具的几何补偿值。其X、Z相对坐标值，实际上是刀架参考点相对于车刀刀尖的X、Z偏移值，相当于图4-18中的矢量2。

4）刀架沿Z轴正向退离工件，单击“刀具管理”按钮，在弹出的“刀具库管理”对话框中选中02号刀具并单击“转到加工位”按钮，如图A-43所示。单击“确定”按钮，关闭“刀具库管理”对话框。

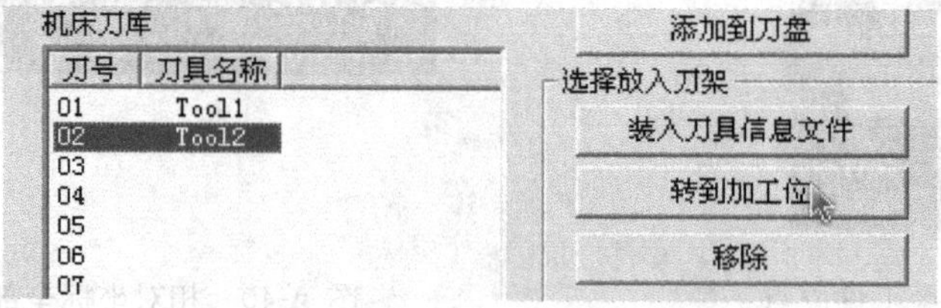

图A-43　单击“转到加工位”按钮

5）利用“快速定位”命令使2号刀的刀尖快速定位到工件原点位置。

6）在“刀具补正/几何”页面按显示的相对坐标值修改2号刀具的几何补偿值，并将2号刀的R值（刀尖圆角半径）设置为0.4。

完成两把刀具的参数设置后，“刀具补正/几何”页面的显示如图A-44所示。

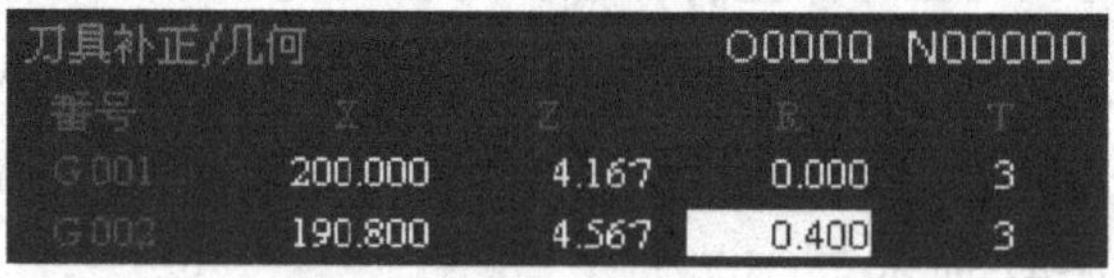

图A-44　“刀具补正/几何”页面的显示

7）刀架沿Z轴正向、再沿X轴正向退离至工件之外的任意位置。

10. 零件自动加工

1）在“编辑”方式下，单击

，显示屏显示已输入的程序，确认光标位于程序开头处。

2）在“自动”方式下，单击“循环启动”按钮，程序运行，完成零件加工。

11. 零件尺寸检测

选择“工件测量”/“特征线”命令，显示测量画面。反复按Esc键，切换“特征线”的位置，测量各部尺寸。选择“特征线”位于锥面部分时的结果如图A-45a所示；选择“特征线”位于ϕ30mm外圆时的结果如图A-45b所示。单击“测量退出”按钮，退出测量画面。

12. 更换工件并改变参数设置

（1）“工件坐标系设定”页面的参数设置　功能键选择

，软键选择［坐标系］，直

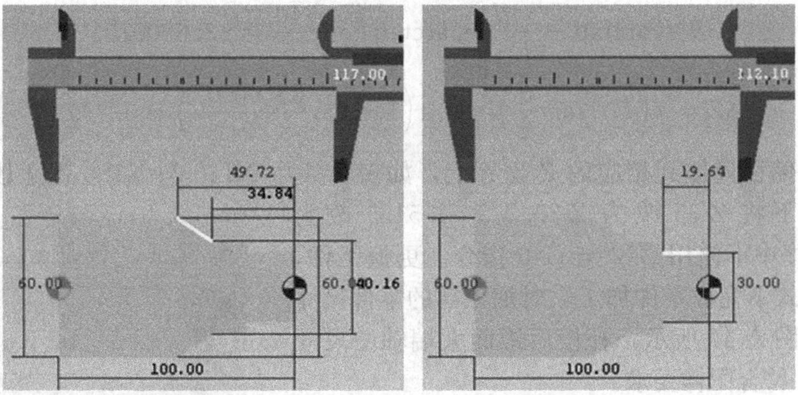

a) b)

图 A-45 零件尺寸的检测

接修改 G54 一栏的 X、Z 坐标值，全部设置为“0.000”。

(2) 在“手动”方式下执行“机床回零”操作，使刀架在 X 轴及 Z 轴方向均返回机床参考点（注：增加此项操作目的是让加工坐标系原点再回到机床原点处）。

(3)“刀具补正/几何”页面的参数设置 利用“快速对刀”命令，定位点选择工件右端面外沿，分别对两把车刀进行对刀操作，通过在“刀具补正/几何”页面，输入 X60，单击［测量］软键；再输入 Z0，单击［测量］软键，完成刀具长度补偿值的设置，结果如图A-46所示。

刀具补正/几何 O0458 N00000

番号	X	Z	R	T
G001	-340.000	-495.833	0.000	3
G002	-349.200	-495.433	0.400	3

图 A-46 “刀具补正/几何”页面的显示

13. 零件自动加工并检测

在“自动”方式下完成加工后，对零件各部尺寸进行测量，结果与图 A-45 完全一致。

14. 程序中不使用 G54

在“编辑”方式下，删除程序中的 G54 指令，其他不做任何修改。更换工件，在“自动”方式下完成零件加工，对零件各部尺寸进行测量，结果与图 A-45 完全一致。

15. 在程序中增加 G42 与 G40

在“编辑”方式下，参考表 A-4 在相应位置增加 G42 与 G40。更换工件，在“自动”方式下完成零件加工，对零件各部尺寸进行测量，图 A-45a 所示“49.72”变为“49.00”，图 A-45b 所示“30.00”变为“30.80”，刀尖圆弧半径补偿失败。

说明：数控车床的刀尖圆弧半径补偿在数学处理上比圆柱形刀具要复杂一些，在斯沃数控仿真软件 6.2 版中目前尚不能得到正确结果。

16. 仅对锥面部分作补偿计算

通过图 A-45 分析零件加工后的检测结果，零件仅在锥面局部出现尺寸误差，参照第三章中图 3-32 及相关计算，调整锥面加工起点与终点的 Z 坐标，以保证零件图样中尺寸 35mm 及 50mm 的要求。计算公式及结果如下：

$$\theta = \arctan\frac{D-d}{2L} = \arctan\frac{60-40}{2\times 15} = 33.69007^\circ$$

$$\Delta Z = r\left(1-\tan\frac{\theta}{2}\right) = 0.4\left(1-\tan\frac{33.69007}{2}\right) = 0.279$$

将计算的偏移量加到相应的 Z 坐标上，如表 A-4 中 N140 与 N150 程序段所示。即在“编辑”方式下将 Z-35 改为 Z-35.279，Z-51.5 改为 Z-51.779，程序中不使用 G42 与 G40 指令。更换工件，在“自动”方式下完成零件加工，对加工后的零件尺寸进行测量，如图 A-47 所示，补偿后锥面大端轴向尺寸为 50.00mm，符合图样要求。

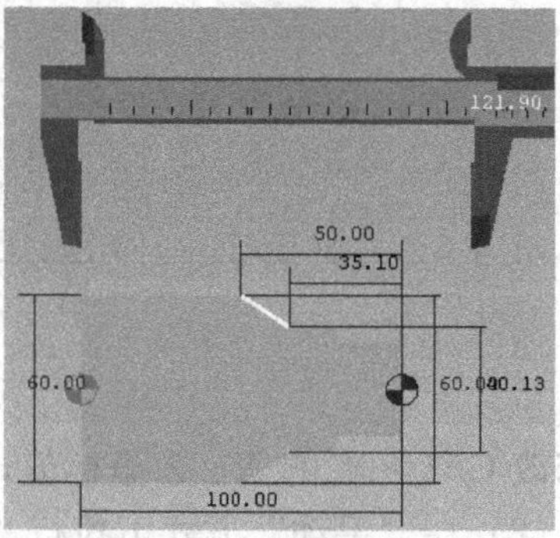

图 A-47　补偿后的锥面尺寸

17. 用 G50 编程并实现连续的正常加工

参照前述修改程序并正确设置刀具偏置数据，直到正常的连续加工可以实现。

提示：程序中用 G50X100Z100 代替 G54，在 N090 程序段前增加 N085T0100 程序段，在 N160 程序段前增加 N155T0200 程序段。然后，参考图 A-44，将“刀具补正/几何”页面的 G001 行 X、Z 补偿值都改为 0.000，而将 G002 行 X 补偿值设置为 −9.2，Z补偿值设置为 0.4。加工前将 1 号刀刀位点对刀到 X100Z100 处，启动程序即可。再次启动程序，切削位置不应变化。更换工件，加工可连续进行。

四、问题与思考

一般而言，编程中使用 G50，补偿值补偿的是实际刀具的刀尖与基准刀具的刀尖之间的差值，基准刀具不进行补偿而作为工件坐标系设定的依据；编程中使用 G54～G59，补偿值补偿的是实际刀具的刀尖与刀具基准点（刀架参考点）之间的差值；编程中不使用上述任何指令，补偿值补偿的是当刀架位于机床参考点时，各刀具刀尖位于加工位时与工件原点之间的 X、Z 轴差值。每一种补偿方法都可由图 4-18 或图 4-19 判断其补偿值的正负符号。

通过本次实验，不仅可以学会依据实际情况恰当地选择工件零点偏置、刀具几何偏置参数的设置方法，还对机床原点、机床参考点、刀架参考点、加工坐标系、工件坐标系、工件零点、刀位点、工件零点偏置、刀具几何补正等许多概念，得到更为直观的理解。

1）数控车床的机床原点是如何定义的？位于机床上何处？如何判断？

2）执行“机床回零”的目的是什么？与“刀架返回参考点”的说法是否一致？

3）刀架参考点是如何定义的？执行“机床回零”后，刀架参考点位于何处？

4）以刀架参考点为基准的对刀方法，常用于何种编程？如何对刀？

5）以工件原点为基准的对刀方法，常用于何种编程？如何对刀？

6）以第一把车刀的刀尖为基准的对刀方法，常用于何种编程？如何对刀？

7）增大刀具补偿值，工件尺寸变大还是变小？请结合不同的对刀方法分别讨论。

8）刀具返回时是否一定要取消刀具长度补偿？请结合不同的对刀方法分别讨论。

9）刀具参数包括哪些项目？与刀尖圆弧相关的是哪两项？用什么指令来调用？

10）在“单段”方式下运行程序，为何有时“绝对坐标”的显示值会突然变化？

实验五　车削固定循环（一）

一、实验目的

1）熟悉数控车床固定循环的类型。

2）掌握单一形状固定循环 G90、G94 的编程方法及应用。

3）掌握精车循环指令 G70 的指令格式及应用。

4）掌握外径/内径粗车循环指令 G71 的指令格式及应用。

5）掌握端面循环指令 G72 的指令格式及应用。

二、实验内容

1. 单一形状固定循环指令 G90、G94

1）假定工件毛坯取 ϕ40mm 棒料，按图 4-31 所示编写程序并完成仿真加工。

2）假定工件毛坯取 ϕ50mm 棒料，按图 4-32 所示编写程序并完成仿真加工。

3）假定工件毛坯取 ϕ55mm 棒料，按图 4-35 所示编写程序并完成仿真加工。

2. 复合固定循环指令 G71、G72 与精车循环指令 G70

1）用复合固定循环 G71 与 G70 配合，按图 4-39 所示编写程序并完成仿真加工。

2）用复合固定循环 G72 与 G70 配合，按图 4-42 所示编写程序并完成仿真加工。

三、操作指导

1. 输入程序

参考图 4-31，在“编辑”方式下，编写一个完整的程序，程序号“O0431”。结合原编程举例，程序开头增加“T0101;”，程序末尾增加“G00 X100 Z100;”、“M05”及“M30”程序段。

2. 设置工件毛坯

工件直径按“40”设置，长度按“100”设置。

3. 安装 75°菱形刀片外圆车刀到前置四方刀架并完成对刀操作

1）执行“快速定位”命令，车刀刀尖快速定位到工件右端面外沿。

2）单击“参数输入”软键，在番号 G001 设置刀具几何补正参数。X 向输入“X40”后按［测量］软键；Z 向输入“Z50”后按［测量］软键。

4. 零件自动加工并检测

在“自动”方式下完成加工后，对零件各部尺寸进行测量，该程序仅完成零件粗加工，外圆及端面均留出精车单边余量 0.5mm。

5. 生成报告文件

选择“文件”/“保存”/“保存报告文件”命令，以“O0431”为文件名将加工结果保存为报告文件。在“报告文件”中显示的“数控 NC 代码”及“加工视窗”图片如图 A-48 所示。

6. 输入新程序

参考图 4-32，在“编辑”方式下，编写一个完整的程序，程序号“O0432”。程序开头增加“T0101;”，程序末尾增加“G00 X100 Z20;”、“M05”及“M30”程序段。

说明：在“编辑”方式下，输入一个新程序号并按下“向下移动光标”键时，显示屏显示的原程序自动存储，显示屏幕清屏并显示新的程序号。

7. 设置工件毛坯

工件直径按“50”设置，长度按“120”设置。

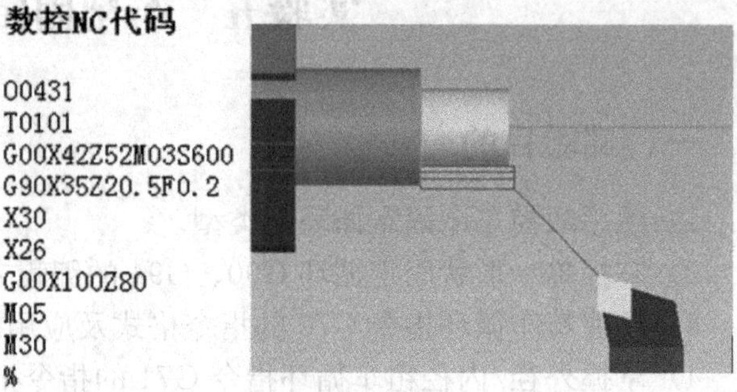

图 A-48 圆柱面车削循环编程实例

8. 对刀操作

1）执行“快速定位”命令，车刀刀尖快速定位到工件右端面外沿。

2）在番号 G001 设置刀具几何补正参数，Z 向输入“Z0”后按［测量］软键。

9. 自动加工并生成报告文件

在“报告文件”中显示的“数控 NC 代码”及“加工视窗”图片如图 A-49 所示。

10. 编辑程序

分析图 A-49 中的加工结果，参考图 A-50 所示重新编辑程序，使刀具轨迹更合理。

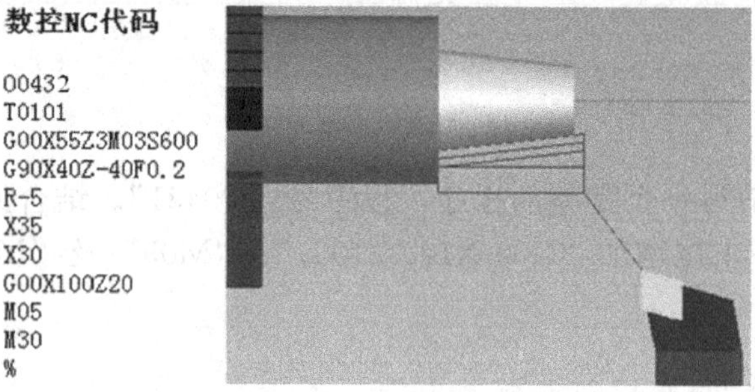

图 A-49 圆锥面车削循环编程实例

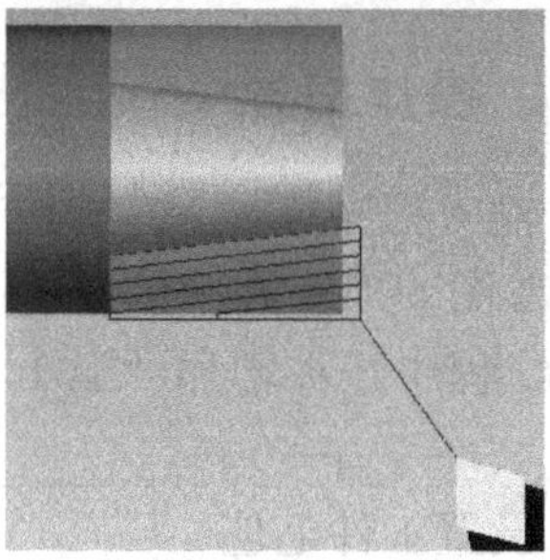

图 A-50 调整后的锥面车削轨迹

说明：用 G90 编程车削锥体的关键是确定切削终点的坐标及圆锥大小端的半径差，分析图 A-50 所示的切削轨迹，第 1 个 G90 程序段应为“G90 X50 Z−21.5 R−2.5 F0.2;”。

11. 输入新程序

参考图 4-35，在“编辑”方式下，编写一个完整的程序，程序号“O0435”。程序开头增加“T0101;”，程序末尾增加“G00 X100 Z50;”、“M05”及“M30”程序段。

12. 设置工件毛坯

工件直径按“55”设置，长度按“80”设置。

13. 对刀操作

1）执行“快速定位”命令，车刀刀尖快速定位到工件右端面外沿。

2）在番号 G001 设置刀具几何补正参数，Z 向输入“Z33.5”后按［测量］软键。

14. 自动加工并生成报告文件

在“报告文件”中显示的“数控 NC 代码”及“加工视窗”图片如图 A-51 所示。

说明：分析图 A-51 中的加工结果，也可以将程序中“R－3”指令后移，先按矩形循环完成圆柱部分车削后，再按锥体加工。

数控NC代码

```
O0435
T0101
G00X57Z35M03S600
G94X25Z31.5F0.2
R-3
Z29.5
Z27.5
Z25.5
G00X100Z50
M05
M30
%
```

图 A-51　G94 端面车削循环编程实例

15. 输入新程序

参考图 4-39，在“编辑”方式下，对书中原程序适当修改后输入，程序号“O0439”。

16. 设置工件毛坯

工件直径按“140”设置，长度按“200”设置。

17. 安装外圆车刀到 2 号刀位并对两把车刀进行对刀操作

已安装的 T01 号刀具无需卸下，再在 2 号刀位安装一把外圆车刀。对刀时两把车刀的操作方法都一样，2 号刀对刀前要先转到加工位。

1）执行“快速定位”命令，车刀刀尖快速定位到工件右端面外沿。

2）单击“参数输入”软键，在番号 G001 设置 1 号车刀几何补正参数；在番号 G002 设置 2 号车刀几何补正参数。*X* 向输入“X140”后按［测量］软键；*Z* 向输入“Z170”后按［测量］软键。

18. 零件自动加工并检测

完成加工后对零件各部尺寸进行测量，测量窗口的显示如图 A-52 所示。

19. 生成报告文件

在“报告文件”中显示的“数控 NC 代码”及“加工视窗”图片如图 A-53 所示。

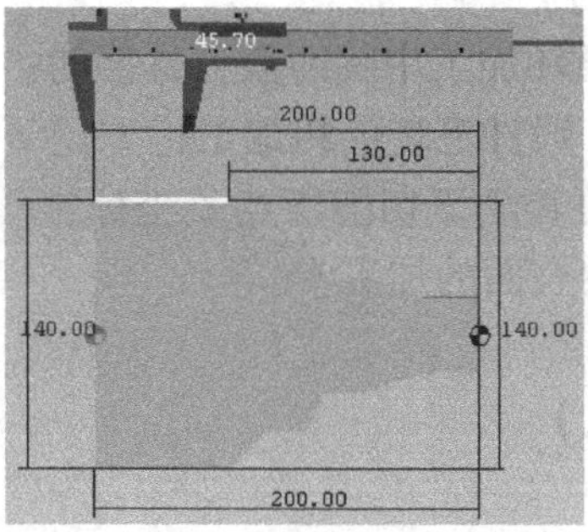

图 A-52　测量窗口的显示

数控NC代码

```
O0439
M03S800T0101
G00X140Z172
G71U7R1
G71P100Q200U2W0.5F0.3S600
N100G00X40S800
G01W-32F0.15
X60W-30
W-20
X100W-10
W-20
N200X140W-20
G00X200Z220
T0202
X140Z172
G70P100Q200
G00X200Z220
M05
M30
%
```

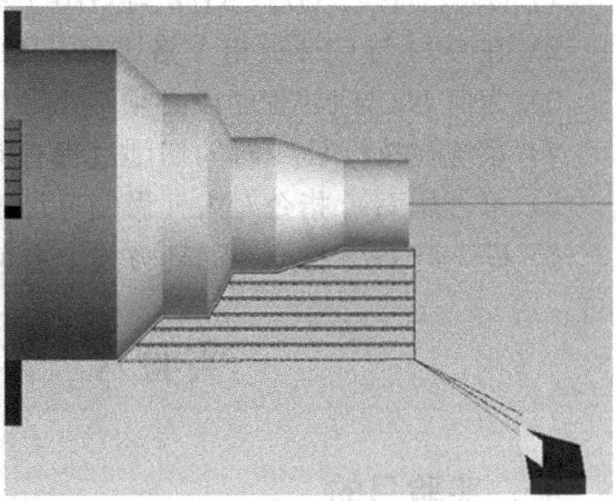

图 A-53　G71 粗车外径与 G70 精车循环编程实例

20. 输入新程序

参考图 4-42，在“编辑”方式下，对书中原程序适当修改后输入，程序号“O0442”。

21. 设置工件毛坯

工件直径按“160”设置，长度按“180”设置。

22. 重新对刀

按图 4-42 所定义的坐标系重新对刀。对刀时 Z 向输入“Z130”后按［测量］软键。

23. 自动加工并生成报告文件

在“报告文件”中显示的“数控 NC 代码”及“加工视窗”图片如图 A-54 所示。

数控NC代码

```
O0442
M03S800T0101
G00X176Z130.25
G72W2R1
G72P100Q200U0.5W0.25F0.4S600
N100G00Z56S800
G01X120Z70F0.15
W10
X80W10
W20
N200X40W20
G00X220Z190
T0202
X176Z130.25
G70P100Q200
G00X220Z190
M05
M30
%
```

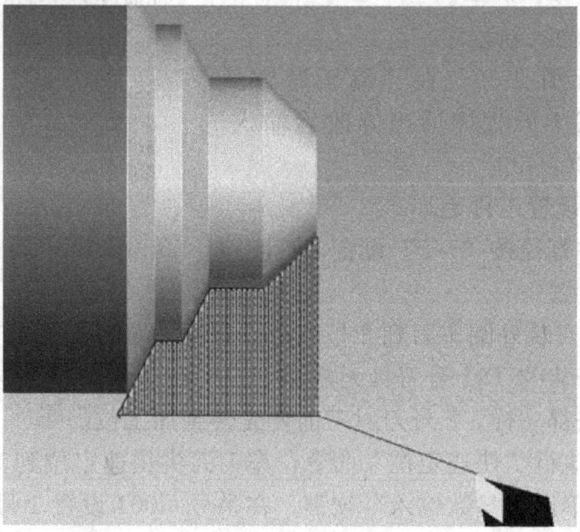

图 A-54　G72 粗车端面与 G70 精车循环编程实例

四、问题与思考

本次实验通过对前面教学中所介绍的 5 个编程实例，给出了参考程序及实验验证。学员在运行程序时，可先选择“单段”方式，以熟悉每一种循环指令的进给路线及加工特点。

1）G90、G94、G71、G72 与 G70 分别是什么指令？

2）在 G90 与 G94 的指令格式中，R 的正负号是如何规定的？

3）为何 Ns 与 Nf 程序段必须给出顺序号？它们代表复合循环加工中哪两段刀具移动？

4）系统在执行 G71 时的切削过程有何特点？是否适合铸、锻件毛坯的粗加工？

5）可否用 G90 指令对内孔做循环加工？循环起点 Z 坐标可否小于切削终点 Z 坐标？

6）G71 与 G72 指令在循环方式上有何不同？各适用于哪种表面的加工？

实验六　车削固定循环（二）

一、实验目的

1）掌握轮廓粗车循环指令 G73 的指令格式及应用。

2）掌握端面切槽、钻孔复合循环 G74 的指令格式及应用。

3）掌握外径/内径切槽循环 G75 的指令格式及应用。

4）掌握复合螺纹切削循环 G76 的指令格式及应用。

二、实验内容

1. 轮廓粗车循环指令 G73

用复合固定循环 G73 与 G70 配合，按图 4-44 所示编写程序并完成仿真加工。

2. 端面切槽、钻孔复合循环 G74

假定工件毛坯取 ϕ30mm×100mm 棒料，按图 4-45 所示编写程序并完成钻孔加工。

3. 外径/内径切槽循环 G75

假定工件毛坯取 ϕ40mm×100mm 棒料，按图 4-46 所示编写程序并完成切槽加工。

4. 复合螺纹切削循环 G76

假定工件毛坯取 ϕ40mm×100mm 棒料，按图 4-49 所示编写程序并完成综合加工。

三、操作指导

1. 输入程序

参考图 4-44，在“编辑”方式下，输入书中原程序，为避免用 G73 指令车削棒料因开始时切削量过大而导致进给停止，将程序中第一个 G73 代码中“U14. W14. R3”修改为“U25. W25. R12”，其余内容不做修改，程序号“O0444”。

2. 设置工件毛坯

工件直径按“180”设置，长度按“160”设置。

3. 安装刀具并完成对刀操作

1）参数设置刀架为“前置刀架”、“四方刀架”。T0101 选择 75°菱形刀片外圆车刀，刀杆长度为 120mm；T0303 选择 55°菱形刀片外圆车刀，刀杆长度为 100mm。

2）对两把车刀分别执行“快速定位”命令，定位点选工件顶面中心。这样，第一把车刀可以用 G0U260W100 快速定位到对刀点；第 2 把刀可比较与第一把刀刀尖的差值，以便进行刀补值的设置。

3）单击［参数输入］软键，在番号 G001 对 T0101 设置刀具补正参数，X、Z 向均为 0. 000；在番号 G003 对 T0303 设置刀具补正参数，X 向为 −40. 000，Z 向为 0. 000。

4）用 G0U260W100 完成 1 号刀 X、Z 快速定位后，调出程序进行加工。仿真结果应如图 A-55 所示。

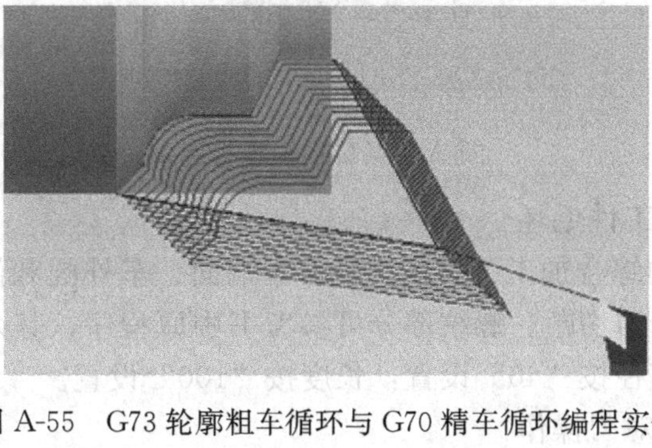

图 A-55　G73 轮廓粗车循环与 G70 精车循环编程实例

说明：在仿真软件中进行模拟加工的过程中，若由于切削层深度大而使切削停止。可将工作方式切换为“手动”方式，退出刀具并关闭主轴。若用 G50 编制的程序要重新启动。

必须再次调整刀具到对刀点处。

5）编辑程序，删除 G50X260. Z220. 程序段，同时删除 T0100 程序段和 T0300 程序段。机床回零后，重新对刀设置刀补，启动程序加工。仿真结果应与图 A-55 类似。

4. 输入程序和设置工件毛坯

参考图 4-45，输入书中原程序；工件直径按“30”设置，长度按“100”设置。

5. 安装刀具并完成对刀操作

本次加工使用 ϕ16mm 钻头，在刀具库选择钻头后，应将其直径设置为 ϕ16mm。利用“快速定位”命令，完成对刀操作。

6. 运行程序作钻孔加工

单击“剖面显示”按钮，钻孔加工的仿真结果如图 A-56 所示。

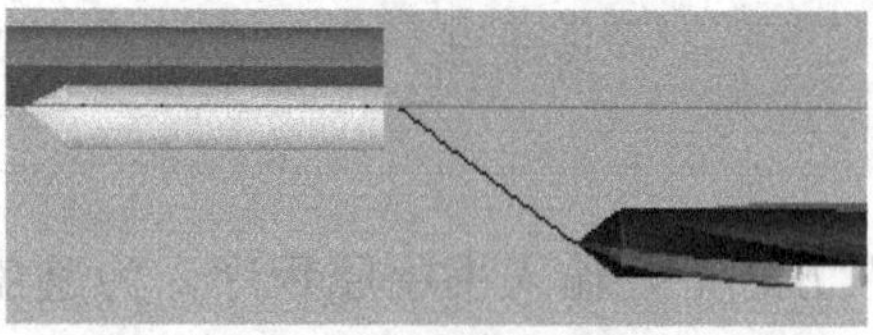

图 A-56　G74 编程实例

7. 输入程序和设置工件毛坯

参考图 4-46，输入书中原程序；工件直径按“40”设置，长度按“100”设置。

8. 安装刀具并完成对刀操作

本次加工使用切槽刀（割刀），刀杆长度“110”，宽度“20”，刀片边长“10”，刀片宽度“4”。利用“快速定位”命令，完成对刀操作。

9. 运行程序作切槽加工

运行程序，切槽加工的仿真结果如图 A-57 所示。

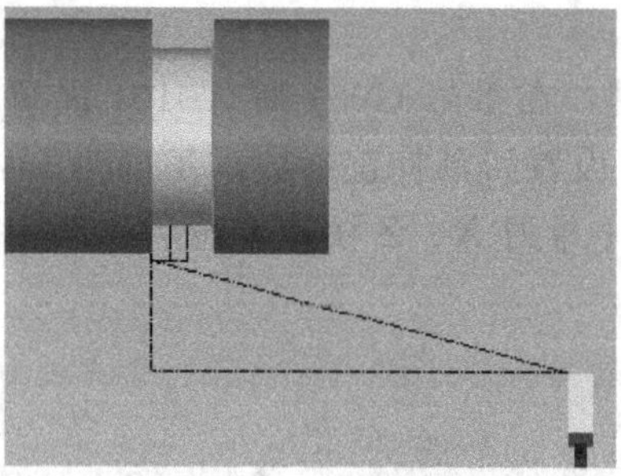

图 A-57　G75 编程实例

10. 输入程序和设置工件毛坯

参考图 4-49，该件的综合加工可安排 1 号刀车端面、车外圆和倒角；2 号刀切槽；3 号刀车螺纹。最后再用 2 号刀切断。螺纹部分可参考书中原程序，其余部分程序需自行编写。工件毛坯的设置，工件直径按“40”设置，长度按“100”设置。

11. 安装刀具并完成对刀操作

本次加工直接从刀具库中选择外圆刀、切槽刀（割刀）和螺纹刀，使用默认的刀具参数。利用“快速定位”命令，完成对刀操作。

12. 运行程序作综合加工

运行程序，综合加工的仿真结果如图 A-58 所示。参考程序如图 A-59 所示。

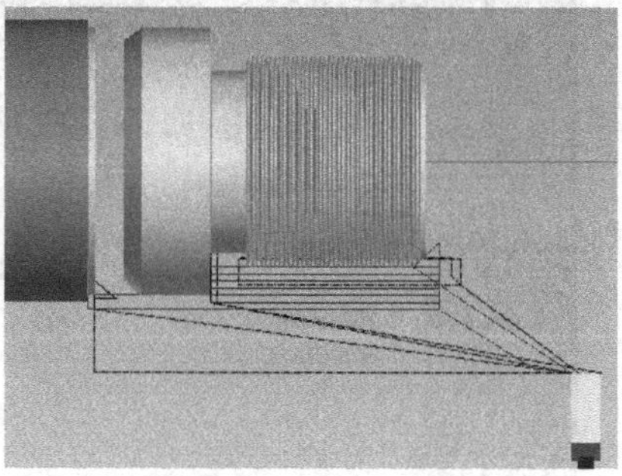

图 A-58　综合件加工

数控NC代码

```
O0449
T0101S800M03
G00X42Z2
G99G90X38Z-47F0.1
G0X40
G74R0.2
G74X29.8Z-30P1000Q35000R0
G0X23Z2
G0X30Z-1.5
G00X60Z20
S400M03T0202
G01G0X40Z-30
G75R0.2
G75X26Z-29P2000Q1000R0F0.06
G0X60Z20
S500M3T0303
G0X35Z4
G76P011060Q50R50
G76X27.346Z-27.P1327Q500F2
G0X60Z20
S400M3T0202
G0X42Z-46
G1X34F.06
X40F.5
Z-43
X34Z-46F.06
X.1
G0X60
Z20M30
%
```

图 A-59　综合件加工程序

四、问题与思考

1）用 G73 对棒料作粗车加工存在什么问题？G73 适合加工什么件？

2）G74 加工有何特点？用 G74 代替 G90 应如何编程？有何优点？

3）如图 A-60 所示，用 G75 实现沿 Z 轴等距的多槽加工。

4）用螺纹切削循环 G92 实现图 4-49 所示零件的螺纹加工。

5）对图 4-49 所示零件的综合加工，若改用后置刀架，不对程序进行任何修改，可否正常加工？为什么？当选择后置刀架时，按仿真软件中的刀具安装方式（刀具正装），加工右旋螺纹时，应如何走刀？

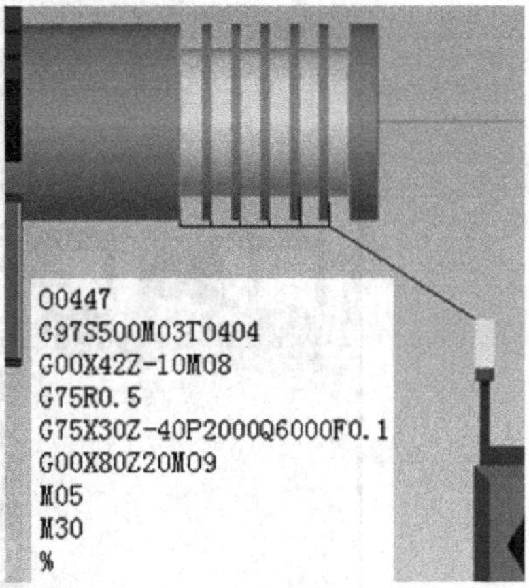

图 A-60　用 G75 实现等距多槽加工

附录 B　数控铣床及加工中心编程实验指导书

实验七　数控铣床及加工中心基本操作

一、实验目的

1）熟悉菜单命令与常用工具按钮。
2）掌握毛坯的设置及毛坯安装方法。
3）掌握刀具的选择及刀具安装方法。
4）熟悉数控铣床及加工中心基本操作。

二、操作指导

1. 选择数控系统及机床操作面板

启动“斯沃数控仿真软件 6.2 版”，当屏幕上弹出“斯沃数控”启动对话框后，选择“FANUC 0iM”数控系统，如图 B-1 所示。单击“运行”按钮，进入 FANUC 0iM 系统工作界面。此时，屏幕左侧显示的是一台立式加工中心，右侧显示的是数控系统面板和 FANUC 0iM 标准面板。为便于学习，单击屏幕右下角的下拉箭头，选择“南通机床厂 FANUC 0iM 面板”。选择该面板后单击“接通”按钮，接通系统电源；单击“急停”按钮，解除急停状态。此时，屏幕显示的“南通机床厂 FANUC 0iM 面板”工作窗口界面如图 B-2 所示。

图 B-1　选择“FANUC 0iM”数控系统

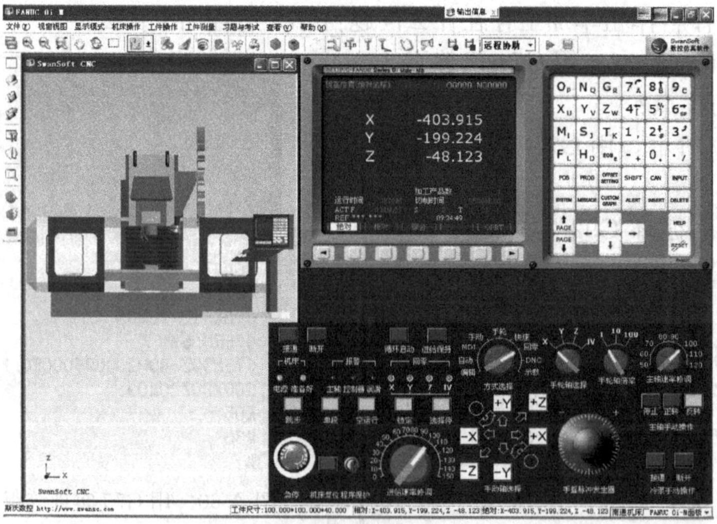

图 B-2 “南通机床厂 FANUC 0iM 面板”工作窗口界面

2. 菜单命令与常用工具按钮

主菜单包括“文件”、“视窗视图”、“显示模式”、“机床操作”、“工件操作”、“工件测量”等，所有菜单命令都可以通过单击工具图标按钮完成。光标箭头移至菜单命令处单击，逐个打开每个菜单命令的下拉菜单，命令内容大多与 FANUC 0iT 窗口界面相同。

(1)“参数设置”命令　单击“参数设置”图标，弹出“机床参数”对话框，其“机床操作”选项卡如图 B-3 所示。可以在此进行刀架选择，当选择“立式刀架”时，刀库与机械手位于床身右侧，圆盘式刀库的轴线水平布置，如图 B-2 所示；当选择“卧式刀架”时，刀库与机械手位于床身左侧，圆盘式刀库的轴线垂直布置，如图 B-4 所示，常称这种刀库为斗笠式刀库。其余参数设置与前述相似，此处不再叙述。但在接通机床电源和解除急停后，应首先进行机床参数的初始化设置工作。

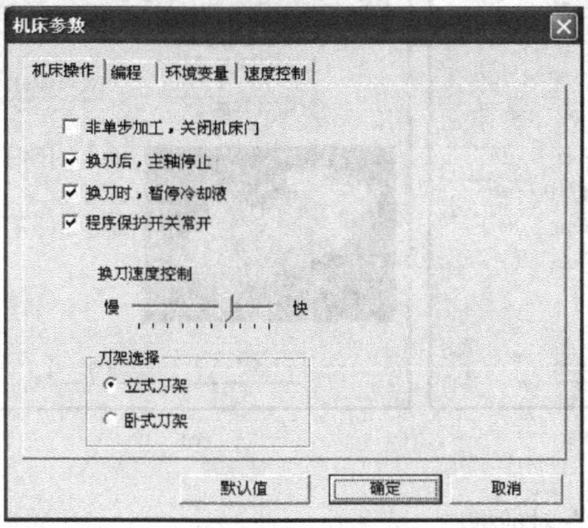

图 B-3 “机床操作”选项卡

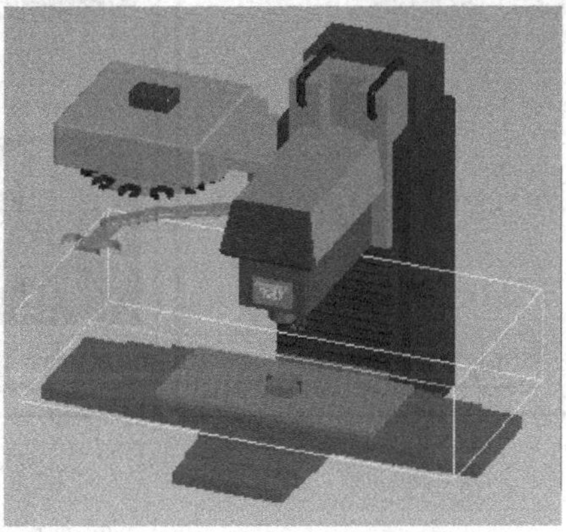

图 B-4 加工中心的“卧式刀架”布局

(2)“床身显示模式”按钮　单击该图标按钮，可以在三种机床显示模式间切换。这 3 种显示模式分别是全部显示（见图 B-2）、不显示操纵台和防护罩（见图 B-4）以及只显示刀柄、刀具和工件。为便于观察，可以在三种显示模式间任意切换。

(3)“刀具交换装置（ACT）显示”按钮　这是一个开关，图标按下后将显示刀具交换装置（即图 B-2 和图 B-4 中的刀库与换刀机械手），若抬起则不显示。当不显示刀具交换装置时，可以将机床认定为一台立式数控铣床。

(4)“工件设置”按钮　单击该按钮，显示“设置毛坯”、“工件装夹”、“工件放置”、“基准芯棒选择”、“寻边器选择”和“冷却液调整”6 个子命令，可做进一步的选择。

(5)“刀具管理”按钮　单击该按钮，弹出的“刀具库管理”对话框提供了铣、钻、镗及攻螺纹等常用的刀具类型，其设置方法将在后面介绍。

由于其余按钮大多已在数控车床编程实验中做了介绍，此处不再赘述。

3. 毛坯的设置及毛坯安装方法

在菜单栏单击“工件操作”命令，或单击“工件设置”按钮，弹出的下拉菜单中包括“设置毛坯”、“工件装夹”和“工件放置”三个子命令。设置工件毛坯时，建议先确定工件装夹方式，再进行毛坯设置，而“工件放置”一般可取默认值。

(1) 工件装夹　选择“工件装夹”命令，弹出的“工件装夹”对话框中有三种工件装夹方式可供选择，如图 B-5 所示。

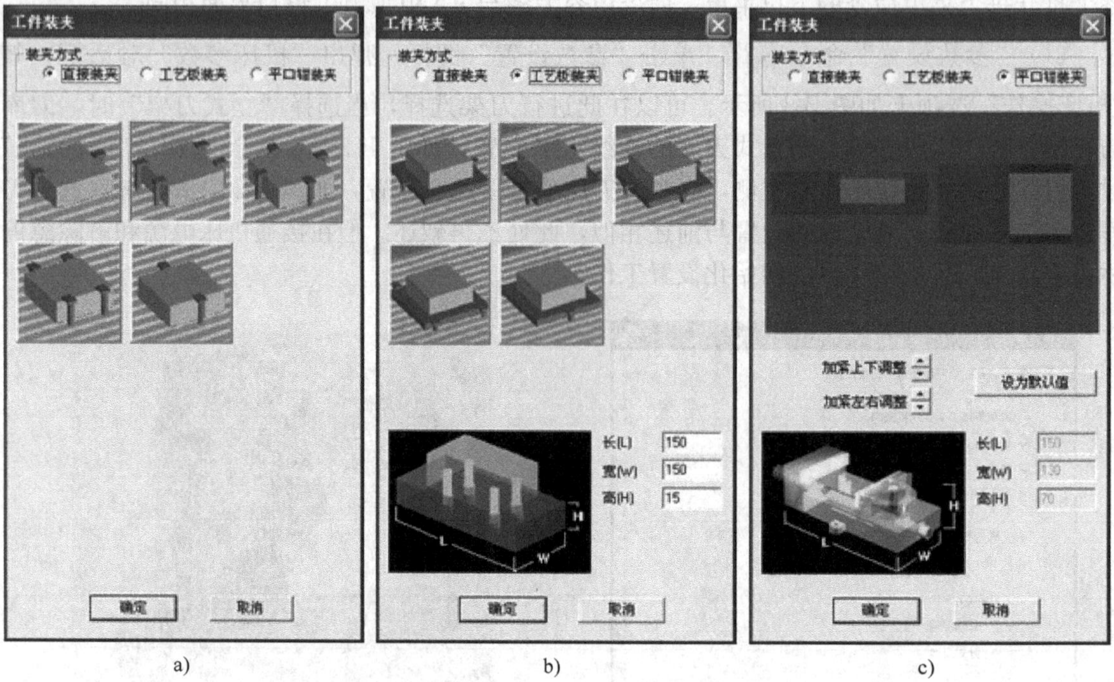

图 B-5 “工件装夹”对话框

1) 选择“直接装夹”方式。可直接将工件放置到工作台上，由两个或 4 个压板压紧。压紧位置可以选择，如图 B-5a 所示。

2) 选择“工艺板装夹”方式。工件可通过底面螺钉连接先与工艺板固定，再用压板将工艺板压紧到工作台上，如图 B-5b 所示。

3) 选择“平口钳装夹”方式。工件可利用“夹紧上下调整”与“夹紧左右调整”来调整其相对于平钳钳口的上下左右位置，如图 B-5c 所示。一般需适当向上调整，以避免加工时刀具与平钳钳口干涉。

加工时应根据工件的形状特点选择工件装夹方式。采用直接装夹的工件，适合较大尺寸零件的内腔加工。若加工外形轮廓则必须避开压板位置，整体轮廓大部分加工后需重新调整压板位置，再对压板夹紧处加工，给编程及操作都带来麻烦；采用工艺板装夹，可以对工件外形轮廓直接编程加工，甚至可以加工到工件全高，但必须在工件背面设置工艺螺孔；采用平口钳装夹，工件尺寸受平口钳尺寸规格的限制，可以对钳口以上的工件轮廓直接编程加工，此时应注意 Z 轴安全间隙，铣刀刀底与平口钳顶面间的间隙至少在 1～2mm 以上。平口钳夹紧较适合加工尺寸较小的长方体零件，工件夹持深度也不能过小，以保证足够的夹紧力。

(2) 设置毛坯　选择“设置毛坯”命令，弹出“设置毛坯”对话框。通过单击单选按钮，可以选择两种毛坯类型，如图 B-6 所示。

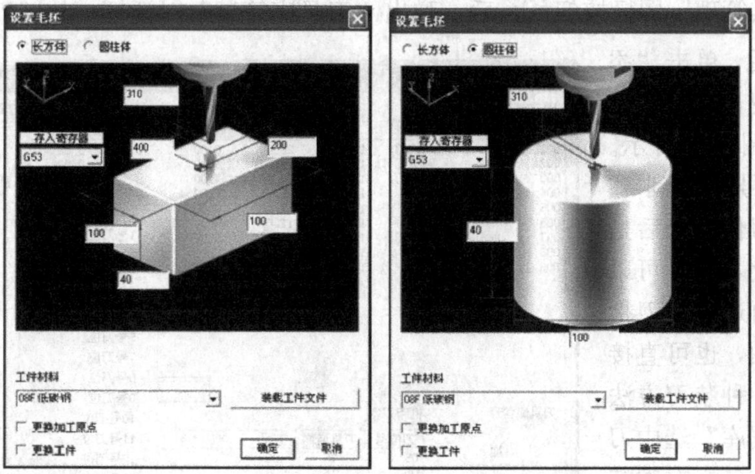

a) b)

图 B-6 “设置毛坯”对话框

1）选择毛坯为“长方体”。如图 B-6a 所示，此时需设置长方体毛坯的长、宽、高尺寸，如果想要快速输入工件零点偏置值（不用对刀），首先在“存入寄存器”下拉列表中选择要设置的工件坐标系（G54～G59）；再在工件上部的 3 个文本框中输入工件原点相对于工件顶面中心点的坐标增量值；然后选中“更换加工原点”复选框。继续选择“工件材料”和选中“更换工件”复选框。单击“确定”按钮，机床工作台上的工件按更新的工件显示。

2）选择毛坯为“圆柱体”。如图 B-6b 所示，此时需设置圆柱体的直径与高度。工件零点设置只有 Z 轴方向可以偏离工件顶平面，X、Y 轴则只能选择在圆柱体轴线上。其余设置操作同上。

说明：①若设置了工件零点快速输入而未选中“更换加工原点”复选框，工件零点偏置值不能被输入；②以长方体毛坯为例，若将工件原点设在工件顶面中心处，应在毛坯上部的 3 个文本框中都输入 0；若将工件顶面的左下角设为工件原点，对于长为 100mm，宽为 80mm 的长方体毛坯，应按 X－50Y－40Z0 输入数值；③用上述方法设置工件零点偏置值后，不要再用“工件装夹”和“工件放置”命令调整工件的位置，否则需重新设置。

(3) 工件放置　选择“工件放置”命令，弹出的“工件放置”对话框如图 B-7 所示。利用此对话框可对已安装到工作台上的工件进行位置和角度的调整。在“X 方向（mm）”、“Y 方向（mm）”文本框设置工件平移，在“旋转（度）”文本框设置旋转角度，单击“放置”按钮，工件位置被调整。单击“确定”按钮，关闭“工件放置”对话框。要调整工件位置，可以直接在文本框输入，也可以单击各调整按钮 或 ，做加、减调整。

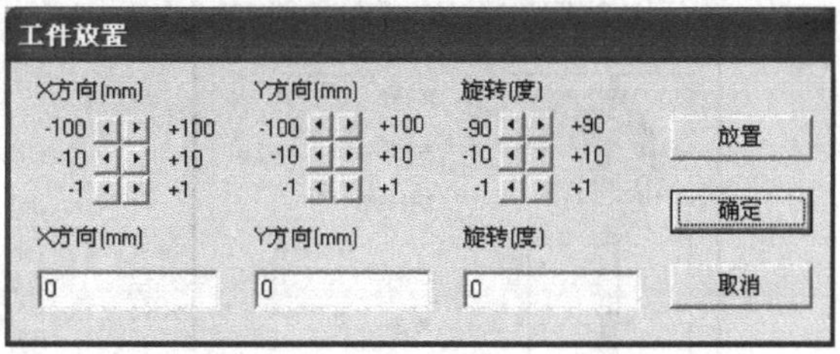

图 B-7 “工件放置”对话框

4. 刀具的选择及刀具安装方法

单击“刀具管理”图标按钮后，弹出“刀具库管理”对话框。从“刀具数据库”中选中一把刀具后，单击“添加到刀库”按钮，打开刀库刀位列表，如图 B-8 所示。图中显示的 1 号刀位到 12 号刀位为刀库刀位，最后是主轴刀位。因此，刀具可以先装到刀库，再通过换刀指令 M6 装到主轴，也可直接装到主轴。另一种装刀方法是从“刀具数据库”选中刀具后，直接按住鼠标左键拖至机床刀库中。

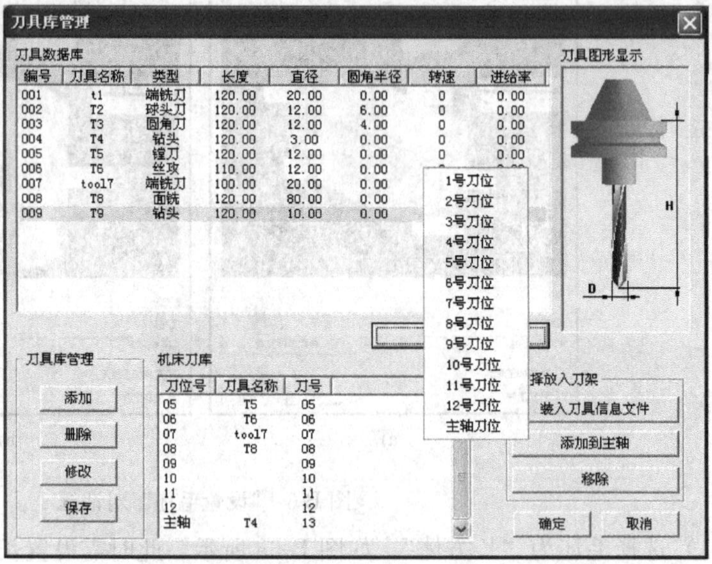

图 B-8 “刀具库管理”对话框和刀库刀位表的显示

（1）刀具库管理 利用“刀具库管理”选项栏，可以实现刀具的“添加”、“删除”、“修改”和“保存”等项操作。单击“添加”按钮，弹出如图 B-9 所示的“添加刀具”对话框。可以选择的刀具类型有“端铣刀”、“球头刀”、“圆角刀”、“钻头”、“镗刀”、“丝攻”、“方肩铣”和“面铣”共 8 种。选择刀具类型后，还应设置刀具的“刀具号”、“刀具名称”以及“直径”、“半径”、“刀杆长度”等参数。

（2）从刀库或主轴移除刀具 在“机床刀库”列表中选中要移除的刀具，单击“移除”按钮，刀具被移除。若选中的是主轴上的刀具，还将弹出一个提示对话框，如图 B-10 所示，单击“确定”按钮，可移除主轴上安装的刀具。

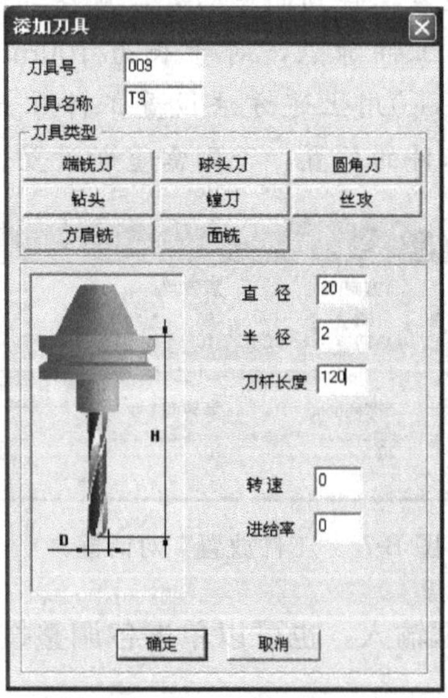

图 B-9 “添加刀具”对话框

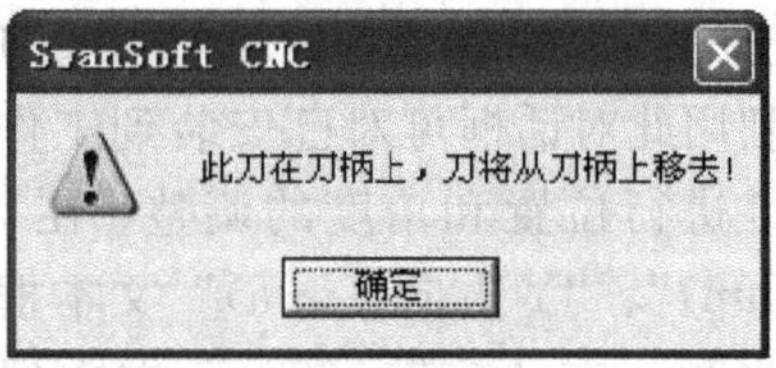

图 B-10 SwanSoft CNC 对话框

5. FANUC 0iM 数控系统面板

通过图 B-2 中系统面板与图 A-14 比较，FANUC 0iM 的数控系统面板与 FANUC 0iT 系统面板的显示差别不大。数控车床只用 X、Z 轴，而数控铣床使用 X、Y、Z 轴。数控车床上 U、W 地址可用于增量坐标编程，使用频次较多，可以直接选择；而数控铣床上 H 为刀具长度补偿地址码，使用频次较多，可以直接选择。显示屏的坐标显示部分，由数控车床仅显示 X、Z 轴变成数控铣床显示 X、Y、Z 三个坐标轴。

由于已对 FANUC 0iT 系统面板的操作做过详细介绍，此处对 FANUC 0iM 系统不再深入讨论，有关操作方法可参考前面的相关实验。

6. 南通机床厂 FANUC 0iM 操作面板

由于南通机床厂设计的 FANUC 0iM 操作面板采用中文标识，比较便于初学者学习，且具有一定的典型性，因此，下面安排的所有数控铣床及加工中心编程实验中，一律使用该操作面板。另外，由于前面已对数控车床操作做了详细讲解，为避免重复，这里仅对个别开关或按钮再简要说明一下。该操作面板的显示如图 B-11 所示。

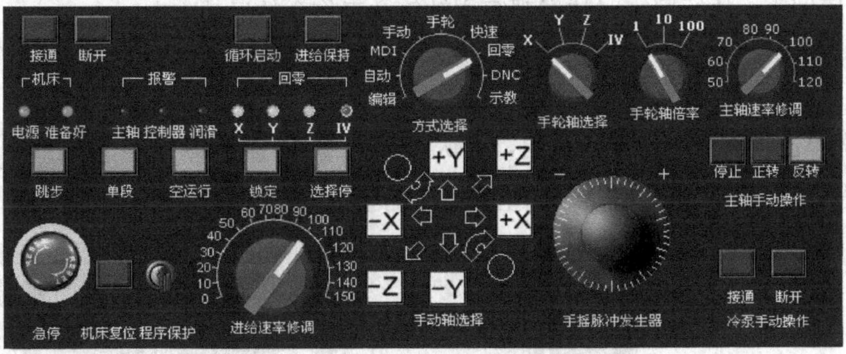

图 B-11　南通机床厂 FANUC 0iM 面板

（1）工作方式选择开关　“方式选择”开关是一个旋钮，用于工作方式的选择。如图 B-12所示，当鼠标指针指向任何一种工作方式后，单击鼠标左键，旋钮立刻旋转到该工作方式。工作方式包括“编辑”、“自动”、“MDI”、“手动”、“手轮”、“快速”、“回零”、“DNC”和“示教”共 9 种。

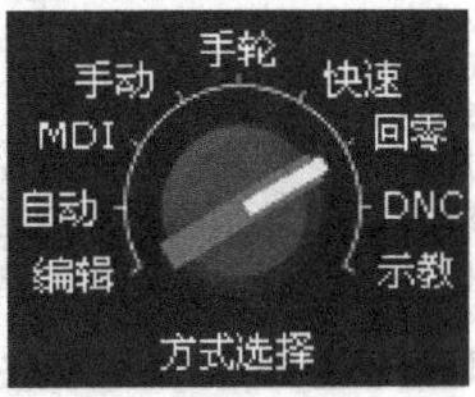

图 B-12　“方式选择”开关

（2）进给速率修调与主轴速率修调　利用进给速率修调旋钮可以对程序中 F 所给定的进给速度施加倍率，范围为 0%～150%，以 10%的倍率变化（注：该旋钮一般也用于调整手动进给速率）；利用主轴速率旋钮可以对程序中 S 所给定的主轴转速施加倍率，范围为 50%～120%，以 10%的倍率变化。

（3）循环启动与进给保持按钮　按下“循环启动”按钮，自动执行程序或 MDI 指令；在程序执行期间，按下“进给保持”按钮，暂停所有轴的运动，而主轴照常转动。按下“循环启动”按钮，程序可继续执行。

7. 数控铣床及加工中心的基本操作

（1）手动返回参考点　接通系统电源及解除急停之后，首先应执行机床返回参考点操作。“方式选择”旋钮选择“回零”；分别按“＋Z”、“＋X”及“＋Y”按钮，进行回零操作。回零操作完成后，“回零”指示灯亮，显示屏显示的各轴坐标均为“0.000”。

（2）手动连续进给和快速进给 “方式选择”旋钮选择“手动”方式或“快速”方式，利用“手动轴选择”按钮，完成 X、Y、Z 各坐标轴的正向或负向移动。

（3）手轮进给 “方式选择”旋钮选择“手轮”方式，完成“手轮轴选择”和“手轮轴倍率”选择后，鼠标指针移向手摇脉冲发生器，鼠标指针变为手的形状，按下鼠标左键并拖动，手摇轮转动，顺时针方向为坐标值增大的方向，逆时针为坐标值减小的方向。

（4）主轴的操作 在“手动”、“手轮”或“快速”方式下，按主轴“正转”或“反转”按钮，可使主轴顺时针旋转或逆时针旋转；按下“停止”按钮，主轴停止转动。

8. 平面铣削加工实例

下面以面铣加工为例，结合“南通机床厂 FANUC 0iM 面板”，对数控铣床的基本操作给出较详细的操作步骤。假如已启动系统和解除紧急停止状态，继续按以下步骤执行。

（1）设置显示模式 在菜单栏单击“显示模式”命令，按图 B-13 设置显示模式。动态旋转机床后，使机床的显示如图 B-14 所示。此时机床显示为一台数控铣床。

（2）机床回零 执行回零时注意观察主轴箱及工作台的运动方向。

1）如图 B-12 所示，当光标箭头指向“回零”处时单击鼠标左键，旋钮指针指向“回零”。

2）依次单击 +Z、+X、+Y 按钮，确认 X、Y、Z 回零指示灯 X Y Z IV 亮。

3）单击［综合］软键，观察不同坐标系下的坐标值显示，如图 B-15 所示。

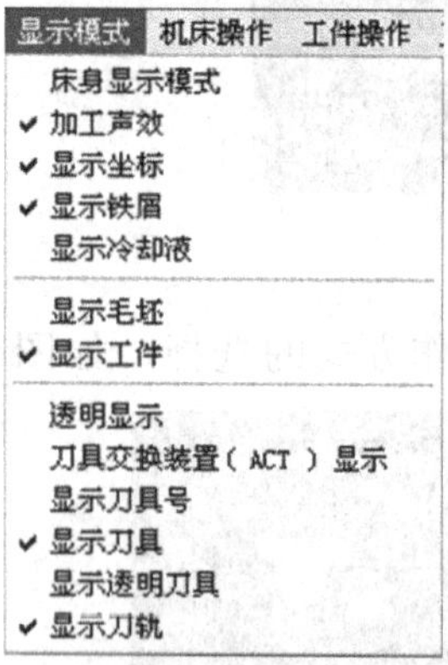

图 B-13 设置显示模式

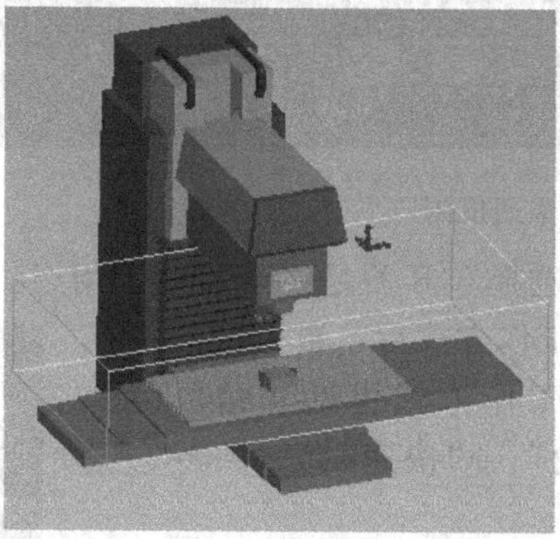

图 B-14 机床显示为一台数控铣床

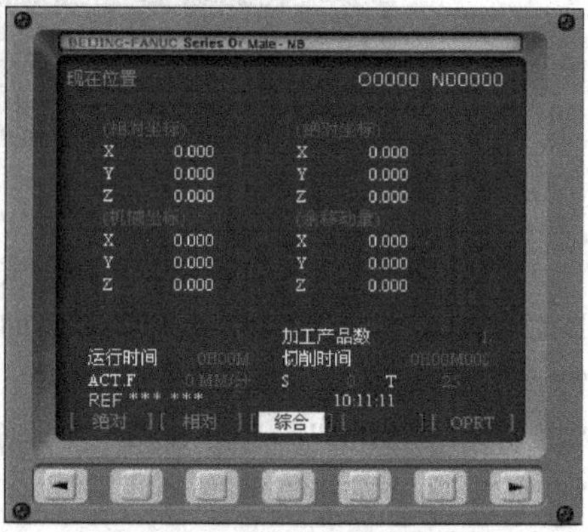

图 B-15 ［综合］坐标显示

（3）设置毛坯和选择工件装夹方式 单击“工件设置”图标按钮，选择“设置毛坯”命令，弹出“设置毛坯”对话框。参考图 B-6a 进行设置，设置工件的长、宽、高尺寸分别为“200”、“60”、“40”，并选中“更换工件”对话框。单击“确定”按钮，关闭“设置毛坯”对话框。再次单击“工件设置”图标按钮，选择“工件装夹”命令，弹出“工件装夹”对话框，参考图 B-5b，选择“工艺板装夹”方式。单击“确定”按钮，关闭该对话框。

（4）选择刀具并将其直接安装到机床主轴 单击“工具管理”图标按钮，弹出“刀具库管理”对话框（见图 B-8），从中选择编号为“008”的刀具，该刀具为面铣刀，长度为

120mm，直径为 80mm。若刀具数据库列表中无所使用的刀具，也可以通过“添加”或“修改”命令创建该刀具。选中所需刀具后，单击“添加到刀库”按钮，随即弹出一个刀位号列表，单击最后一项“主轴刀位”。单击“确定”按钮，关闭“刀具库管理”对话框。此时，所选刀具直接安装到机床主轴上。

（5）刀具移向工件　参考图 B-12，工作方式选择“快速”，利用工具栏图标按钮调整机床的大小、位置或视角，以便于观察刀具与工件之间的相对位置关系。调整好观察机床的视角后，移动鼠标指针到相应的坐标轴按钮 -Z、-X、-Y（注：开始时刀具还在参数点，只能负方向移动，否则超程报警）处，按下鼠标左键不放，使刀具向工件快速接近。当刀具与工件相距较近时，改为“手动”方式，进一步靠近工件。

为了较准确判断 X、Y、Z 方向上刀具与工件间的位置关系，最好选择标准的 XZ 视角或 YZ 视角。在“手动”方式下调整的刀具与工件间的位置如图 B-16 所示。图 a 为 XZ 视角的显示，图 b 为 YZ 视角的显示。此时，刀具切刃略高于工件上表面。

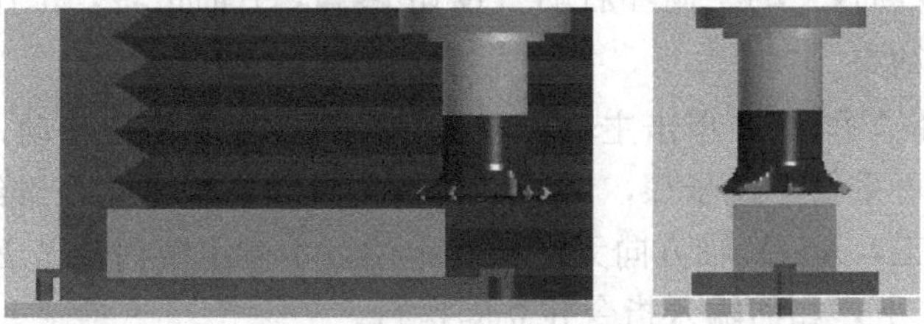

a)　　b)

图 B-16　XZ 与 YZ 视角下的刀具位置

说明：在调整视图操作时，也可以单击“平移”按钮，使其处于按下状态。此时，若在机床显示区按住鼠标左键不放，并上、下、左、右移动，可使机床平移；若按住鼠标滚轮不放，并上、下、左、右移动，可使机床动态旋转；若上、下转动滚轮，可使机床动态放大或缩小。也可以单击鼠标右键，在弹出的快捷菜单中选择相应命令进行视图操作。

（6）试切法对刀操作　通过以下手动操作，调整 Z 轴切削时每层下刀深度。

1）按图 B-16a 所示显示 XZ 视图。

2）工作方式选择“手轮”，单击主轴“正转”按钮，主轴开始旋转。

3）手轮轴选择“Z”和手轮轴倍率选择“100”，如图 B-17 所示。

4）光标移至手轮（手摇脉冲发生器）处，负（逆时针）方向转动手轮，同时注意观察刀具前端与工件上表面的接近程度并随时减小手轮轴倍率。刀具与工件接触，有切屑飞出时停止手摇轮转动。

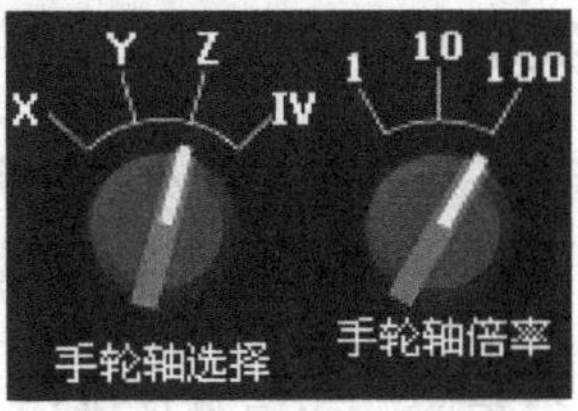

图 B-17　手轮轴选择和手轮轴倍率选择

5）手轮轴选择“X”，正（顺时针）方向转动手轮，使刀具退出工件。

6）单击主轴“停止”按钮，主轴停止转动。

7）单击显示屏下面的［相对］软键，显示屏显示相对坐标。单击数字/字母键中的 Z_W 键，显示屏显示的 Z 坐标值以红色闪烁显示。单击显示屏下面的［ORIGN］软键，Z 坐标值清零。

8）根据将要铣削的 Z 轴深度调整刀具。手轮轴选择“Z”如图 B-17 所示。负（逆时针）方向转动手轮，使刀具沿 Z 轴下降。此时应一边转动手轮，一边观察显示屏显示的 Z 轴坐标。铣平面时，Z 轴切削量不宜过大。如要下降 2mm，转动手轮至显示 Z 轴坐标为“−2.000”时，停止手轮转动。

（7）铣平面　下面以 MDI 方式输入指令，并立即执行加工。

1）工作方式选择“MDI”；功能键选择“程序”；单击［MDI］软键，显示屏显示 O0000 。

2）用数字/字母键输入 >M03S350G91G01X-300F100;_ 后，单击“插入”键 INSERT，该程序段将显示到程序号之后。

3）单击机床操作面板上的“循环启动”按钮 ，主轴正转，工作台向右移动，切削工件上表面直到程序结束。

4）工作方式选择“手动”；单击主轴“停止”按钮，主轴停止转动；提刀并向右移回刀具。若要继续加工，可重复上述步骤，调整 Z 轴深度，再次输入指令继续加工。

对于平面铣削加工，X、Y 轴方向无需精确定位，本例主要讨论了 Z 轴的对刀方法。同时说明了在 MDI 方式下，如何输入指令并立即执行。

三、问题与思考

1）数控铣削加工提供了哪几种刀具类型？需设置哪些刀具参数？

2）数控铣削加工的工件如何设置？有哪几种工件装夹方式？

3）如何进行机床回零的操作？机床回零后，机床上何处位于机床原点？

4）解释程序段“M03S350G91G01X-300F100；”中各指令的含义。

5）更换工件与刀具，在 MDI 方式下进行零件加工练习。

实验八　基本指令编程及模拟加工（一）

一、实验目的

1）熟悉常用对刀元件及对刀的方法。

2）掌握程序的编辑输入方法。

3）掌握使用 G92 时的对刀操作。

4）执行程序，实现零件模拟加工及完成加工后的检验。

二、实验内容及相关知识

以第三章中图 3-29 所示零件的加工为例，毛坯尺寸为 160mm×80mm×20mm，要求用 ϕ20mm 立铣刀采用往复平行加工方式粗开槽，试按计算的坐标数据编程，选择刀具和设置工件毛坯后，完成对刀操作及零件的加工。

1. 编写零件加工程序

在编写零件加工程序之前，首先要确定程序原点位置及进行刀位轨迹的计算。本例已将程序原点设在工件左下角顶面的位置，并已计算出刀位轨迹在 X 方向上各点的坐标值分别为 35.5、53.3、71.1、88.9、106.7、124.5。其余刀位数据可在编程时根据零件图样及工件坐标系直接确定。铣削示例及参考程序如表 B-1 所示。

表 B-1　铣削示例及参考程序

参考程序	铣 削 示 例
O0329 G92X0Y0Z20 M03S400 G90G00X35.5Y-12 G01Z-8F500 Y82F100 X53.3 Y-2 X71.1 Y82 X88.9 Y-2 X106.7 Y82 X124.5 Y-12 G00Z20 X0Y0M05 M30	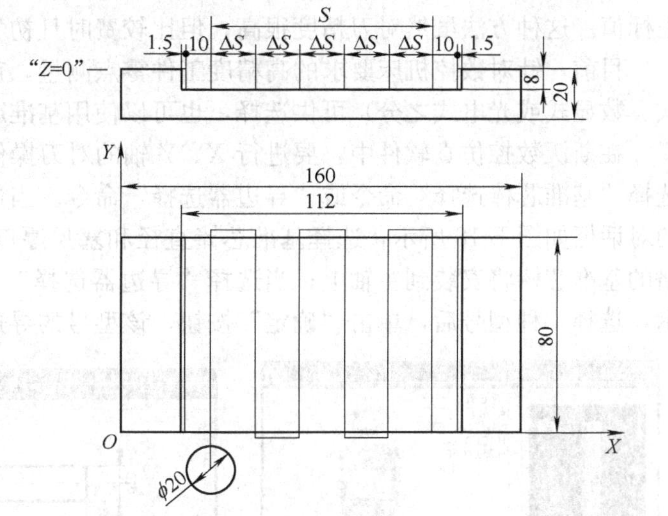

2. 启动仿真软件并完成加工前的准备工作

启动后选择 FANUC 0iM 数控系统及“南通机床厂 FANUC 0iM 面板”，接通系统电源及解除“急停”状态；取消刀具交换装置及机床罩壳等的显示；调整机床视图；执行机床回零操作；输入程序；按 160mm×80mm×20mm 设置毛坯尺寸并选择用平口钳装夹工件毛坯。

3. 对刀操作

数控铣床或加工中心的对刀操作，包括 X、Y 轴的对刀与 Z 轴的对刀，分别使用不同的对刀方法，需分别加以讨论。

(1) X、Y 轴对刀　对于用 G92 编程，就是调整主轴轴线到达 G92 程序段所指定的 X、Y 坐标位置；对于用 G54～G59 编程，就是记录下当主轴轴线与工件原点重合时，X、Y 坐标的机械坐标显示值，并完成 X、Y 轴工件原点偏置值的设置工作。

由于工件结构形状不同，工件原点可能选择工件某一基角（一般选左下角），也可能是工件对称中心或某一基准轴线（如孔中心线）。当工件原点选择工件某一基角时，应通过形成该基角的基准面来确定主轴轴线的位置；当工件原点选择工件对称中心时，应通过工件两侧面的测量来确定工件原点位置。

当要求将刀具轴线调整到工件某一基角时，如果位置精度要求不高，可以通过旋转的刀具与工件侧面（基准面）微量接触后，记录其 X（或 Y）坐标，提刀后再移动刀具半径值，使刀具轴线到达基准面；位置精度要求高时，则应采用基准芯棒加塞尺的测量方法。

当要求将刀具轴线调整到矩形或圆形工件对称中心时，早期，常采用主轴上通过钻夹头夹持杠杆百分表，并用手转动主轴的方法进行对刀操作。在手动方式下移动主轴及工作台，当杠杆表位于工件一侧并用手转动主轴时，杠杆表的触头将与工件侧面接触，杠杆表指针随主轴的转动而摆动。调整表盘使指针指示值最大处为“0”，同时机床相应轴的相对坐标清零，Z 轴上移后再移动到工件另一侧下降到同一高度位置，用手转动主轴使杠杆表触头指向工件一侧，手动反方向移动工件台，使杠杆表触头与工件接触，再次转动主轴观察指针的摆动，继续移动工作台，当转动主轴使杠杆表指针的摆动最大值再次到达前面记忆的“0”位时，将此时显示屏显示的相对坐标值除以 2，即求得主轴轴线移动到工件对称中心时的相对坐标值。这种方法虽然对刀精度很高，但比较费时且初学者不易掌握。

目前，针对数控机床要求的高精度工件零点测量，市场上已有各种 3D 探测器（有指针式、数显式或光电式之分）可供选择，也可以使用基准芯棒加塞尺或寻边器进行对刀操作。

在斯沃数控仿真软件中，要进行 X、Y 轴的对刀操作，可以从“机床操作”下拉菜单中选择“基准芯棒选择”命令或“寻边器选择”命令。当选择“基准芯棒选择”命令时，弹出的对话框如图 B-18 所示，选择基准芯棒直径和塞尺厚度后，单击“确定”按钮，该尺寸规格的基准芯棒将安装到主轴上；当选择“寻边器选择”命令时，弹出的对话框如图 B-19 所示，选择一种型号后，单击“确定”按钮，该型号的寻边器将安装到主轴上。

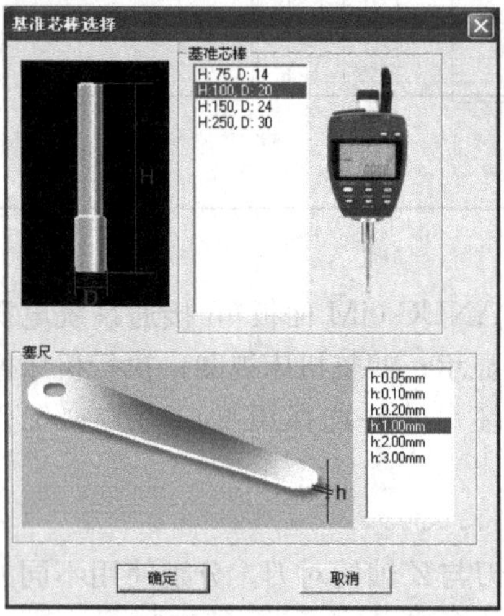

图 B-18 “基准芯棒选择”对话框

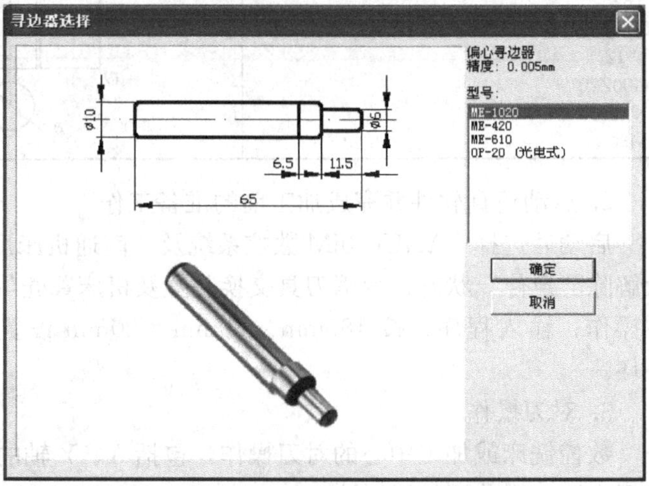

图 B-19 “寻边器选择”对话框

完成对刀操作后，从“机床操作”下拉菜单中选择“卸下测量芯棒”命令或“卸下寻边器”命令，将测量工具从主轴上卸下。

若选择“基准芯棒”对刀，机床主轴不转动，手动方式下移动基准芯棒到工件测量基准面一侧，Z 轴下降后以手轮方式缓慢靠近工件。实际机床上的操作应是用塞尺做塞入检查，如果塞尺能从基准芯棒与工件侧面间的间隙塞入，表示间隙过大，需缩小间隙；如果塞尺不能塞入，表示间隙过小，需增大间隙。直到调整的位置使塞尺塞入时，有轻微的摩擦阻力，不再进行位置调整。记录此时的机床坐标值或相对坐标清零，对坐标轴位置进行记忆。在斯沃数控仿真软件中，当移动基准芯棒靠近工件侧面时，会有一红色物件表示塞尺并紧贴在零件上，并通过状态栏显示的“塞尺检查：过紧”、“塞尺检查：过松”或“塞尺检查：合适”的提示，表示塞尺塞入的松紧程度，当显示为“塞尺检查：合适”时，即可停止位置的调整并对坐标数据进行记录或相对坐标清零。

在实际应用中若选择“寻边器”对刀，选择光电式寻边器时，应使主轴按 50～100r/min 的转速转动；选择偏心式寻边器时，应使主轴按 200～300r/min 的转速转动。

选择光电式寻边器，若操作不当，可能导致寻边器球头与工件刚性碰撞，造成寻边器损坏，要求操作者对机床的操作十分熟练；选择偏心式寻边器，其测量端是通过弹簧的带动而旋转，允许测量端出现一定的过量移动，不至于造成寻边器的损坏。

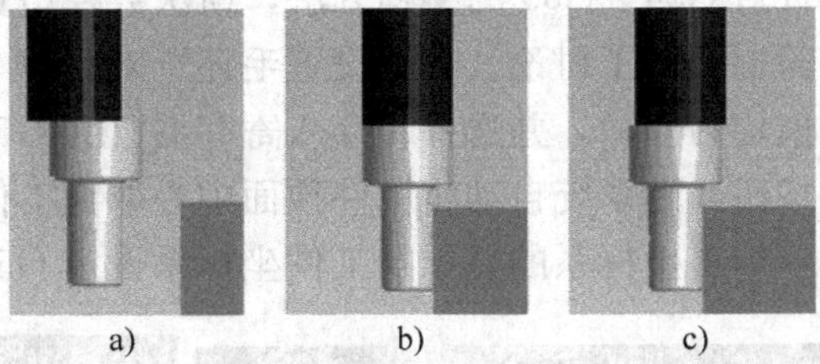

图 B-20　寻边器测量端相对于固定端轴线的变化

利用偏心式寻边器对刀，随着寻边器测量端缓慢向工件一侧靠近，测量端相对于固定端轴线位置的变化如图 B-20 所示。图 a 表示当主轴转动后，测量端因离心力而明显偏离轴线位置；图 b 表示手动移动工作台，测量端圆柱表面与工件侧面接触，寻边器上下部分轴线刚好重合；图 c 表示手动移动工作台过量，测量端圆柱表面保持与工件侧面接触，但测量端却偏向一侧，此时应沿相反方向回调工作台。

在仿真软件中进行对刀操作，手动方式下使主轴转动后，因寻边器尚未与工件接触，寻边器测量端出现明显的晃动。此时，应在手轮方式下缓慢移动工作台，当寻边器上下部分轴线对齐时，即应停止工作台的移动，记录机床坐标数据或相对坐标清零。

以 X 轴方向测量为例，工作台向左移动为 X 轴坐标增大的方向。若取工件左下角为工件原点，用记录的机床 X 坐标值加寻边器测量端半径值（如选型号 ME-1020 时，半径值为 3mm），即为 X 轴方向工件原点偏置值。也可以相对坐标清零后，Z 轴向上移动，再沿 X 轴正方向移动寻边器测量端半径值，此时显示的机床 X 坐标值即为 X 方向工件原点偏置值。对于用 G92 编程，无需计算工件原点偏置值，只需从测量点调整到 G92 程序段所指定的 X 坐标位置即可。

Y 轴方向的测量，使用与 X 轴相似的方法，只需将 XZ 视图变为 YZ 视图，通过 Y 轴的移动调整即可。

（2）Z 轴对刀　Z 轴对刀对于用 G92 编程，就是调整刀具的刀位点，使之到达 G92 程序段所指定的 Z 坐标位置；对于用 G54～G59 编程，目的就是要确定当刀具的刀位点或刀具基准点位于工件原点时，Z 坐标的机械坐标显示值，并完成 Z 轴工件原点偏置值或刀具长度补偿值的设置工作。

Z 轴对刀是将实际刀具安装到主轴上进行的，前面实验中铣平面时的对刀方法是最原始的方法，不能实现精确对刀。实际对刀时，可以采用塞尺法或量块法，方法是装刀后，主轴不转动，手动使刀具沿 Z 轴下降，用塞尺或量块做间隙检查，根据塞尺或量块在刀具与工件间移动时的松紧程度来调整 Z 轴位置。调整至合适位置后，再减塞尺厚度或量块高度值，即可确定工件顶面的 Z 轴机床坐标值。

目前，市场提供各种型式的 Z 轴设定器已广泛用于 Z 轴方向的精确对刀。将 Z 轴设定器置于工件上，当刀具下移压向设定器中间的滑动柱上表面时，通过内置的指示表或外置的百分表读数确定刀具下降的位置。Z 轴设定器的设计高度一般为 50mm，使用前可用刀口尺或精度很高的平面块压下滑动柱，使其与周围表面等高，调整表盘使指针指在“0”位，使用时即以该位置为基准对刀具进行调整。当选择工件上表面为 Z0 时，用测量点机床 Z 轴坐标值减 Z 轴设定器高度值，即 Z 轴工件原点偏置值。

当用 G92 编程时，用 G92 设定的 Z 坐标值减 Z 轴设定器高度值，即为刀具 Z 轴移动量。在斯沃数控仿真软件中，Z 轴的测量未提供塞尺测量相应的命令，只能选择前面实验中的试切法确定工件的 Z 轴零点。

针对 G54～G59 的编程方法，斯沃数控仿真软件提供的工件零点偏置值快速设置方法已在实验七中做了讨论。在“设置毛坯”对话框，如图 B-21 所示，如果按图 a 所示设置各方向的值均为“0”，并选择“存入寄存器”为 G54，选中“更换加工原点”复选框，单击“确定”按钮，则系统自动将工件顶面中心取为工件零点，并完成 G54 工件零点偏置值的设置。此时，加工坐标系的显示及工件坐标系设定 G54 的显示如图 B-21b 所示。

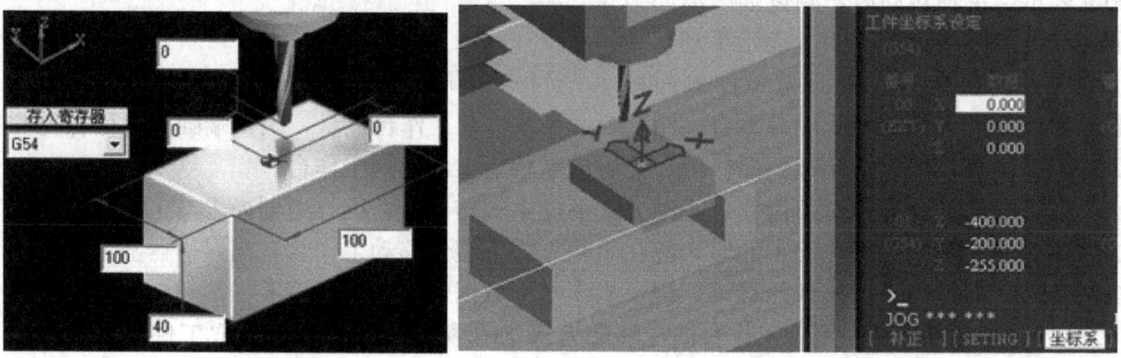

a)　　　　　　　　　　　　b)

图 B-21　利用“设置毛坯”对话框完成工件原点偏置值的设置

本例加工用 G92 编程，程序中“G92 X0 Y0 Z20”表示零件加工前，应将 ϕ20mm 立铣刀的刀位点（刀底中心）调整到起刀点（0，0，20）处。利用上述介绍的对刀操作方法，在斯沃仿真软件中完成对刀操作。

4. 执行程序完成零件加工

工作方式选择为“自动”，功能键选择 ，按下“循环启动”按钮，执行程序完成零件加工。

5. 零件检验及生成报告文件

完成零件加工后，选择“工件测量”/“特征点”命令，显示“特征点”测量画面，如图 B-22 所示。鼠标指针移至某特征点并单击，该特征点由绿色变为白色显示，同时显示该点的 X、Y、Z 坐标值。单击工具栏上的“特征线”按钮 ，切换为“特征线”测量画面。单击工具栏上的“测量退出”按钮 ，返回到机床显示界面。

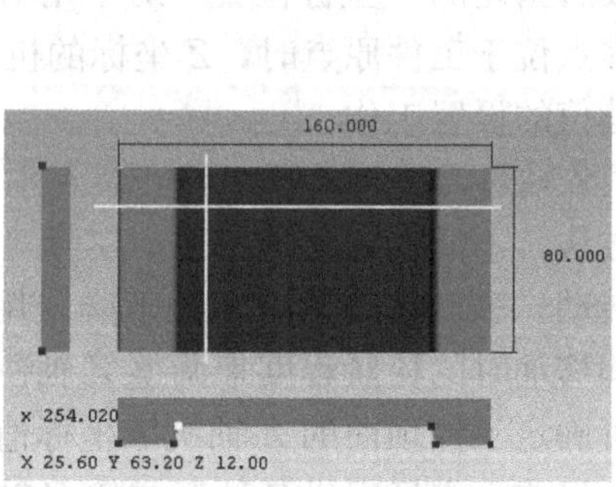

图 B-22　“特征点”测量画面

选择“文件”/“保存”/“保存报告文件”，弹出“另存为”对话框，输入文件名后单击“保存”按钮，可以在生成的报告文件中看到“工件信息”、“数控 NC 代码”、“加工视窗”以及“SwanSoft CNC 输出信息”。

三、操作指导

首先参考前一个实验完成设置毛坯前的所有操作。以下主要结合设置毛坯、程序的编辑输入、对刀操作、刀具的安装等进行说明。

1. 设置毛坯和选择工件装夹方式

1）单击“工件设置”按钮，选择“设置毛坯”命令；设置工件的长、宽、高尺寸为 160mm×80mm×20mm，并选中“更换工件”复选框；单击“确定”按钮。

2）再次单击“工件设置”按钮，选择“工件装夹”命令；选择“平口钳装夹”方式，单击“夹紧上下调整”按钮若干次，使工件放置的位置如图 B-23 所示，单击“确定”按钮，关闭“工件装夹”对话框。

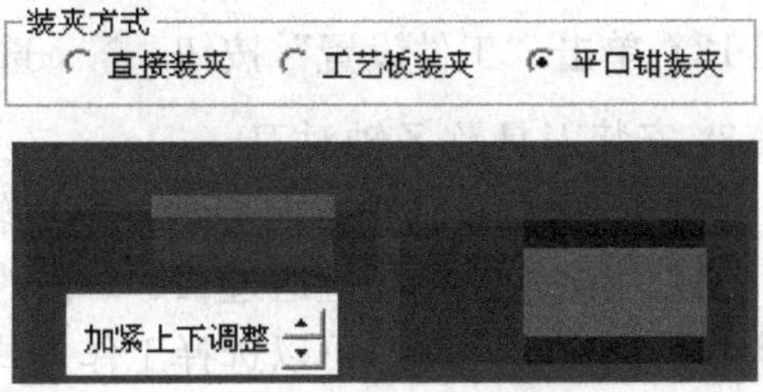

图 B-23　工件装夹向上调整

2. X、Y 轴对刀操作

1）单击“工件设置”按钮，选择“寻边器选择”命令；单击对话框中的“确定”按钮，寻边器安装到主轴上。

2）假定机床主轴位于机床参考点，机床切换为 YZ 视图并进行适当平移与缩放；工作方式选择“快速”→功能键选择 POS →软键选择［相对］→鼠标按住 -Y 按钮，工作台沿 Y 轴负方向快速移动→当主轴位于工件正上方时，停止快速移动→鼠标按住 -Z 按钮，工作台沿 Z 轴负方向快速移动→当寻边器接近工件表面（距离不大）时，停止快速移动。

3）机床切换为 XZ 视图并进行适当平移与缩放→鼠标按住 -X 按钮，工作台沿 X 轴负方向快速移动→当主轴位于工件左侧时，停止快速移动。

4）工作方式选择“手轮”→单击“正转”按钮，启动主轴正转→手轮轴选择“Z”→手轮轴倍率选择“100”→逆时针转动手轮，主轴下降→手轮轴选择“X”→顺时针转动手轮，接近工件。

5）尽量放大视图，观察寻边器测量端的晃动情况，参考图 B-20 所示的寻边器接近工件过程，继续正向移动 X 轴，当测量端与工件接触，晃动减小时切换手轮轴倍率为“10”，缓慢转动手轮，显示如图 B-20b 所示时（寻边器上下端对齐），停止 X 轴移动。

6）按字母键 X_U，相对坐标 X 数值成为红色并闪烁显示→单击［ORIGIN］软键，X 坐标被清零。

7）手轮轴选择“Z”→手轮轴倍率选择“100”→顺时针转动手轮，使寻边器底端脱离工件→单击“停止”按钮，主轴停止转动。

8）手轮轴选择“X”→顺时针转动手轮，观察 X 轴相对坐标显示为“3.000”（寻边器测量端的半径）时停止移动→再次按字母键 X_U →单击［ORIGIN］软键，*X* 坐标再次被清零。

说明：上述操作完成后，即由相对坐标记忆了工件坐标系在 X 轴方向的零点位置，以后的调整允许在 X 轴方向任意移动，只要在启动程序前，再次调整至“X0.000”即可。

9）顺时针转动手摇轮，正向移动 *X* 轴大约 10mm→机床切换为 *YZ* 视图→手轮轴选择“Y”→逆时针转动手轮，寻边器位于工件左侧时停止移动。

10）单击“正转”按钮，启动主轴正转→手轮轴选择“Z”→逆时针转动手轮，主轴下降→手轮轴选择“Y”→顺时针转动手轮，接近工件。

11）用与 *X* 轴对刀相仿的操作完成 *Y* 轴对刀，并用相对坐标“Y 0.000”记忆工件坐标系的 *Y* 轴零点。

12）单击“工件设置”按钮，选择“卸下寻边器”命令，寻边器从主轴上卸下。

3. 安装刀具及 *Z* 轴对刀

首先应通过 *Z* 轴正方向移动，使主轴上升足够的高度后再安装刀具；同时，由于 *Z* 轴对刀是采用试切法，还应通过 *X*、*Y* 轴的移动，使刀具沿 *Z* 轴下降试切的位置是工件上要清除余量的区域。为此，可以选择工作方式为“手动”，用各个轴的移动按钮实现轴的移动。

通过 *XZ* 视图及 *YZ* 视图的切换，确认主轴已移动到工件正上方待切削的区域，进行下面的操作。

1）单击“刀具管理”按钮，在“刀具库管理”对话框中选择编号为“001”的刀具，按直径为 20mm，长度为 120mm 修改后安装到主轴上。

2）工作方式选择“手轮”→单击“正转”按钮→手轮轴选择“Z”→手轮轴倍率选择“100”→逆时针转动手轮，当刀具即将接触工件时，手轮轴倍率改为“10”。

3）适当放大视图→缓慢转动手轮，观察刀具与工件之间间隙量的变化，必要时可将手轮轴倍率改为“1”，一旦有切屑飞出，立即停止手轮的转动。

4）单击字母键 Z_W →单击软键［ORIGIN］，使相对坐标 *Z* 轴清零。

5）手轮轴倍率改为“100”→顺时针转动手轮，至相对坐标 *Z* 轴显示值为“20.000”时停止转动→单击“停止”按钮，主轴停止转动。

6）转动手轮调整 *X*、*Y* 轴，相对坐标 *X*、*Y* 轴均显示为“0.000”时结束。

此时，*XZ* 视图刀具与工件间的位置关系及相对坐标显示如图 B-24 所示。

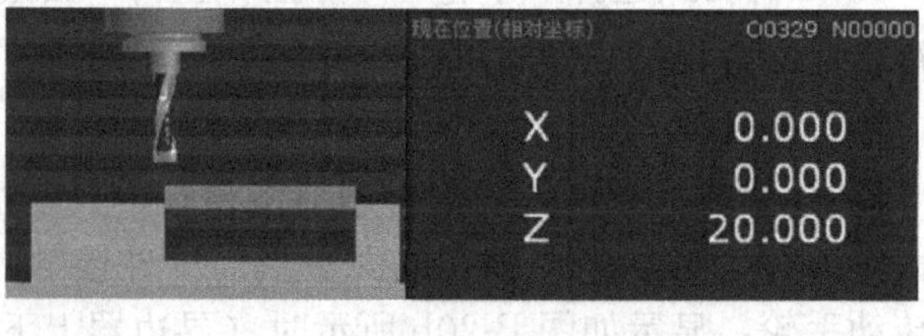

图 B-24　刀具与工件间的位置关系及相对坐标显示

4. 程序的编辑输入

工作方式选择“编辑”；功能键选择 PROG；软键选择［程序］；按表 B-1 所示程序内容，将程序输入。

5. 执行程序完成零件加工

工作方式选择“自动”；按“循环启动”按钮 ，执行程序完成零件加工。

6．零件检验

1）选择“工件测量”/“特征点”命令，可检查零件各特征点的坐标值。

2）选择“工件测量”/“特征线”命令，可检查零件各部分尺寸。

7．生成报告文件

选择“文件”/“保存”/“保存报告文件”，输入文件名后单击“保存”按钮，生成报告文件。在报告文件中显示的“加工视窗”图片如图 B-25 所示。

图 B-25 “加工视窗”的显示

8．刀路分析

选择“工件测量”/“刀路测量（调试）”命令，屏幕左边窗口显示的是刀具运动轨迹，右边窗口显示的是 G 代码。动态旋转视图到一个便于观察各方向刀具路径的视角，以便对刀路进行分析。如图 B-26 所示，鼠标指针指向某一单节并单击鼠标右键，立即在 G 代码文件中指示相对应程序段的行号。阅读程序段内容，即可对程序进行检查，方便程序的调试。

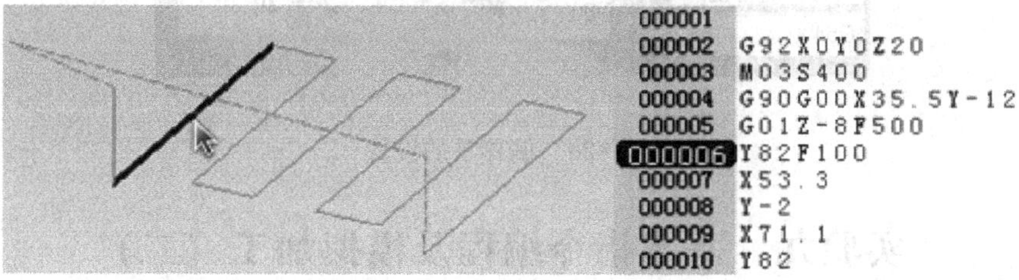

图 B-26 刀具路径与 G 代码的显示

9．更换工件与选择基准芯棒对刀

更换工件后可将刀具从主轴上卸下，单击“工件设置”按钮 ，选择“基准芯棒选择”命令。选择“H：100，D：20”的基准芯棒和厚度为“h：1.00mm”的塞尺，重新做对刀练习。当基准芯棒与工件接近时，将显示“塞尺检查：过松”的提示，手轮轴倍率调整为“10”继续移动，若出现“塞尺检查：过紧”的提示，可将手轮倍率调整为“1”，反方向移动直到出现“塞尺检查：合适”时停止移动。整个操作过程与用寻边器对刀是完全一致的。

10．程序中增加精铣

此件在粗加工后，槽两侧分别留有 1.5mm 的精铣余量，对程序进行编辑，在粗铣程序段之后增加刀具右移→精铣右侧面→快速左移→精铣左侧面等程序段，如图 B-27 所示。

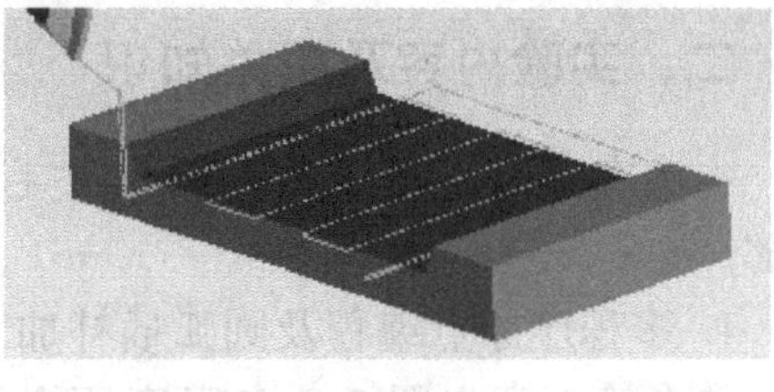

图 B-27 增加精铣刀具路径

四、问题与思考

1）针对本件加工，在编写零件程序之前，编程员需进行哪些准备工作？

2）针对本件加工，在执行程序加工之前，操作者需进行哪些准备工作？

3）用 G92 编程的对刀操作是怎样进行的？是否需要存储工件零点偏置值？

4）如果一个零件需使用 5 把刀而编写了 5 个加工程序，后面的程序应如何对刀？

5）假如上述零件选择工件顶面中心为工件原点，试参考前述的杠杆百分表的对刀方法，用基准芯棒代替杠杆百分表完成 X、Y 轴的对刀操作。

6）在用基准芯棒和塞尺的实际对刀操作过程中，是先放好塞尺再转动手轮还是转手轮与试间隙交替进行？怎样操作更合理？在数控仿真软件中是采用怎样的操作方法？

7）本件的编程，刀具直径或刀具长度的变化，是否对编程有影响？为什么？

8）本件如果将加工程序中的“G92”用“G54 G90 G00”代替，不对刀而参考图 B-21a 快速设置工件原点偏置，各文本框输入值为多少时，可得到正确的加工结果？

提示：参考图 B-28 进行设置。如此设置后，刀具从任何位置出发都可正常加工。

9）在图 B-28 所给出的设置中，为何 Z 轴的设置不是 0 而是 120？

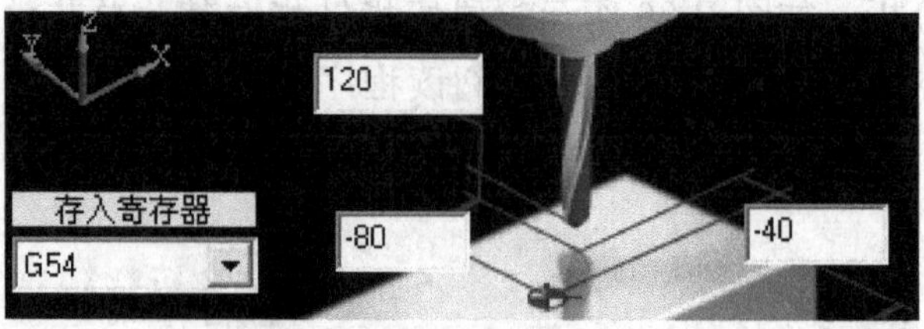

图 B-28　偏移量的设置

实验九　基本指令编程及模拟加工（二）

一、实验目的

1）掌握多程序原点编程及应用。

2）掌握圆弧插补指令的编程方法。

3）理解数控铣削加工刀具补偿的作用。

4）熟悉刀补画面及刀补值的设置方法。

二、实验内容及相关知识

本次实验通过在三种不同尺寸毛坯上进行的加工，使学员加深教材中所讲述内容的理解。

1. 多程序原点编程及圆弧插补加工

参考第五章中图 5-8 多程序原点举例、图 5-19 及图 5-20，设置毛坯尺寸为 240mm×120mm×40mm，用平口钳装夹，以工件顶平面左下角为初始程序原点，在 O_1（80，60）处完成深 2mm 的整圆槽的加工，在 O_2（180，60）处完成深 2mm 的弯月形槽的加工。多程序原点编程及圆弧插补加工的参考程序及图例如表 B-2 所示。

表 B-2　多程序原点编程及圆弧插补加工的参考程序及图例

参考程序	参考图例
O0508 G92X0Y0Z100 M03S600 G90G00X80Y60 G92X0Y0Z100 G00Z2 X30 G01Z-2F40 G03I-30F100 G00Z100 X100 G92X0Y0Z100 G00X-20Y-15Z2 G01Z-2F40 G02X20R25F100 G03X-20R-25 G00Z100 X-180Y-60M05 M30	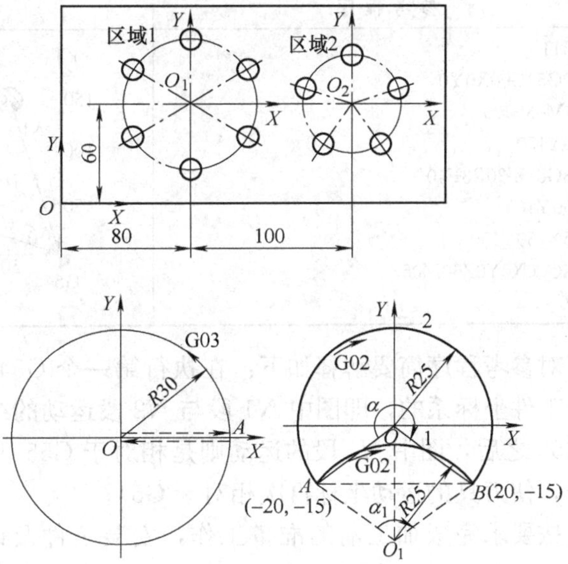

对参考程序简要解释如下：加工之前，通过对刀操作将刀具的刀位点定位在毛坯左下角顶面以上 100mm 位置处，如图中的 O 点所示。执行程序中的第一个“G92X0Y0Z100”时，在工件左下角建立工件坐标系，在执行第二个“G92X0Y0Z100”时，刀具已移动到图中 O_1（80，60）点，建立的工件坐标系原点也移至该点，完成铣圆后，刀具又移至图中 O_2（180，60）点，再次执行“G92X0Y0Z100”，则工件坐标系又移动到 O_2 点，完成弯月形槽的加工。加工之后令刀具返回至对刀的起始位置，这就保证再次启动程序时，可继续正常加工。

按要求启动斯沃数控仿真软件，选择 FANUC 0iM 数控系统及选择“南通机床厂 FANUC 0iM 面板”后，完成加工前的所有准备工作，对刀并执行程序完成零件的加工。加工后生成报告文件，其编程的视窗显示如图 B-29 所示。

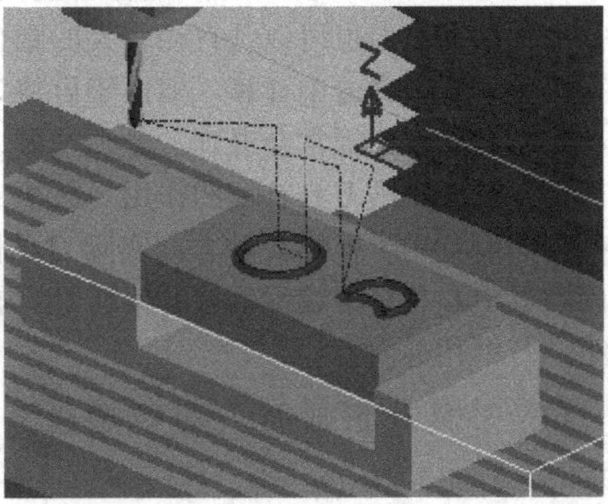

图 B-29　多程序原点编程的视窗显示

2. 多坐标系编程实现简单孔的钻孔加工

参考第五章中图 5-11，依据该图中 3 孔位置编写的参考程序及图例如表 B-3 所示。假设第 2 工件坐标系 G55 相对于第 1 工件坐标系 G54 在 X 轴方向向右偏移 300mm，试按图中所示，在有剖面线的位置做简单钻孔加工，孔直径为 ϕ12mm，孔深为 20mm。毛坯尺寸为 500mm×200mm×40mm，用工艺板装夹，刀具在 X、Y 平面的运动轨迹如图中所示。孔加工指令用 G81，其格式可参考第五章第三节内容。

说明：由于在斯沃数控仿真软件中未提供 G52 指令编程，因此编程时也不采用局部坐标系，此处所写参考程序与用 G52 编程略有不同。

表 B-3　多坐标系编程实现简单孔的加工

参考程序	参考图例
O0511 G90G54G00X0Y0 Z20M03S600 X50Y150 G98G81Z-20R3F40 X150Y100 G55X150Y150 G54G00X0Y0Z60M05 M30	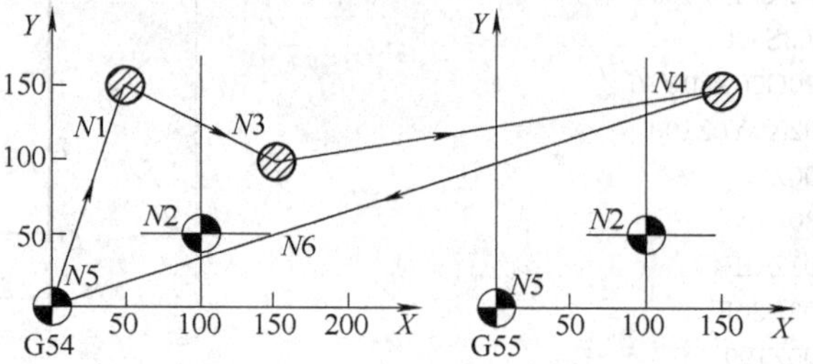

对参考程序简要解释如下：在执行第一个 G54 之后，刀具运动的坐标计算都是相对于 G54 工件坐标系的，即图中 $N1$ 段与 $N2$ 段运动的终点坐标都是相对于 G54 原点的；而在执行 G55 之后，图中 $N4$ 段的运动则是相对于 G55 工件坐标系原点的，加工之后又使用 G54 指令，使刀具的运动坐标再次相对于 G54。

按要求完成加工前的准备工作，安装工件及设置工艺板装夹后，分别进行 G54 及 G55 工件原点偏置值的设置；执行程序完成零件加工；其多坐标系编程的视窗显示如图 B-30 所示。

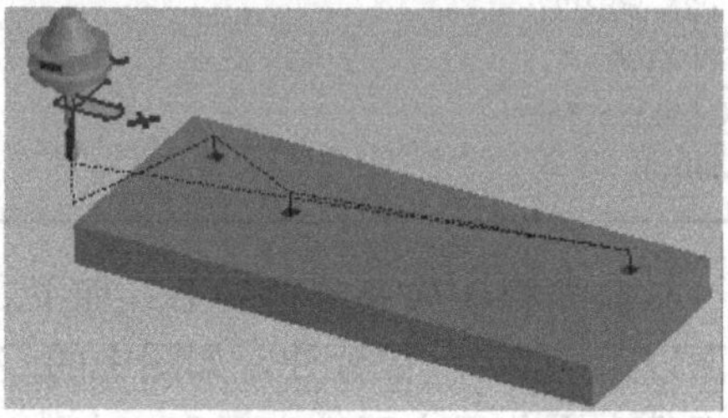

图 B-30　多坐标系编程的视窗显示

3. 分中对刀法及刀具补偿功能的运用

（1）分中对刀法　分中对刀法适合程序原点设在工件对称中心的零件的对刀操作。这类零件的外形一般为矩形，但也可以是直径较大的圆台或圆孔。虽然在对刀时需对工件两侧基准面都要进行测量，还要做分中计算，但由于可将刀具精确调整到工件对称中心，在数控铣床和加工中心的对刀操作中经常会遇到，必须掌握。

（2）数控铣削刀具补偿的作用　数控铣削加工中的刀具补偿包括刀具长度偏置和刀具半径补偿，前者用于补偿 Z 轴方向实际刀具长度与基准刀具长度的差值；后者用于补偿 XY 平面内刀具中心相对于编程轨迹的偏移量。有关刀具补偿的详细讨论及指令格式，可参考第五章第二节中相关内容。

（3）刀具补正画面　功能键选择 OFFSET SETTING（OFFSET SETTING）键，按［补正］软键，显示“刀具补正”画面，如图 B-31 所示。包括“番号”即补偿号，“形状（H）”、“磨耗（H）”、“形状（D）”、“磨耗（D）”。用光标键移动光标到需要修改补偿数据的位置后，按数字键（补偿值）后再按 INPUT（INPUT）键，补偿值被输入。其中，地址（H）用于输入刀具长度补偿值，地址（D）用于输入“刀具半径

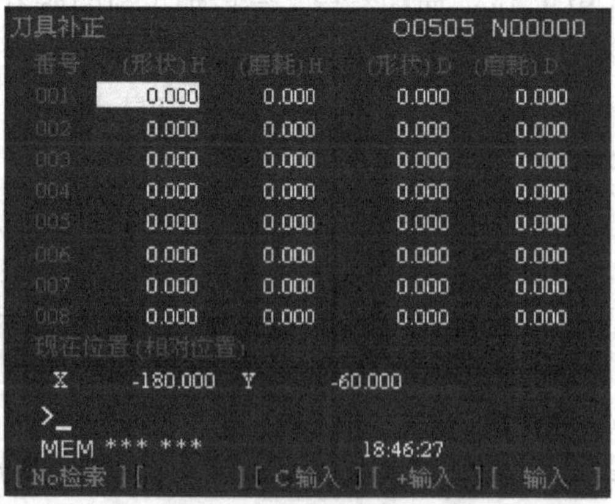

图 B-31　“刀具补正”画面

补偿值”。初始输入时应在“形状”一列输入，刀具磨损后可按磨耗输入。

（4）加工实例　以下结合第五章中图 5-7 及图 5-30，编写一个刀具从工件顶面中心高 50mm 处起刀，沿 X 轴方向开出一条水平槽的加工程序，通过修改刀具补偿值来增加槽宽与槽深的程序，使学员加深对刀具补偿作用的理解。

取毛坯尺寸为 100mm×80mm×40mm，选择ϕ16mm 立铣刀，编写的参考程序及图例如表 B-4 所示。

表 B-4　参考程序及图例

参 考 程 序	参 考 图 例
O0507 G92X0Y0Z50 M03S500 G90G00X-60 G43Z10H01 G01Z-5F500 X75F100 G41X60D01 X-60 G00G40X-75 G41X-60 G01X60 G00G40X75 Z10 G49Z50 X0M05 M30	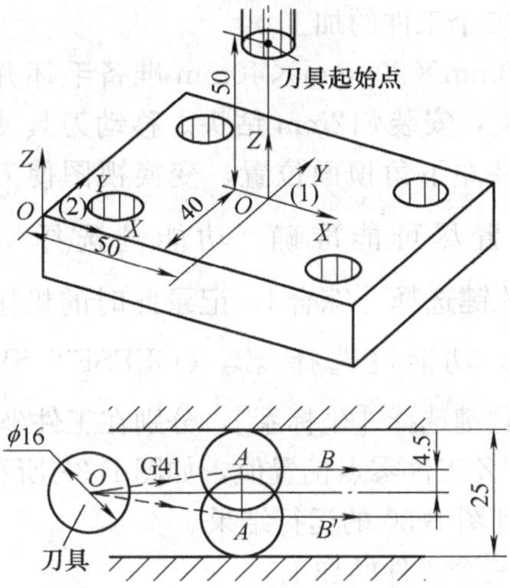

对参考程序简要解释如下：执行“G92X0Y0Z50”使程序原点设置在工件顶面中心；刀具沿 Z 轴下刀时一般分两步进行，第一刀为快速下刀，程序中使用了刀具长度正补偿，刀具下刀位置为进给平面位置，第二刀为工进速度下刀，下刀位置为加工深度位置，但因在工件外部下刀，仍安排较高的进给速度；刀具沿 X 轴正向走刀粗开槽后，再通过刀具半径补偿功能，往复走刀精开槽到尺寸。精开槽时应在工件外部完成刀补启动与刀补取消，刀补启动与刀补取消应有足够的刀具移动空间。此件每加工完一侧都执行取消刀补，但由于槽宽较窄，也可以加工一侧后不取消刀补，在保持刀补状态下继续走刀加工另一侧。

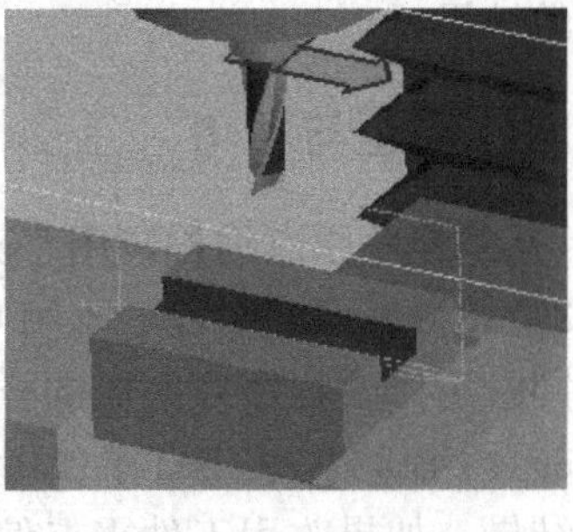

图 B-32　开槽加工后的视窗显示

按要求完成加工前的所有准备工作，安装工件及设置平口钳装夹后，用分中对刀法对刀；输入程序；设置刀具长度补偿及刀具半径补偿，完成槽的加工。开槽加工后的视窗显示如图 B-32 所示。加工时 Z 轴方向分两次切削进给，第一次输入刀具长度补偿值为“0”，第二次输入刀具长度补偿值为“－5”，加工槽的最后深度为 10mm。

说明：在斯沃数控仿真软件中，刀具半径补偿的设置值不是刀具偏移量，而是刀具实际偏移量的两倍。如本例中，按照计算开出 25mm 宽的槽，补偿值为 4.5mm，实际输入时应输入“9”。这种刀补值的输入方法，理论值为刀具半径值时输入刀具直径值即可。

三、操作指导

1. 第一个工件的加工

首先完成从启动软件到设置毛坯前的所有准备工作，按 240mm×120mm×40mm 设置毛坯，平口钳装夹，以工件顶平面左下角为程序原点完成 X、Y 轴的对刀操作。安装 ϕ12mm立铣刀完成 Z 轴的对刀操作。按表 B-2 输入程序并运行程序，得到图 B-29 的运行结果。

2. 第二个工件的加工

按 500mm×200mm×40mm 准备毛坯并用工艺板装夹，安装 ϕ12mm 钻头。移动刀具使刀尖移到工件左下角顶面位置，变换视图使刀尖移动的位置尽可能准确。功能键选择 

(POS)，软键选择［综合］，记录此时的机械坐标显示值。功能键选择 

（OFFSET SETTING），软键选择［坐标系］，分别在工件坐标系设定画面的 01（G54）和 02（G55）处输入 X、Y、Z 工件零点偏置值，如图 B-33 所示。手动方式提刀后，按表 B-3 输入程序并运行程序，得到图 B-30 的运行结果。

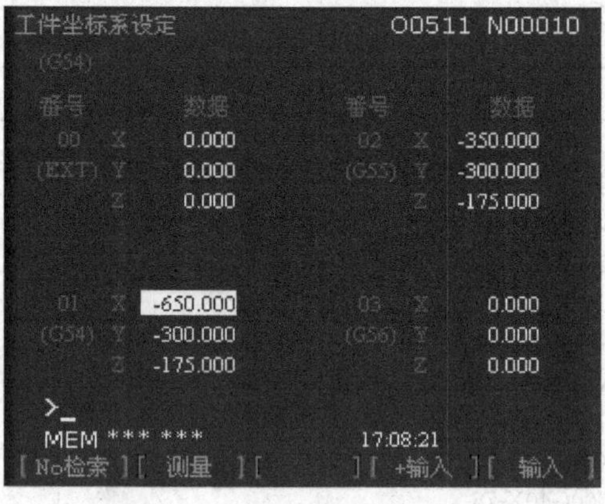

图 B-33　设置工件零点偏置值

3. 第三个工件的加工

按 100mm×80mm×40mm 准备毛坯并用平口钳装夹，选择 ϕ16mm 立铣刀。在安装刀具之前需用寻边器按分中对刀法进行对刀操作，确定 X 轴方向和 Y 轴方向工件对称中心的位置，其操作步骤可参考前面介绍的杠杆百分表的对刀方法。Z 轴用刀具对刀，并调整刀具底面中心到起刀点处。输入程序并对刀具长度补偿值和刀具半径补偿值进行设置，刀具长度补偿值第一次运行程序前输入“0”，第二次运行程序前输入“－5“。执行程序得到图 B-32 所示的结果。

四、问题与思考

1）多程序原点编程应用于哪些编程场合？采用这种编程方法时应注意哪些问题？

2）如将表 B-2 中程序改用 G54 和 G55 设定工件坐标系，应如何修改程序？对刀操作有何不同？请修改程序后完成同样的加工。

3）图 B-33 是表 B-3 中参考程序加工时输入的两个工件零点偏置值，是通过对刀测量得到的结果，如果改用工件零点偏置值快速输入，在“设置毛坯”对话框（参考图 B-28）G54 和 G55 的偏置值设置应分别是多少？

4）结合本次实验的三个参考程序，你认为程序中加或不加刀具长度偏置指令的依据是什么？对于对刀操作有何影响？

5）将表 B-4 中的程序修改为用 G54 设置工件坐标系，并完成相同的加工。

实验十 基本指令编程及模拟加工（三）

一、实验目的

1）掌握利用极坐标编程实现轮廓铣削和圆周孔的加工。

2）熟悉可编程镜像指令的应用。

3）熟悉坐标系旋转指令的应用。

4）熟悉子程序编程的应用。

二、实验内容

1. 利用极坐标编程铣正六边形轮廓

输入表 5-4 中 O0030 程序，设置 ϕ105mm×40mm 圆柱体形状毛坯，选择 ϕ20mm 立铣刀加工正六边形轮廓，其加工的视窗显示如图 B-34 所示。

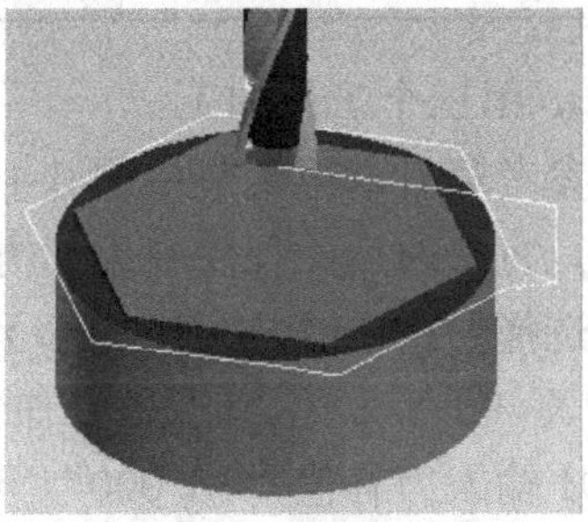

图 B-34 正六边形加工的视窗显示

2. 利用极坐标编程钻圆周分布的孔

图 5-8 所示多程序原点图中，设区域 1 的 6 个孔分布在 ϕ80mm 圆周上，区域 2 的 5 个孔分布在 ϕ50mm 圆周上，孔径 ϕ12mm，孔深 20mm。试用极坐标编程完成这些孔的加工。

3. 利用可编程镜像功能铣对称分布的图形

对图 5-42 所示镜像编程举例用 G51.1/G50.1 可编程镜像功能编程，完成零件加工。

4. 利用坐标系旋转指令加工腰形曲线槽

在 80mm×80mm×20mm 的坯料上对图 5-43 所示图形做刻槽加工，刀心通过图中曲线，槽宽 3mm，槽深 5mm。利用坐标系旋转指令完成其加工。

三、操作指导

1. 第一个工件加工

按实验内容要求输入程序，毛坯设置为用工艺板装夹，安装 ϕ20mm 立铣刀。机床回零并对刀，工件 X、Y 轴对刀时可以使用寻边器，属于典型的分中对刀法对刀。为减少对刀时间，现给出刀具位于起刀点时的机械坐标显示值为 X-400.000Y-200.000Z-155.000。采用快速、手动或手轮方式使刀具精确定位到该点后，启动程序执行加工，仿真结果如图 B-34 所示。

2. 第二个工件加工

参考表 B-2 中的参考程序，在该程序基础上进行修改，毛坯尺寸为 240mm×120mm×40mm，工艺板装夹。主轴刀柄安装 ϕ12mm 钻头。为减少对刀时间，给出刀具位于起刀点时的机械坐标显示值为 X-520.000Y-260.000Z-155.000。采用快速、手动或手轮方式使刀具精确定位到该点后，启动程序执行加工，参考程序及仿真结果如表 B-5 所示。

表 B-5　利用极坐标编程实现圆周孔加工

参考程序		仿真结果
O0508 G92X0Y0Z20 M3S600 G90G0X80Y60 G92X0Y0Z20 G17G90G16 G98G73X40Y30Z-20R3Q4F40 Y90 Y150 Y210 Y270 Y330	G80G15 G90G0X100Y0Z20 G92X0Y0Z20 G17G90G16 G73X25Y18Z-20R3Q4F40 Y90 Y162 Y234 Y306 G80G15 G90G0X-180Y-60Z20M5 M30	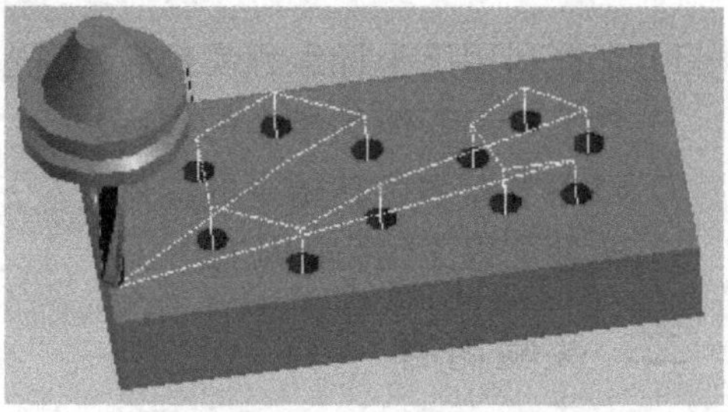

3. 第三个工件加工

参考第五章第二节中图 5-42 的加工程序（O0004），改用可编程镜像指令 G51. 1/G50. 1 编程，将修改后的程序在编辑方式下输入，115mm×115mm×24mm 工件毛坯采用平口钳装夹，选择ϕ16mm 立铣刀，X、Y 轴采用分中对刀法对刀，其工件原点在机械坐标系的显示值为 X-400 Y-200，工件在 Z 轴方向需适当调整高出钳口一定距离。按半径补偿号 D1 在番号 001 输入刀补值“16. 000”。参考程序和仿真结果如表 B-6 所示。

表 B-6　利用可编程镜像指令实现多个对称图形的加工

参考程序		仿真结果
O0542 G92X0Y0Z20 G90G0Z2S500M3 G1Z-4F40 M98P1542 G51. 1X0 M98P1542 G51. 1X0Y0 M98P1542 G51. 1Y0 M98P1542 G50. 1 G0Z20M5 M30	（子程序） O1542 G41G1X20D1F100 X10Y30 Y50 X50 Y10 X30 G3X10Y30R31. 623 G40G1X0Y0 M99	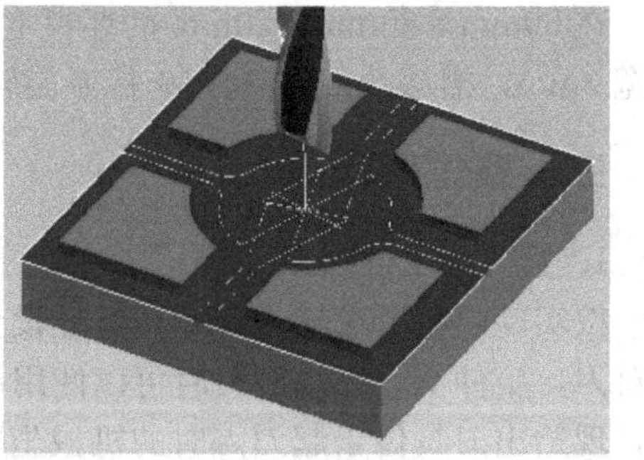

4. 第四个工件加工

按实验内容要求编写程序，由于槽深较深而刀具直径很小，因此必须安排 Z 轴分层切削。为减少编程中的计算工作量，将图形旋转到水平方向（见图 5-43 中的虚线图形）编写程序，并通过坐标系旋转指令使实际加工的图形是旋转后的图形。参考程序和仿真结果如表 B-7 所示。

表 B-7　利用坐标系旋转指令简化编程

参考程序		仿真结果
O0543	（子程序）	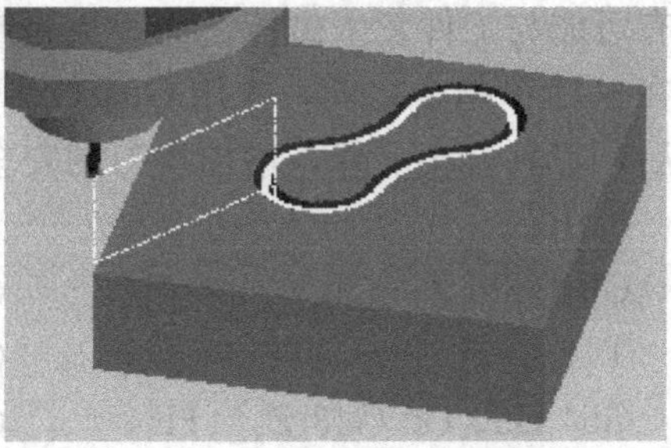
G92X0Y0Z20	O1543	
G90G0Z2S2000M3	G91G1Z-0.5F20	
G68X15Y20R50	G2X15Y8.66R10F60	
G90G0X30Y20	G3X20R20	
G1Z0F100	G2X-17.32R-10	
M98P101543	G3X－20R20	
G69	G2X-15Y8.66R10	
G90G0Z20	M99	
X0Y0M5		
M30		

四、问题与思考

1）哪种加工情况较适合采用极坐标编程？编程中应注意哪些要点？

2）哪种加工情况较适合可编程镜像指令的应用？在加工表 B-6 中显示的工件时，是否可保持顺铣或逆铣方式不变？为使加工所有图形都能在顺铣方式下进行，改用坐标系旋转指令编程实现上述加工。

3）哪种加工情况较适合采用坐标系旋转指令？编程中应注意哪些要点？解释参考程序中 M98P101543 指令的含义。

实验十一　加工中心的基本操作与编程

一、实验目的

1）熟悉加工中心的结构布局和自动换刀功能。

2）掌握多刀加工程序中刀具长度偏置值的设置方法。

3）熟悉螺纹孔加工的工步顺序及编程方法。

二、实验内容与相关知识

1. 加工中心的结构布局

加工中心与数控铣床的主要区别是机床配备有刀库和自动换刀装置。选择 FANUC 0iM 系统界面和南通机床厂 FANUC 0i-M 面板后，屏幕左侧显示的即为一台立式加工中心。通过“机床参数”对话框，可以设置不同配置形式的刀库。在斯沃数控仿真软件中，分别有“立式刀架”和“卧式刀架”两种配置形式，当采用卧式刀架时，刀库最多可容纳 12 把刀；当采用立式刀架时，刀库最多可容纳 24 把刀。

2. 加工中心的自动换刀功能

为了确认在斯沃数控仿真软件中换刀指令的编程方法，有必要将若干刀具安装到刀库中，并在 MDI 方式下通过试验确定换刀程序的编程方法。以“立式刀架”的使用为例，通过试验分析可以证实，在斯沃数控仿真软件中，只需执行一条 T 指令就可使机床主轴从当

前 Z 轴位置快速返回参考点，然后按 T 指令指定的刀具号执行刀库转位，其后是刀套下翻、机械手转位、拔刀、再转位、插刀、机械手返回、刀套复位、主轴从参考点快速返回等一系列动作。这种换刀过程的特点是：如果所换刀具比主轴上安装的刀具长，换刀后当刀具下降时有可能与工件发生碰撞。为避免碰撞，每次使用过的刀具返回时应有足够的提刀量。也可以在执行 T 指令之前，先用 G91 G28 Z0；指令使主轴自动返回参考点，这样就能避免换刀之后，刀具自动下降，增加换刀的安全性。因此，换刀程序可参考如下格式编写：

```
O0100;
G91 G28 Z0;               (自动返回参考点)
T1;                       (执行换刀动作，主轴上安装 1 号刀)
G54 G90 G0 G43 Z __ H1;   (选择工件坐标系，刀具快速下降到 Z 轴安全高度)
……
G91 G28 Z0;               (自动返回参考点)
T2;                       (1 号刀从主轴卸下，2 号刀装到主轴上)
G54 G90 G0 G43 Z __ H2;   (再次选择工件坐标系，并执行正确下刀)
……
M30;                      (程序结束)
```

这种编程方法由于每次换刀前都使用一次 G28 指令，使换刀后加工坐标系原点又返回到机床零点处，因此每次换刀后必须再一次使用 G54 指令使其回到工件原点处。同时由于每次返回参考点都用 G91，因此每次换刀后应立即切换到 G90 方式。

3. 自动换刀的动作

以采用立式刀架为例，假设主轴上安装的刀具为 T01，执行 T02 指令，则换刀过程如下：

1）主轴箱沿 Z 轴返回参考点。

2）刀库转位，使 T02 刀转到换刀位置。

3）装 T02 刀具的刀套下翻 90°。

4）从下向上看机械手的转动情况，机械手顺时针转出 75°，两个手爪分别抓住刀库上和主轴上的刀柄。

5）机械手抓住主轴刀具的刀柄和刀套内的刀柄后，主轴内的刀具自动夹紧机构松开。

6）机械手下降，同时拔出主轴上的刀具与刀库换刀位的刀具。

7）机械手继续顺时针旋转 180°，使主轴刀具与刀库换刀位刀具相互交换位置。

8）机械手上升，T02 刀具插到主轴孔中，T01 刀具插到刀库的刀套内。

9）主轴箱内的刀具自动夹紧机构起作用将刀具夹紧。

10）驱动机械手顺时针转 180°的液压缸复位，机械手无动作。

11）机械手反转 75°回到原来位置。

12）刀套向上翻转 90°，回到初始状态。

4. 多刀加工中刀具长度补偿值的设置

结合本书第五章第二节中关于加工中心加工时刀具长度补偿值设置方法的讨论，在斯沃数控仿真软件中，要完成设置过程非常容易。其操作过程说明如下：

1）在毛坯设置阶段通过工件零点快速输入，使工件零点偏置值快速加到指定的工件坐标系 G54～G59 中，该设置值即使断电也不会消失，但当工件零点位置变化时，必须及时修改。设置后可在 MDI 方式下，通过执行相应的指令（如 G54）判断设置的结果是否正确。如果设置正确，加工坐标系（以红色宽箭头显示）原点将移到指定的工件原点位置处。

2）在向刀库装刀时，记录每把刀的刀长（可以通过“修改刀具”对话框修改刀长），并根据程序中指定的刀号安装到刀库中。在斯沃数控仿真软件中初次装刀时，机床刀库的刀位号与刀号是一致的，按顺序将刀具装到刀库中即可。但换刀后刀号与刀位号不再保持一致，这与实际机床的换刀过程类似。由于在实际机床上，刀号与刀位号的关系不会因关机而改变，一般是在 MDI 方式下，通过 T 指令使指定刀号的刀座（刀位号）转到换刀位，直接在刀库换刀位装入新刀，或在 MDI 方式下再执行 M6 指令，使指定刀号的刀具位于主轴刀位，在主轴上完成卸下旧刀和装入新刀的过程。

3）根据程序中对应刀号刀具沿 Z 轴下刀程序段指定的 H 代码，打开刀具偏置设置页面，输入记录的刀长。所有刀具刀长输入完毕，一般还应检查是否有刀具使用了刀具半径补偿功能，若有也应一并输入，所有偏置数据设置完成后，可以启动加工。

5. 零件编程与加工举例

试根据图 5-55 和所编加工程序，结合斯沃数控仿真软件中换刀指令的编程方法，编程实现图中 6×M10 螺孔加工，刀具的选择及刀具号均参考原题。

三、操作指导

1. 自动换刀练习

1）启动斯沃数控仿真软件后，首先完成初始化操作。参数设置为“立式刀架”或“卧式刀架”，旋转视图到便于观察刀库运动和自动换刀的方位，打开“刀具库管理”对话框，任选若干把刀具并设置成不同的刀长，然后添加到机床刀库中。

2）手动使主轴箱下降一段距离。选择 MDI 方式→功能键选择“PROG”→软键按[MDI]→输入“T1”→按“INSERT”键→按“循环启动”按钮，T1 刀具将由刀库装到主轴上。输入“T2”→按“INSERT”键→按“循环启动”按钮，T1 刀具与 T2 刀具交换，T2 刀具装到主轴上。重复相似的操作，认真观察自动换刀的动作。

3）刀具编号、刀具名称与刀号的对应关系。经若干次换刀后，再次打开“刀具库管理”对话框（参考图 B-8），刀号与刀位号不能保持一致，但刀具名称与刀号始终保持对应。为便于刀具库的管理，最好在设置时使刀具名称与刀具编号一一对应，如 T1 与 001 对应；T2 与 002 对应；……当刀具装入机床刀库时，使刀具名称与刀号一一对应。这样就不至于在换刀时出现用错刀的情况。

4）按下“显示坐标”按钮 ，加工坐标系以红色宽箭头显示，该坐标系指定了机床坐标系 X、Y、Z 轴的正向指向及加工坐标系原点目前所处的位置。通过工件零点偏置值的设置和执行 G54 使加工坐标系的原点从机床原点处移出（如 Z 轴下降 200mm），比较在 MDI 方式下直接输入 T 指令和输入 G91G28Z0；加工坐标系的位置显示是否变化。由此熟悉自动换刀指令的编程方法。

2. 零件编程与加工

1）参考第五章中图 5-55 的加工程序（主程序 O0100 和子程序 O1000），修改后在仿真软件中输入。输入时主程序用O0555，子程序用O1000。

2）毛坯按 ϕ150mm×25mm 的圆柱体形状设置，采用直接装夹即可。

3）刀具的设置。打开“刀具库管理”对话框，选中编号001刀具，单击“修改”按钮，设置刀具名称为T1，改变刀具类型为钻头，设置刀具直径为3mm，长度为60mm，设置后单击“确定”按钮，然后装入机床刀库，装入时应与刀号01相对应。用相同的方法设置002刀具名称为T2，刀具类型为钻头，直径为8.5mm，刀长100mm；003刀具名称为T3，刀具类型为钻头，直径为12mm，刀长120mm；004刀具名称为T4，刀具类型为丝攻，直径为10mm（M10），刀长80mm。

4）工件零点偏置值的设置。功能键选择“OFFSET”，软键选择［坐标系］，在工件坐标系设定页面对番号01（G54）中各坐标轴按X-400Y-200Z-325进行设置。

5）刀具长度偏置值的设置。功能键选择“OFFSET”，软键选择［补正］，在番号G01、G02、G03、G04的（形状）H栏分别设置数值为60、100、120、80。

6）执行程序进行加工。加工时验证加工坐标系是否正确移到工件顶面中心。参考程序和仿真结果如表B-8所示。

表B-8 分布螺孔零件的编程与加工

参考程序		仿真结果
O0555 G91G28Z0 T1 S2000M3 G54G90G43G0Z50H1 G99G81X50Y0Z-4R2F20 M98P1000 G91G28Z0 T2 S1000M3 G54G90G43G0Z50H2 G99G83X50Y0Z-20R2Q5F40 M98P1000 G91G28Z0 T3 S1200M3 G54G90G43G0Z50H3 G99G82X50Y0Z-6R2P200F60	M98P1000 G91G28Z0 T4 S200M3 G54G90G43G0Z50H4 G99G84X50Y0Z-15R5F300 M98P1000 G90G0Z50M5 M30 （子程序） O1000 X25Y43.301 X-25 X-50Y0 X-25Y-43.301 X25 G0X50Y0 M99	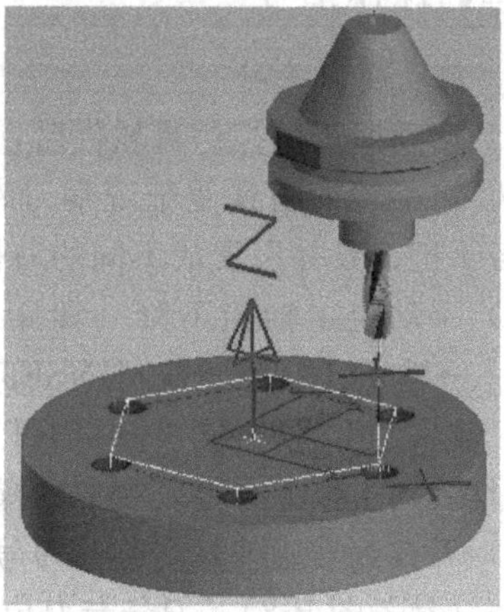

四、问题与思考

1）若通过“刀具库管理”对话框装刀时，发现机床刀库的刀位号与刀号不一致，装刀时应以哪个号为准？为什么？

2）若装刀时刀库已排满，在可以正常工作的条件下能否再在主轴上装一把刀？为什么？

3）试分析用G90G53Z0；代替G91G28Z0；效果是否相同？有人用G90G49G0Z0；返回参考点换刀，而换刀可以照常进行，说明其理由。

4）有人写程序只在程序开头写一个G54，还有人写程序每次换刀后G54就重复写一次，从程序上分析两种编程方法的合理性。

5）根据前面的实验修改本次实验的加工程序，利用极坐标编程功能实现同样的加工。

实验十二　数控镗铣加工综合训练

一、实验目的

1）提高程序结构的分析能力和复杂程序的编程能力。

2）提高运用数控仿真软件调试程序的能力。

3）了解数控仿真软件在宏程序编程中的应用。

二、实验内容

1）在斯沃数控仿真软件中，结合第五章第四节例 8 输入程序，并实现图 5-56 所示零件的开槽加工。

2）在斯沃数控仿真软件中，结合第五章第四节例 10 输入程序，并得到图 5-60 所示的仿真结果。

3）参考第五章第二节中图 5-42，为保证每个图形在加工时都能保持顺铣加工方式，试利用坐标系旋转指令实现该件的加工。

4）编制一个宏程序用于圆周上孔的加工。如图 B-35 所示，在以圆心（X_0、Y_0）为中心，半径为 I 的圆周上钻 H 个孔，第一个孔与 X 轴的夹角（起始角）为 A，增量角为 B（指定负值时为顺时针钻孔）。要求调用宏程序时，自变量的指定（X、Y、Z、R）用绝对值，当 X、Y 未指定（赋值）时，圆心在工件原点。

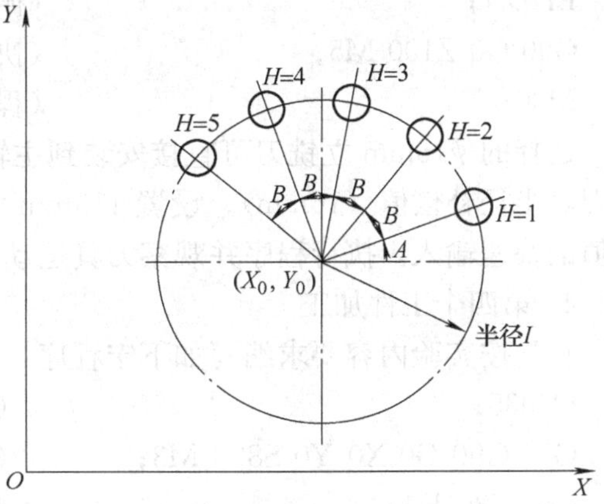

图 B-35　宏程序编程举例

三、操作指导

1. 第一个工件加工

按原题输入程序，工件毛坯按 86mm×60mm×20mm 设置尺寸并采用平口钳装夹，选择 ϕ8mm 立铣刀，根据刀具半径补偿号（D21）设置刀补值（8mm），对刀后执行程序进行加工，加工后的仿真结果应如图 B-36 所示。

2. 第二个工件加工

按原题输入程序，工件毛坯按 150mm×120mm×20mm 设置尺寸并采用平口钳装夹，选择 ϕ8mm 立铣刀并设置刀补，对刀后执行程序进行加工，加工后的仿真结果见图 5-60。

3. 第三个工件加工

参考表 B-6 给出的参考程序，利用坐标系旋转指令，旋转角度以 90°递增，即可得到所有加工图形。利用变量 ♯1 指定角度，参考程序如下：

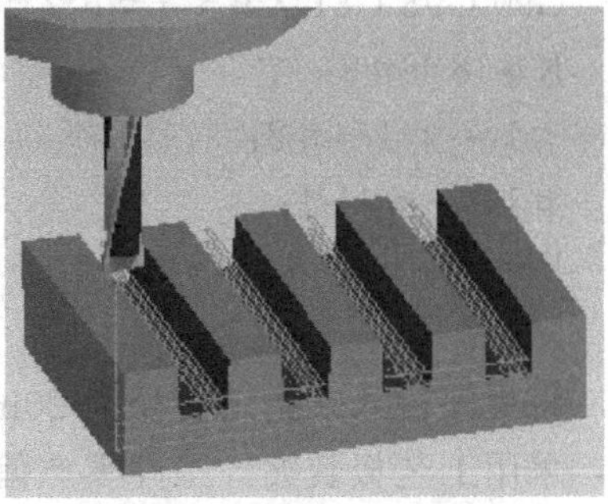
图 B-36　开槽加工仿真结果

```
O0542;                              (主程序)
G54 G90 G0 X0 Y0 S500 M3;           (选择第1工件坐标系，X、Y轴定位，主轴正转)
G43 Z100 H1;                        (刀具长度正补偿，下刀到Z100)
G1 Z2 F2000;                        (以较高速度接近工件)
Z-4 F40;                            (直接下刀切入工件)
#1=0;                               (变量#1指定角度初值为0°)
WHILE [#1 LE 270] DO 1;             (当变量#1≤270°时，执行循环)
G68 X0 Y0 R#1;                      (坐标系旋转开始，旋转中心为X0Y0)
M98 P1542;                          (转到加工外形子程序)
G69;                                (取消坐标系旋转)
#1= #1+90;                          (变量#1加90°后再赋值给#1)
END 1;                              (循环结束)
G90 G0 Z100 M5;                     (快速提刀，主轴停止)
M30;                                (程序结束)
```

选择的 ϕ16mm 立铣刀可直接安装到主轴上，加工前应在番号 G01 设置刀具长度偏置值和刀具半径补偿值（16mm）。设置 115mm×115mm×24mm 工件毛坯时，完成工件零点偏置值的快速输入。执行程序并观察刀具运动方向，所有图形加工都保持顺铣方式。

4. 第四个工件加工

首先按实验内容要求编写如下宏程序：

```
O0035;                              (主程序号)
G54 G90 G0 X0 Y0 S800 M3;           (选择第1工件坐标系，X、Y轴定位，主轴正转)
G43 Z20 H1;                         (刀具长度正补偿，下刀到Z20)
G65 P2000 X100 Y80 R3 Z-20 F40
I50 A0 B60 H6;                      (自变量赋值)
G0 X0 Y0 M5;                        (X、Y轴回原点，主轴停止)
M30;                                (程序结束)
O2000;                              (宏程序号)
WHILE[#11 GT 0] DO 1;               (当孔数减到0时跳出循环)
#5= #24+#4*COS[#1]                  (计算孔位置的X坐标)
#6= #25+#4*SIN[#1];                 (计算孔位置的Y坐标)
G90 G98 G81 X#5 Y#6 Z#26
R#18 F#9;                           (移动到孔位置后，执行钻孔)
#1= #1+#2;                          (更新角度)
#11= #11-1;                         (孔数减1)
END 1;                              (循环结束)
M99;                                (宏程序结束)
```

将程序输入并指定直径为 20mm 的钻头，工件毛坯按 200mm×160mm×40mm 设置尺寸，采用工艺板装夹。工件零点偏置值快速输入和设置刀具长度补偿值。执行程序进行模拟加工，其仿真结果如图 B-37 所示。

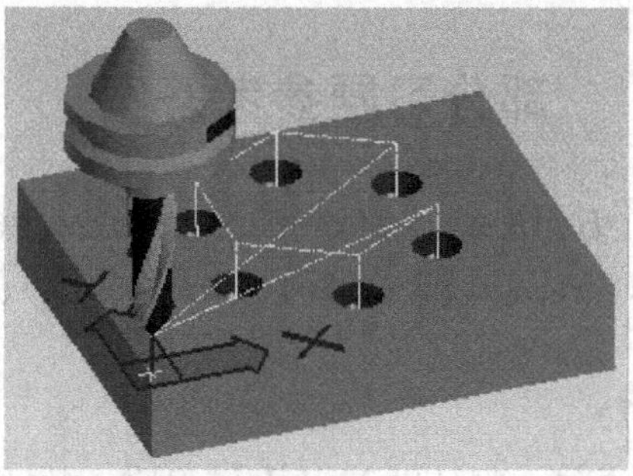

图 B-37　钻孔加工仿真结果

由于钻孔加工中许多参数都使用了变量，可以通过在主程序中反复修改各参数值，如孔数、半径、起始角度、孔分布圆的圆心位置等，以得到不同的加工结果。本例在编程时通过 G65 对自变量赋值。自变量包括孔分布圆圆心 X100、Y50；半径 I50；起始角 A0；增量角 B60；孔数 H6、孔深 Z-20 以及 R 点深度 R3 等。要修改参数，改变这些数据即可。

四、问题与思考

1）第一个工件加工，若将工件零点设在工件顶面中心，并改用 G54 编程，应如何修改程序？要改变槽的数量和 Z 轴分层次数，应如何修改程序？修改程序并进行模拟加工练习。

2）第二个工件加工中使用了镜像指令，请编写不用镜像功能就能得到同样加工结果的程序，并在仿真软件中调试通过。

3）第三个工件加工，如果用“G91 G68 X0 Y0 R90.；”使本程序段每执行一次，角度就增加 90°，而放弃使用变量，试给出一个可行的程序结构方案。

4）第四个工件通过模拟加工以及参数修改，你觉得宏程序编程可以带来哪些便利？

部分习题参考答案

3-3　$A(26.256，12.5)$、$B(16.44，24.408)$、$C(-24.264，24.638)$、$D(-38.989，12.5)$、　$E(-26.256，-12.5)$、　$F(-16.44，-24.408)$、　$G(24.264，-24.638)$、$H(38.989，-12.5)$

3-4　$A(-6.195，39.517)$

3-5　$A(70，0)$、$B(53.623，44.995)$、$C(23.012，45.031)$、$D(-4.902，42.41)$、$E(-28.72，38.232)$、$F(-62.676，14.759)$、$G(-63.75，-14.524)$、$H(-7.5，-29.047)$、$I(21.652，-20.765)$、$J(40.667，-17.689)$

3-7　圆心点坐标为(100.001，100.001)，圆的半径为60.001

3-12　$T(37.016，27.016)$、$R_1=59.254$、$R_2=34.597$

3-17　行距S的最大值为5.854mm

3-18　$\theta=3.510456°$，前5圈加工的Z轴坐标和铣圆半径依次为$Z_1=34.934$、$R_1=2.143$；$Z_2=34.738$、$R_2=4.278$；$Z_3=34.41$、$R_3=6.397$；$Z_4=33.954$、$R_4=8.492$；$Z_5=33.37$、$R_5=10.555$

3-19　行距依次为0.416mm、0.2mm、0.06mm

参 考 文 献

[1] 全国数控培训网络天津分中心. 数控编程［M］. 2版. 北京：机械工业出版社，2006.

[2] 顾京. 数控机床加工程序编制［M］. 4版. 北京：机械工业出版社，2009.

[3] 王荣兴. 加工中心培训教程［M］. 北京：机械工业出版社，2006.

[4] 穆国岩. 数控机床编程与操作［M］. 北京：机械工业出版社，2007.

[5] 郝静. 数控机床编程与操作实训［M］. 北京：国防工业出版社，2008.

[6] 陈海舟. 数控铣削加工宏程序及应用实例［M］. 2版. 北京：机械工业出版社，2007.

[7] 陈兴云，姜庆华. 数控机床编程与加工［M］. 北京：机械工业出版社，2009.

[8] 嵇宁. 数控加工编程与操作［M］. 北京：高等教育出版社，2008.

[9] 周虹. 数控编程与实训［M］. 2版. 北京：人民邮电出版社，2008.

[10] 余英良. 数控加工编程及操作［M］. 北京：高等教育出版社，2005.

[11] 罗学科，张超英. 数控机床编程与操作实训［M］. 2版. 北京：化学工业出版社，2005.

[12] 张安全. 数控加工与编程［M］. 北京：中国轻工业出版社，2005.

[13] 马立克，张丽华. 数控编程与加工技术［M］. 大连：大连理工大学出版社，2004.

[14] 冯志刚. 数控编程疑难解答［M］. 北京：机械工业出版社，2009.

[15] 孙德茂. 数控机床铣削加工直接编程技术［M］. 北京：机械工业出版社，2004.

[16] 袁锋. 全国数控大赛试题精选［M］. 北京：机械工业出版社，2005.

[17] 全国数控培训网络天津分中心. MastercamX2应用教程（中文版）［M］. 北京：机械工业出版社，2008.

[18] 胡仁喜，刘昌丽. UGNX5.0使用详解（中文版）［M］. 北京：电子工业出版社，2008.

[19] 黄卫. 数控技术与数控编程［M］. 北京：机械工业出版社，2004.

[20] 张超英，罗学科. 数控机床加工工艺、编程及操作实训［M］. 北京：高等教育出版社，2003.

[21] 赵长明，刘万菊. 数控加工工艺及设备［M］. 北京：高等教育出版社，2003.

[22] 明兴祖，姚建民. 机械CAD/CAM［M］. 北京：化学工业出版社，2003.

[23] 中国机械工业教育协会. 数控加工工艺及编程［M］. 北京：机械工业出版社，2001.

[24] 吴祖育，秦鹏飞. 数控机床［M］. 3版. 上海：上海科学技术出版社，2000.

[25] 刘雄伟. 数控加工理论与编程技术［M］. 2版. 北京：机械工业出版社，2000.

[26] 刘雄伟. 数控机床操作与编程培训教程［M］. 北京：机械工业出版社，2001.

[27] 华茂发. 数控机床加工工艺［M］. 北京：机械工业出版社，2000.

[28] 张铁城. 加工中心操作工［M］. 北京：中国劳动社会保障出版社，2000.

[29] 惠延波. 加工中心的数控编程与操作技术［M］. 北京：机械工业出版社，2001.

[30] 任秉银，唐余勇. 数控加工中的几何建模理论及其应用［M］. 哈尔滨：哈尔滨工业大学出版社，2000.